丛书编委会

主　任：温宗军

副主任：岑　文　谢益民　周思当

编　委：张训涛　陈　芳　唐景阳　蔡贤榜

李　莹　谢晓华　何红卫

大学预科系列教材

HUAXUE

暨南大学华文学院预科部 编

主　编：谢晓华
编　者：（以姓氏笔画为序）
　　　　李　平　李志红　谢晓华

暨南大学出版社
JINAN UNIVERSITY PRESS

中国·广州

图书在版编目（CIP）数据

化学／暨南大学华文学院预科部编 . —广州：暨南大学出版社，2024. 3
大学预科系列教材
ISBN 978 - 7 - 5668 - 3801 - 8

Ⅰ. ①化⋯　Ⅱ. ①暨⋯　Ⅲ. ①化学—高等学校—教材　Ⅳ. ①06

中国国家版本馆 CIP 数据核字（2023）第 209321 号

化学

HUAXUE

编　者：暨南大学华文学院预科部

出 版 人：阳　翼
策划编辑：李　战
责任编辑：刘舜怡　黄　颖
责任校对：周海燕　梁安儿　潘舒凡　王雪琳
责任印制：周一丹　郑玉婷

出版发行：暨南大学出版社（511434）
电　　话：总编室（8620）31105261
　　　　　营销部（8620）37331682　37331689
传　　真：（8620）31105289（办公室）　37331684（营销部）
网　　址：http：//www. jnupress. com
排　　版：广州市新晨文化发展有限公司
印　　刷：佛山市浩文彩色印刷有限公司
开　　本：787mm×1092mm　1/16
印　　张：18. 5
字　　数：492 千
版　　次：2024 年 3 月第 1 版
印　　次：2024 年 3 月第 1 次
定　　价：78. 00 元

前　言

　　暨南大学华文学院预科部，是暨南大学一个有着悠久历史的教育教学机构，长期以来承担着学校大学预科教学和研究的重任。几十年以来经过大家的不懈努力，预科部向学校及国内其他高校输送了大量合格的港澳台侨青年学生，在人才培养方面取得了极为丰硕的成果。

　　教书育人离不开教材。教材是学科知识体系和能力要求的集中体现，是编写者专业水平和学科智慧的结晶，是课程的核心教学材料，是教师"教"和学生"学"的具体依据。《大学预科系列教材》作为大学预科课程标准的规范文本，除了要符合上述特点外，还须具备一项非常重要的功能：切实贯彻和落实港澳台侨学生教育理念，将他们培养成为我们所需要的人。——编好这样的教材，其重要性不言而喻。

　　我们编写的《大学预科系列教材》，第一版出版于2000年，包括《语文》《数学》《历史》《地理》《物理》《化学》《生物》共7个科目。在使用十年后的2010年，我们又出了第二版。在第一版7个科目的基础上，第二版增加了《通识教育读本》和《英语》；原《地理》也改为《中国地理》。现在，又过去了十几年，为实现暨南大学侨校发展战略及"双一流"和高水平大学建设的宏伟目标，结合新形势下对港澳台侨学生教育的要求和各个学科发展的具体情况，我们对第二版《大学预科系列教材》进行了认真的研究和分析，对教材内容进行了必要的增、删、调整或更新。在此基础上，我们出版了这套全新的《大学预科系列教材》。

　　这套新版《大学预科系列教材》，符合港澳台侨预科学生身心发展规律和认知特点，体现了各学科的最新知识和研究成果，在理解和尊重多元文化的同时，力争突出中华优秀文化的源远流长和博大精深，彰显其强大的影响力和感召力。通过这套教材，我们希望进一步加强港澳台侨预科学生的国家、民族和文化认同教育，为维护"一国两制"和祖国统一，为"一带一路"的文化交流，为粤港澳大湾区的建设，培养具有高度政治素养、文化素养和专业基础素养的合格人才。

这套新版教材，由《语文》《高等数学基础》《英语》《通识教育》《中国历史》《中国地理》《物理》《化学》《生物》9 个科目构成。原来的《数学》在新版改成《高等数学基础》，《通识教育读本》改成《通识教育》，《历史》改成《中国历史》。

这套新版教材的编写工作以预科部教师为主，暨南大学华文学院应用语言学系的部分英语教师也参与了这项工作。对大家在教材编写过程中付出的辛勤劳动，我们在此表示衷心的感谢！

由于时间仓促，书中难免存在问题，希望广大师生能对这套教材提出宝贵的意见。

温宗军

2024 年 3 月

目 录

——◇ C O N T E N T S ◇——

第一章　化学基本概念

第一节　物质的组成和分类

一、物质的组成

物质（matter）是独立存在于人的意识之外的客观实在。自然科学就是以客观存在的物质世界为研究对象的。世界上形形色色的物质处于永恒的运动之中，运动是物质存在的形式，没有运动，便没有物质，没有物质，就不会有我们生活的大千世界。

1. 元素

组成宏观物质的是元素（element），人们把具有相同核电荷数（即质子数）的同一类原子称为元素。目前，已经被人们发现并公认的元素有118种。元素一般有两种存在形态：以单质形态存在的叫做元素的游离态，以化合物形态存在的叫做元素的化合态。元素通常用元素符号来表示。

2. 分子

分子（molecule）是保持物质化学性质的一种微粒。它是形成化合物的基本单元之一，是化合物能参与化学反应的最小部分。硫酸、水、甲烷等物质都是由分子组成的。分子处于不断的运动之中，分子之间有一定的间隔，同种物质的分子性质相同，不同种物质的分子性质不同，分子还可以再分为原子。

3. 原子

原子（atom）是化学变化中的最小微粒，是元素能够存在的最小单元。原子也在不停地运动着。物质内部的原子和原子之间也有一定的间隔。原子可以直接构成物质。金刚石是由碳原子直接构成的，大量的碳原子按照一定的规律聚集在一起就构成了金刚石。由原子直接构成的物质还有：铜、铁等金属，硅、硫、稀有气体等。

4. 离子

离子（ion）是带电的原子或原子团。原子失去电子带正电荷变成阳离子（cation），原子得到电子带负电荷变成阴离子（anion）。带电的原子团也有阴离子和阳离子，如高锰酸根离子（MnO_4^-）、氢氧根离子（OH^-）、铵根离子（NH_4^+）等。有些物质是由离子构成的，如食盐、氢氧化钠、硝酸钾等。

5. 元素、原子和分子的比较（见表 1 - 1）

表 1 - 1　元素、原子和分子的比较

	元素	原子	分子
概念	具有相同核电荷数（即质子数）的同一类原子的总称	化学变化中的最小微粒	保持物质化学性质的一种微粒
含义	宏观概念，是组成物质的成分，有种类之分，没有大小、个数之分	微观概念，是组成物质的一种微粒，有种类、大小、个数之分	微观概念，是由原子构成的，有种类、大小、个数之分
应用举例	二氧化碳是由碳元素和氧元素组成的	1 个二氧化碳分子是由 1 个碳原子和 2 个氧原子组成的	

二、物质的分类

世界上的物质千差万别、种类繁多，目前已知的物质有 3 000 多万种，其中有机物有 2 000 多万种，而且新的物质还在不断地被发现或合成出来。对物质的分类方法各有不同，在化学上，按物质的组成可以简单地将其分成以下几类（见图 1 - 1）。

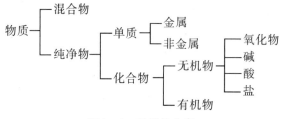

图 1 - 1　物质的分类

1. 纯净物和混合物

（1）纯净物（pure substance）：由一种成分组成的物质叫做纯净物。如氧气是由很多个氧气分子构成的，二氧化碳是由很多个二氧化碳分子构成的。氧气和二氧化碳都是纯净物。

（2）混合物（mixture）：由多种成分组成的物质叫做混合物。如空气是由氮气、氧气、稀有气体、二氧化碳等多种成分组成的混合物，各种成分都独立存在，相互之间没有发生化学反应。混合物里各成分都保持其原有的性质。

从分子组成的物质来看，由不同种分子组成的物质就是混合物，由同种分子组成的物质就是纯净物。

2. 单质和化合物

（1）单质（elementary substance）：由同种元素组成的纯净物叫做单质。有的单质由分子构成，如氧气、氮气、氢气等，稀有气体单质是由单原子构成的分子；有的单质由原子构成，如金刚石、石墨等。根据单质性质的不同，一般可将其分为非金属单质和金属单质。

（2）化合物（compound）：由不同种元素组成的纯净物叫做化合物。例如，氧化镁是由氧和镁两种不同的元素组成的；氯酸钾是由钾、氯和氧三种不同的元素组成的，碳酸氢铵是由碳、氧、氢、氮四种不同的元素组成的。

3. 氧化物

由氧元素和另一种元素组成的化合物叫做氧化物（oxide），或称含氧元素的二元化合物为氧化物。其中，由金属元素和氧元素组成的氧化物叫做金属氧化物，由非金属元素和氧元素组成的氧化物叫做非金属氧化物。例如，Fe_2O_3、CaO、Al_2O_3 等是金属氧化物；CO_2、NO、SO_2 等是非金属氧化物。根据氧化物的性质还可以将其分为以下几种：

（1）碱性氧化物（basic oxide）：凡能跟酸起反应（但不能跟碱起反应）生成盐和水的氧化物，叫做碱性氧化物。金属氧化物大多数属于碱性氧化物。活动性较强的金属氧化物（如 K_2O、Na_2O、CaO 等）能跟水直接化合生成碱，大多数碱性氧化物（如 Fe_2O_3、CuO 等）不能跟水直接化合。

（2）酸性氧化物（acidic oxide）：凡能跟碱起反应（但不能跟酸起反应）生成盐和水的氧化物，叫做酸性氧化物。非金属氧化物大多数属于酸性氧化物。大多数酸性氧化物（如 CO_2、SO_3、SO_2、P_2O_5 等）能跟水直接化合生成酸，少数酸性氧化物（如 SiO_2 等）不能跟水直接化合。因为酸性氧化物的对应水化物是酸，所以酸性氧化物又叫做酸酐，如 SO_3 是硫酸的酸酐，简称硫酐。

（3）两性氧化物（amphoteric oxide）：既能跟酸起反应生成盐和水，又能跟碱起反应生成盐和水的氧化物，叫做两性氧化物。ZnO 和 Al_2O_3 都是两性氧化物。

（4）不成盐氧化物（non-salifying oxide）：既不能跟酸起反应生成盐和水，又不能跟碱起反应生成盐和水的氧化物，叫做不成盐氧化物。NO 和 CO 都是不成盐氧化物。

4. 碱

从电离的角度来看，电解质电离时所生成的阴离子全部是氢氧根离子的化合物叫做碱（alkali）。如 $NaOH$、KOH、$Ba(OH)_2$ 等是可溶性碱，$Ca(OH)_2$ 是微溶性碱，$Fe(OH)_3$、$Cu(OH)_2$ 等是难溶性碱。

某些既能跟酸起反应生成盐和水，又能跟碱起反应生成盐和水的氢氧化物，如 $Al(OH)_3$、$Zn(OH)_2$ 等，叫做两性氢氧化物。

5. 酸

从电离的角度来看，电解质电离时所生成的阳离子全部是氢离子的化合物叫做酸（acid）。

根据分子里是否含有氧原子，可以把酸分为含氧酸［如硝酸（HNO_3）、硫酸（H_2SO_4）等］和无氧酸［如氢氯酸（HCl）、氢硫酸（H_2S）等］。

根据酸分子电离时所能生成的氢离子数目，可以把酸分为一元酸（硝酸）、二元酸（硫酸）、三元酸（磷酸）等，二元酸及以上的酸又称为多元酸。

6. 盐

盐是酸与碱中和的产物，是金属离子或铵根离子与酸根离子或非金属离子结合而产生的化合物。从组成来看，盐可以分为以下三种：

（1）正盐：正盐是酸跟碱完全中和的产物。它的组成里只含有金属离子和酸根离子。例如，$NaCl$、Na_2CO_3、$CuSO_4$ 等都是正盐。氯化铵（NH_4Cl）是没有金属离子的正盐。

（2）酸式盐：酸式盐是酸里的部分氢离子被碱中和后的产物。例如，$NaHCO_3$、$NaHSO_4$、$Ca(H_2PO_4)_2$ 等都是酸式盐。

（3）碱式盐：碱式盐是碱里的部分氢氧根离子被酸中和后的产物，它们除了含有金属离子和酸根离子外，还含有氢氧根离子。例如，$Cu_2(OH)_2CO_3$、$Mg(OH)Cl$ 等都是碱式盐。

7. 有机化合物

含碳元素的化合物叫做有机化合物（organic compound）。（详见第八章）

例题 1　所有的物质都是由分子构成的，这种说法正确吗？为什么？

答：这种说法不正确。因为构成物质的微粒有分子、原子和离子。有些物质是由分子构成的，如二氧化碳、水、硫酸、乙醇等；有些物质是由原子构成的，如金刚石、晶体硅、二氧化硅等；有些物质是由离子构成的，如氢氧化钠、氯化钠、硝酸铵、碳酸钾等。

例题 2　下列分类正确的是（　　）。

选项	酸	碱	盐	氧化物
A	硫酸	纯碱	熟石灰	氧化铁
B	氢硫酸	烧碱	纯碱	生石灰
C	碳酸	苏打	小苏打	二氧化硫
D	二氧化碳	苛性钠	氯化钠	碳酸钙

解析：A 项纯碱是 Na_2CO_3，属于盐，不是碱；熟石灰是 $Ca(OH)_2$，属于碱，不是盐，A 项错误。B 项烧碱是 NaOH，属于碱；纯碱是 Na_2CO_3，属于盐；生石灰是 CaO，属于氧化物，B 项正确。C 项苏打是 Na_2CO_3，属于盐，不是碱，C 项错误。D 项二氧化碳是 CO_2，属于氧化物，不是酸；碳酸钙是 $CaCO_3$，属于盐，不是氧化物，D 项错误。

答：B。

思考题

1. 水、氩气、氧气、干冰、氢氧化钠、氯化钾中，哪些物质是由分子直接构成的？哪些物质是由原子直接构成的？哪些物质是由离子直接构成的？

2. 什么是混合物？化学概念中的混合物和生活中的混合物是否同一个概念？请举例加以说明。

3. 什么是酸性氧化物？酸性氧化物能跟哪些物质发生反应？

4. 什么是碱性氧化物？哪些物质属于碱性氧化物？碱性氧化物和金属氧化物有什么区别？

5. 什么是酸？酸和酸式盐有什么不同？

6. 下列说法是否正确？为什么？

（1）物质是由分子构成的，分子是保持物质化学性质的一种微粒。

（2）由同种元素组成的物质一定是单质。

（3）酸性氧化物都是酸酐，它们和水反应生成相应的酸。

（4）碱性氧化物肯定是金属氧化物，金属氧化物肯定是碱性氧化物。

（5）酸性氧化物肯定是非金属氧化物，非金属氧化物肯定是酸性氧化物。

（6）具有相同分子组成的化合物都属于同种物质。

（7）既能跟酸反应，又能跟碱反应的化合物都属于两性化合物。

第二节　化学用语

化学用语是国际上通用的最简明、最严密的符号系统，是学习化学和学术交流的基本工具；物质的组成、结构和变化都可以用化学用语表达。

1. 元素符号

元素符号（symbols for elements）是表示元素的化学符号。国际上通常采用元素的拉丁文名称的第一个大写字母来表示。例如，用"C"表示碳（carbonium）元素，用"O"表示氧（oxygen）元素等；当几种元素名称的第一个字母相同时，就在第一个字母后面加上元素名称中的另一个小写字母以示区别。例如，用"Ca"表示钙（calcium）元素，用"Cu"表示铜（cuprum）元素等。

元素符号具有种类和数量两方面的含义，既表示一种元素，也表示一个（或一摩尔）的原子。（元素符号见附录Ⅲ元素周期表）

2. 化学式

化学式（chemical formula）是用元素符号来表示物质组成的式子。各种物质的化学式是通过实验测定得出的，一种物质只用一个化学式表示。

（1）单质化学式的写法：氧气、氢气、氯气、氮气等单质是由同种元素组成的双原子分子，即1个分子里含有2个原子，它们的化学式分别是 O_2、H_2、Cl_2、N_2。它们的化学式同时也分别表示各种物质的分子组成，因此也是它们的分子式。

氦、氖、氩、氪、氙等稀有气体的分子都是由单原子构成的，它们的化学性质很稳定，一般不跟其他物质发生化学反应。它们是单原子分子，通常就用元素符号 He、Ne、Ar、Kr、Xe 来代表它们的化学式和分子式。

金属单质和固体非金属单质（碘除外）的结构比较复杂，习惯上用元素符号来表示它们的化学式。如铁（Fe）、铜（Cu）、磷（P）、硫（S）、碳（C）等。

（2）化合物化学式的写法：先写出组成该化合物的元素符号（习惯上把金属元素符号写在左边，非金属元素符号写在右边），然后在各元素符号右下角用阿拉伯数字标出该化合物中所含该元素的原子个数。例如，水的化学式是 H_2O，二氧化碳的化学式是 CO_2，氧化钙的化学式是 CaO。

（3）化学式的含义：化学式表示一种物质由哪些元素组成以及这些元素的质量比或原子个数比。例如，在 H_2O 中，氢原子和氧原子的原子个数比为 $2:1$，氢元素和氧元素的质量比为（2×1）：（1×16）$= 1 : 8$。

3. 化合价

一种元素一定数目的原子跟其他元素一定数目的原子化合的性质，叫做这种元素的化合价（valence）。化合物组成中所含各种元素的原子个数比都是确定的。化合价是指不同元素的原子在形成化合物时所表现出来的一种性质。

同一种元素组成的单质分子的化合价等于零；在离子化合物中，元素的化合价等于该元素离子的电荷数；在共价化合物中，元素的化合价等于这种元素的一个原子跟其他元素的原子形成的共用电子对的数目，其正价和负价由共用电子对偏移的方向来确定。

一般地，化合价遵循以下规则：

（1）氢元素的化合价是 +1 价，氧元素的化合价是 -2 价。

（2）金属元素的化合价为正价。

（3）非金属元素与氢化合时为负价，与氧化合时为正价。例如在 NH_3 里，N 为 -3 价，在 N_2O_5 里，N 为 +5 价。

（4）在化合物里，正、负化合价的代数和等于零。

有些元素的化合价是可变的。在不同条件下，某种元素与另一元素起反应时会生成不同的化合物。例如，铁元素在氯化亚铁（$FeCl_2$）里显 +2 价，在氯化铁（$FeCl_3$）里显 +3 价。一些常见元素的主要化合价见表 1 - 2。

表 1 - 2　常见元素的化合价

元素名称	元素符号	常见的化合价	元素名称	元素符号	常见的化合价
钾	K	+1	氢	H	+1
钠	Na	+1	氟	F	-1
银	Ag	+1	氯	Cl	-1、+1、+5、+7
钙	Ca	+2	溴	Br	-1
镁	Mg	+2	碘	I	-1
钡	Ba	+2	氧	O	-2
锌	Zn	+2	硫	S	-2、+4、+6
铜	Cu	+1、+2	碳	C	+2、+4
铁	Fe	+2、+3	硅	Si	+4
铝	Al	+3	氮	N	-3、+2、+4、+5
锰	Mn	+2、+4、+6、+7	磷	P	-3、+3、+5

在某些化合物里，往往有两个或两个以上的不同元素的原子紧密地结合在一起，形成原子团。这种原子团，在化学反应里作为一个整体，好像一个原子一样，也带有电荷。这种原子团也叫做根。根也有化合价，一般称为根价，根价在数值上就等于它所带的电荷数。一些常见根的化合价见表 1 - 3。

表 1-3　常见根的化合价

名称	铵根	氢氧根	硝酸根	硫酸根	亚硫酸根	碳酸根
符号	NH_4^+	OH^-	NO_3^-	SO_4^{2-}	SO_3^{2-}	CO_3^{2-}
化合价	+1	-1	-1	-2	-2	-2

4．化合价与化学式的关系

化合价与化学式有着密切的关系。根据化合物中各元素正、负化合价的代数和等于零的原则，可以由化学式求出组成元素的化合价，也可以应用化合价的原则写出物质的化学式，或检查化学式的正误。

例如，高锰酸钾的化学式是 $KMnO_4$，已知钾和氧的化合价分别为 +1 价和 -2 价，根据在同一化合物中各种元素的正负化合价的代数和为零的原则，可以计算出在高锰酸钾中锰元素的化合价是 +7 价。又如铝的化合价为 +3 价，氧的化合价为 -2 价，则氧化铝的化学式为 Al_2O_3。

例题 1　以下物质中，碳元素的化合价一共有（　　）。

①H_2CO_3　②CO　③C_{60}　④CH_4

A．一种　　　　　　B．两种　　　　　　C．三种　　　　　　D．四种

解析：单质中元素的化合价为零，化合物中各元素正负化合价的代数和为零。①H_2CO_3 中碳元素的化合价是 +4 价；②CO 中碳元素的化合价是 +2 价；③C_{60} 中碳元素的化合价是 0 价；④CH_4 中碳元素化合价是 -4 价。

答：D。

例题 2　下列物质的名称、俗称、化学式、物质分类完全对应的是（　　）。

选项	名称	俗称	化学式	物质分类
A	汞	水银	Hg	化合物
B	乙醇	酒精	C_2H_5OH	有机物
C	碳酸钠	小苏打	Na_2CO_3	盐
D	固态二氧化碳	干冰	CO_2	有机物

解析：A 项水银是金属汞的俗称，其化学式为 Hg，是由一种元素组成的纯净物，属于单质；B 项乙醇的俗称是酒精，化学式为 C_2H_5OH，是一种含碳元素的化合物，属于有机物；C 项碳酸钠的俗称是纯碱，小苏打是碳酸氢钠的俗称，碳酸钠的化学式为 Na_2CO_3，属于盐；D 项固态二氧化碳俗称干冰，化学式为 CO_2，虽含碳元素，但其性质与无机物类似，因此把它们看作无机物。

答：B。

思考题

1. 用化学用语表示以下内容。

（1）2 个氧原子；（2）2 个氮分子；（3）2 个氢氧根离子。

2. 下列化合物中，氧为 -2 价，氯为 -1 价，判断化合物里其他元素的化合价。

（1）Na_2O；（2）SO_2；（3）$AgCl$；（4）$CaCl_2$。

3. 已知下列元素在氧化物中的化合价，写出它们的氧化物的化学式。（括号里的数字是化合价）

（1）Ba（$+2$）；（2）C（$+2$）；（3）N（$+5$）；（4）S（$+6$）。

4. 指出下列符号中 "3" 所表示的含义。

（1）$3H_2O$；（2）SO_3；（3）$3C$；（4）Al^{3+}。

5. 指出下列化学式中画线元素的化合价。

（1）$Fe\underline{S}$　$Na_2\underline{S}O_3$　$Na_2\underline{S}O_4$；　（2）$\underline{Fe}Cl_2$　$\underline{Fe}Cl_3$　$\underline{Fe}_3O_4$；

（3）$Na\underline{Cl}$　$H\underline{Cl}O$　$H\underline{Cl}O_4$；　（4）$K\underline{Mn}O_4$　$K_2\underline{Mn}O_4$　$\underline{Mn}O_2$。

6. 写出下列化合物的化学式。

（1）盐酸；　　　（2）硫酸；　　　（3）硝酸；

（4）氢氧化钠；　（5）硫酸亚铁；　（6）氯化银；

（7）氯酸钾；　　（8）高锰酸钾；　（9）二氧化硫。

7. 某品牌矿泉水的标签上标明的矿泉水主要成分如下表所示，请根据本表回答下列问题。

水质主要成分/（mg/L）			
偏硅酸（H_2SiO_3）	28.9 ~ 42.9	锶（Sr^{2+}）	0.01 ~ 0.32
碳酸氢根（HCO_3^{-}）	173 ~ 205	钙	5 ~ 45
氯（Cl^{-}）	1.0 ~ 8.0	钠（Na^{+}）	45 ~ 70
硫酸根（SO_4^{2-}）	16.06 ~ 19.5	钾（K^{+}）	0.5 ~ 2.0
镁	2.5 ~ 7.5	pH	7.8 ± 0.5

（1）写出碳酸氢钙的化学式。

（2）写出 2 个镁离子的化学符号。

（3）偏硅酸化学式中标记硅元素的化合价是多少？

（4）矿泉水属于纯净物还是混合物？

第三节 物质的变化

一、物质的性质和物质的变化

我们知道，物质是在不断地运动着的，同时物质也在不断地变化着。例如，水能变成水蒸气，水也可以变成冰；铁矿石能冶炼成钢铁，而钢铁又可能变成铁锈；酒精能挥发；汽油能燃烧，等等。物质的性质是由物质内部结构所决定的，人们通过物质发生的变化来认识物质的性质。

1. 物质的变化

（1）物理变化（physical change）：在物质变化过程中，没有产生新的物质，这种变化叫做物质的物理变化。如物质的三态变化，挥发和凝聚、热胀和冷缩等都属于物理变化。物理变化的实质，是使组成该物质的分子在分子的距离、分子的运动速度、分子的排列形式等方面发生了改变，而分子本身没有发生改变，即没有产生新物质。

例如，"冰→水→水蒸气"的三态变化，就表现了水分子间的距离和水分子运动速度的变化，而水分子（H_2O）的分子式并没有改变。

（2）化学变化（chemical change）：在物质变化过程中，产生了新的物质，这种变化叫做物质的化学变化，也叫做化学反应（chemical reaction）。如金属的锈蚀、可燃物质的燃烧、炸药的爆炸、食物的腐败等都属于物质的化学变化。

化学变化的实质是原物质的分子中的化学键被破坏，组成原物质的原子重新组合构成新物质的分子。宏观上表现为原物质消失，新物质生成。

化学反应的三个特征：①生成新物质，但各元素的原子核不改变；②化学反应是定量反应，反应前物质的质量总和等于反应后生成物质的质量总和，也就是遵循质量守恒定律；③化学反应过程伴随能量转换，遵循能量守恒定律。

物质在发生化学变化时，常常伴随状态、颜色的改变，出现发光、发热、产生气体或生成沉淀等现象。例如，镁在氧气中燃烧生成氧化镁，同时放出大量的热，并发出耀眼的白光；氯化钡溶液与稀硫酸混合产生白色沉淀。

2. 物质的性质

（1）物理性质（physical property）：物质不发生化学变化就能表现出来的性质叫做物理性质。如物质的外观（appearance）、气味（odour）、熔点（melting point）、沸点（boiling point）、硬度（hardness）、导电性（electrical conductivity）、导热性（thermal conductivity）、密度（density）、溶解性（solubility）等都属于物理性质。

（2）化学性质（chemical property）：物质在发生化学变化时所表现出来的性质叫做化学性质。如物质的酸性、碱性、氧化性、还原性、热稳定性等都属于物质的化学性质。

二、化学方程式

1. 化学方程式

用化学式来表示化学反应的式子叫做化学方程式（chemical equation），也叫做化学反应式，就是用化学用语来表示化学反应的过程。

2. 书写化学方程式的原则

化学方程式反映的是客观事实。书写化学反应方程式时要遵循两个原则：①必须以客观事实为基础，不能随意臆造事实上不存在的物质和化学反应；②必须遵循质量守恒定律，即化学反应方程式的等号两边各原子种类与数目必须相等。

质量守恒定律（law of conservation of mass）：参加化学反应的各物质的质量总和，等于反应后生成的各物质的质量总和。也就是说，在化学反应中，反应物的总质量等于生成物的总质量。质量守恒定律又叫做物质不灭定律。

3. 化学方程式的含义

化学方程式不仅可以表示反应物和生成物的种类，还可以表示反应物和生成物之间的质量比和物质的量之比；如果是气态物质，还可以表示气体之间的体积比。

例如：
$$2CO + O_2 \xrightarrow{\text{点燃}} 2CO_2$$

质量比：	2×28	32	2×44
物质的量之比：	2	1	2
体积比：	2	1	2

4. 化学方程式的写法

书写化学方程式时，反应物的化学式写在左边，生成物的化学式写在右边，中间用"＝＝＝"号相连，并注明反应发生的必要条件。如果生成物里有沉淀产生，常用"↓"号标明；有气体逸出，常用"↑"标明。

根据质量守恒定律，化学方程式一定要配平。配平方程式是指在反应物或生成物的化学式前面配上适当的系数，使方程式两边各元素的原子个数相等。

元素符号、化学式、化学方程式的意义及比较见表1-4。

表1-4　元素符号、化学式、化学方程式的意义及比较

	元素符号	化学式	化学方程式
宏观	表示一种元素； 表示该元素的1摩尔原子	表示一种物质； 表示组成该物质的元素	表示一个化学反应； 表示该反应中各反应物和生成物的物质的量之比
微观	表示该元素的1个原子	表示该物质中各种原子（或离子）的个数比	表示该反应中各物质的微粒数之比
质量	表示该元素的相对原子质量； 表示该元素1摩尔的质量	表示该物质的式量； 表示该物质的摩尔质量	表示该反应中各种物质之间的质量比
举例	O、H、Na、Cl	H_2O、NaCl	$2H_2 + O_2 \xrightarrow{\text{点燃}} 2H_2O$ $2Na + Cl_2 \xrightarrow{} 2NaCl$

例题 1　下列属于物理变化的是（　　）。

A．煤的气化　　　　　B．天然气的燃烧　　　C．烃的裂解　　　　　D．石油的分馏

解析：石油的分馏是利用石油中各组分的沸点不同，用加热的方法分离出不同的馏分，无新物质生成，属于物理变化；煤的气化、天然气的燃烧、烃的裂解都有新的物质生成，属于化学变化。

答：D。

例题 2　根据质量守恒定律，有反应式 $X_2Y_3 + 3ZY = 2X + 3W$，则 W 的分子式是（　　）。

A．ZY_3　　　　　　　B．ZY_2　　　　　　　C．ZY　　　　　　　D．Z_2Y

解析：根据质量守恒定律，在化学反应前后元素的种类不变，各种元素的原子个数不变。该反应式中，反应前共有 2 个 X 原子、6 个 Y 原子和 3 个 Z 原子，反应后有 2 个 X 原子和 3 个 W 分子，要使反应前后 Y 原子和 Z 原子的个数相等，就必须使每个 W 分子里有 1 个 Z 原子和 2 个 Y 原子。

答：B。

思考题

1. 下列事例哪些是物理变化，哪些是化学变化？并简要说明判断理由。

（1）铁生锈；　　　（2）石蜡熔化；　　　（3）纸张燃烧；

（4）酒精挥发；　　（5）水变成水蒸气；　（6）以粮食为原料酿酒。

2. 物理变化和化学变化的主要区别是什么？如何判断物质是否发生化学变化？举例说明。

3. 观察你身边的物质，如水、食盐、铁等，描述一下它们的性质。

4. 生活经验告诉我们，食物都有一定的保质期，绝不能食用变质的食物，哪些现象可以帮助我们判断食物已经变质了？举例说明。

5. 无水硫酸铜（$CuSO_4$）是白色粉末，它吸收水分变成蓝色的五水硫酸铜晶体（$CuSO_4 \cdot 5H_2O$），请问该反应是物理变化还是化学变化？

6. 根据质量守恒定律解释下列现象。

（1）铝条在空气中燃烧后，生成物的质量比原来铝条的质量增大了；

（2）高锰酸钾受热分解，生成的固体质量比原固体质量减小了。

7. 从物质种类、质量和反应条件等方面考虑，下列反应的化学方程式能提供哪些信息？

（1）硫在氧气中燃烧的反应：$S + O_2 \xrightarrow{\text{点燃}} SO_2$；

（2）$Fe + H_2SO_4 == FeSO_4 + H_2\uparrow$；

（3）$CuO + H_2 \xrightarrow{\text{加热}} Cu + H_2O$；

（4）$CaCO_3 + 2HCl == CaCl_2 + H_2O + CO_2\uparrow$。

8. 写出下列反应的化学方程式。

（1）双氧水在光照下分解生成水和氧气；

（2）金属钠在水中生成氢氧化钠和氢气；

（3）铁在氯气中燃烧生成氯化铁；

（4）氯气溶于水生成盐酸和次氯酸；

（5）铜和浓硫酸在加热条件下生成硫酸铜、二氧化硫和水。

第四节　无机反应的基本类型

化学反应的类型，从不同的角度有多种分类方法。例如：无机反应和有机反应，氧化还原反应和非氧化还原反应等。无机反应的基本类型是根据化学反应前后反应物和生成物的物质分类及数量关系来进行的最基本分类，无机反应有四种基本反应类型。

一、化合反应

两种或两种以上的物质反应生成另一种物质的反应叫做化合反应（combination reaction），一般可表示为：$A + B == AB$。

（1）金属单质跟非金属单质的反应：

$$2Na + Cl_2 \xrightarrow{\text{点燃}} 2NaCl$$

$$2Fe + 3Cl_2 \xrightarrow{\text{点燃}} 2FeCl_3$$

（2）单质跟氧气的反应：

$$S + O_2 \xrightarrow{\text{点燃}} SO_2$$

$$2Mg + O_2 \xrightarrow{\text{点燃}} 2MgO$$

（3）非金属之间的反应：

$$2P + 5Cl_2 \xrightarrow{\text{点燃}} 2PCl_5$$

$$H_2 + Cl_2 \xrightarrow{\text{点燃}} 2HCl$$

（4）单质跟化合物的反应：

$$2CO + O_2 \xrightarrow{\text{点燃}} 2CO_2$$

$$2FeCl_2 + Cl_2 == 2FeCl_3$$

（5）氧化物跟水的反应：

$$CaO + H_2O === Ca(OH)_2$$

$$SO_3 + H_2O === H_2SO_4$$

（6）碱性氧化物跟酸性氧化物的反应：

$$Na_2O + CO_2 === Na_2CO_3$$

（7）其他：

$$NH_3 + HCl === NH_4Cl$$

$$CaCO_3 + H_2O + CO_2 === Ca(HCO_3)_2$$

二、分解反应

由一种物质生成两种或两种以上其他物质的反应叫做分解反应（decomposition reaction），一般可表示为：$AB === A + B$。

（1）氧化物的分解反应：

$$2HgO \xrightarrow{\triangle} 2Hg + O_2 \uparrow$$

$$2H_2O_2 \xrightarrow{\triangle} 2H_2O + O_2 \uparrow$$

（2）不稳定盐的分解反应：

$$2KClO_3 \xrightarrow[\triangle]{MnO_2} 2KCl + 3O_2 \uparrow$$

$$CaCO_3 \xrightarrow{\triangle} CaO + CO_2 \uparrow$$

（3）难溶性碱的分解反应：

$$2Fe(OH)_3 \xrightarrow{\triangle} Fe_2O_3 + 3H_2O$$

$$2Al(OH)_3 \xrightarrow{\triangle} Al_2O_3 + 3H_2O$$

（4）含氧酸的分解反应：

$$H_2CO_3 === H_2O + CO_2 \uparrow$$

$$4HNO_3 === 2H_2O + 4NO_2 \uparrow + O_2 \uparrow$$

三、置换反应

一种单质跟一种化合物反应，生成另一种单质和另一种化合物的反应叫做置换反应（displacement reaction），一般可表示为：$A + BC === B + AC$。

（1）金属跟酸的反应：排在金属活动性顺序表"氢"前的金属都能置换出（非氧化性）酸中的氢。

金属活动性顺序：表明金属在水溶液中作为还原剂时，其活动性由强到弱的顺序。即金属单质在水溶液中失去电子成为阳离子的能力的强弱顺序。

金属活动性顺序表：

K	Ca	Na	Mg	Al	Zn	Fe	Sn	Pb	(H)	Cu	Hg	Ag	Pt	Au
钾	钙	钠	镁	铝	锌	铁	锡	铅	氢	铜	汞	银	铂	金

金属活动性由强到弱 →

例如：
$$Zn + 2HCl = ZnCl_2 + H_2 \uparrow$$
$$Fe + H_2SO_4（稀）= FeSO_4 + H_2 \uparrow$$

（2）金属与盐溶液的反应：排在金属活动性顺序表前面的金属能把排在其后的金属从它的盐溶液中置换出来。

例如：
$$Zn + CuCl_2 = ZnCl_2 + Cu$$
$$2AgNO_3 + Cu = 2Ag + Cu(NO_3)_2$$

（3）其他置换反应：

例如：
$$CuO + H_2 \xrightarrow{\triangle} Cu + H_2O$$
$$Fe_2O_3 + 2Al \xrightarrow{\triangle} Al_2O_3 + 2Fe$$

四、复分解反应

两种化合物互相交换成分，生成另外两种化合物的反应叫做复分解反应（double decomposition reaction），一般可表示为：AB + CD == AD + CB。

复分解反应大多数发生在酸、碱和盐等电解质之间，一般都是在溶液中进行的。

（1）酸 + 碱—→盐 + 水：
$$NaOH + HCl = NaCl + H_2O$$

（2）酸 + 盐—→新酸 + 新盐：
$$2HCl + Na_2CO_3 = CO_2 \uparrow + H_2O + 2NaCl$$

（3）碱 + 盐—→新碱 + 新盐：
$$2NaOH + CuCl_2 = Cu(OH)_2 \downarrow + 2NaCl$$

（4）盐 + 盐—→新盐 + 新盐：
$$AgNO_3 + KCl = AgCl \downarrow + KNO_3$$

复分解反应发生的条件：在复分解反应中，生成物中有气体、沉淀（难溶于水的物质）或难电离的物质（如 H_2O）三者之一的，该反应才能发生；否则反应物在溶液中共存，即不反应。酸、碱和盐的溶解性表见附录Ⅱ。

例题 1　下列化学反应不属于置换反应的是（　　　）

A. $H_2O + CO \xrightarrow{\triangle} H_2 + CO_2$　　　　　　　　B. $2Mg + CO_2 \xrightarrow{\triangle} 2MgO + C$

C. $3Fe + 4H_2O \xrightarrow{\triangle} Fe_3O_4 + 4H_2$　　　　　　D. $4NH_3 + 3O_2 \xrightarrow{\triangle} 2N_2 + 6H_2O$

解析：由置换反应的形式：$A + BC = B + AC$，可知化学反应方程式两边都必须有单质。

答：A。

例题 2　金属 X 与冷水反应可放出氢气，而金属 Y 和 Z 与冷水不反应。金属 Y 可以与含金属 Z 的盐的水溶液反应。下列关于三种金属的活动性，排序正确的是（　　　）。

A. X < Y < Z　　　　　B. Y < Z < X　　　　　　C. X < Z < Y　　　　　　D. Z < Y < X

解析：能与冷水反应产生氢气的是活泼金属，因为金属 Y 和 Z 与冷水不反应，所以金属 X 的活动性比 Y 和 Z 强；又知排在金属活动性顺序表前面的金属能把排在其后的金属从它的盐溶液中置换出来，因为 Y 能与 Z 的盐溶液反应，说明 Y 的活动性比 Z 强。

答：D。

例题3 将金属镁置于硝酸铁（Ⅱ）溶液中，以及将金属铁置于氯化铜（Ⅱ）溶液中，均可发生反应。

（1）描述铁置于氯化铜（Ⅱ）溶液后的外观。

（2）写出金属铁置于氯化铜（Ⅱ）溶液中发生的反应的化学方程式。

（3）写出金属镁置于硝酸铁（Ⅱ）溶液中发生的反应的化学方程式。

（4）排列铜、镁、铁这三种金属的活动性次序。

（5）举例说明哪些金属离子溶液不会与铁发生反应，试解释原因。

解析： 根据金属活动性顺序表判断金属的活动性；且由置换反应发生的条件可知：排在金属活动性顺序表前面的金属能把排在其后的金属从它的盐溶液中置换出来。

答：（1）被棕色的沉淀物覆盖。

（2）$Fe(s) + CuCl_2(aq) = FeCl_2(aq) + Cu(s)$

（3）$Mg(s) + Fe(NO_3)_2(aq) = Mg(NO_3)_2(aq) + Fe(s)$

（4）$Mg > Fe > Cu$

（5）例如钠离子，因为铁在金属活动性顺序表中排在钠后面，所以铁不能置换出钠。

例题4 以石灰石、水、纯碱为原料，如何制取烧碱？写出有关反应的化学方程式，并说明基本反应类型。

（1）_____，属于_____反应。

（2）_____，属于_____反应。

（3）_____，属于_____反应。

解析： 书写化学方程式时，必须熟悉反应物、生成物和反应条件，必须根据客观事实、遵守质量守恒定律；只有熟悉四种基本反应类型的概念和特点，才能作出正确的判断；由石灰石可以制得氧化钙，由氧化钙可以制得氢氧化钙，由氢氧化钙可以制得氢氧化钠。

答：（1）$CaCO_3 = CaO + CO_2\uparrow$ 分解

（2）$CaO + H_2O = Ca(OH)_2$ 化合

（3）$Na_2CO_3 + Ca(OH)_2 = 2NaOH + CaCO_3\downarrow$ 复分解

思考题

1. 请写出下列反应的反应类型。

（1）$CuSO_4 + H_2S = CuS\downarrow + H_2SO_4$； （2）$Cl_2 + 2KI = 2KCl + I_2$；

（3）$Cu(OH)_2 \xrightarrow{\triangle} CuO + H_2O$； （4）$CaO + H_2O = Ca(OH)_2$。

2. 有单质参加的反应是否一定为置换反应？请举例说明。

3. 中和反应和复分解反应之间有什么关系？请举例说明。

4. 写出下列反应的化学方程式，指出反应的基本类型。

（1）氢气还原氧化铜；   （2）一氧化碳在氧气中燃烧；

（3）煅烧石灰石；   （4）氢氧化钠溶液和稀硫酸；

（5）氯化铁溶液和氢氧化钠溶液； （6）氯化钡溶液和稀硫酸。

5. 下列物质间能否发生反应？能发生反应的写出化学方程式，不能反应的说明理由。

（1）氯化铁溶液和氢氧化钠溶液； （2）硝酸钠溶液和氢氧化钾溶液；

（3）碳酸钠溶液和氢氧化钙溶液； （4）硫酸氢钠溶液和氢氧化钠溶液。

6. 某学生进行了一组实验，以测定三种金属（X、Y 及 Z）的活动性。下表展示了把三种金属放入不同溶液的实验结果：

溶液	金属		
	X	Y	Z
XCl_2	—	没有观察到变化	没有观察到变化
YSO_4	X 被红棕色固体覆盖	—	Z 被红棕色固体覆盖
ZSO_4	黑色沉淀物	没有观察到变化	—

细看上表，回答下列问题。

（1）写出上表涉及的化学反应的名称；

（2）写出 X 与 YSO_4 的化学反应方程式；

（3）由低到高排列这三种金属的活动性。

复习题一

一、选择题（在下列每小题给出的四个选项中，只有一个是正确的，请将正确选项前的字母填在题后的括号内）

1. 下列说法中错误的是（   ）。

A. 分子是构成物质的一种微粒

B. 水分子能保持水的化学性质

C. 含有相同中子数的原子，一定是同一类原子

D. 原子是化学变化中的最小微粒

2. 下列物质不属于纯净物的是（   ）。

A. 氯化钠晶体   B. 胆矾   C. 氨水   D. 液氯

3. 下列物质中不属于单质的是（　　　）。

A. C_{60} 　　　　　B. 己烷 　　　　　C. 石墨 　　　　　D. 金刚石

4. 在化学反应中，反应前与反应后相比较，肯定不变的是（　　　）。

①元素的种类；②原子的种类；③分子的数目；④原子的数目；⑤反应前物质的质量总和与反应后物质的质量总和；⑥如果在水溶液中反应，反应前与反应后阳离子所带的正电荷总数。

A. ①②③④ 　　　　B. ①②⑤⑥ 　　　　C. ①②④⑤ 　　　　D. ②③⑤⑥

5. 下列各组物质中，不易通过物理性质鉴别的是（　　　）。

A. 酒精和汽油 　　　　　　　　B. 水和澄清石灰水

C. 氯化铁和氯化铜 　　　　　　D. 氯水和溴水

6. 化学与生活密切相关，下列日常生活小窍门中涉及化学反应的是（　　　）。

A. 用醋除去水壶内壁上的水垢 　　　B. 用肥皂润滑箱包上的拉链

C. 用活性炭去除冰箱中的异味 　　　D. 用汽油清除衣服上的油漆

7. 假如元素 X 的化合价是 +5 价，下列化学式正确的是（　　　）。

A. K_2XO_4 　　　B. $Ca(XO_3)_2$ 　　　C. PX_5 　　　D. X_2O_4

8. 某种氮的氧化物中氮元素与氧元素的质量比是 7∶20，则氮的化合价是（　　　）价。

A. +2 　　　　　B. +3 　　　　　C. +4 　　　　　D. +5

9. 在 A + B ══ C + D 的反应中，7 克的 A 和 10 克的 B 恰好完全反应生成 8 克的 D，则生成 C 的质量是（　　　）。

A. 7 克 　　　　B. 8 克 　　　　C. 9 克 　　　　D. 10 克

10. 根据质量守恒定律，反应式 $X_2Y + Z$ ══ $2X + W$，则 W 的分子式是（　　　）。

A. ZY_3 　　　B. ZY_2 　　　C. ZY 　　　D. Z_2Y

11. 下列物质属于氧化物的是（　　　）。

A. $KClO_3$ 　　　B. H_2O 　　　C. HNO_3 　　　D. KOH

12. 下列物质的俗名和化学式不相符的是（　　　）。

A. 生石灰——CaO 　　　　　　B. 熟石灰——$Ca(OH)_2$

C. 纯碱——NaOH 　　　　　　D. 石灰石——$CaCO_3$

13. 下列物质中肯定为纯净物的是（　　　）。

A. 只由一种元素组成的物质

B. 只由一种原子组成的物质

C. 只由一种分子组成的物质

D. 只由一种元素的阳离子与另一种元素的阴离子组成的物质

14. 下列各组物质按酸、碱、盐的顺序分类，排列正确的是（　　　）。

A. 硫酸、纯碱、石灰石 　　　　　B. 氢硫酸、烧碱、绿矾

C. 碳酸、乙醇、醋酸钠 　　　　　D. 磷酸、熟石灰、苛性钾

15. 下列关于氧化物的叙述正确的是（　　　）。

A. 酸性氧化物都可以跟强碱水溶液反应

B. 跟水反应可生成酸的氧化物都是酸性氧化物

C. 金属氧化物都是碱性氧化物

D. 不能跟酸反应的氧化物一定能和碱反应

16. 下列反应不属于置换反应的是（　　　）。

A. $CuO + CO \xlongequal{} Cu + CO_2$　　　　　　B. $2Mg + CO_2 \xlongequal{} 2MgO + C$

C. $3Fe + 4H_2O \xlongequal{} Fe_3O_4 + 4H_2$　　　　D. $2Al + 3H_2SO_4 \xlongequal{} Al_2(SO_4)_3 + 3H_2 \uparrow$

17. 下列各组金属，按化学活动性由强到弱的顺序排列的是（　　　）。

A. Ag、Zn、Mg　　　B. Al、Fe、Cu　　　C. Fe、Al、Zn　　　D. Cu、Zn、Al

18. 下列各组金属中，前面的金属依次将后面的金属从它的盐溶液中置换出来，并都能置换出酸中的氢的是（　　　）。

A. Al、Mg、Zn　　　B. Mg、Zn、Fe　　　C. Zn、Fe、Cu　　　D. Cu、Hg、Au

19. 下列物质混合，不能发生反应的是（　　　）。

A. 盐酸与碳酸钠　　　　　　　　　　　B. 盐酸与氯化钠

C. 氢氧化钠溶液与氯化铜溶液　　　　　D. 氢氧化钙溶液与碳酸钠溶液

20. 下列物质中，不能用金属和酸直接反应来制备的是（　　　）。

A. $ZnCl_2$　　　　　B. $Al_2(SO_4)_3$　　　　　C. $Fe(NO_3)_3$　　　　　D. $CuCl_2$

二、填空题

1. 分子是_____的一种微粒，原子是_____中的最小微粒。分子、原子和离子都是构成_____的微粒。

2. 在①烧碱、②纯碱、③生石灰、④二氧化碳、⑤三氧化硫的水溶液、⑥磷酸二氢钾、⑦$Cu_2(OH)_2CO_3$等物质中，_____是酸性氧化物；_____是碱性氧化物；_____是酸；_____是碱；_____是正盐；_____是酸式盐；_____是碱式盐。

3. 用化学用语填空：①氮气_____；②氦气_____；③水银_____；④2个氢原子_____；⑤2个镁离子_____；⑥锰酸钾_____；⑦2个过氧化氢分子_____；⑧4个重铬酸根离子_____；⑨m个次氯酸根离子_____；⑩n个硫酸_____。

4. 在①生铁、②氧气、③汽油、④碘酒、⑤氯化钠晶体、⑥甲烷、⑦金刚石、⑧明矾等物质中属于单质的是_____，属于化合物的是_____，属于混合物的是_____。

5. 从 H、O、C、Na 四种元素中，按要求选择适当的元素组成下列物质，写出相应的化学式。①碱性氧化物_____；②碱_____；③酸性氧化物_____；④酸_____；⑤酸式盐_____；⑥正盐_____。

6. 在①铁生锈、②汽油挥发、③矿石粉碎、④酒精燃烧、⑤冰融化、⑥炸药爆炸、⑦森林火灾、⑧蜡烛熔化等变化中，属于物理变化的有_____；属于化学变化的有_____。

三、简答题

1. 食品包装袋中有一个小纸袋，上面写着"石灰干燥剂"。

（1）"石灰干燥剂"的主要成分石灰是_____（填化学式），石灰所属的物质类型有_____（填序号）。

①金属氧化物；②碱性氧化物；③碱；④碱性干燥剂；⑤纯净物；⑥化合物；⑦盐。

（2）生石灰可做干燥剂的理由是（用化学方程式表示）：

_____

（3）你认为下列内容中必须在这种小纸袋上注明的是＿＿＿＿＿＿＿＿＿（填序号）。

①禁止食用；②可以食用；③禁止未成年人用手拿；④生产日期。

（4）小纸袋中的物质能否长期做干燥剂？为什么？

＿＿＿＿＿＿＿＿＿＿＿＿＿＿＿＿＿＿＿＿＿＿＿＿＿＿＿＿＿＿＿＿＿＿＿＿＿

（5）某同学将浓硫酸、氢氧化钠固体、生石灰等物质划分为一类。该同学的分类依据
为＿＿＿＿＿＿＿＿＿（填字母）。

A. 酸类　　　　　B. 碱类　　　　　C. 氧化物　　　　　D. 干燥剂

2. 按要求写出下列反应的化学方程式。

（1）写出三个产生二氧化碳的化学方程式：

①化合反应；②分解反应；③复分解反应。

（2）写出三个有氧气生成的分解反应。

（3）写出有氢气参加（或生成）的化学方程式：

①化合反应；②分解反应；③置换反应。

（4）写出有水生成的化学方程式：

①化合反应；②分解反应；③复分解反应。

3. 从水、锌、三氧化硫、硫酸、氢氧化钙、氢氧化铜、碳酸钠等物质中选择符合下列
条件的物质，按要求写出反应的化学方程式。

（1）两种物质反应，生成不支持燃烧的气体；

（2）中和反应，生成蓝色溶液；

（3）化合反应，生成物的 pH <7；

（4）两种物质反应，生成氢气；

（5）两种物质反应，生成氢氧化钠。

4. 下列五连环中填入了 5 种物质，相连环物质间能发生反应，不相连环物质间不能发
生反应。

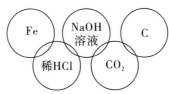

请回答下列问题。

（1）五连环中发生的反应中：

①写出属于置换反应的化学方程式；

②写出属于复分解反应的化学方程式；

③写出属于化合反应的化学方程式。

（2）写出 CO_2 与 NaOH 溶液反应的化学方程式。

（3）上述反应中属于氧化还原反应的有多少个？

第二章　化学量和溶液浓度

在实验室或工农业生产中经常要称量化学药品，要配制一定浓度的溶液，而物质间发生的化学反应是原子、离子或分子之间按一定的数目关系进行的，如何在这些药品的重量、体积、溶液浓度等与微观粒子之间建立起联系，是本章要解决的主要问题。

第一节　化学量

一、相对原子质量

我们知道，原子的质量很小，这给实际应用带来了很多不便，为了便于书写、记忆和应用，通常采用原子质量的相对值。

国际上以碳 – 12（$_6^{12}C$）原子的质量的 $\frac{1}{12}$ 作为标准，其他元素原子的质量跟它相比较所得的数值，称为该元素的相对原子质量（relative atomic mass）。相对原子质量是比值，没有单位。

例如：一个 $_6^{12}C$ 原子质量的 $\frac{1}{12}$ 等于 $1.66 \times 10^{-27} kg$，1 个钠原子的质量是 $3.8 \times 10^{-26} kg$，那么钠的相对原子质量 $= \frac{3.8 \times 10^{-26}}{1.66 \times 10^{-27}} \approx 23$，用同样的方法可以计算出其他元素原子的相对原子质量。

二、式量

式量（formula weight）是化学式中各原子的相对原子质量的总和，适用于以分子形式存在或不以分子形式存在的所有物质。只要有确定的化学式，就可以计算出该物质的式量。

例如：HNO_3 的式量 $= 1 \times 1 + 1 \times 14 + 3 \times 16 = 63$

$\qquad$ NaOH 的式量 $= 1 \times 23 + 1 \times 16 + 1 \times 1 = 40$

$\qquad$ Na_2SO_4 的式量 $= 2 \times 23 + 1 \times 32 + 4 \times 16 = 142$

由分子组成的物质其式量也就是相对分子质量（relative molecular mass）。如水的式量也就是水的相对分子质量，其数值为 18。

式量和相对分子质量都是相对值，没有单位。

三、物质的量

物质的量（amount of substance）是国际单位制的基本物理量，如同质量、时间、电流等 7 个基本物理量一样。物质的量的单位是摩尔（mole），简称摩，符号是 mol。表 2 - 1 中列出了国际单位制的 7 个基本物理量和单位。

表 2 - 1　国际单位制（SI）的 7 个基本物理量和单位

物理量	单位名称	单位符号	物理量	单位名称	单位符号
长度	米	m	热力学温度	开［尔文］	K
质量	千克（公斤）	kg	物质的量	摩［尔］	mol
时间	秒	s	发光强度	坎［德拉］	cd
电流	安［培］	A			

物质的量是表示含有一定数目粒子的集体。科学实验研究表明，每摩尔物质含有阿伏伽德罗常数（Avogadro constant）个微粒。12 克（即 1 摩尔）的碳含有的碳原子数就是阿伏伽德罗常数，经实验测得其数值约为 6.02×10^{23}。

例如：1 摩尔碳原子含 6.02×10^{23} 个碳原子；

　　　1 摩尔氧原子含 6.02×10^{23} 个氧原子；

　　　1 摩尔氢氧根离子含 6.02×10^{23} 个氢氧根离子。

即：含有 6.02×10^{23} 个微粒的物质的量是 1 摩尔。那么，物质的量、物质所含微粒数和阿伏伽德罗常数之间的关系可以表示为：

$$物质的量（摩尔）= \frac{物质所含微粒数（个）}{阿伏伽德罗常数（个/摩尔）}$$

也可以表示为：$n = \dfrac{N}{N_A}$（式中，n 代表物质的量，单位是 mol；N 代表物质所含微粒数；N_A 代表阿伏伽德罗常数，其数值是 6.02×10^{23}）。

四、摩尔质量

1 摩尔不同的物质中所含的微粒数相同，但不同微粒的质量不同，所以 1 摩尔不同物质的质量也不同。1 摩尔物质的质量叫做摩尔质量（molar mass），其单位是克/摩尔，符号为 g/mol。

例如 1 个碳原子的质量是 1.992×10^{-26} kg，则 1mol 碳原子的质量是：

$$1.992 \times 10^{-26} kg \times 1\,000g/kg \times 6.02 \times 10^{23} \approx 11.99g \approx 12g$$

这在数值上跟碳的相对原子质量相等。用同样的方法计算其他原子的摩尔质量可以得出相同的结论：1 摩尔任何原子的质量就是以克为单位，在数值上等于该原子的相对原子质量。1 摩尔有确定化学组成的物质，其摩尔质量等于以克表示的式量。

例如：1mol 碳原子的质量是 12g，碳的摩尔质量是 12g/mol；

　　　1mol 氧原子的质量是 16g，氧原子的摩尔质量是 16g/mol；

1mol 二氧化碳的质量是 44g，二氧化碳的摩尔质量是 44g/mol。

物质的量、物质的质量和摩尔质量的关系可以表示为：

$$物质的量（摩尔）= \frac{物质的质量（克）}{摩尔质量（克/摩尔）}$$

也可以表示为：$n = \dfrac{m}{M}$（式中，n 代表物质的量，单位是 mol；m 代表物质的质量，单位是 g；M 代表物质的摩尔质量，单位是 g/mol）。

五、气体摩尔体积

物质的体积大小，取决于构成该物质的粒子数目、粒子的大小和粒子之间的距离等因素。固体和液体的体积主要是由构成固体和液体的基本粒子的大小决定的。不同的固体和液体的基本粒子不同，其大小也不同，所以，相同量的固体和液体的体积不一定相同。例如，1mol 水的体积是 18mL，1mol 纯硫酸的体积是 54.1mL，1mol 铝的体积是 10mL。

我们知道，气体的体积比固体和液体的体积更容易被压缩。这说明气体分子间的距离比较大。一般地，气体分子的直径约为 4×10^{-10} m，而气体分子间的平均距离是气体分子直径大小的 10 倍。所以，气体体积的大小主要取决于气体分子间的平均距离，气体分子的体积跟整个气体体积相比，可以忽略不计。在温度和压强一定的条件下，各种气体分子间的平均距离几乎是相同的，气体体积的大小随着分子数的多少而改变，当分子数相同时，体积也就相同。

例如：1mol 氧气在标准状况下的体积约为 22.4L；

1mol 二氧化碳在标准状况下的体积约为 22.4L；

1mol 氯化氢气体在标准状况下体积约为 22.4L。

实验证明，在标准状况下，1mol 任何气体所占的体积都约为 22.4L，这个体积叫做气体摩尔体积（molar volume of gas）。单位是升/摩尔，符号为 L/mol。标准状况是指 0℃（273K）和 1 个标准大气压（101kPa）。

气体分子间的距离跟温度、压强等外界条件有关，当温度越高时，分子间距离越大，气体体积越大；当压强越大时，分子间距离越小，气体体积也越小。因此，当外界条件不同时，相同量的气体的体积也不同。例如，在 300K、101kPa 时气体摩尔体积为 24L/mol。物质的量、气体的体积和气体摩尔体积的关系可以表示为：

$$物质的量（摩尔）= \frac{气体的体积（升）}{气体摩尔体积（升/摩尔）}$$

也可以表示为：$n = \dfrac{V}{V_m}$（式中，n 代表物质的量，单位是 mol；V 代表气体的体积，单位是 L；V_m 代表气体摩尔体积，单位是 L/mol，在标准状况下 $V_m = 22.4$L/mol）。

阿伏伽德罗定律（Avogadro law）：在相同的温度和相同的压强下，相同体积的任何气体都含有相同数目的分子。

由阿伏伽德罗定律可以得出，在同温、同压下，气体的物质的量之比等于气体的体积比。

例题 1 根据硫酸（H_2SO_4）的化学式计算：

（1）式量 = _____；

（2）氢、氧、硫的原子个数比 = _____；

（3）氢、氧、硫三种元素的质量比 = _____；

（4）氧元素的质量分数 = _____。

解析：（1）式量指 H_2SO_4 中各原子的相对原子质量之和；H_2SO_4 式量 $= 2 \times 1 + 4 \times 16 + 1 \times 32 = 98$。

（2）在 H_2SO_4 中含有 2 个氢原子、4 个氧原子和 1 个硫原子；氢、氧、硫的原子个数比 $= 2 : 4 : 1$。

（3）各元素的质量等于各元素的原子个数乘以该元素的相对原子质量；氢、氧、硫三种元素的质量比 $= 2 \times 1 : 4 \times 16 : 1 \times 32 = 1 : 32 : 16$。

（4）在化合物中某元素的质量分数等于该元素的质量占化合物总质量的百分数，在 H_2SO_4 中氧元素的质量分数 $= \dfrac{4 \times 16}{2 \times 1 + 1 \times 32 + 4 \times 16} \times 100\% \approx 65.3\%$。

答：（1）98；（2）2：4：1；（3）1：32：16；（4）65.3%。

例题 2　34g NH_3 与多少克 H_2SO_4 所含的分子数目相同？

解析：物质的量相同，物质所含的微粒数就相同。

34g NH_3 的物质的量 $= \dfrac{34g}{17g/mol} = 2mol$，要使 H_2SO_4 所含的分子数目与 2mol 的 NH_3 所含分子数目相同，则 H_2SO_4 也要 2mol。2mol H_2SO_4 的质量 $= 2mol \times 98g/mol = 196g$。

也可以通过数学式来计算，设 xg H_2SO_4 与 34g NH_3 所含的分子数目相同，则

$$\frac{x}{98} = \frac{34}{17}$$

解得 $x = 196$

答：34g NH_3 与 196g H_2SO_4 所含的分子数目相同。

例题 3　0.2mol 二氧化碳的质量是_____克，它含有_____个分子，在标准状况下的体积为_____。

解析：物质的量与物质的质量、物质所含微粒数以及气体体积之间的关系可以用公式表示为：$n = \dfrac{m}{M} = \dfrac{N}{N_A} = \dfrac{V}{V_m}$。

1mol 二氧化碳的质量 $= 44g$，标准状况下 1mol 气体体积 $= 22.4L$。

所以 0.2mol 二氧化碳的质量 $= 0.2mol \times 44g/mol = 8.8g$。

0.2mol 二氧化碳含的分子数目 $= 0.2$ 摩尔 $\times 6.02 \times 10^{23}$ 个/摩尔 $= 1.204 \times 10^{23}$ 个。

0.2mol 二氧化碳在标准状况下的体积 $= 0.2mol \times 22.4L/mol = 4.48L$。

答：8.8；1.204×10^{23}；4.48L。

例题 4　在标准状况下，1L 某种气体的质量为 1.43g，试计算这种气体的式量。

解：已知标准状况下气体的密度，计算气体的摩尔质量的公式可以表示为：

$$M = V \times \rho = 22.4\rho$$

$$M = 22.4L/mol \times 1.43g/L \approx 32g/mol$$

该气体的式量在数值上与摩尔质量相等，没有单位，即 32。

答：该气体的式量是 32。

例题 5　将镁、铝、铜混合物 6g 放入足量稀硫酸中，在标准状况下收集到 5.6L H_2，

溶液中残留的未溶解的金属0.9g，求混合物中三种金属的质量分数。

解： 铜的质量 =0.9g，镁和铝的质量 =6g−0.9g=5.1g。

设镁的质量为xg，与稀硫酸反应在标准状况下生成 H_2的体积为yL；则铝的质量为$(5.1−x)$g，在标准状况下生成 H_2的体积为 $(5.6−y)$L。则：

$$Mg + H_2SO_4 \Longrightarrow MgSO_2 + H_2 \uparrow$$

$$24 \qquad\qquad\qquad\qquad 22.4$$

$$x \qquad\qquad\qquad\qquad y$$

$$2Al + 3H_2SO_4 \Longrightarrow Al_2(SO_4)_3 + 3H_2 \uparrow$$

$$2 \times 27 \qquad\qquad\qquad\qquad 3 \times 22.4$$

$$5.1−x \qquad\qquad\qquad\qquad 5.6−y$$

由上述两个方程式中各种反应物与生成物之间的关系可以得到：

$$\begin{cases} \dfrac{x}{24} = \dfrac{y}{22.4} \\[3mm] \dfrac{5.1−x}{2 \times 27} = \dfrac{5.6−y}{3 \times 22.4} \end{cases}$$

解上述方程组得：$x=2.4$，$y=2.24$

镁、铝、铜三种金属的质量分别为：2.4g、2.7g、0.9g。

所以三种金属的质量分数分别为：

$$Mg\% = \frac{2.4}{6} \times 100\% = 40\%$$

$$Al\% = \frac{2.7}{6} \times 100\% = 45\%$$

$$Cu\% = \frac{0.9}{6} \times 100\% = 15\%$$

答： 混合物中镁、铝、铜三种金属的质量分数分别为：40%、45%、15%。

例题6 将3.92g铁粉加到含氯化氢（HCl）7.41g 的盐酸中，充分反应后，在标准状况下产生氢气多少升？

解： 设3.92g 铁粉能与含xg 的 HCl 的盐酸完全反应，则

$$Fe + 2HCl \Longrightarrow FeCl_2 + H_2 \uparrow$$

$$56 \qquad 2 \times 36.5$$

$$3.92 \qquad\quad x$$

$$x = \frac{2 \times 36.5 \times 3.92}{56} = 5.11 < 7.41$$

所以，盐酸过量。应根据铁粉的质量来计算生成氢气的体积。

设3.92g 铁粉跟过量的盐酸完全反应，在标准状况下生成氢气的体积为y。

$$Fe + 2HCl \Longrightarrow FeCl_2 + H_2 \uparrow$$

$$56 \qquad\qquad\qquad\quad 22.4$$

$$3.92 \qquad\qquad\qquad\quad y$$

$$y = \frac{22.4 \times 3.92}{56} = 1.568$$

答： 在标准状况下产生氢气1.568L。

思考题

1. 计算各 10g 下列物质的物质的量。

（1） $Ca(OH)_2$；（2） H_2；（3） SO_3。

2. 计算 1mol 下列物质中所含氧元素的质量。

（1） $KClO_3$；（2） $KMnO_4$；（3） $Ba(OH)_2$。

3. 什么是标准状况？在标准状况下，0.5mol 任何气体的体积大约为多少升？

4. 2mol O_3 和 3mol O_2 的质量是否相等，分子数之比为多少，含氧原子的数目之比为多少，在相同条件下的体积比为多少？

5. 请写出同温同压下，质量相同的 N_2、CO_2、Cl_2、CH_4、O_2 五种气体所占的体积由大到小的排列顺序。

6. 4g H_2 与 22.4L（标准状况下）CO_2 相比，所含分子数目较多的是 _____；各 1.5mol 上述两种气体相比较，质量大的是 _____。

7. 成年男子的肺活量为 3 500～4 000mL，成年女子的肺活量为 2 500～3 500mL，肺活量较大的男子与肺活量较小的女子所容纳气体的物质的量之比（在同温同压下）约为多少？

8. 0.01mol 某气体的质量为 0.44g，求该气体的摩尔质量。在标准状况下，该气体的密度是多少？

9. 成人每天从食物中摄取的几种元素的质量大约为：0.8g Ca、0.3g Mg、0.2g Cu 和 0.01g Fe，试求四种元素的物质的量之比。

第二节　溶液的基本概念

一、溶液的组成

一种或一种以上的物质分散到另一种物质里，形成的均匀、稳定的混合物，叫做溶液（solution）。能溶解其他物质的物质称为溶剂（solvent），被溶解的物质称为溶质（solute）。所以，溶液是由溶剂和溶质组成的。溶剂一般是液体，溶质可以是固体、液体或气体。两种液体互相溶解时，通常将量多的称为溶剂，量少的称为溶质。

水能溶解很多种物质，是一种最常用的溶剂。汽油、酒精等也可以做溶剂，如汽油能溶解油脂，酒精能溶解碘，等等。通常在不指明溶剂时，可认为是以水做溶剂。同一种物质在不同溶剂中的溶解性是不同的，不同的物质在同一溶剂中的溶解性也是不同的。

二、物质的溶解

物质以分子或离子的形态均匀地分散到另一种物质里的过程，称为溶解（dissolution）。物质在溶解时，通常包含两个过程，一是溶质质点在溶剂中的分散（即克服溶质质点间的相互吸引和这些质点在溶剂中的扩散），这一过程要吸收热量；二是溶质质点和溶剂质点间的结合（即溶剂化），这一过程则要放出热量。物质溶解时，溶液的温度是升高还是降低，要由在这两种过程里，是放出的热量大于吸收的热量，还是吸收的热量大于放出的热量而定。例如，硫酸溶解在水里时，放出的热量大于吸收的热量，溶液的温度升高；而硝酸铵溶解时，吸收的热量大于放出的热量，溶液的温度降低。

三、固体物质的溶解度

在一定温度下，某种物质在 100g 溶剂里达到饱和时所溶解的质量，叫做这种物质在这种溶剂里的溶解度（solubility）。如果没有指明溶剂，通常所说的溶解度就是指物质在水里的溶解度。

例如，在 20℃时，100g 水里最多能溶解 36g 氯化钠，就是说 20℃时，食盐的溶解度为 36g。又如，在 20℃时，氯酸钾的溶解度是 7.4g，就表示在 20℃时，100g 水中溶解 7.4g 氯酸钾时溶液达到了饱和状态。大部分固态物质的溶解度随温度的升高而增大，如氯化铵、硝酸钾等；少数物质的溶解度受温度影响不大，如氯化钠；极少数物质的溶解度随温度的升高而减小，如熟石灰。人们利用物质在不同温度下溶解度的差异来提纯和分离物质。

溶解度曲线：用纵坐标表示溶解度，横坐标表示温度，根据溶质在不同温度时的溶解度，可

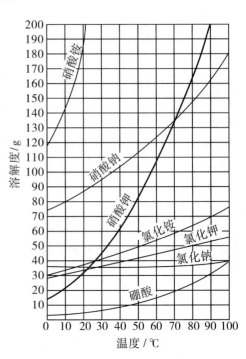

图 2-1　物质的溶解度曲线

以画出溶质的溶解度随温度变化的曲线，这种曲线叫做溶解度曲线（见图 2 – 1）。

根据物质在水里溶解度的不同，通常把它们分成易溶、可溶、微溶、难溶四类（见表 2 – 2）。绝对不溶于水的物质是没有的，习惯上把"难溶"称为"不溶"。

表 2 – 2　物质的溶解性

溶解性	溶解度（20℃）	实例
易溶	>10g	NaCl、NaNO₃
可溶	>1g	KClO₃、KMnO₄
微溶	<1g	Ca(OH)₂、CaSO₄
难溶（不溶）	<0.01g	AgCl、BaSO₄

四、溶解平衡

大多数物质在一定量溶剂中溶解时，都有一定的限度，也就是达到该温度下的溶解度就不能再溶解了。如在0℃时，100g 水中最多可溶解 KNO_3 13.3g 或 NaCl 35.7g 等。那么，为什么物质在溶解时都有一定的限度呢？这要从溶解过程的另一特征——可逆性上来分析原因。

大多数物质的溶解过程是一个可逆过程，也就是物质在进行溶解的同时，也在进行结晶。例如：把食盐放在水中，食盐固体表面的 Na^+ 和 Cl^- 在水分子的作用下，进入液相成为溶质。溶解在水中的 Na^+ 和 Cl^-，在运动中又不断地在未溶解的氯化钠晶体表面聚集成为晶体，这就是结晶过程。刚开始，溶解速率大于结晶速率，所以从表面看，食盐晶体不断溶解。随着溶液中 Na^+ 和 Cl^- 浓度的增大，溶解速率不断减小，直到溶解速率等于结晶速率时，氯化钠晶体不再减少，溶液中 Na^+ 和 Cl^- 的浓度不再发生变化，即达到溶解平衡。在一定温度下达成溶解平衡的溶液，其浓度也不会再改变，也就是从宏观上来说，食盐固体的溶解"停止"了。这就是物质溶解有一定限度的原因。溶解平衡可表示如下：

$$未溶解的固体 \underset{结晶}{\overset{溶解}{\rightleftharpoons}} 溶液中的溶质$$

一定温度下，在一定的溶剂里不能再溶解某种溶质的溶液，叫做这种溶质的饱和溶液（saturated solution）；还能继续溶解某种溶质的溶液，叫做这种溶质的不饱和溶液（unsaturated solution）。饱和溶液和不饱和溶液在条件改变时，可以互相转变。例如：增加溶剂的量或改变温度，可以使饱和溶液变成不饱和溶液。

五、过饱和溶液

我们已经知道，大部分物质的溶解度是随温度升高而增大的。在一个比较高的温度下，用这样的物质配制饱和溶液，并将过剩的未溶固体滤除，然后使溶液缓慢地冷却至室温，这时溶液中所溶解的溶质量已超过室温时的溶解度，但尚未析出晶体，此时的溶液就称为过饱和溶液（oversaturated solution）。

过饱和溶液之所以能够存在，其原因是溶质不容易在溶液中形成结晶中心，即晶核（crystal nucleus）。因为每一晶体都有一定的排列规则，要有结晶中心，才能使原来做无秩序运动的溶质质点集合起来，并且按照这种晶体所特有的次序排列起来。不同的物质，实现这种规则排列的难易程度不同，有些晶体要经过相当长的时间才能自行产生结晶中心，因此，有些物质的过饱和溶液看起来还是比较稳定的。但从总体上来说，过饱和溶液处于不平衡的状态，是不稳定的，若受到振动或者加入溶质的晶体，则溶液里过量的溶质就会析出而成为饱和溶液，即转化为稳定状态，这说明过饱和溶液没有饱和溶液稳定，但还有一定的稳定性。因此，这种状态又叫介稳状态。

例题 1 下列有关溶液的说法，正确的是（　　　）。

A. 凡是均一、稳定的液体都是溶液

B. 所有溶液中的溶剂都是水

C. 所有固体物质的溶解度都随温度的升高而增加

D. 20℃时，136g 饱和食盐水中含 36g NaCl，则 20℃时 NaCl 的溶解度为 36g

解析：A 项中均一、稳定的液体还有可能是单一的溶剂，如水；B 项中溶剂可以是水，也可以是其他的液体、气体或固体；C 项中大多数固体物质的溶解度随温度的升高而增大，少数物质如 $Ca(OH)_2$ 的溶解度随温度的升高而降低；D 项根据溶解度的概念，136g 饱和食盐水所含溶质为 36g，溶剂为 100g。

答：D。

例题 2 右图是 A、B、C 三种物质的溶解度曲线，试填空回答：

（1）80℃时，A、B、C 三种物质的溶解度由大到小的顺序为_____。

（2）在_____℃时，A、B、C 三种物质的溶解度相等，其数值为_____g。

（3）M 点表示在_____℃时，在_____g 水中最多能溶解_____g 的 A 物质。

（4）将 80℃时 A、B、C 三种物质的饱和溶液温度降低到 20℃，变成不饱和溶液的是_____。

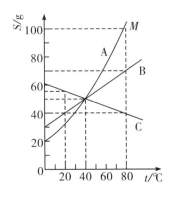

解：由溶解度曲线可看出，A、B 物质的溶解度随温度升高而增大，C 物质的溶解度随温度升高而降低，当三条曲线相交时，表示该温度下的溶解度相等。利用溶解度的差异可用重结晶法提纯物质。

答：(1) A > B > C；(2) 40　50；(3) 80　100　100；(4) C。

思考题

1. 指出下列溶液中的溶质是什么物质。

（1）澄清石灰水；（2）氯化钠溶液；（3）稀硫酸溶液；（4）锌与稀硫酸恰好完全反应后的溶液。

2. 要使接近饱和的 KNO_3 溶液，在不增加溶液质量的前提下变成饱和溶液，可以采用什么方法？

3. 请用所学知识解释民间谚语"夏天晒盐，冬天捞碱"。

4. 生理盐水是医疗上常用的一种溶液，合格的生理盐水是无色透明的，一瓶合格的生理盐水密封放置一段时间后，是否会出现浑浊现象？为什么？

5. 请用所学知识解释下列现象。
（1）在实验室里，常常将固体药品配制成溶液进行化学反应，以提高反应速率。
（2）用汽油或加了洗涤剂的水都能除去衣服上的油污。

6. 在许多情况下，人们希望能够较快地溶解某些固体物质，请以冰糖晶体溶于水为例，说明哪些方法可以加快冰糖晶体在水中的溶解，并说明理由。

7. 甲、乙、丙三种物质的溶解度曲线如右图所示。据图回答：
（1）50℃时，乙物质的溶解度是多少克？
（2）写出 30℃时，三种物质的溶解度由大到小的排列顺序。
（3）要使接近饱和的丙物质溶液变为饱和，可采取哪些措施？
（4）50℃时，将等质量的甲、乙、丙三种物质的饱和溶液同时降温至 10℃，析出晶体最多的是哪种物质？

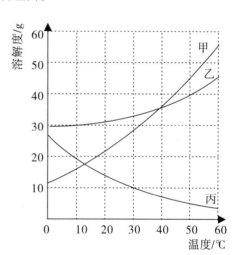

第三节　溶液的浓度

一定量的溶液里所含溶质的量叫做溶液的浓度（concentration）。表示溶液浓度的方法很多，常用的有溶质的质量分数、物质的量浓度和体积比浓度等。

一、溶质的质量分数（w_B）

溶质的质量分数是表示溶液组成的一种方法，其定义为溶质的质量与溶液的质量之比，一般用百分数表示。计算公式为：

$$溶质的质量分数 = \frac{溶质质量}{溶液质量} \times 100\% = \frac{溶质质量}{溶质质量 + 溶剂质量} \times 100\%$$

或 $$溶质的质量分数 = \frac{溶质质量}{溶液体积 \times 溶液密度} \times 100\%$$

二、物质的量浓度（c_B）

以单位体积溶液里所含溶质 B 的物质的量来表示溶液组成的物理量，叫做溶质 B 的物质的量浓度，符号为 c_B。单位是摩尔/升（mol/L）或摩尔/立方分米（mol/dm^3）。计算公式为：

$$物质的量浓度 = \frac{溶质的物质的量}{溶液的体积}$$

可表示为： $$c_B = \frac{n_B}{V}$$

三、体积比浓度

体积比浓度是以两种液体的体积比来表示的浓度。如 1：10 的硫酸溶液即为用 1 体积硫酸（含 98% 的硫酸，密度为 1.98g/mL）和 10 体积水配制成的溶液。也可以用其中一种液体的体积分数来表示，例如医疗上使用的酒精溶液，可用 70 体积的酒精和 30 体积的水配制而成，该溶液中酒精的体积分数为 70%。体积比浓度常用于农药的配制等。

1. 有关溶质质量分数的计算

例题 1   200mL 硫酸溶液含有纯 H_2SO_4 86.8g，其密度为 1.24g/mL，求此硫酸溶液的质量分数。

解：这种硫酸溶液的质量分数 $w_B = \dfrac{溶质质量}{溶液体积 \times 溶液密度} \times 100\%$

$$= \frac{86.8g}{200mL \times 1.24g/mL} \times 100\%$$

$$= 35\%$$

答：这种硫酸溶液的质量分数是 35%。

例题 2   欲配制 20% 的 Na_2CO_3 溶液 600g，需 4% 的 Na_2CO_3 溶液和无水 Na_2CO_3 固体各多少克？

解：设需 4% 的 Na_2CO_3 溶液的质量为 xg，无水 Na_2CO_3 固体的质量为 yg。

根据配制前溶液的质量×配制前溶液中溶质的质量分数＝配制后溶液的质量×配制后溶液中溶质的质量分数，得

$$y + 4\% \times x = 600g \times 20\% \tag{1}$$
$$y + x = 600g \tag{2}$$

由（1）和（2）联立解方程得：$x = 500g$，$y = 100g$

答：需要 4% 的 Na_2CO_3 溶液 500g 和无水 Na_2CO_3 固体 100g。

2. 溶质的质量分数与溶解度的换算

例题 3   KCl 在 20℃ 时的溶解度是 34g，求该温度下，KCl 饱和溶液的溶质的质量分数。

解：某种物质的溶解度（用 S 表示）是指一定温度下 100g 溶剂中最多能够溶解该种溶质的质量。其公式表示为：

$$\frac{S}{100} = \frac{溶质的质量}{溶剂的质量}$$

由溶解度和溶质的质量分数的概念可以得到：

溶液中 KCl 的质量分数 $w_B = \frac{S}{100g + S} \times 100\% = \frac{34g}{134g} \times 100\% \approx 25.37\%$

答：20℃时 KCl 饱和溶液的溶质的质量分数为 25.37%。

3. 溶质的质量分数在化学反应方程式中的计算

例题 4　将 3.92g 铁粉加到 120mL 6.0% 的盐酸（密度为 1.03g/mL）中。

（1）分别计算加入的铁粉和盐酸的量各是多少摩尔；

（2）求在标准状况下产生氢气的体积。

解：（1）$n(\text{Fe}) = \frac{3.92g}{56g/mol} = 0.070mol$

$$n(\text{HCl}) = \frac{1\,000mL/L \times 1.03g/mL \times 6.0\%}{36.5g/mol} \times 0.120L$$

$$\approx 0.203mol$$

（2）反应中盐酸过量，则

$$n(\text{H}_2) = n(\text{Fe}) = 0.070mol$$

产生 H_2 的体积 = 0.070mol × 22.4L/mol = 1.568L

答：铁粉和盐酸的量分别为 0.070mol 和 0.203mol；标准状况下产生氢气的体积为 1.568L。

4. 有关物质的量浓度的计算

例题 5　将 1.52g 氯化镁溶于水，并加水使溶液最后体积为 250.0mL，求该溶液的物质的量浓度是多少。

解：MgCl_2 的摩尔质量是 95g/mol。1.52g MgCl_2 的物质的量是：$\frac{1.52g}{95g/mol} = 0.016mol$

所以此溶液的物质的量浓度是：$\frac{0.016mol}{0.25L} = 0.064mol/L$

答：该溶液的物质的量浓度是 0.064mol/L。

5. 溶质的质量分数与物质的量浓度之间的换算

例题 6　某浓硝酸的质量分数为 65%，其密度为 1.4g/mL。

（1）计算该浓硝酸的物质的量浓度；

（2）要配制 100mL 3.0mol/L 的硝酸溶液，计算所需这种浓硝酸的体积。

解：物质的量浓度是以单位体积溶液作为标准的，所以只要求出 1L 溶液里所含溶质的物质的量，就可以求出该浓硝酸的物质的量浓度。

（1）解法一：

1L 浓硝酸的质量是：1 000mL × 1.4g/mL = 1 400g

1L 浓硝酸中溶质的质量是：1 400g × 65% = 910g

HNO_3 的摩尔质量是 63g/mol，1L 硝酸溶液中 HNO_3 的物质的量是：$\frac{910g}{63g/mol} \approx 14mol$

$c(\text{HNO}_3) = 14mol/L$

解法二：

将题目中所给数据直接代入公式，得：

$$物质的量浓度 = \frac{1\,000\text{mL/L} \times 密度 \times 溶质的质量分数}{溶质的摩尔质量}$$

$$硝酸的物质的量浓度 = \frac{1\,000\text{mL/L} \times 1.4\text{g/mL} \times 65\%}{63\text{g/mol}} \approx 14\text{mol/L}$$

（2）根据稀释后溶质的物质的量 = 稀释前溶质的物质的量，得：

稀释前溶液的浓度 × 稀释前溶液的体积 = 稀释后溶液的浓度 × 稀释后溶液的体积

由：$c_1 V_1 = c_2 V_2$

$3.0\text{mol/L} \times 100\text{mL} = 14\text{mol/L} \times V_1$

解得 $V_1 \approx 21.4\text{mL}$

答：（1）硝酸的物质的量浓度为 14mol/L；（2）要配制 100mL 3.0mol/L 的硝酸溶液，所需浓硝酸的体积为 21.4mL。

6. 溶质的物质的量浓度在化学反应方程式中的计算

例题 7 100.0mL 0.10mol/L 的硫酸与 50.0mL $Ba(OH)_2$ 溶液恰好完全反应，形成沉淀。

（1）求该硫酸的量是多少摩尔；

（2）计算 50.0mL $Ba(OH)_2$ 溶液的物质的量浓度；

（3）计算此反应中生成沉淀的质量。

解：（1）硫酸的物质的量：$n_1 = 0.1\text{mol/L} \times 0.1\text{L} = 0.01\text{mol}$

（2）设 50.0mL $Ba(OH)_2$ 溶液的物质的量浓度为 c，反应中生成沉淀的物质的量为 n_2。

$$H_2SO_4 \quad + \quad Ba(OH)_2 =\!=\!= BaSO_4 \downarrow + 2H_2O$$

1mol	1mol	1mol
0.01mol	0.05L × c	n_2

解得：$c = 0.2\text{mol/L}$，$n_2 = 0.01\text{mol}$

（3）反应中生成沉淀的质量为：$0.01\text{mol} \times 223\text{g/mol} = 2.23\text{g}$

答：（1）硫酸的物质的量为 0.01mol；（2）$Ba(OH)_2$ 溶液的物质的量浓度为 0.2mol/L；（3）反应中生成沉淀的质量为 2.23g。

思考题

1. 配制 1mol/L 盐酸 300mL，计算需用 6mol/L 盐酸的体积。

2. 将 4g 氢氧化钠固体溶于水，配制成 250mL 溶液，此溶液的物质的量浓度是多少？取出 10mL 此溶液，其中含有氢氧化钠的质量是多少克？将所取的溶液加水稀释到 100mL，稀释后溶液的物质的量浓度是多少？

3. 家庭、学校经常使用过氧乙酸做消毒剂，它是一种具有强烈刺激性气味的无色液体，易分解成氧气，有杀菌、漂白作用。市售过氧乙酸溶液的质量分数为 20%，若要配制 0.1%

的该消毒液 2 000g，计算需用 20% 的过氧乙酸溶液的质量。

4. 30mL 0.5mol/L NaOH 溶液与 20mL 0.7mol/L NaOH 溶液混合，设混合后溶液的体积等于混合前两种溶液的体积和，求混合后溶液的物质的量浓度。

5. 正常人体中，血液中葡萄糖（简称血糖）的质量分数约为 0.1%，已知葡萄糖的相对分子质量为 180，设血液的密度为 $1g/cm^3$，则血糖的物质的量浓度是多少？

6. 注射链霉素试验针的药液配制方法如下：
①把 1.0g 的链霉素溶于水配成 4.0mL 溶液 a；
②取 0.1mL 溶液 a，加水稀释至 1.0mL，得溶液 b；
③取 0.1mL 溶液 b，加水稀释至 1.0mL，得溶液 c；
④取 0.2mL 溶液 c，加水稀释至 1.0mL，即得试验针药液 d。
试求最终得到的试验针药液中溶质的质量分数。（由于整个过程中药液很稀，其密度可看作 $1g/cm^3$）

7. 已知 5.5mol/L 硫酸溶液的密度为 1.31g/mL。
（1）计算该硫酸溶液的质量分数；
（2）计算 1.0L 该硫酸溶液中水的质量。

8. 现有 0.269kg 溶质的质量分数为 10% 的 $CuCl_2$ 溶液，计算：
（1）溶液中 $CuCl_2$ 的物质的量是多少？
（2）溶液中 Cu^{2+} 和 Cl^- 的物质的量各是多少？

9. 向某锌粉和铜粉混合物中加入 2.00mol/L 的盐酸 50.0mL。反应完全后，过滤、洗涤固体，干燥后得到固体 1.9g；滤液和洗涤液合并，总体积为 100mL，分析知盐酸浓度为 0.20mol/L。计算：
（1）锌粉的质量分数；
（2）浓缩盐溶液可结晶出 $ZnCl_2 \cdot H_2O$ 的最大质量。

《《 复习题二 》》

一、选择题（在下列每小题给出的四个选项中，只有一个是正确的，请将正确选项前的字母填在题后的括号内）

1. 下列说法中正确的是（　　　）。

A. 摩尔既是物质的数量单位又是物质的质量单位

B. 物质的量是国际单位制中 7 个基本单位之一

C. 阿伏伽德罗常数是 12kg ^{12}C 中含有的碳原子数目

D. 1mol H_2O 中含有 2mol H 和 1mol O

2. 在 0.5mol Na_2SO_4 中，含有的 Na^+ 数约是（　　　）。

A. 3.01×10^{23} 个　　　B. 6.02×10^{23} 个　　　C. 0.5mol　　　D. 1mol

3. 在标准状况下，与 12g H_2 的体积相等的 N_2 是（　　　）。

A. 12g　　　　　　B. 6mol　　　　　　C. 22.4L　　　　　D. 12mol

4. 在相同条件下，下列气体中所含分子数目最多的是（　　　）。

A. 1g H_2　　　　B. 10g O_2　　　　C. 30g Cl_2　　　　D. 17g NH_3

5. 下列所含原子数最多的是（　　　）。

A. 0.4mol O_2　　　　　　　　　　B. 16g CH_4

C. 3.01×10^{23} 个 H_2SO_4　　　　　D. 标准状况下 44.8L CO_2

6. 下列叙述正确的是（　　　）。

A. 1mol H_2O 的质量为 18g/mol

B. CH_4 的摩尔质量为 16g/mol

C. 3.01×10^{23} 个 SO_2 分子的质量为 32

D. 标准状况下 1mol 任何物质体积约为 22.4L

7. 把 200 克 20% 的食盐水稀释成 10% 的溶液，需加水（　　　）。

A. 100g　　　　　B. 200g　　　　　C. 400g　　　　　D. 800g

8. 瓦斯中甲烷与氧气的质量比为 1：4 时极易爆炸，则此时甲烷与氧气的体积比为（　　　）。

A. 1：4　　　　　B. 1：2　　　　　C. 1：1　　　　　D. 2：1

9. 配制 5L 0.2mol/L 的 NaOH 溶液，需 NaOH 固体（　　　）。

A. 8g　　　　　　B. 40g　　　　　　C. 20g　　　　　　D. 200g

10. 在标准状况下，100mL 水吸收了 44.8L 氨后所得溶液中氨的物质的量浓度约为（　　　）。

A. 2mol/L　　　　B. 4.48mol/L　　　C. 20mol/L　　　　D. 44.8mol/L

11. 将质量分数为 50% 和 20% 的 NaOH 溶液混合，配制成质量分数为 30% 的 NaOH 溶液，取 50% 和 20% 两种溶液的质量比是（　　　）。

A. 1：3　　　　　B. 3：1　　　　　C. 1：2　　　　　D. 2：1

12. 溶质的质量分数为 35%，密度为 1.24g/cm^3 的硫酸的物质的量浓度是（　　　）。

A. 4.4mol/L　　　　　　　　　　　　B. 0.44mol/L

C. 4.4×10^{-3} mol/L　　　　　　　　　D. 4.4×10^{-2} mol/L

13. 在相同的条件下，两种物质的量相同的气体必然（ ）。

A. 体积均为 22.4L 　　　　　　　　B. 具有相同的体积

C. 是双原子分子 　　　　　　　　　D. 具有相同的原子数目

14. 将 100mL 5mol/L H_2SO_4 稀释成 2.5mol/L，所得溶液的体积是（ ）。

A. 500mL 　　　B. 800mL 　　　C. 250mL 　　　D. 200mL

15. 下列各组溶液中，$c(NO_3^-)$ 物质的量浓度最大的是（ ）。

A. 500mL 1mol/L KNO_3 　　　　　　B. 800mL 0.5mol/L $Mg(NO_3)_2$

C. 250mL 1mol/L $Fe(NO_3)_3$ 　　　　D. 200mL 1mol/L $Ca(NO_3)_2$

16. 在 aL 氯化铝溶液中，含有 $b$mol Cl^-，此氯化铝（不考虑 Al^{3+} 水解）溶液的物质的量浓度为（ ）。

A. $\frac{b}{3a}$mol/L 　　　B. $\frac{b}{2a}$mol/L 　　　C. $\frac{b}{a}$mol/L 　　　D. $\frac{a}{b}$mol/L

17. 欲配制 500mL 0.02mol/L 的 $CuSO_4$ 溶液，应称取 $CuSO_4\cdot 5H_2O$ 的质量为（ ）。

A. 5.0g 　　　B. 2.5g 　　　C. 1.6g 　　　D. 3.2g

18. 浓度为 0.50mol/L 的某金属阳离子 M^{n+} 的溶液 10.00mL，与 0.20mol/L 的 NaOH 溶液 50mL 完全反应，生成沉淀，则 n 等于（ ）。

A. 1 　　　B. 2 　　　C. 3 　　　D. 4

19. K_2SO_4 和 $Al_2(SO_4)_3$ 的混合溶液中，Al^{3+} 的物质的量浓度为 0.4mol/L，SO_4^{2-} 为 0.7mol/L，则溶液中 K^+ 的物质的量浓度为（ ）。

A. 0.1mol/L 　　　B. 0.15mol/L 　　　C. 0.2mol/L 　　　D. 0.25mol/L

20. 将 M_1g 锌加到 M_2g 20%HCl 溶液中，反应结果共放出 nL 氢气（标准状况下），则被还原的 HCl 的物质的量是（ ）。

A. $M_1/65$mol 　　　B. $5M_2/36.5$mol 　　　C. $M_2/36.5$mol 　　　D. $n/11.2$mol

二、填空题

1. 1mol/L 的 $BaCl_2$ 溶液 0.5L 中，含有 Ba^{2+} 的微粒_____个。

2. 28g N_2 与 22.4L（标准状况下）CO_2 相比，所含分子数目_____。1.5mol 上述两种气体相比，质量大的是_____。

3. 在 9.5g 某二价金属的氯化物中含有 0.2mol Cl^-，此氯化物的摩尔质量为_____，该金属元素的相对原子质量为_____。

4. 将 500mL 0.4mol/L 的 NaCl 溶液稀释至 0.1mol/L，需要加水_____升。

5. 28g KOH 配成 250mL 溶液，溶质的物质的量是_____，溶液的物质的量浓度是_____。

三、问答题

1. A、B、C 三种物质的溶解度曲线如图所示。试回答：

（1）80℃时三种物质溶解度由大到小的顺序是什么？

（2）通过加溶质、蒸发溶剂、升高温度均可使接近饱和的溶液变为饱和溶液的物质是哪种？

（3）80℃时，等质量的 A、B、C 三种物质的饱和溶液降到20℃，哪种物质析出固体最多？

（4）80℃时，比较 A 和 C 的饱和溶液中溶质的质量分数的大小。

2. 实验室需用 500mL 0.1mol/L NaOH 溶液，现用 NaOH 固体配制该溶液。请回答下列问题：

（1）为完成此溶液配制实验，除托盘天平（带砝码）、药匙、烧杯外还需要哪些仪器？

（2）计算需要 NaOH 固体多少克。

（3）请写出用 NaOH 配制标准溶液的正确步骤。

（4）配制该溶液时，玻璃棒起什么作用？对所配制溶液进行测定，发现浓度小于 0.1mol/L，请分析配制过程中可能由下面哪个因素引起该误差：

①容量瓶不干燥，含有少量蒸馏水；②定容时俯视刻度；③加水时不慎超过了刻度线，又将超出部分用吸管吸出；④称量时 NaOH 和砝码的位置放反，且使用了游码；⑤倒转容量瓶摇匀后，液面降至刻度线下，再加水至刻度；⑥配制溶液时称量 NaOH 时间过长。

3. 海水中有大量可以利用的化学资源，例如氯化镁、氯化钠、溴化钾等，综合利用海水制备金属镁的流程如下图所示：

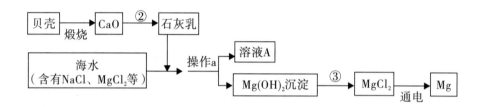

（1）贝壳主要成分的化学式是什么？

（2）操作的名称是什么？在实验室中进行此项操作，需要用到的玻璃仪器除烧杯、玻璃棒外还有什么？

（3）写出第②步反应的化学方程式。

（4）写出第③步反应的化学方程式。

四、计算题

1. 有一条表面被氧化的镁条，质量为 2.8g，把镁条与足量盐酸反应，产生 2.24L 氢气（标准状况下）。

（1）写出反应的化学方程式。

（2）若把反应后的溶液用水稀释成 500mL 溶液，其中 Mg^{2+} 的物质的量浓度为多少？

2. 欲配制 60% 的 $\rho = 1.50g/cm^3$ 的硫酸 200mL，需要 98% 的 $\rho = 1.84g/cm^3$ 的硫酸多少毫升？

3. 配制 400mL 0.5mol/dm³ 的盐酸，需 37% 的浓盐酸（密度 1.18g/cm³）多少毫升？

4. 在 200mL 稀硫酸和稀盐酸的混合溶液中，逐滴加入 1mol/L Ba(OH)₂溶液，当加入 0.8L Ba(OH)₂时，溶液恰好中性，共得到沉淀 46.6g。试求：

（1）SO_4^{2-} 刚好沉淀完全时滴加的 Ba(OH)₂溶液的体积是多少？

（2）混合酸溶液中硫酸和盐酸的物质的量浓度各是多少？

5. 商品检验时，把白酒中乙醇所占的体积分数称为酒的度数，例如 36 度（36°）酒相当于 100mL 酒中含乙醇 36mL。已知乙醇的密度为 0.79g/mL，某 51°白酒的密度为 0.93g/mL。请计算：

（1）该白酒中乙醇的物质的量浓度；

（2）该白酒中乙醇的质量分数。

6. 在 10mL 硫酸和硫酸钾的混合溶液中，硫酸的物质的量浓度为 1.6mol/L，硫酸钾的物质的量浓度为 3.0mol/L。欲使硫酸的浓度变为 2.0mol/L，硫酸钾的浓度变为 0.3mol/L，现用 98% 的浓硫酸（$\rho = 1.84g/cm^3$）和蒸馏水配制。试求需要取用浓硫酸的体积。

第三章　原子结构　元素周期律

原子结构（atomic structure）和元素周期律（periodic law of elements）是在原子水平上认识物质构成的规律，是学习化学的基础和工具。本章讨论的主要内容有原子的组成、核外电子排布、元素周期律、元素周期表、化学键和分子结构、晶体结构和晶体的性质等。掌握了本章知识，我们就可以从本质上解释化学现象，就能比较深刻地理解物质的组成、结构、性质及其变化规律。

第一节　原子结构

一、原子的组成

古希腊哲学家认为原子是世间万物最小的粒子。19 世纪英国科学家道尔顿（John Dalton）认为原子是化学元素的最小粒子，每一种元素有一种原子。到了 20 世纪初人们通过科学实验证明原子有更复杂的结构，由更小的粒子组成。

1. 原子核

原子是由原子核（atomic nucleus）和核外电子（electrons）组成的。原子很小，其直径约为 2×10^{-10} m（即 0.2nm），而原子核更小，其直径约为 2×10^{-15} m。原子的质量主要集中在原子核。

原子核位于原子的中心，原子核由质子（proton）和中子（neutron）组成。中子由一个上夸克（其电荷为 $+\frac{2}{3}$）和两个下夸克（其电荷为 $-\frac{1}{3}$）组成，中子的电荷 $= \frac{2}{3} + (-\frac{1}{3}) + (-\frac{1}{3}) = 0$，所以中子不显电性。

2. 核外电子

原子中的电子位于原子核周围的空间。一个质子带一个单位的正电荷，一个电子带一个单位的负电荷，中子不显电性。所以，原子核所带的电荷数即核电荷数（nuclear charge number）是由质子数决定的。原子的核外电子数与核内质子数相等，所以整个原子呈电中性。

3. 原子序数

按核电荷数由小到大的顺序给元素编号，这个序号叫做元素的原子序数（atomic number）。原子序数实际上就是质子数（proton number）。即：

原子序数（Z）＝核电荷数＝核内质子数＝核外电子数

4. 质量数

把原子核内所有的质子和中子的相对质量取近似整数值相加，所得的数值叫做质量数（mass number），用符号 A 表示。

质子的质量为 $1.672\,6 \times 10^{-27}\,\text{kg}$，中子的质量为 $1.674\,8 \times 10^{-27}\,\text{kg}$，电子的质量为 $9.106\,6 \times 10^{-31}\,\text{kg}$。因为质子和中子的质量都很小，应用和计算都不方便，所以通常采用它们的相对质量。实验测得，作为相对原子质量标准的 $^{12}_{6}\text{C}$ 原子的质量是 $1.992\,7 \times 10^{-26}\,\text{kg}$，它的质量的 $\frac{1}{12}$ 为 $1.660\,6 \times 10^{-27}$。质子和中子的相对质量分别是：

$$质子的相对质量 = \frac{1.672\,6 \times 10^{-27}}{1.660\,6 \times 10^{-27}} \approx 1.007 \approx 1$$

$$中子的相对质量 = \frac{1.674\,8 \times 10^{-27}}{1.660\,6 \times 10^{-27}} \approx 1.008 \approx 1$$

电子的质量更小，仅为质子质量的 $\frac{1}{1\,836}$。

若 Z 表示质子数，N 表示中子数（neutron number），忽略电子的质量，则：

质量数（A）＝质子数（Z）＋中子数（N）

5. 元素、核素和同位素

（1）元素：具有相同质子数（核电荷数）的一类原子的总称。这里的同一类原子（包括带电的原子，即离子）的质子数也就是核电荷数必须相同。

（2）核素（nuclide）和同位素（isotope）：同种元素的原子的质子数是相同的，但是它们的中子数不一定相同。例如，氢元素的原子都含一个质子，但有的氢原子不含中子，有的含一个中子，还有的含两个中子。氢的三种不同原子的组成见表 3-1。

表 3-1　氢元素的三种核素

名称	符号	质子数	中子数
氢（氕）	$^{1}_{1}\text{H}$	1	0
重氢（氘）	$^{2}_{1}\text{H}$ 或 D	1	1
超重氢（氚）	$^{3}_{1}\text{H}$ 或 T	1	2

①核素：人们把具有一定数目质子和一定数目中子的一种原子叫做核素。如 $^{1}_{1}\text{H}$、$^{2}_{1}\text{H}$ 和 $^{3}_{1}\text{H}$ 就各为一种核素。

②同位素：把质子数相同而中子数不同的同一元素的不同原子互称为同位素。即同一元素的不同核素互称为同位素。

很多元素都有同位素。例如氢元素有三种核素，也就是有三种同位素，其中 $^{2}_{1}\text{H}$、$^{3}_{1}\text{H}$ 是制造氢弹的材料。铀元素有 $^{235}_{92}\text{U}$、$^{236}_{92}\text{U}$ 和 $^{238}_{92}\text{U}$ 等多种核素，其中 $^{235}_{92}\text{U}$ 是制造原子弹和核反应堆的材料。碳元素有 $^{12}_{6}\text{C}$、$^{13}_{6}\text{C}$ 和 $^{14}_{6}\text{C}$ 三种核素，其中 $^{12}_{6}\text{C}$ 作为相对原子质量的标准，$^{14}_{6}\text{C}$ 用于测定文物的年代。

6. 元素的相对原子质量

相对原子质量是以一个碳 – 12（$^{12}_{6}C$）原子质量的 $\frac{1}{12}$ 作为标准的，任何一种原子的平均原子质量跟一个碳 – 12 原子质量的 $\frac{1}{12}$ 的比值，称为该原子的相对原子质量。

同一元素的各种同位素虽然质量数不同，但它们的化学性质几乎完全相同。天然存在的某种元素，不论是游离态还是化合态，各种核素所占的原子百分数（丰度，abundance）一般是固定的。元素的相对原子质量就是根据某种元素的各种核素原子所占百分比计算出来的平均值。

若用 A_r 表示元素的相对原子质量，用 A_A、A_B、A_C……表示同种元素的不同核素 A、B、C 等原子的相对原子质量，$a\%$、$b\%$、$c\%$ 表示原子百分数，则：

$$A_r = A_A \times a\% + A_B \times b\% + A_C \times c\% + \cdots$$

例如：

	相对原子质量	原子百分数
$^{35}_{17}Cl$	34.969	75.77%
$^{37}_{17}Cl$	36.966	24.23%

Cl 元素的相对原子质量 $= 34.969 \times 75.77\% + 36.966 \times 24.23\% \approx 35.45$。

用同样的方法可以计算出其他元素的相对原子质量。元素周期表上所列的相对原子质量实际上是各种同位素按丰度加权的平均值。

如果忽略电子的质量，可以用质量数代替相对原子质量进行计算。例如，镁有三种核素，它们的原子百分数分别是：$^{24}_{12}Mg$ 为 78.70%，$^{25}_{12}Mg$ 为 10.10%，$^{26}_{12}Mg$ 为 11.20%。则镁元素的平均近似原子量 $= 24 \times 78.70\% + 25 \times 10.10\% + 26 \times 11.20\% \approx 24.33$。

例题 1　据报道，某些花岗岩会产生具有放射性的氡（$^{222}_{86}Rn$），从而对人体造成伤害。关于氡的下列说法是否正确？

（1）该原子的质量数是 222，质子数是 86，中子数是 86；

（2）该原子核内中子数与质子数之差为 50；

（3）氡有三种粒子，分别为：$^{222}_{86}Rn$、$^{220}_{86}Rn$、$^{219}_{86}Rn$，它们属于不同的元素。

答：（1）错误。原子组成中，元素符号左下角的数字为质子数，左上角的数字为质量数，质量数 = 质子数 + 中子数，中子数 = 质量数 – 质子数，该原子的中子数 = 222 – 86 = 136。

（2）正确。中子数 – 质子数 = 136 – 86 = 50。

（3）错误。它们属于同种元素，是氡元素的三种不同原子，即三种核素，它们互称为同位素。

例题 2　已知氖的相对原子质量是 20.179，它由两种核素组成，其中一种核素是 $^{20}_{10}Ne$，原子百分数为 91.05%，则氖的另一种核素的中子数是多少？

解：设氖的另一种核素的质量数为 A，根据元素的平均原子质量的计算公式可得：

$$20 \times 91.05\% + A \times (100 - 91.05)\% = 20.179$$

$$A = 22$$

中子数 = 质量数 – 质子数 = 22 – 10 = 12

答：氖的另一种核素的中子数是 12。

例题 3 已知一个碳 – 12 ($_6^{12}C$) 原子的质量是 1.99×10^{-23}g，元素 A 的某种原子每个质量为 2.67×10^{-23}g，计算元素 A 的这种原子的相对原子质量 A_A。

解： 元素 A 的这种原子的相对原子质量：

$$A_A = \frac{2.67 \times 10^{-23}}{\frac{1}{12} \times 1.99 \times 10^{-23}} \approx 16.1$$

也可以根据原子的相对原子质量之比等于原子的实际质量之比计算，可得：

$$\frac{A_A}{12} = \frac{2.67 \times 10^{-23}\text{g}}{1.99 \times 10^{-23}\text{g}}$$

$$A_A = 12 \times \frac{2.67 \times 10^{-23}\text{g}}{1.99 \times 10^{-23}\text{g}} \approx 16.1$$

思考题

1. 下列说法正确吗？为什么？
（1）目前已经发现或合成的元素有 118 种，就是说有 118 种原子；
（2）化合态的氧元素与游离态的氧元素，其原子核内的质子数是不同的；
（3）质子和中子的质量大约相等，都约等于一个氢原子的质量。

2. 在分子、原子、质子、中子、电子、原子核等粒子中：
（1）能直接构成物质的粒子是什么？
（2）能保持物质化学性质的粒子是什么？
（3）显中性的粒子有哪些？
（4）质量最小的粒子是什么？
（5）在同一原子里数目相等的是什么？
（6）决定原子质量大小的粒子主要是什么？

3. 铕是一种稀土元素，如图是铕元素的相关信息，下列说法是否正确？ 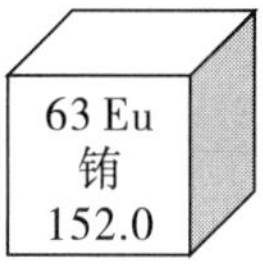
（1）铕属于非金属元素；
（2）铕的原子序数是 63；
（3）铕原子中的中子数是 63；
（4）铕的相对原子质量是 152。

63 Eu
铕
152.0

4. 满足下列条件的微粒有哪些？
（1）含有 10 个电子的微粒；
（2）含有 18 个电子的微粒。

5. 根据原子组成中各种粒子之间的关系填写下表。

组成	元素					
	O	K	Cl^-	S^{2-}	Al^{3+}	H^+
质量数（A）	16	39	35			1
质子数（Z）	8		17		13	1
中子数（N）		20		16	14	
电子数（E）				18		

6. 已知某氧原子的实际质量为 mg，其相对原子质量为 16。有一种镥（Lu）原子的相对原子质量为 175，计算镥（Lu）原子的质量。

7. 硼元素的平均原子质量为 10.8，则自然界中 $^{10}_5B$ 和 $^{11}_5B$ 的原子个数比是多少？

8. 已知氮的平均原子质量是 14.008，它由 $^{14}_7N$ 和 $^{15}_7N$ 两种核素组成，求 $^{14}_7N$ 和 $^{15}_7N$ 两种核素的原子百分数。

第二节　原子核外电子的运动状态和电子排布

一、核外电子的运动状态

1. 电子云

我们知道原子的质量很小，而核外电子的质量更小，仅为 $9.1066 \times 10^{-31}kg$。电子的运动范围很小，是在原子核外直径约为 $10^{-10}m$ 的空间内运动。电子的运动速度很快，接近于光速（约 $3 \times 10^8 m/s$）。电子的运动跟宏观物体的运动不同，它没有确定的轨道，我们不能同时准确测定或计算出电子在某一时刻的运动速率和所处的确切位置，也不能描画出它的运动轨迹。我们只能指出电子在原子核外空间某处出现的概率（probability）。

例如，氢原子中的 1 个电子在距离原子核近处出现的机会最多，概率最大，但电子仍有机会出现在离核较远的区域。通常人们用小黑点的疏密表示电子在核外空间内出现机会的多少，电子在核外空间一定范围内出现，好像带负电荷的云雾笼罩在原子核周围，所以人们形象地称它为"电子云"（electron cloud）。电子云是对处于一定空间运动状态的电子在原子核外空间的概率密度分布的形象化描述。电子云图像很难绘制，我们常使用电子云轮廓图（见图 3 - 1）。

氢原子的电子云是球形的，离原子核近的地方，小黑点密，即电

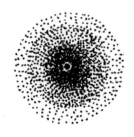

图 3 - 1　电子云轮廓图

子云密度大，电子出现的机会多，也就是说电子出现的概率高；离原子核远的地方，小黑点疏，电子云密度小，电子出现的机会少，即概率低；电子云并不表示电子的实际运动轨迹，而是表示电子出现的概率高低。

2. 核外电子的运动状态

（1）能层（电子层）：在含有多个电子的原子里，电子的能量并不相同。能量低的，通常在离原子核近的区域运动；能量高的，通常在离原子核远的区域运动。根据电子的能量差异和通常运动的区域离核的远近不同，把核外电子的运动分成不同的能层（shell），把能量由低到高（或离核由近到远）依次用符号 K、L、M、N、O、P、Q…表示相应的第一、二、三、四、五、六、七……能层（电子层）。

（2）能级（电子亚层）：同一能层上的电子能量也略有差异，根据这种差异，每一个能层又分为若干个能级（level），用符号 ns、np、nd、nf…表示（n 代表能层序数）。研究表明，任一能层的能级都是由 s 能级开始的，并且能级数（电子亚层数）等于能层序数（电子层数）。同一能层各能级的能量顺序为：

$$E(n\text{s}) < E(n\text{p}) < E(n\text{d}) < E(n\text{f})\cdots$$

（3）原子轨道（电子云的形状和取向）：不同能级的电子云在空间有不同的形状和取向。量子力学把电子在原子核外的一个空间运动状态叫做一个原子轨道（atomic orbital）。常用电子云轮廓图的形状和取向来表示原子轨道的形状和取向。不同能级电子云的形状及在空间的取向不同：s 电子云的形状是球形对称（见图 3 - 2），它在空间的任何方向的概率是相同的，即在空间有一种取向，就是有一个轨道。

图 3 - 2　s 能级的原子轨道图（s 电子云图）

p 电子云是哑铃形（纺锤形）的，它在空间有互相垂直的三种取向，分别向 x、y、z 轴伸展，即有三个轨道，表示为 p$_x$、p$_y$、p$_z$（见图 3 - 3）。d 电子云的形状比较复杂，在空间有五种伸展方向，即有五个轨道（见图 3 - 4）。f 电子云的形状更复杂，在空间有七种取向，即有七个轨道。

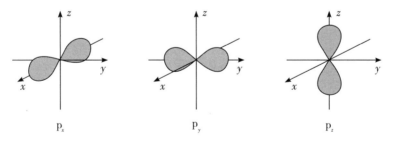

图 3 - 3　p 能级的原子轨道图（p 电子云图）

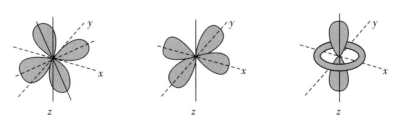

图 3 - 4　d 能级的原子轨道图（d 电子云图）

（4）电子自旋：自旋是微观粒子普遍存在的内在属性。电子自旋（electron spin）在空间有顺时针和逆时针两种取向，分别用向下箭头"↓"和向上"↑"箭头表示。

综上所述，核外电子的运动状态由四个方面描述：能层（电子层）、能级（电子亚层）、原子轨道（电子云的形状和取向）和电子的自旋。它们之间的关系见表 3 - 2。

表 3 - 2　能层、能级、轨道数、原子轨道名称之间的关系

能层	能级	轨道数	原子轨道名称、形状、取向
K	1s	1	1s　球形
L	2s	1	2s　球形
	2p	3	$2p_x$、$2p_y$、$2p_z$　哑铃形　相互垂直
M	3s	1	3s　球形
	3p	3	$3p_x$、$3p_y$、$3p_z$　哑铃形　相互垂直
	3d	5	…
N	4s	1	4s
	4p	3	$4p_x$、$4p_y$、$4p_z$　哑铃形　相互垂直
	4d	5	…
	4f	7	…
…	…	…	

注：d 轨道和 f 轨道有固定形状和取向，本书不作要求。

二、核外电子排布

核外电子的运动状态可以用能层（电子层）、能级（电子亚层）、原子轨道（电子云的形状和取向）以及电子的自旋四个方面来描述。核外电子是如何排布的？科学研究表明，在多个电子的原子中，由于处于不同能级的电子间的相互作用，核外电子的能量发生了变化，核外电子排布（electronic configuration）不完全按照能层和能级由小到大的顺序排布。核外电子按照图 3 - 5 的顺序排布，称为构造原理（Aufbau principle）。

1. 能量最低原理

现代物质结构理论证实，原子的电子排布遵循能量最低原理（the lowest energy principle），就是使整个原子的能量处于最低状态。电子按照图 3 - 5 的箭头指向的顺序填充到原子轨道里，此时原子处于最稳定状态。

电子的填充顺序为：1s　2s　2p　3s　3p　4s　3d　4p 5s　4d　5p　6s　4f　5d　6p　7s　5f　6d　7p…

处于最低能量状态的原子叫做基态原子。基态原子吸收能量，其电子会跃迁到较高能级，变为激发态原子。例如，电子可以从 1s 跃迁到 2s、3s……相反，电子从较高能量的激发态跃迁到较低能量的激发态或至基态时，会释放能量。光（辐射）是电子跃迁释放能量的重要形式。

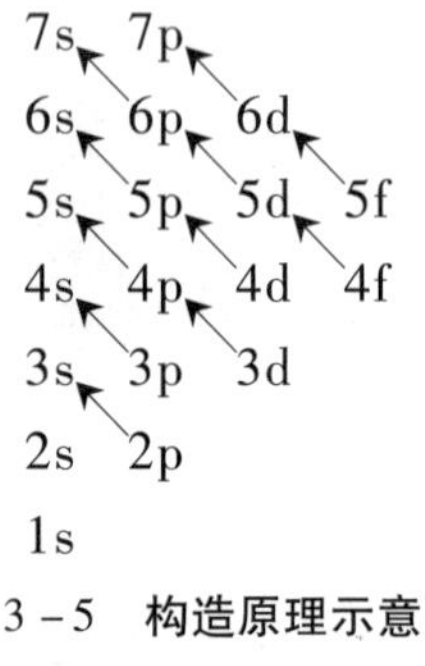

7s　7p
6s　6p　6d
5s　5p　5d　5f
4s　4p　4d　4f
3s　3p　3d
2s　2p
1s

图 3 - 5　构造原理示意图

2. 泡利不相容原理

奥地利物理学家泡利（Wolfgang Pauli）于 1925 年根据元素在元素周期表中的位置和光谱分析结果提出："在同一个原子中没有运动状态的四个方面完全相同的电子存在。"即：

（1）每个原子轨道只能容纳 2 个电子，且自旋方向相反；

（2）s、p、d、f 能级最多容纳的电子数分别为 2、6、10、14；

（3）各能层最多容纳 $2n^2$ 个电子。

这个原理是由泡利首先提出来的，所以称为泡利原理（Pauli exclusion principle），即不相容原理。

例如 $2p_x$ 表示 L 能层（第二电子层），p 能级（亚层），x 轴取向，在这个轨道里最多只能有 2 个自旋方向相反的电子。

3. 洪特规则

通常用一个小方格表示一个轨道，其中每个轨道可以排布自旋方向相反的 2 个电子。

电子的轨道表示式：用箭头表示一种自旋状态的电子，如：$\boxed{\downarrow\uparrow}$ 称为电子对，$\boxed{\downarrow}$ 或 $\boxed{\uparrow}$ 称为单电子或未成对电子。

在多个电子的原子里，当电子排布在同一能级的不同轨道时，总是优先单独占据一个轨道，而且自旋方向相同，这种排布原子的能量最低。这个规则是由德国理论物理学家洪特（Friedrich Hund）首先提出的，所以称为洪特规则（Hund rule）。

例如，8 号元素的核外电子是如何排布的？下列三种排布，哪一个是正确的？

8 号元素的原子电子排布式为：$1s^2 2s^2 2p^4$。其中能级符号前的数字表示能层序数，如 2s 的"2"表示第二能层；能级符号右上角的数字表示电子个数，如 $2s^2$ 右上角的"2"表示该轨道上有 2 个电子。

	1s	2s	2p
A	$\boxed{\downarrow\uparrow}$	$\boxed{\downarrow\uparrow}$	$\boxed{\downarrow\uparrow}\ \boxed{\downarrow\uparrow}\ \boxed{\ }$
B	$\boxed{\downarrow\uparrow}$	$\boxed{\downarrow\uparrow}$	$\boxed{\downarrow\uparrow}\ \boxed{\uparrow}\ \boxed{\downarrow}$
C	$\boxed{\downarrow\uparrow}$	$\boxed{\downarrow\uparrow}$	$\boxed{\downarrow\uparrow}\ \boxed{\uparrow}\ \boxed{\uparrow}$

8 号元素的原子轨道表示式可能有如图的 A、B、C 三种表示形式，由洪特规则可知，C 的排布是正确的。

综上所述，原子核外电子排布遵循能量最低原理、泡利不相容原理和洪特规则，可以归纳为"一低三不超"，即：

（1）核外电子总是尽量先排布在能量较低的能层，然后从里向外，依次排布在能量逐渐升高的能层；

（2）原子核外各能层最多不超过 $2n^2$ 个电子（n 表示能层序数）；

（3）原子最外能层电子数不能超过 8 个（若 K 层作为最外能层时，不超过 2 个）；

（4）次外能层电子数不能超过 18 个（K 层是最外能层时，不超过 2 个），倒数第三能层电子数不能超过 32 个。

以上几点是互相联系的，不能孤立地理解。在表 3-3 中列出 1~20 号元素的电子排布式。

表 3-3　1~20 号元素的电子排布式

原子序数	元素名称	元素符号	电子排布式				
			K	L	M	N	O
1	氢	H	$1s^1$				
2	氦	He	$1s^2$				

（续上表）

原子序数	元素名称	元素符号	电子排布式				
			K	L	M	N	O
3	锂	Li	$1s^2$	$2s^1$			
4	铍	Be	$1s^2$	$2s^2$			
5	硼	B	$1s^2$	$2s^22p^1$			
6	碳	C	$1s^2$	$2s^22p^2$			
7	氮	N	$1s^2$	$2s^22p^3$			
8	氧	O	$1s^2$	$2s^22p^4$			
9	氟	F	$1s^2$	$2s^22p^5$			
10	氖	Ne	$1s^2$	$2s^22p^6$			
11	钠	Na	$1s^2$	$2s^22p^6$	$3s^1$		
12	镁	Mg	$1s^2$	$2s^22p^6$	$3s^2$		
13	铝	Al	$1s^2$	$2s^22p^6$	$3s^23p^1$		
14	硅	Si	$1s^2$	$2s^22p^6$	$3s^23p^2$		
15	磷	P	$1s^2$	$2s^22p^6$	$3s^23p^3$		
16	硫	S	$1s^2$	$2s^22p^6$	$3s^23p^4$		
17	氯	Cl	$1s^2$	$2s^22p^6$	$3s^23p^5$		
18	氩	Ar	$1s^2$	$2s^22p^6$	$3s^23p^6$		
19	钾	K	$1s^2$	$2s^22p^6$	$3s^23p^6$	$4s^1$	
20	钙	Ca	$1s^2$	$2s^22p^6$	$3s^23p^6$	$4s^2$	

例题 1　有人说"氢原子的电子云图中每个小黑点表示一个电子"，这种说法正确吗？为什么？

答：这种说法不正确，因为图中的每个小黑点并不代表一个电子，只表示电子曾在此出现过。小黑点的疏密表示电子在核外单位体积内出现机会的多少。电子云是对处于一定空间的核外电子运动的形象化描述。

例题 2　为什么稀有气体的性质稳定？

答：根据洪特规则，当电子在能量相同的原子轨道上排布时，总是尽可能分占不同的轨道且自旋方向相同。由此得出洪特规则特例：即原子核外电子排布处于全充满（s^2、p^6、d^{10}、f^{14}）、全空（s^0、p^0、d^0、f^0）和半充满（s^1、p^3、d^5、f^7）状态时，原子处于稳定态。因为稀有气体的原子核外电子排布都处于全充满状态，所以稀有气体的性质稳定。

例题 3 如图是 s 能级和 p 能级的原子轨道图，请回答下列问题：

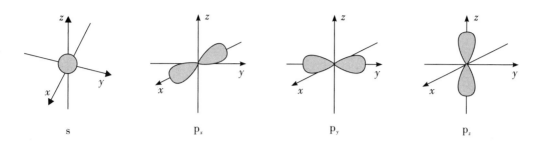

（1）每个 s 能级有几个原子轨道？每个 p 能级有几个原子轨道？

（2）元素 X 的原子最外层电子排布式为 ns^np^{n+1}，原子中能量最高的是什么电子？其电子云在空间有几种取向？元素 X 的名称是什么？

（3）元素 Y 的原子最外层电子排布式为 $ns^{n-1}np^{n+1}$，Y 元素的符号是什么？写出 Y 原子的电子排布式。

答：（1）由图可知，s 电子的原子轨道呈球形对称，含有 1 个原子轨道；p 电子的原子轨道呈哑铃形（纺锤形），每个 p 能级有 3 个原子轨道，且这 3 个轨道在空间中相互垂直。

（2）元素 X 的原子最外层电子排布式为 ns^np^{n+1}，np 轨道排有电子，说明 ns 轨道已经排满电子（s 能级最多排 2 个电子），即 $n=2$，则元素 X 的原子核外电子排布为 $1s^22s^22p^3$。能量最高的是 p 电子，电子云在空间有 3 个互相垂直的取向，X 有 7 个电子，即质子数（原子序数）为 7，是氮元素。

（3）当元素 Y 的原子最外层电子排布式为 $ns^{n-1}np^{n+1}$ 时，有 $n-1=2$，则 $n=3$。所以 Y 元素的原子核外电子排布式为 $1s^22s^22p^63s^23p^4$，是硫元素，符号为 S。

思考题

1. 原子核外电子的每一个能层（电子层）最多可容纳的电子数与能层序数之间存在什么关系？每一个能层上各有多少个能级，与能层序数间有什么关系？

2. 元素 X 的核电荷数为 a，它的阳离子 X^{m+} 和元素 Y 的阴离子 Y^{n-} 的电子层结构相同，Y 的核电荷数是多少？

3. 某元素原子的电子排布式为 $1s^22s^22p^63s^23p^63d^54s^2$，它的原子核外共有多少个能层？M 能层上共有多少个运动状态不同的电子？该原子最外层有多少电子？

4. 如果可以把钠原子的电子排布式简写成 $[Ne]3s^1$，那么，请用同样的方式写出硅、钙、铁的简化的电子排布式。

5. 写出下列离子的电子排布式：H^-、S^{2-}、Al^{3+}、Ca^{2+}、Cu^{2+}、Cr^{3+}。

6. 现有 A、B 两种元素，A 原子的 M 能层和 N 能层的电子数分别比 B 原子的 M 层和 N 层的电子数少 7 个和 4 个。写出 A、B 两元素的名称和电子排布式。

7. Fe^{2+} 和 Fe^{3+} 哪一个更稳定？为什么？

8. 下列说法是否正确？为什么？
（1）$3p^2$ 表示 3p 能级有两个轨道；
（2）同一原子中，1s、2s、3s 电子的能量逐渐减小；
（3）同一原子中，2p、3p、4p 能级的轨道数依次增多；
（4）同一原子中，6s 比 4s 容纳的电子数多；
（5）p 能级的能量一定比 s 能级的能量高；
（6）$2p_x$、$2p_y$、$2p_z$ 的轨道能量相同。

第三节　元素周期律和元素周期表

一、元素周期律

我们来分析 3 ~ 18 号元素的原子核外电子排布、原子半径、主要化合价和第一电离能等性质（见表 3 - 4），从而认识元素间的相互关系和内在规律。

1. 核外电子排布的周期性

原子序数从 3 至 10 的元素，它们都有两个能层，最外层电子数从 1 个递增到 8 个，达到稳定结构。原子序数从 11 至 18 的元素，它们都有三个能层，最外层电子数也是从 1 个递增到 8 个，达到稳定结构。对 18 号以后元素的最外层电子排布的研究结果表明，仍然是每隔一定数目的原子，会重复出现原子最外层电子数从 1 个递增到 8 个的情况。这说明，随着原子序数的递增，元素原子的最外层电子排布呈现周期性（periodicity）的变化。

通常简单阴离子与同周期稀有气体的电子层结构相同，简单阳离子与上周期稀有气体的电子层结构相同。

表 3 - 4　3 ~ 18 号元素最外层电子排布及主要性质

原子序数	元素名称	元素符号	最外层电子排布	原子半径 /10^{-10} m	主要化合价	第一电离能 / (kJ/mol)
3	锂	Li	$2s^1$	1.52	+1	540
4	铍	Be	$2s^2$	0.89	+2	930
5	硼	B	$2s^2 2p^1$	0.82	+3	830
6	碳	C	$2s^2 2p^2$	0.77	+4 -4	1 130
7	氮	N	$2s^2 2p^3$	0.75	+5 -3	1 450
8	氧	O	$2s^2 2p^4$	0.74	-2	1 360
9	氟	F	$2s^2 2p^5$	0.71	-1	1 740
10	氖	Ne	$2s^2 2p^6$	—	0	2 160
11	钠	Na	$3s^1$	1.86	+1	514
12	镁	Mg	$3s^2$	1.60	+2	764
13	铝	Al	$3s^2 3p^1$	1.43	+3	598
14	硅	Si	$3s^2 3p^2$	1.17	+4 -4	815
15	磷	P	$3s^2 3p^3$	1.10	+5 -3	1 048
16	硫	S	$3s^2 3p^4$	1.02	+6 -2	1 036
17	氯	Cl	$3s^2 3p^5$	0.99	+7 -1	1 301
18	氩	Ar	$3s^2 3p^6$	-	0	1 576

2. 原子半径的周期性变化

从表 3 - 4 可以看出，从锂元素到氟元素、钠元素到氯元素，随着原子序数的递增，原子半径由 1.52×10^{-10} m 递减到 0.71×10^{-10} m、由 1.86×10^{-10} m 递减到 0.99×10^{-10} m，即原子半径是由大逐渐变小。原子半径的大小是由电子的能层序数和核电荷数这两个主要因素决定的。能层序数越大，电子之间的排斥作用增大，使原子半径增大。核电荷数越大，核对电子的引力增大，使原子半径减小。上述两个因素的综合结果，使元素的原子半径随着原子序数的递增，呈周期性的变化。图 3 - 6 表示各主族元素的原子半径的周期性变化。

微粒半径的比较：一般情况下，电子层数越多，半径越大；电子层数相同，核电荷数越大，半径越小；电子层数相同，核电荷数也相同，最外层电子数越多，半径越大。

3. 元素主要化合价的周期性变化

从表 3 - 4 可以看到，从第 11 号元素到第 18 号元素，在极大程度上重复着从第 3 号元素到第 10 号元素所表现的化合价的变化，即正价从 +1（Na）逐渐递变到 +7（Cl），从中部的元素开始有负价，负价是从 -4（Si）递变到 -1（Cl）。第 18 号以后元素的化合价，也有相似的变化。也就是说，元素的化合价随着原子序数的递增而呈现出周期性的变化。

注意：氧和氟两种元素没有正化合价。

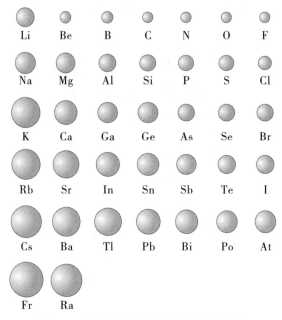

图 3 − 6　主族元素原子半径的周期性变化

4. 元素第一电离能的周期性变化

电离能（ionization energy）：气态电中性原子（或气态正离子）失去电子，形成气态正离子（或更高价的气态正离子）克服核电荷的引力而消耗的能量；用符号 I 表示，单位是 kJ/mol。

从元素的气态电中性原子失去一个电子成为 +1 价气态正离子所消耗的能量，叫做第一电离能（I_1）；从 +1 价气态阳离子再去掉一个电子成为 +2 价气态正离子所消耗的能量，叫做第二电离能（I_2），依此类推。3 ~ 9 号元素电离能的数值见表 3 − 5。

表 3 − 5　3 ~ 9 号元素电离能的数值

原子序数	元素符号	I_1	I_2	I_3	I_4	I_5	I_6	I_7	I_8	I_9
3	Li	540	7 560	12 240						
4	Be	930	1 820	15 390	21 770					
5	B	830	2 510	3 790	25 930	34 010				
6	C	1 130	2 440	4 790	6 450	39 200	48 980			
7	N	1 450	2 960	4 740	7 750	9 790	55 190	66 680		
8	O	1 360	3 510	5 490	7 740	11 310	13 810	73 910	87 110	
9	F	1 740	3 500	6 260	8 710	11 420	15 710	18 510	95 360	110 200

从表 3 – 5 中可见：$I_1 < I_2 < I_3 \cdots$ 下划线处的电离能比其前面的电离能的数值增大了很多倍，这是因为内层的电子能量较低，通常在离核较近的区域内运动，核对电子的引力较大，所以失去内层的电子所消耗的能量要比失去外层的电子所消耗的能量大很多。元素电离能的大小，反映了元素原子失去电子的难易程度。元素的电离能越小，它的原子越容易失去电子，其金属性也越强。

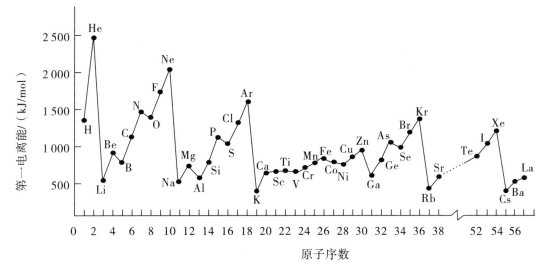

图 3 – 7　元素的第一电离能与原子序数的关系图

由表 3 – 5 可知，从锂元素到氟元素的第一电离能的数值的变化趋势是由小到大，第 11 至 18 号元素的第一电离能的变化趋势也是由小到大，据 19 号及以后的元素的第一电离能的变化情况也会得出同样的结论（见图 3 – 7）。所以，元素的第一电离能随着原子序数的递增呈现周期性的变化。

思考：为什么 N、Mg、P 等元素的第一电离能比其后面的元素的第一电离能大？

元素周期律：元素的性质随着元素原子序数的递增呈周期性的变化，这个规律叫做元素周期律。

元素性质的周期性变化是元素原子的核外电子排布的周期性变化的必然结果。

二、元素周期表

根据元素周期律，把现在已知的 118 种元素中能层数目相同的各种元素，按原子序数递增的顺序从左到右排成横行，再把不同横行中最外层电子数相同的元素（严格来说，是把不同横行中外围电子排布相似的元素）按能层数递增的顺序由上而下排成纵行。这样得到的一个表，叫做元素周期表（the periodic table of the elements），元素周期表是元素周期律的具体表现形式，它反映了元素之间相互联系的规律。

1. 元素周期表的结构

（1）周期（period）：把具有相同的能层数而又按照原子序数递增的顺序排列的一系列元素，称为一个周期。元素周期表共有 7 个横行，即有 7 个周期。周期的序数就是该周期元素原子具有的能层数。各周期里元素的种数不一定相同，第一周期只有 2 种元素；第二、三周期各有 8 种元素；第四、五周期各有 18 种元素；第六周期有 32 种元素。我们把含有元素较少的第一、二、三周期叫做短周期，把含有元素较多的第四、五、六周期叫做长周期。第七周期还没有填满，叫做不完全周期。

除第一周期外，同一周期中，从左到右，各元素原子最外能层的电子数都是从 1 个逐步增加到 8 个。第一周期从气态元素氢开始，以惰性气体氦结束。其他周期的元素都是从活泼的金属元素（碱金属）开始，逐渐过渡到活泼的非金属元素（卤素），最后以稀有气体结束。

第六周期中，第 57 号元素镧（La）到第 71 号元素镥（Lu），共 15 种元素，总称镧系元素。因为它们的外层电子排布和化学性质相似，所以人们把镧系元素放在元素周期表的同一格里，并按原子序数递增的顺序，把它们列在表的下方，实际上还是每一种元素占一格。第七周期第 89 号元素锕（Ac）至第 103 号元素铹（Lr）共 15 种元素，总称锕系元素。人们也把它们放在元素周期表的同一格里，并按原子序数递增的顺序另列在表中镧系元素的下面。

（2）族（group）：元素周期表共有 18 个纵行。第 8、9、10 这 3 个纵行叫做第Ⅷ族元素，其余的 15 个纵行，每个纵行标作一族，并分为主族和副族。由短周期元素和长周期元素共同构成的族，叫做主族（main group），主族的族序数等于最外层电子数；全部由长周期元素构成的族，叫做副族，副族的族序数由价电子决定。

族的表示方法是在主族的序数（用罗马数字表示）后面标一 A 字，如ⅠA、ⅡA……副族的序数后面标一 B 字，如ⅠB、ⅡB……稀有气体在通常状况下性质比较稳定，难发生化学反应，人们把它们的化合价看作 0，这一族叫做 0 族。

2. 元素的性质与原子结构的关系

（1）元素的金属性和非金属性的变化规律：同一周期中，各种元素的原子核外能层（电子层）数相同，从左到右，核电荷数依次增多，原子半径逐渐减小，失去电子的能力逐渐减弱，得到电子的能力逐渐增强，表现为金属性逐渐减弱，非金属性逐渐增强。金属性和非金属性的强弱可以通过以下几点判断。

判断金属性强弱的依据：
①单质与水反应置换出氢的难易程度。反应越易，金属性越强。
②单质与酸反应置换出氢的难易程度。反应越易，金属性越强。
③最高价氧化物对应水化物的碱性强弱。碱性越强，其金属性越强。
④阳离子的氧化性强弱。金属阳离子的氧化性越弱，其金属性越强。
⑤活泼金属能从盐溶液中置换出不活泼金属。

判断非金属性强弱的依据：
①单质与氢气化合的难易程度。越易与氢气化合，非金属性越强。
②氢化物的稳定性强弱。氢化物越稳定，其非金属性越强。
③最高价氧化物对应水化物的酸性强弱。酸性越强，其非金属性越强。
④阴离子还原性强弱，阴离子的还原性越强，其非金属性越弱。
⑤活泼非金属能置换出较不活泼非金属单质。

现以第三周期元素为例，通过实验来讨论同周期元素性质的递变规律。

第一组实验：钠和镁的性质比较。

反应物	反应现象	化学反应方程式
钠、水、酚酞	剧烈反应，产生大量气泡，溶液变红	$2Na + 2H_2O == 2NaOH + H_2\uparrow$
镁、水、酚酞	加热前：无明显现象； 加热后：气泡增多，红色明显	$Mg + 2H_2O \xrightarrow{\triangle} Mg(OH)_2 + H_2\uparrow$
结论	钠比镁反应剧烈； 金属性：$Na > Mg$	碱性：$NaOH > Mg(OH)_2$

第二组实验：镁和铝的性质比较。

反应物	反应现象	化学反应方程式
盐酸、镁	反应迅速，产生大量气泡	$Mg + 2HCl == MgCl_2 + H_2\uparrow$
盐酸、铝	反应较慢，缓缓产生气泡	$2Al + 6HCl == 2AlCl_3 + 3H_2\uparrow$
结论	镁比铝的反应剧烈； 金属性：$Mg > Al$	

第三组实验：铝的两性。

反应物	反应现象	化学反应方程式
（1）氯化铝溶液、适量氢氧化钠溶液	有白色沉淀生成	$AlCl_3 + 3NaOH == Al(OH)_3\downarrow + 3NaCl$
将（1）的沉淀物分成2份，1份加稀硫酸，另1份加氢氧化钠溶液	沉淀都溶解	$2Al(OH)_3 + 3H_2SO_4 == Al_2(SO_4)_3 + 6H_2O$ $Al(OH)_3 + NaOH == NaAlO_2 + 2H_2O$
结论	氢氧化铝既溶于稀酸，也溶于强碱溶液； 氢氧化铝有两性，铝已表现出一定的非金属性	

第四组实验：非金属硅、磷、硫、氯的性质比较。

非金属元素	Si	P	S	Cl
非金属单质与氢气反应的条件	高温难反应	磷蒸气能反应	加热能反应	遇光照或点燃则爆炸
最高价氧化物对应水化物的酸性强弱	H_4SiO_4 弱酸	H_3PO_4 中强酸	H_2SO_4 强酸	$HClO_4$ 最强酸
结论	非金属性：$Si < P < S < Cl$			

由实验结果可以得出如下结论：

$$\xrightarrow{\text{Na Mg Al Si P S Cl}}$$
金属性逐渐减弱，非金属性逐渐增强

对其他周期元素的化学性质进行研究，也会得到类似的结论。即同一周期的元素随着元素原子序数的递增，金属性逐渐减弱，非金属性逐渐增强。

同一主族的元素，从上到下能层数增多，原子半径增大，失去电子的能力逐渐增强，得到电子能力逐渐减弱，表现为元素的金属性逐渐增强，非金属性逐渐减弱。

我们还可以在元素周期表上对金属元素和非金属元素进行分区。元素周期表中在硼、硅、砷、碲、砹与铝、锗、锑、钋之间画一条虚线，虚线的左面是金属元素，右面是非金属元素。左下方是金属性最强的元素，右上方是非金属性最强的元素。位于分界线附近的元素，既表现某些金属性质，又表现某些非金属性质。

（2）元素的化合价与原子结构的关系：元素的化合价跟原子的电子层结构有密切关系，一般地，元素的化合价由价电子（外围电子）决定。我们把能参加成键（或参加反应）的电子称为外围电子，也叫做价电子。主族元素的价电子等于最外层的电子数目；副族和第Ⅷ族的元素的价电子包括最外层电子和次外层电子；有些元素的价电子还与从外数第三层的部分电子有关。

元素周期表中主族元素的价电子等于原子的最外层电子数，等于它所在族的序数。主族元素的最高正化合价等于最外层电子数，等于族序数。非金属元素的最高正化合价和它的负化合价的绝对值之和等于8，最低负价 = −［8 − 最外层电子数（主族序数）］。副族元素的价电子包括：ns、$(n-1)d$、$(n-2)f$，副族元素的化合价比较复杂，这里不讨论。表3−6中列出了元素周期表中元素性质的递变规律。

表3−6　元素周期表中元素性质的递变规律

元素的性质	同周期元素（左→右）	同主族元素（上→下）
最外层电子数	逐渐增多（1e→8e，第一周期1e→2e）	相同
原子半径	逐渐减小（稀有气体除外）	逐渐增大
主要化合价	最高正价逐渐增大（ +1→ +7）（氧、氟没有正价）；最低负价 = −（8−主族序数）	最高正化合价、最低负化合价都相同；最高正价 = 主族序数
第一电离能	变化趋势：小→大	逐渐减小
最高价氧化物对应水化物的酸碱性	碱性逐渐减弱，酸性逐渐增强	碱性逐渐增强，酸性逐渐减弱
非金属元素气态氢化物的稳定性	逐渐增强	逐渐减弱
元素的金属性和非金属性	金属性逐渐减弱，非金属性逐渐增强	金属性逐渐增强，非金属性逐渐减弱

3．元素周期律和元素周期表的意义

科学史上，为了寻求各种元素及其化合物之间的内在联系和规律，许多人进行了各种尝试。俄国科学家门捷列夫（Dmitri Ivanovich Mendeleev）在前人研究的基础上，系统地研究了元素的性质，经过 10 年的艰苦努力，终于在 1869 年发现了元素周期律——元素的性质随着相对原子质量的递增发生周期性变化。门捷列夫以此编制了第一个元素周期表。直到 20世纪原子结构理论有了新发展之后，元素周期律和元素周期表才发展为现在的形式。

元素周期表是元素周期律的具体表现形式，它反映了元素原子的内部结构和它们之间相互联系的规律。根据元素周期表可以推测各种元素的原子结构以及元素及其化合物性质的递变规律。元素周期律和元素周期表是学习和研究化学的重要规律和工具。门捷列夫曾用它预言新元素，并获得了证实。此后人们在元素周期律和元素周期表的指导下，对元素的性质进行系统的研究，这对物质结构理论的发展起了一定的推动作用。不仅如此，元素周期律和元素周期表对工农业生产也具有一定的指导作用。

我们知道在元素周期表中位置靠近的元素性质相近，它启发我们在元素周期表中一定的区域内寻找新的物质。例如：①农药多数是含 Cl、P、S、N、As 等元素的化合物。②半导体材料都是元素周期表里金属与非金属分界线附近的元素，如 Ge、Si、Ga、Se 等。③在过渡元素中寻找催化剂。人们已经发现过渡元素对许多化学反应有良好的催化性能，进一步研究还发现这些元素的催化性跟它们的原子的 d 轨道没有充满有密切关系。于是，人们努力在过渡元素（包括稀土元素）中寻找各种优良催化剂。例如，目前人们已能用铁、镍熔剂做催化剂，使石墨在高温和高压下转化为金刚石；过渡元素做催化剂，还能用于石油的催化裂化、催化重整等反应。④在元素周期表里从 ⅢB 到 ⅥB 的过渡元素，如钛、钽、钼、钨、铬，具有耐高温、耐腐蚀等特点。它们是制作特种合金的优良材料，是制造火箭、导弹、宇宙飞船、飞机、坦克等的不可缺少的金属。

例题 1　比较下列粒子的半径大小：

（1）O、F、Na、Mg、Al；

（2）O^{2-}、F^-、Na^+、Mg^{2+}、Al^{3+}。

解析：影响微粒半径大小的因素有：

（1）电子层数相同（同周期）的主族元素的原子：核电荷数越小，原子半径越大。

（2）电子层结构相同（核外电子数相同）的单核离子：核电荷数越小，离子半径越大。

（3）最外层电子数相同（同族）的主族元素的原子：核电荷数越大，半径越大；电子层数越多，半径越大。

（4）最外层电子数相同（同族）的主族元素的离子：核电荷数越大，半径越大；电子层数越多，半径越大。

（5）质子数相同的单核微粒：电子数越多，微粒半径越大。

（6）最外层电子数、电子层数、质子数均不同的主族元素：元素周期表中左下角（位置）的元素的原子半径大于右上角（位置）的元素的原子半径。

答：（1）组中原子半径由小到大顺序为：F、O、Al、Mg、Na；

（2）组中的离子半径由小到大的顺序为：Al^{3+}、Mg^{2+}、Na^+、F^-、O^{2-}。

例题 2　X、Y、Z 三种元素的原子，其最外层电子数分别为 ns^1、ns^2np^1 和 ns^2np^4，由这三种元素组成的化合物的化学式可能是（　　）。（多选）

A. XYZ_2　　　　　　　B. XYZ_3　　　　　　　C. X_2YZ_2　　　　　　　D. X_3YZ_3

解析：根据化合物中各元素正负化合价的代数和等于零的原则，X 原子最外层电子排布为 ns^1，处于 ⅠA 族，化合价为 +1 价；Y 原子最外层电子排布为 ns^2np^1，则 Y 为 ⅢA 族元素，化合价为 +3 价；Z 原子最外层电子排布为 ns^2np^4，则 Z 的化合价为 -2 价。它们组成化合物的化学式为 XYZ_2 和 X_3YZ_3。

答：A、D。

例题 3　同一周期相邻的 A、B、C 三种元素都是短周期元素。A 的最高价氧化物的化学式是 A_2O。11.6g B 的氢氧化物恰好能与 200mL 2mol/L 的盐酸完全反应，B 原子核中质子数与中子数相等。请回答：

（1）B 的相对原子质量是多少？

（2）A 和 C 各是什么元素？

（3）A、B、C 的单质各 1mol 分别与足量的稀硫酸反应，产生氢气最多的是什么单质？在标准状况下该单质产生 H_2 的体积是多少？

答：（1）由 A 的最高价氧化物化学式 A_2O 可知 A 的最高化合价为 +1，是 ⅠA 族元素，则 B、C 分别是 ⅡA 族、ⅢA 族元素。

（2）设 B 的相对原子质量为 x，则有

$$B(OH)_2 \quad + \quad 2HCl =\!=\!= BCl_2 + 2H_2O$$
$$x+34 \qquad\qquad 2mol$$
$$11.6g \qquad 0.2L \times 2mol/L$$

解得 $x = 24$

已知 B 原子核内质子数与中子数相等，所以 B 是 12 号元素 Mg。所以 A 元素是 Na，C 元素是 Al。

（3）Na、Mg、Al 的单质各 1mol 分别与足量的稀 H_2SO_4 反应时，分别提供 1mol、2mol 和 3mol 的电子，使硫酸中的 H^+ 分别被还原为 $\frac{1}{2}$mol、1mol、$\frac{3}{2}$mol 的 H_2，所以产生 H_2 最多的是 Al，其产生 H_2 的体积 $= 1.5mol \times 22.4L/mol = 33.6L$。

思考题

1. 随着元素原子序数的递增，元素的哪些性质呈周期性变化？元素性质呈周期性变化的根本原因是什么？

2. 在第三周期的元素中，半径最大的离子是什么？氧化性最强的离子是什么？还原性最弱的离子是什么？

3. 根据元素周期律和元素周期表分析：

（1）Na、Mg、K 的还原性强弱；

（2）N、O、Si、P 形成单质的氧化性强弱。

4. 下列事实与原子结构的哪一部分有关?

（1）元素在元素周期表中的排列顺序；

（2）相对原子质量的大小；

（3）元素具有同位素；

（4）元素的主要化学性质；

（5）元素所在周期；

（6）主族元素的族序数。

5. A、B、C 三种元素的原子序数不大于 18；A 元素的原子轨道上有 1 个 3p 电子；B 元素的 -2 价离子与 K^+ 的核外电子数相等；C 原子的 2p 轨道上共有 3 个电子。分别写出 A、B、C 三种元素的名称和电子排布式。

6. 已知 A、B、C、D、E 为元素周期表中的前四周期元素，且原子序数依次增大。其中 A 是元素周期表中原子半径最小的元素；B 的最外层中 p 轨道上的电子数等于前一电子层的电子总数；D、E 为同主族元素，且 E 的原子序数为 D 的 2 倍。请回答下列问题：

（1）推断 A、B、C、D、E 是什么元素，写出它们的元素符号。

（2）基态 B 原子的价层电子排布图为 $\overset{2s}{\boxed{\uparrow}}$ $\overset{2p}{\boxed{\uparrow}\,\boxed{\uparrow}\,\boxed{\uparrow}}$ ，该电子排布是否正确？为什么？

（3）B、C、D 三种元素的第一电离能由大到小的顺序是什么？

（4）写出元素 E 基态原子的电子排布式。

7. 某元素 A 的核外电子数等于核内中子数，取该元素单质 2.8g 与氧气充分反应，可以得到 6g 化合物 AO_2，写出 A 元素的名称及其在元素周期表中的位置。

8. 某元素 R 的最高正价与负化合价的绝对值相等，它的气态含氢化合物与最高价的氧化物的相对分子质量之比为 4∶11，则该元素的相对原子质量是多少？

9. 现有 X、Y、Z 三种元素。已知 X 元素的 -2 价离子的核外电子排布与氩原子相同，Y 元素 $+1$ 价离子的最外层电子构型为 $3s^2 3p^6$，Z 元素最高价氧化物的化学式为 Z_2O_3，4.5g Z 元素所形成的单质跟足量盐酸反应，在标准状况下生成 5.6L 氢气。

（1）求 Z 元素的相对原子质量；

（2）写出 X 和 Y 的元素名称、电子排布式、在元素周期表中的位置。

第四节　化学键和分子结构

　　原子结构理论和元素周期律等知识为我们学习化学键、分子结构和晶体结构等知识奠定了基础。

　　我们知道分子是由原子构成的。原子能相互结合成分子，说明原子之间必然存在着一定的相互作用力，这种相互作用力不仅存在于直接相邻的原子之间，也存在于分子内的非直接相邻的原子之间。前一种相互作用力比较强烈，破坏它要消耗比较大的能量，它是使原子相互作用而结合成分子的主要因素。

　　化学键：这种相邻的两个或多个原子之间强烈的相互作用力，叫做化学键（chemical bond）。原子间相互作用的方式不同，化学键的类型也不同，化学键有离子键、共价键、金属键等。

一、离子键和离子化合物

1. 离子键

　　阴、阳离子间通过静电作用所形成的化学键叫做离子键（ionic bond）。

　　（1）离子键的形成：已知金属钠与氯气能发生反应，生成氯化钠，反应的化学方程式为：

$$2Na + Cl_2 \xmore 2NaCl$$

　　钠的价电子为 $3s^1$，最外电子层只有 1 个电子，很容易失去这个电子形成正离子（阳离子）；氯的价电子为 $3s^2 3p^5$，最外电子层有 7 个电子，很容易结合 1 个电子，形成负离子（阴离子），这样会使钠和氯的最外电子层都达到 8 个电子的稳定结构。变化过程如下：

　　钠原子失去电子→钠离子：

$$\underset{\text{不带电，中性的原子}}{\underline{Na（11 个质子，11 个电子）}} \rightarrow \underset{\text{失去一个电子，带一个正电荷的离子}}{\underline{Na^+（11 个质子，10 个电子）+1e^-}}$$

　　氯原子得到电子→氯离子：

$$\underset{\text{不带电，中性的原子}}{\underline{Cl（17 个质子，17 个电子）+1e^-}} \rightarrow \underset{\text{得到一个电子，带一个负电荷的离子}}{\underline{Cl^-（17 个质子，18 个电子）}}$$

　　氯化钠的形成过程可以用电子式表示为：

$$Na^{\times} + \overset{\cdot\cdot}{\underset{\cdot\cdot}{Cl}}{\cdot} \longrightarrow Na^+ [\overset{\cdot\cdot}{\underset{\cdot\cdot}{\overset{\times}{Cl}}}]^-$$

　　Na^+ 和 Cl^- 之间的作用除了阴、阳离子间的静电吸引作用外，还有电子与电子、原子核与原子核之间的相互排斥作用。当两种离子接近到某一定距离时，吸引和排斥作用达到了平衡，就形成了离子键，氯和钠之间通过离子键形成了稳定的化合物。

（2）形成离子键的元素：活泼的金属（如钾、钠、钙、镁、钡等）容易失去电子，活泼的非金属（如氯、溴、氧等）容易得到电子，它们之间易形成离子键。

例如，用电子式表示硫化钠、溴化镁的形成过程：

$$Na \cdot + \cdot \overset{\cdot\cdot}{\underset{\cdot\cdot}{S}} \cdot + \cdot Na \longrightarrow Na^+ \left[\ : \overset{\cdot\cdot}{\underset{\cdot\cdot}{S}} : \ \right]^{2-} Na^+$$

$$Mg \overset{\times}{\underset{\times}{}} + 2 \ \cdot \overset{\cdot\cdot}{\underset{\cdot\cdot}{Br}} : \longrightarrow \left[: \overset{\cdot\cdot}{\underset{\cdot\cdot}{Br}} \overset{\times}{\underset{}{}} \right]^- Mg^{2+} \left[\overset{\times}{\underset{\cdot}{}} \overset{\cdot\cdot}{\underset{\cdot\cdot}{Br}} : \ \right]^-$$

（3）离子的电子层结构：主族元素的原子形成的离子，其电子层是饱和态。例如，Li^+（$1s^2$）、H^-（$1s^2$）、Na^+（$1s^2 2s^2 2p^6$）、F^-（$1s^2 2s^2 2p^6$）、Cl^-（$1s^2 2s^2 2p^6 3s^2 3p^6$）、Ca^{2+}（$1s^2 2s^2 2p^6 3s^2 3p^6$）等离子最外层是 2 个或 8 个电子的稳定结构。

副族和第Ⅷ族元素所形成的离子电子层常常是不饱和的，例如，Fe^{3+}（$1s^2 2s^2 2p^6 3s^2 3p^6 3d^5$）最外层有 13 个电子，$Cu^{2+}$（$1s^2 2s^2 2p^6 3s^2 3p^6 3d^9$）最外层有 17 个电子等。

（4）离子半径：两个离子的核间距离等于阳离子半径和阴离子半径的和。阳离子半径小于其原子半径（$Na^+ < Na$），阴离子半径大于其原子半径（$Cl^- > Cl$）。一般地，具有相同电子层结构的离子，其核电荷数越大，离子半径越小；核电荷数越小，离子半径越大。如下列离子半径由小到大的顺序为：

$$_{13}Al^{3+} < {}_{12}Mg^{2+} < {}_{11}Na^+ < {}_9F^- ; \quad {}_{20}Ca^{2+} < {}_{19}K^+ < {}_{17}Cl^- < {}_{16}S^{2-}$$

（5）离子键的特点：①离子键的本质是静电作用；②离子键既无方向性也无饱和性。

因为在离子晶体中，正、负离子都被视为带电的小球，小球在空间各个方向吸引异号电荷的能力是相同的，所以离子键没有方向性。

正、负离子周围邻接的异号电荷离子数目主要取决于正、负离子相对大小的比例（半径比），而与离子所带电荷多少无直接关系。只要离子周围空间许可，一个负（正）离子总是希望尽量多地吸引正（负）离子，所以离子键无饱和性。

2. 离子化合物

通过离子键结合而成的化合物叫做离子化合物（ionic compound）。

大多数的碱、盐、活泼金属氧化物等是离子化合物。在离子化合物里阳离子所带的正电荷总数等于阴离子所带的负电荷总数，整个化合物呈电中性。

二、共价键和共价化合物

1. 共价键

（1）共价键（covalent bond）：原子间通过共用电子对（shared electron pair）或电子云重叠所形成的化学键，叫做共价键。

例如，当 1 个氢原子和另 1 个氢原子接近时，会相互作用而生成氢分子。在氢分子的形成过程中，电子不是从 1 个氢原子转移到另 1 个氢原子，而是由 2 个氢原子共用（共用电子对），使每个氢原子都具有氦原子的稳定结构。这对共用电子对占据相同的轨道，但自旋方向相反。

（2）共价键的形成过程：以氢分子的形成为例。

氢气的形成过程可以用电子云的重叠来说明，两个氢原子的电子云部分重叠以后，两核间的电子云密集，形成稳定的氢分子（见图 3-8）。电子云重叠越多，形成的分子越稳定。

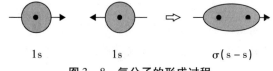

1s　　　　　1s　　　　σ(s－s)

图 3－8　氢分子的形成过程

氢分子的形成过程可以用电子式来表示，常用"×"表示其中一个原子的电子，用"·"表示另一个原子的电子；也可以用相同的小符号如"·"表示电子对。下面是用电子式表示氢气分子的形成过程：

$$H× + ·H \longrightarrow H\overset{×}{.}H$$

两个或多个不同的非金属之间也是以共价键结合成分子的。例如：氯化氢、水分子的形成过程可以用电子式表示为：

$$H× + ·\overset{..}{\underset{..}{Cl}}: \longrightarrow H\overset{..}{\underset{..}{×Cl}}:$$

$$H× + ·\overset{..}{O}: + ×H \longrightarrow H\overset{..}{\underset{×}{.O}}:\\ H$$

(3) 共价分子的结构式：在化学中，常用一条短线"—"表示一对共用电子。如氢分子可表示为 H—H。H—H 是氢分子的结构式（structural formula）。

甲烷（CH_4）分子中的 1 个碳原子和 4 个氢原子形成 4 对共用电子对，甲烷分子的电子式和结构式如下图。

H
甲烷分子电子式： H : C : H
H

　　H
　　｜
甲烷分子结构式：　H—C—H
　　｜
　　H

氮气分子由两个氮原子共用三对电子，形成三键。氮分子的形成过程用电子式表示为：

$$\overset{×}{\underset{×}{×}}N\overset{×}{×} + ·\overset{.}{N}: \longrightarrow \overset{×}{\underset{×}{×}}N\overset{×}{×}\overset{.}{N}:$$

氮分子结构式：　N≡N

2. 共价键的特征

(1) 饱和性：在共价键的形成过程中，因为每个原子所能提供的未成对电子数是一定的，一个原子的一个未成对电子与其他原子的未成对电子配对后，就不能再与其他电子配对，所以每个原子能形成的共价键总数是一定的，这就是共价键的饱和性。

（2）方向性：除 s 轨道是球形的以外，其他原子轨道都有其固定的空间取向，所以共价键在形成时，轨道重叠有固定的方向；共价键也有它的方向性，共价键的方向决定了分子构型。

（3）共价键的强度：共价键的强度取决于原子轨道成键时重叠的多少、共用电子对的数目和原子轨道重叠的方式等因素。共价键的强度一般用键能（bond energy）和键长（bond length）来表示。

键长：在共价键形成的分子中，两个成键原子之间的核间平均距离叫做键长，键长越短，键越牢固，表明化学键越稳定。表 3-7 列出一些共价键的键长。

表 3-7　共价键的键长

单位：10^{-12}m

键	键长	键	键长	键	键长	键	键长
H—H	74	Br—Br	228	C＝C	133	O—H	96
F—F	141	I—I	267	C≡C	120	N—H	101
Cl—Cl	198	C—C	154	C—H	109	N≡N	110

键能：拆开 1mol 的化学键所吸收的能量叫做键能。例如拆开 1mol 的 H—H 键，需要吸收 436kJ 的能量，H—H 键的键能就是 436kJ/mol。键能越大，键越牢固，形成的分子越稳定。

化学反应的过程实质上就是旧的化学键被破坏、新的化学键再形成的过程。拆开化学键需要吸收能量，形成化学键会放出能量。在某一化学反应中，反应物的键能与生成物的键能之差就是反应热。例如 H—H 键能为 436.0kJ/mol，Cl—Cl 键能为 242.7kJ/mol，H—Cl 键能为 431.8kJ/mol，则 $H_2 + Cl_2 === 2HCl$ 的反应热的计算方法为：

$$Q = 2mol \times 431.8kJ/mol - (1mol \times 436.0kJ/mol + 1mol \times 242.7kJ/mol) = 184.9kJ$$

在化学反应中，当 $Q > 0$ 时，说明形成新化学键放出的能量大于拆开旧化学键吸收的能量，此反应是放热反应；当 $Q < 0$ 时，则为吸热反应。表 3-8 列出了某些共价键的键能。

表 3-8　某些共价键的键能

单位：kJ/mol

键	键能	键	键能	键	键能	键	键能
H—H	436.0	C—C	347.7	C—H	413.4	C＝O	745.0
F—F	157.0	C＝C	615.0	O—H	462.8	C—O	351.0
Cl—Cl	242.7	C≡C	812.0	H—F	568.0	N＝O	607.0
Br—Br	193.7	O＝O	745.0	H—Cl	431.8	N—H	390.8
I—I	152.7	N≡N	946.0	H—Br	366.0	N—O	176.0
O—O	142.0	N—N	193.0	H—I	298.7	N＝N	418.0

3. 共价键的类型

（1）非极性键（non-polar bond）：在非金属的单质分子中，同种原子间形成共价键时，两个原子吸引电子的能力相同，共用电子对不偏向任何一个原子，成键的原子都不显电性。这样的共价键叫做非极性共价键，简称非极性键。

例如，H—H、Cl—Cl、N≡N 等都是非极性键。

（2）极性键（polar bond）：在化合物分子中，不同种原子间形成的共价键。由于不同种原子吸引电子的能力不同，共用电子对偏向吸引电子能力强的原子一方，吸引电子能力较强的原子带部分负电荷，吸引电子能力较弱的原子带部分正电荷，这样形成的共价键叫做极性共价键，简称极性键。

电负性（electronegativity）：原子中用于形成化学键的电子称为键合电子。电负性用来描述不同元素的原子对键合电子吸引力的大小。电负性越大的原子，对键合电子的吸引力越大。电负性由美国化学家鲍林（Linus Carl Pauling）提出，他利用实验数据进行了理论计算，以氟的电负性为4.0和锂的电负性为1.0作为相对标准，得出了各种元素的电负性（稀有气体除外）。电负性的大小可以作为判断共用电子对偏离方向的一个指标。例如，在 HCl 分子里，Cl 的电负性比 H 大，共用电子对偏向 Cl 原子一端，形成的氯化氢分子电荷分布不均匀，使 Cl 原子带部分负电荷，H 原子带部分正电荷，所以 H—Cl 是极性键。其他非金属之间的化学键如 C—O、N—O、H—F、H—O、H—C 等都是极性键。

电负性的大小也可以用于判断金属性和非金属性的强弱。一般来说，电负性越小，金属性越强；电负性越大，非金属性越强。金属的电负性小于1.8，非金属的电负性大于1.8。同周期元素从左到右的电负性逐渐增大，同主族元素从上到下的电负性逐渐减小。表3-9中列出了一些元素的电负性值。

表3-9   某些元素的电负性值

元素	F	Cl	Br	I	O	S	N	C
电负性值	4.0	3.0	2.8	2.5	3.5	2.5	3.0	2.5
元素	Li	Na	K	Rb	Cs	Al	Si	H
电负性值	1.0	0.9	0.8	0.8	0.7	1.5	1.8	2.1

离子键的形成是电子从一个原子完全转移给另一个原子；在非极性键里，电子对平均地为两个原子所共有；极性键处于离子键到非极性键的过渡状态。也就是说，离子键和共价键之间并没有绝对的界限。

（3）配位键（coordinate bond）：当两个成键的原子形成化学键时，共用电子对不是由成键的原子双方提供，而是由某一方单独提供，这样形成的化学键叫做配位键。配位键的形成条件是其中一个原子的价电子层有孤对电子，而另一个原子有可接受电子对的空轨道。

例如 $NH_3 + H^+ \Longrightarrow NH_4^+$，用电子式表示为：

在铵离子的结构式中,"→"指配位键,铵离子中的四个氮－氢键的形成过程不同,但形成之后,四个键是相同的。

4. 分子的极性

(1)非极性分子(non-polar molecule):如果分子中的电荷分布均匀,分子的空间构型是对称的,这样的分子是非极性分子。由非极性键形成的双原子分子是非极性分子,如 H_2、F_2、O_2、N_2 等。空间构型对称的多原子分子也是非极性分子,如 CO_2、CH_4、CCl_4 等。

(2)极性分子(polar molecule):如果分子中的电荷分布不均匀,整个分子空间构型不对称,这样的分子是极性分子。由极性键形成的双原子分子是极性分子,如 HF、HCl、HBr、CO 等。空间构型不对称的多原子分子也是极性分子,如 H_2O、NH_3 等。

极性分子组成的物质(溶质)易溶于极性分子构成的物质(溶剂);非极性分子构成的物质(溶质)易溶于非极性分子构成的物质(溶剂)。总之,极性相近的物质容易互溶,这就是相似相溶原理。如酸、碱、盐等易溶于水,有机物易溶于有机溶剂。

5. 共价化合物

通过共价键结合而成的化合物叫做共价化合物。大多数的有机物、酸、非金属氧化物、部分氢化物等都属于共价化合物。共价化合物中一定含有至少一个共价键,且一定没有离子键。共价化合物中可能含有金属元素,如三氯化铝;完全由非金属元素组成的化合物也可能不是共价化合物,如铵盐(NH_4Cl)。

共价化合物大多是分子晶体,有独立的分子(有名副其实的分子式),故又叫做分子化合物。共价化合物不都是由分子构成的,如二氧化硅、碳化硅等,它们是由原子直接构成的共价化合物。有些离子型化合物中也可能存在共价键。例如,NaOH 中既有离子键又有共价键。

通常情况下,共价化合物的熔点、沸点较低,难溶于水,熔融状态下不导电,硬度较小。

分子化合物一定是共价化合物。共价化合物包括分子化合物和原子化合物。如二氧化硅是原子化合物,但是它也是共价化合物。

三、晶体结构和晶体的性质

晶体(crystal):是由大量微观物质单位(原子、离子、分子等)按一定规则有序排列的具有一定几何外形的固体。

1. 分子晶体

(1)分子间力(intermolecular force):也称范德华力(van der Waals force)。在凝结和凝固过程中,气态物质分子能缩短彼此间的距离,并由无规则的运动转变为规则的排列,分子之间必然存在一种作用力,这种存在于分子之间的相互作用力称为范德华力。范德华力比化学键要弱,一般在 10kJ/mol 左右。分子间的作用力对由分子构成的宏观物质的熔点、沸点、溶解度等有一定的影响。

影响分子间作用力的因素很多,例如分子的极性、分子的空间构型以及相对分子质量的大小等。一般来说,对于组成和结构相似的物质,随着相对分子质量的增大,分子间的作用力也增大,表现为宏观物质的熔点和沸点升高。

(2)氢键(hydrogen bond):是存在于分子之间和分子内部的作用力。氢键通常用 X—H···Y 表示,其中 X 和 Y 可代表 F、O、N 等电负性大而原子半径小的非金属原子。X 和

Y 相同时，表示同种化合物分子之间形成的氢键，如 HF 分子与 HF 分子、H_2O 分子与 H_2O 分子、NH_3 分子与 NH_3 分子之间形成的氢键。当 X 与 Y 不相同时，表示不同化合物之间形成的氢键，如 HF 分子与 H_2O 分子、NH_3 分子与 H_2O 分子之间形成的氢键。

　　氢键比一般的范德华力稍大，但也在 20kJ/mol 左右，比化学键要弱。氢键不仅使 HF、NH_3、H_2O 等物质的沸点升高，同时也使 HF、NH_3 等在水中的溶解度增大（见图 3 – 9）。能形成氢键的物质很多，如水、醇、胺、羧酸、无机酸、水合物、氨合物等都可以形成氢键。例如在冰的结构中，水分子以氢键联结而形成许多"空洞"结构，因此冰的密度小于水而浮在水面上。冰的这一性质使江河湖海中的一切生命得以生存，免于在冬天被冻死。

　　（3）分子晶体：通过分子间作用力形成的晶体，叫做分子晶体。因为分子间作用力较弱，所以分子晶体在常温常压下多为气体，熔点和沸点都比较低。当他们受压或冷却时，能够凝结为液体，液体遇冷变为固体，可以形成以小分子为单元的规则排列的晶体，如干冰、冰、碘、硫等（见图 3 – 10）。

　　另外，绝大多数的稀有气体分子（单原子分子）间的作用力都是范德华力，固态时都属于分子晶体。

　　2. 原子晶体

　　以共价键结合的无限分子，或由大分

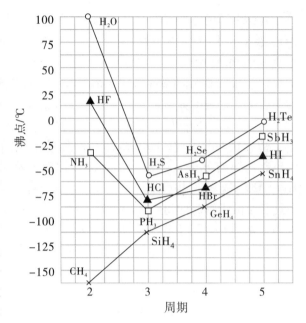

图 3 – 9　一些氢化物的沸点

图 3 – 10　冰晶体结构图

图 3 – 11　金刚石晶体结构图

子结构（macromolecular structure）、巨型分子结构（giant molecular structure）形成的晶体属于共价型晶体或原子晶体，它是原子间通过共价键结合而成的晶体，如金刚石晶体、单晶硅、二氧化硅晶体、氮化硼晶体、碳化硅晶体等。

　　金刚石是天然物质中硬度最大的晶体，一块金刚石晶体含有千千万万个原子。图 3 – 11 中的每个碳原子是通过共价键和其他 4 个碳原子键合在一起的，共价键键能很大，要打破这种分子结构是很困难的，所以金刚石非常硬。

　　原子晶体具有高熔点（比离子型固体更高）、高沸点（不挥发）、硬度大等特点。

3．离子晶体

离子间通过离子键结合而成的晶体叫做离子晶体（ionic crystal）。在离子晶体中，正、负离子按一定的规律在空间排布。如图 3 – 12 是 NaCl 和 CsCl 的晶体结构。NaCl 晶体是理想的立方晶体，在 NaCl 稀溶液中，钠离子和氯离子是彼此独立地运动的，当溶液浓缩到结晶点时，离子便紧密地彼此靠近在一起。钠离子吸引其他氯离子，而氯离子也吸引其他钠离子，于是一种三维晶体结构便形成了。氯化钠晶体是不带电的，因为氯离子的数量等于钠离子的数量，正、负离子间的键合作用很强，固态的氯化钠不导电，也不能电解。

在离子晶体中，离子间存在着较强的离子键。通常情况下，离子晶体的硬度较高、密度较大、难于压缩、难于挥发、有较高的熔点和沸点。例如 NaCl 和 CsCl 的熔点分别是 801℃、645℃，沸点分别是 1 413℃、1 290℃。

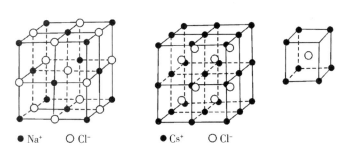

● Na⁺　　○ Cl⁻　　　　　● Cs⁺　　○ Cl⁻

图 3 – 12　离子晶体结构示意图

4．金属晶体

（1）金属键（metallic bond）：化学键的一种，主要在金属中存在，是金属离子和自由电子之间的作用。由于电子的自由运动，金属键没有固定的方向，因而是非极性键。

（2）金属晶体（metallic crystal）：通过金属键形成的晶体。金属单质及一些金属合金都属于金属晶体，例如镁、铝、铁和铜等。金属晶体中的金属离子（或金属原子）和自由电子总是紧密地堆积在一起，金属离子和自由电子之间存在较强烈的金属键，自由电子在整个晶体中自由运动；金属具有共同的特性，如都有光泽、不透明，是热和电的良导体，有良好的延展性和机械强度。

例题 1　下列各组物质中，化学键类型相同的是（　　　　）。

A．HI 和 NaI　　　　　　B．H_2S 和 CO_2　　　C．Cl_2 和 CCl_4　　　D．F_2 和 NaBr

解析：一般地，活泼的金属与活泼的非金属之间形成的是离子键；不同的非金属之间形成的是极性共价键（简称极性键）；同种非金属之间形成的是非极性共价键（简称非极性键）。所以 A 项中 HI 是极性键，NaI 是离子键；B 项中 H_2S 和 CO_2 都是极性键；C 项中 Cl_2 是非极性键，CCl_4 是极性键；D 项中 F_2 是非极性键，NaBr 是离子键。

答：B。

例题 2　下列关于化学键的叙述是否正确？为什么？

A．两个原子或多个原子之间的相互作用叫做化学键

B．阴、阳离子间通过静电引力而形成的化学键叫做离子键

C．只有金属元素和非金属元素化合时才能形成离子键

D. 大多数的盐、碱和低价金属氧化物中含有离子键

答： A 项不正确，化学键是指相邻的两个或多个原子之间强烈的相互作用。B 项不正确，离子键是通过阴、阳离子的静电作用形成的，静电作用包括阴、阳离子间的相互吸引和原子核间、电子间的相互排斥。C 项不正确，铵离子和酸根离子或活泼非金属之间形成的也是离子键，如氯化铵等。D 项正确。

例题 3 元素 A、B、C 和 D 的原子序数依次增大，但都小于 18。A 和 B 位于第二周期；它们的单质能化合生成无色无味的气体 AB_2。C 和 D 的单质能化合生成易水解的固态物质 C_2D。D 和 B 是同族元素。由此推断：

（1）A 的原子序数是＿＿＿＿＿＿；

（2）B 位于第＿＿＿＿＿＿族；

（3）D 原子的电子排布式为＿＿＿＿＿＿＿＿＿＿＿＿；

（4）C_2D 的电子式为＿＿＿＿＿＿＿＿＿＿＿＿＿。

解析： 原子序数小于 18 的元素位于元素周期表的前三周期。A 和 B 是第二周期，它们的单质能化合生成无色无味气体 AB_2，则 A 的化合价为 +4 价碳（C），B 的化合价为 –2 价氧（O）。D 与 B 是同族元素，D 的原子序数比 B 大，所以 D 是硫；因为 C_2D 易水解，所以 C_2D 是金属硫化物，D 的化合价为 –2 价，C 的化合价为 +1 价，C 的原子序数比 B 大，所以 C 为钠（Na）。

答：（1）6；（2）ⅥA；（3）$1s^2 2s^2 2p^6 3s^2 3p^4$；（4）$Na^+ [\overset{..}{\underset{..}{\times S \times}}]^{2-} Na^+$。

思考题

1. 举例说明原子晶体和分子晶体在结构和性质上有什么不同。

2. 下列叙述是否正确？为什么？

（1）离子化合物可以含共价键；

（2）共价化合物可能含离子键；

（3）氢键也是化学键；

（4）乙醇（CH_3CH_2OH）分子之间只存在范德华力；

（5）碘化氢的沸点比氯化氢的沸点高是由于碘化氢分子之间存在氢键。

3. 写出下列化学式的电子式：

（1）$CaCl_2$、MgO、$MgBr_2$、K_2S；

（2）CO_2、H_2S、NH_3、H_2O_2、CH_4、CH_3Cl；

（3）$NaOH$、$NHCl_4$、$Ca(OH)_2$、Na_2O_2。

4. 在二氧化碳、二氧化硅、金刚石、铝、氯化铵、水、铁、硫酸钠中：

（1）属于离子晶体的有哪些？　　　　　（2）属于原子晶体的有哪些？

（3）属于分子晶体的有哪些？　　　　　（4）属于金属晶体的有哪些？

（5）沸点最高的分子晶体是什么？　　　（6）硬度最大的晶体是什么？

5. 在 H_2O、CO_2、$NaOH$、Na_2O_2、$NaCl$、H_2、H_2O_2、NH_4Cl 中，选择符合要求的物质并写出相应的化学式：

（1）只存在离子键；　　　　　　　　　（2）只存在极性键；

（3）只存在非极性键；　　　　　　　　（4）既存在离子键又存在极性键；

（5）同时存在离子键、极性键和配位键；　（6）既存在离子键又存在非极性键；

（7）既存在非极性键又存在极性键；　　　（8）由极性键形成的非极性分子。

6. A、B、C 和 D 是同一周期的四种元素。A、B、C 的原子序数依次相差 1，A 元素的单质的化学性质活泼，A 元素的原子在本周期中原子半径最大。B 元素的原子核内质子数与中子数相等，B 元素的氧化物 2.0g 恰好能与含 4.9g 硫酸的溶液完全反应。B 元素的单质与 D 元素的单质反应生成化合物 BD_2。根据以上事实回答下列问题：

（1）写出 A、B、C、D 四种元素的名称；

（2）用电子式表示 BD_2 的形成过程；

（3）写出 A 的氧化物的水化物中所含的化学键；

（4）用电子式表示 D 单质的形成过程。

复习题三

一、选择题（在下列每小题给出的四个选项中，只有一个是正确的，请将正确选项前的字母填在题后的括号内）

1. 下列说法中不正确的是（　　　）。

A. 同主族元素，随着核电荷数的增加，I_1 逐渐增大

B. 同周期元素，随着核电荷数的增加，I_1 逐渐增大

C. 通常情况下，电离能 $I_1 < I_2 < I_3$

D. 电离能越小，元素的原子失电子能力越强

2. 与氢氧根离子具有相同的质子数和电子数的微粒是（　　　）。

A. CH_4　　　　　　　B. NH_4^+　　　　　　C. NH_2^-　　　　　　D. Cl^-

3. 下列性质递变正确的是（　　　）。

A. 原子半径：$C > Al > Na > K$

B. 离子半径：$O^{2-} > F^- > Al^{3+} > Mg^{2+} > Na^+$

C. 第一电离能：$Na > Al > Si > Cl$

D. 热稳定性：$HF > NH_3 > PH_3 > SiH_4$

4. 下列原子结构与洪特规则无关的是（　　　）。

A. N 原子的最外层有 3 个未成对电子，且自旋方向相同

B. Fe^{3+}（$3d^54s^0$）比 Fe^{2+}（$3d^64s^0$）稳定

C. S 原子的价电子排布式是 $3s^23p^4$ 而不是 $3s^13p^5$

D. Cu 原子的外围电子排布式是 $3d^{10}4s^1$ 而不是 $3d^94s^2$

5. 下列说法中正确的是（　　　）。

A. 同位素的物理性质有差异，但化学性质几乎相同

B. 元素的化学性质与原子核外电子排布无关

C. 核外电子数相同的微粒一定是同一种元素

D. 氯原子和氯离子的质量几乎相等，它们的性质也基本相同

6. 根据元素周期律和元素周期表分析下列推断，其中错误的是（　　　）。

A. 钡可以跟冷水反应　　　　　　　　B. 氢氧化锶比氢氧化钙的碱性强

C. 硒酸（H_2SeO_4）比硫酸的酸性强　　D. 砹的氢化物不稳定

7. a 元素的阳离子、b 元素的阳离子和 c 元素的阴离子都具有相同的电子层结构。a 的阳离子半径大于 b 的阳离子半径，则 a、b、c 三种元素的原子序数大小排列正确的是（　　　）。

A. c < b < a　　　　　B. a < b < c　　　　　C. b < c < a　　　　　D. c < a < b

8. 下列叙述中错误的是（　　　）。

A. 原子半径：Na > Mg > O

B. ^{13}C 和 ^{14}C 属于化学性质不同的同位素

C. ⅦA 族元素是同周期中非金属性最强的元素

D. N 和 P 属于 VA 族元素，HNO_3 的酸性比 H_3PO_4 的强

9. 下列物质的沸点按由低到高的顺序排列的是（　　　）。

A. H_2O、HCl、NH_3、CH_4　　　　　　B. H_2O、NH_3、HCl、CH_4

C. CH_4、HCl、NH_3、H_2O　　　　　　D. CH_4、NH_3、H_2O、HCl

10. 下列各组物质，按沸点由低到高的顺序排列的是（　　　）。

A. 金刚石、干冰、冰、氯化钠　　　　B. 冰、干冰、氯化钠、金刚石

C. 金刚石、氯化钠、碘、干冰　　　　D. 干冰、冰、氯化钠、金刚石

11. 下列说法中不正确的是（　　　）。

A. 在元素周期表里，元素所在的周期数等于原子核外电子层数

B. 在元素周期表里，主族元素所在的族序数等于原子核外电子数

C. 主族元素的最高正化合价等于其所在的族序数

D. 同周期的元素原子半径随着原子序数的递增而减小

12. 两种微粒的质子数和电子数都不相同，则下列说法中错误的是（　　　）。

A. 它们可能是同位素　　　　　　　　B. 它们可能是不同的分子

C. 它们可能是不同的离子　　　　　　D. 它们可能是一种分子和一种离子

13. 下列物质中，含有极性键的离子晶体是（　　　）。

A. 溴化钾　　　　　　B. 氢氧化钠　　　　　C. 氯化氢　　　　　D. 干冰

14. 在单质的晶体中，一定不存在（　　　）。

A. 共价键　　　　　　　　　　　　　　B. 分子间作用力

C. 离子键　　　　　　　　　　　　　D. 金属离子和自由电子间的作用

15. 下列说法中正确的是（　　）。

A. 含有共价键的分子一定是共价分子

B. 只含有共价键的物质一定是共价化合物

C. 离子化合物中可能含有极性键或非极性键

D. 氖分子中含有共价键

16. 下列关于化合价的说法正确的是（　　）。

A. 在化合物中氧通常显 +2 价，氢通常显 +1 价

B. 在 O_2 中，氧元素显 −2 价

C. 非金属元素在化合物中总是显负价

D. 一种元素在同一种化合物中，可能有几种化合价

17. 下列有关原子结构和元素周期律的表述，正确的是（　　）。

①原子序数为 16 的元素的最高化合价为 +4 价

②ⅠA 族元素是同周期中失电子能力最强的元素

③第二周期ⅣA 族元素的原子核电荷数和中子数一定为 6

④原子序数为 13 的元素位于元素周期表的第三周期ⅢA 族

A. ①②　　　　　　B. ①③　　　　　　C. ②④　　　　　　D. ③④

18. 元素 X 和元素 Y 在元素周期表中位于相邻的两个周期，X 和 Y 两原子核外电子总数之和为 19，Y 原子核内质子数比 X 多 3 个，下列叙述正确的是（　　）。

A. X 和 Y 都是性质活泼的元素，在自然界中只能以化合态存在

B. X 和 Y 形成的化合物的化学式是 Y_2X

C. X 的最高正价为 +6 价

D. Y 单质能与冷水反应放出氢气，但与盐溶液不反应

19. 下列结论错误的是（　　）。

①原子半径：$Na < Mg < Al < S$　　　　②离子半径：$K^+ > S^{2-} > Cl^- > Al^{3+}$

③氧化性：$O > S > Se > Te$　　　　　④离子的还原性：$Cl^- < Br^- < I^- < S^{2-}$

⑤氢化物的稳定性：$HF > HCl > H_2S > PH_3$　　⑥氢化物的沸点：$NH_3 < PH_3 < AsH_3$

⑦酸性：$H_2SO_4 > H_3PO_4 > H_2CO_3 > HClO$

A. ②④⑥　　　　　　B. ①②⑥　　　　　　C. ①③⑦　　　　　　D. ④⑤⑥

20. 下列关于元素性质的叙述中正确的是（　　）。

A. S、Cl、O、F 的原子半径依次增大

B. Na、Mg、Al、Si 的失电子能力依次增强

C. C、N、O、F 的气态氢化物的稳定性依次减弱

D. Si、P、S、Cl 的最高价含氧酸的酸性依次增强

二、填空题

1. 前三周期的四种元素在元素周期表中的相对位置如图所示，其质子数之和为 41，这四种元素的符号分别为：

A：_____；B：_____；C：_____；D：_____。

A	B	C
		D

2. X、Y、Z 是元素周期表中前 20 号元素中的三种元素，原子序数依次增大。已知：X 原子的核电荷数与 Y 原子的相差 3，X 的氢氧化物具有两性；Y 的阴离子和 Z 的阳离子具有与 Ar 原子相同的核外电子层结构；1mol Z 和稀酸反应时置换出 1g H_2。由此推断：

①X 是_____；Y 是_____；Z 是_____。

②Y 元素最高价氧化物对应的水化物的化学式是_____。

③单质 Y 与单质 Z 反应得到的化合物的电子式是_____。

④单质 X 与单质 Y 形成化合物的化学式是_____。

3. 已知 A、B、C、D、E、F 为元素周期表前四周期的六种元素。A 有四个电子层，其原子半径是同周期元素中最大的；B、C、D、E 元素的原子序数依次增大，B 原子最外层电子数是内层电子数的 2 倍；D、E 为同主族元素，且 E 的原子序数为 D 的 2 倍；F 是地壳中含量最丰富的金属。试回答下列问题：

（1）A 元素在元素周期表中的位置是_____；

（2）C 元素原子的第一电离能比 B、D 两元素原子的第一电离能高的主要原因是_____；

（3）B 和 D 形成的一种三原子分子与 C 和 D 形成的一种化合物互为等电子体，这两种化合物的化学式分别为_____、_____；

（4）A 和 E 形成化合物的电子式是_____；

（5）A、F 两种元素的最高价氧化物对应水化物的化学式分别为_____、_____，二者在水溶液中反应的化学方程式为_____。

三、问答题

1. 四种短周期元素的性质或结构信息如下表。请根据信息回答下列问题：

元素	A	B	C	D
性质结构信息	原子核外 s 电子总数等于 p 电子总数；人体内含量最多的元素，且其单质是常见的助燃剂	单质为双原子分子，分子中含有 3 对共用电子对，常温下单质气体性质稳定	单质质软、银白色固体、导电性强；单质在空气中燃烧发出黄色的火焰	在第三周期元素的简单离子中半径最小

（1）写出元素 A 原子的轨道表示式；写出元素 B 的气态氢化物的化学式；写出 D 元素原子的核外电子排布式；元素 C 的原子核外共有多少种形状不同的电子云？

（2）元素 A 与氟元素相比，非金属性较强的是什么？下列表述中能证明这一事实的是（　　）。（多选）

A. 常温下氟气的颜色比 A 单质的颜色深

B. 氟气与 A 的氢化物剧烈反应，产生 A 的单质

C. 氟与 A 形成的化合物中 A 元素呈正价态

D. 比较两元素的单质与氢气化合时得电子的数目

2. 有原子序数都小于 18 的四种元素 A、B、C 和 D。A 元素原子最外层有 1 个未成对电子，且单质是双原子分子；B 元素的原子比 A 元素少一个电子层，其价电子构型为 ns^2np^3，

C 元素的原子失去 2 个电子后与氖原子的核外电子排布相同，D 元素与 A 元素具有相同的电子层数，D 元素的单质是地壳中含量最多的金属。

（1）写出 A 元素的电子排布式、B 元素的名称、D 元素在元素周期表中的位置。

（2）写出 A 至 D 四种元素的最高价氧化物对应水化物的化学式，并按酸性减弱、碱性增强的顺序排列。

3. 已知元素 A、B、C、D、E、F 均属元素周期表的前四周期，且原子序数依次增大。其中 A 的 p 能级电子数是 s 能级电子数的一半；C 的基态原子 2p 轨道有 2 个未成对电子；D 的单质氧化性最强；E 的 M 层电子数是 N 层电子数的 4 倍；F 的内部各能级层均排满，且最外层电子数为 1。请回答下列问题：

（1）写出 A 和 C 原子基态时的电子排布式。

（2）B、C 两种元素的第一电离能哪个大？试解释其原因。

（3）写出 D、E 形成化合物的化学式。

（4）写出 F 元素的名称和电子排布式。

四、计算题

1. 某元素 R 的最高正化合价和负化合价的绝对值相等，该元素在气态氢化物中的质量分数为 87.5%，求该元素的相对原子质量。

2. 某非金属元素 X 的气态氢化物的化学式为 XH_3，X 的最高价氧化物中 X 的质量分数为 43.66%。

（1）试计算元素 X 的相对原子质量；

（2）已知 X 的原子核内质子数比中子数少 1 个，写出 X 元素的名称和符号。

3. 有 A、B 两种元素，已知 5.75g A 的单质跟盐酸完全反应，在标准状况下产生 2.8L 氢气，同时生成 0.25mol ACl_n，A 的原子核里质子数比中子数少 1；B 的气态氢化物的化学式为 H_2B，其式量与 B 的最高价氧化物的水化物式量之比为 1∶2.88，B 原子核内质子数与中子数相等。通过计算回答：

（1）写出 A、B 两种元素的名称；

（2）用电子式表示 A 与 B 形成化合物的过程。

第四章　化学反应速率和化学平衡

化学反应的过程，既是物质的转化过程，也是化学能与热、电等其他形式能量的转化过程，热量释放或吸收是化学反应中能量变化的常见形式。在生活、生产和科学研究中，我们不仅仅需要关注化学反应过程中释放或吸收的热量，还需要考虑化学反应进行的快慢程度及化学反应所能达到的限度。

第一节　化学反应热与能量变化

化学反应的过程是新物质生成的过程，同时伴随着能量的变化，通常表现为热量的变化。化学上把放出热的化学反应叫做放热反应（exothermic reaction）。例如，铝片与盐酸的反应是放热反应。木炭、氢气、甲烷等在氧气中的燃烧都是放热反应。化学上把吸收热量的化学反应叫做吸热反应（endothermic reaction）。例如，$Ba(OH)_2 \cdot 8H_2O$ 与 NH_4Cl 的反应是吸热反应，灼热的碳与二氧化碳的反应也是吸热反应。反应过程中放出或吸收的热都属于反应热。

为什么有的化学反应会放出热量，而有的化学反应却需要吸收热量呢？这是因为各种物质具有的能量是不同的。如果反应物具有的总能量高于生成物具有的总能量，那么在发生化学反应时，有一部分能量就会转变成热能等形式释放出来，这就是放热反应。如果反应物具有的总能量低于生成物具有的总能量，那么在发生化学反应时，反应物就需要吸收能量才能转化为生成物。

一、焓变、反应热

焓（H）（enthalpy）是与内能有关的物理量。在一定条件下，某一化学反应是吸热反应还是放热反应，由生成物与反应物的焓值差即焓变（ΔH）决定。

在化学实验和生产中，通常遇到的反应是在敞口容器中进行的，反应系统的压力与外界压力（大气压）相等。也就是说，反应是在恒压条件下进行的，此时的热效应等于焓变。所以，在这里，我们用 ΔH 表示反应热。ΔH 的单位常用 kJ/mol（或 kJ·mol^{-1}）。许多化学反应的反应热可以通过实验直接测得。

化学反应过程中为什么会有能量变化？可以从微观角度来讨论这个问题。

实验测得 1mol H_2 与 1mol Cl_2 反应生成 2mol HCl 时放出 184.6kJ 的热量，这是该反应的

反应热。任何化学反应都有反应热，这是由于在化学反应过程中，当反应物分子间的化学键断裂时，需要克服原子间的相互作用，这需要吸收能量；当原子重新结合成生成物分子，即新化学键形成时，又要释放能量。就上述反应来说，当 1mol H_2 与 1mol Cl_2 在一定条件下生成 2mol HCl 时，1mol H_2 分子中的化学键断裂时需要吸收 436kJ 的能量，1mol Cl_2 分子中的化学键断裂时需要吸收 243kJ 的能量，而 2mol HCl 分子中的化学键形成时要释放 2mol × 431kJ/mol = 862kJ 的能量。那么，$H_2(g) + Cl_2(g) === 2HCl(g)$ 的反应热，应等于生成物分子形成时所释放的总能量（862kJ/mol）与反应物分子断裂时所吸收的总能量（679kJ/mol）的差，即释放出 183kJ/mol 的能量。显然，分析结果与实验测得的该反应的反应热（184.6kJ/mol）很接近（一般用实验数据来表示反应热）。

这说明该反应完成时，生成物释放的总能量比反应物吸收的总能量大，这是放热反应。对于放热反应，反应后放出热量（释放给环境），而使反应体系的能量降低。因此，规定放热反应的 ΔH 为 "－"，即上述反应的反应热为：$\Delta H = -184.6kJ/mol$。反之，对于吸热反应，由于反应通过加热、光照等吸收能量（能量来自环境），反应体系的能量升高。因此，规定吸热反应的 ΔH 为 "＋"。也就是说：当 ΔH 为 "－" 或 $\Delta H < 0$ 时，为放热反应；当 ΔH 为 "＋" 或 $\Delta H > 0$ 时，为吸热反应。

二、热化学方程式

化学反应中放出或吸收的热量可用化学方程式表示。我们把表示吸收热量或放出热量的化学方程式称为热化学方程式（thermochemical equation）。正确地书写热化学方程式对于计算化学反应热有重要意义。

热化学方程式的写法如下：

（1）先写出化学反应方程式，化学反应多在一定压力下完成。用 ΔH 表示反应热，写在化学方程式的右边，"－" 表示放热，"＋" 表示吸热。热量一般用千焦（kJ/mol）做单位。

（2）必须在化学式的右侧注明物质的聚集状态或浓度，可分别用小写的 s、l、g 三个字母表示固体、液体、气体。

（3）化学式前的系数可理解为物质的量（mol），不表示分子数，它可以用分数表示。

（4）标明反应时的温度、压力。如果测定时的温度为 298K，压力为 101.325kPa，一般可省去。

例如：在 298K 和 101.325kPa 下，有两个由 $H_2(g)$ 和 $O_2(g)$ 化合成 1mol H_2O 的反应，一个生成气态水，一个生成液态水。其热化学反应方程式表示如下：

$$H_2(g) + \frac{1}{2}O_2(g) === H_2O(g)，\Delta H = -241.8kJ/mol$$

$$H_2(g) + \frac{1}{2}O_2(g) === H_2O(l)，\Delta H = -285.8kJ/mol$$

二者的产物同样是 1mol 水，而释放的热量却不同，这是由于液态水蒸发为气态水要吸收热量。

$$H_2O(l) === H_2O(g)，\Delta H = 44.0kJ/mol$$

如果参加反应的化学物质的化学计量数增大 1 倍，则反应热的值 ΔH 也增大 1 倍。例如：

$$2H_2(g) + O_2(g) === 2H_2O(l)，\Delta H = -571.6kJ/mol$$

三、燃烧热和中和热

1. 燃烧热

在 25℃、101kPa 时，1mol 纯物质完全燃烧生成稳定的化合物时所放出的热量，叫做该物质的燃烧热（combustion heat），单位为 kJ/mol，燃烧热通常可利用仪器由实验测得。例如，实验测得在 25℃、101kPa 时，1mol CH_4 完全燃烧放出 890.31kJ 的热量，这就是 CH_4 的燃烧热。用热化学方程式分别表示如下：

$$CH_4(g) + 2O_2(g) == CO_2(g) + 2H_2O\ (l)，\Delta H = -890.31kJ/mol$$

在上述反应中，既然反应产物 CO_2 和 H_2O 是经过完全燃烧而生成的稳定化合物，这就意味着它们不能再燃烧了。

2. 中和热

实验测出，酸、碱在发生中和反应时也有热量放出。在稀溶液中，酸跟碱发生中和反应而生成 1mol 水，这时的反应热就称为中和热（neutralization heat）。例如 1L 1mol/L 的氢氧化钠溶液中和 1L 1mol/L 的盐酸溶液，放出 57.3kJ 的热量。

$$NaOH(稀) + HCl(稀) == NaCl(稀) + H_2O，\Delta H = -57.31kJ/mol$$

任何强酸和强碱在稀溶液中发生中和反应，其中 1mol H^+ 和 1mol OH^- 反应生成 1mol 水，放出的热量都是 57.3kJ。

四、盖斯定律

1840 年，瑞士化学家盖斯（Germain Henri Hess）通过大量实验证明，不管化学反应是一步完成或分几步完成，其反应热都是相同的。换句话说，化学反应的反应热只与反应体系的始态和终态有关，而与反应的途径无关。这就是盖斯定律（Hess law）。

盖斯定律在科学研究中具有重要意义。因为有些反应进行得很慢，有些反应不容易直接发生，有些反应的产品不纯（有副反应发生），这给测定反应热造成困难。此时如果应用盖斯定律，就可以间接地把它们的反应热计算出来。例如：

$$C(s) + \frac{1}{2}O_2(g) == CO(g)$$

上述反应在 O_2 供应充分时，可燃烧生成 CO_2；O_2 供应不充分时，虽可生成 CO，但同时还部分生成 CO_2。因此该反应的 ΔH 无法直接测得。但是下述两个反应的 ΔH 却可以直接测得：

$$C(s) + O_2(g) == CO_2(g)，\Delta H_1 = -393.5kJ/mol$$

$$CO(g) + \frac{1}{2}O_2(g) == CO_2(g)，\Delta H_2 = -283.0kJ/mol$$

根据盖斯定律，就可以计算出欲求反应的 ΔH。

分析上述两个反应的关系，即知

$$\Delta H_1 = \Delta H_2 + \Delta H_3$$

$$\Delta H_3 = \Delta H_1 - \Delta H_2$$

$$= -393.5\text{kJ/mol} - (-283.0\text{kJ/mol})$$

$$= -110.5\text{kJ/mol}$$

这样就求得：

$$\text{C}(\text{s}) + \frac{1}{2}\text{O}_2(\text{g}) =\!=\!= \text{CO}(\text{g}), \quad \Delta H_3 = -110.5\text{kJ/mol}$$

五、能源

能源就是能提供能量的资源，包括化石燃料（煤、石油、天然气）、阳光、风力、流水、潮汐以及柴草等。能源是国民经济和社会发展的重要物质基础，它的开发和利用情况可以用来衡量一个国家或地区的经济发展和科学技术水平。

我国目前使用的主要能源是化石燃料，它们的蕴藏量有限，而且不能再生，最终将会枯竭。为此，我们不但要节能，更要寻找新的能源。

为了应对能源危机，满足不断增长的能源需求，当今国际能源研究的另一热点就是寻找新的能源。现正探索、开发和利用的新能源有核能、太阳能、氢能、风能、地热能、海洋能和生物质能等。它们资源丰富，可以再生，没有污染或很少污染，很可能成为未来的主要能源。

例题 1　已知热化学方程式：

（1）$2\text{H}_2(\text{g}) + \text{O}_2(\text{g}) =\!=\!= 2\text{H}_2\text{O}(\text{g})$，$\Delta H = -483.6\text{kJ/mol}$

（2）$2\text{H}_2(\text{g}) + \text{O}_2(\text{g}) =\!=\!= 2\text{H}_2\text{O}(\text{l})$，$\Delta H = -571.6\text{kJ/mol}$

则氢气的燃烧热为多少？

解析：根据燃烧热的定义，1mol H_2 燃烧，其产物必须是液态水，所放出的热量才算燃烧热。所以氢气的燃烧热为 285.8kJ/mol。

答：氢气的燃烧热为 285.8kJ/mol。

例题 2　甘油三硝酸酯俗称硝化甘油，它分解的化学方程式为：

$$4\text{C}_3\text{H}_5\text{N}_3\text{O}_9 =\!=\!= 6\text{N}_2\uparrow + 12\text{CO}_2\uparrow + \text{O}_2\uparrow + 10\text{H}_2\text{O}$$

已知 20℃ 时 4.54g 硝化甘油分解放出热量 30.8kJ，试计算：

（1）1mol 硝化甘油分解放出的热量；

（2）每生成 1mol 混合气所放出的热量（20℃ 时水呈液态）。

解：（1）硝化甘油的式量为 227，则

1mol 硝化甘油分解放出的热量为：$30.8\text{kJ} \times \dfrac{227\text{g}}{4.54\text{g}} = 1\,540\text{kJ}$

（2）根据化学方程式，4mol 硝化甘油分解生成 19mol 气体，生成 1mol 气体放出的热量为：$1\,540\text{kJ} \times \dfrac{4\text{mol}}{19\text{mol}} \approx 324\text{kJ}$

答：（1）1mol 硝化甘油分解放出的热量为 1\,540kJ；（2）每生成 1mol 混合气所放出的热量为 324kJ。

例题 3 已知：$2H_2(g) + O_2(g) == 2H_2O(g)$，$\Delta H_1 = -483.7kJ/mol$

$\qquad\qquad 2H_2O(l) == 2H_2(g) + O_2(g)$，$\Delta H_2 = +571.5kJ/mol$

试计算 1g 水蒸气凝结为水所放出的热量。

解： 以上两热化学方程式相加得：

$$2H_2O(l) == 2H_2O(g)，\Delta H = \Delta H_1 + \Delta H_2 = 87.8kJ/mol$$

所以 1g 水蒸气凝结为水所放出的热量为：$\dfrac{87.8kJ}{2 \times 18} \approx 2.44kJ$

答： 1g 水蒸气凝结为水所放出的热量为 2.44kJ。

例题 4 已知下列反应的反应热为：

(1) $CH_3COOH(l) + 2O_2(g) == 2CO_2(g) + 2H_2O(l)$，$\Delta H_1 = -870.3kJ/mol$

(2) $C(s) + O_2(g) == CO_2(g)$，$\Delta H_2 = -393.5kJ/mol$

(3) $H_2(g) + \dfrac{1}{2}O_2(g) == H_2O(l)$，$\Delta H_3 = -285.8kJ/mol$

试计算下述反应的反应热：$2C(s) + 2H_2(g) + O_2(g) == CH_3COOH(l)$

解： 分析各化学方程式的关系，知道将 (1) 式反写（相当于逆反应，ΔH 变号），(2) 式、(3) 式各乘以 2，并将三者相加，即可求出上述反应的反应热。

$2C(s) + 2O_2(g) == 2CO_2(g)$，$\Delta H_2 = -787.0kJ/mol$

$2H_2(g) + O_2(g) == 2H_2O(l)$，$\Delta H_3 = -571.6kJ/mol$

$2CO_2(g) + 2H_2O(l) == CH_3COOH(l) + 2O_2(g)$，$\Delta H_1 = 870.3kJ/mol$

$2C(s) + 2H_2(g) + O_2(g) == CH_3COOH(l)$，$\Delta H = -488.3kJ/mol$

答： 该反应的反应热为：$\Delta H = -488.3kJ/mol$。

思考题

1. 热化学方程式与普通化学方程式有什么区别？正确书写热化学方程式应当注意哪几点？

2. 根据事实，写出下列反应的热化学方程式。

(1) $1mol\ N_2(g)$ 与适量 $O_2(g)$ 起反应，生成 $NO_2(g)$，吸收 68kJ 热量；

(2) $1mol\ Cu(s)$ 与适量 $O_2(g)$ 起反应，生成 $CuO(s)$，放出 157kJ 热量；

(3) 卫星发射时可用肼（N_2H_4）做燃料，$1mol\ N_2H_4(l)$ 在 $O_2(g)$ 中燃烧，生成 $N_2(g)$ 和 $H_2O(l)$，放出 622kJ 热量。

3. 私人汽车与公交车相比，前者的耗油量和排出的污染物均大约是后者的 1/5，而后者载运的乘客量平均为 50 人，前者平均为 2 人。请根据以上数据对这两种交通工具作出评价。

4. 1g 氢气在氧气里燃烧生成气态水，同时放出 120.9kJ 的热量，写出其热化学方程式。

5. 燃烧 1g 甲烷（CH_4 气体），生成液态水和二氧化碳，能放出 55.6kJ 的热量。计算燃烧 5mol 甲烷能放出多少热量，并写出热化学方程式。

6. 已知 25℃、101kPa 下：$2CO(g) + O_2(g) \Longrightarrow 2CO_2(g)$，$\Delta H = -566.0kJ/mol$，现取标准状况下的 1L CO，在 25℃、101kPa 下发生以上反应，计算放出的热量。

7. 1kg 人体脂肪可储存约 32 200kJ 能量。一般人每行走 1km 大约要消耗 170kJ 能量，如果某人每天步行 5km，1 年中因此而消耗的脂肪大约是多少？

8. 用氢气做燃料有什么优点？在当今的技术条件下有什么问题？它的发展前景如何？

9. 查阅有关资料说明能源是人类生存和发展的重要基础，化学在解决能源危机中起着重要作用。写一篇小论文，在班上交流讨论。

第二节　化学反应速率

我们知道各种化学反应进行的快慢程度不同，有的化学反应瞬间即可完成，例如，氢气和氧气混合遇火发生爆炸，酸、碱溶液的中和反应等；有的反应则进行得很慢，例如，有些塑料的分解要几百年，而石油的形成要经过百万年甚至更长的时间。那么，如何表示化学反应速率？如何认识影响化学反应速率的因素呢？

一、化学反应速率

任何化学反应的快慢都表现为有关物质的量随着时间变化的多少。因此，化学反应可以用单位时间、单位体积中反应物或生成物的物质的量的变化来表示。如果反应体系的体积是恒定的，则化学反应速率（chemical reaction rate）通常用单位时间（如秒、分、小时）内反应物浓度的减小或生成物浓度的增大来表示。其计算公式可表示为：$v = \dfrac{\Delta c}{\Delta t}$。

式中 Δc 表示反应中反应物或生成物的物质的量浓度的变化量，单位一般是摩/升（mol/L）；Δt 表示变化时间，单位可为秒（s）、分钟（min）、小时（h）。反应速率的单位就是摩/（升·小时）[mol/(L·h)]、摩/（升·分）[mol/(L·min)]或摩/（升·秒）[mol/(L·s)]。

对于一个化学反应：$mA + nB \Longrightarrow pC + qD$，可用任一种物质的物质的量浓度随时间的变化来表示该化学反应的速率。

$$v(A) = \frac{\Delta c(A)}{\Delta t}，v(B) = \frac{\Delta c(B)}{\Delta t}，v(C) = \frac{\Delta c(C)}{\Delta t}，v(D) = \frac{\Delta c(D)}{\Delta t}$$

且有：
$$\frac{v(A)}{m}=\frac{v(B)}{n}=\frac{v(C)}{p}=\frac{v(D)}{q}$$

化学反应速率是通过实验测定的。根据化学反应速率表达式，实验中需要测定不同反应时刻反应物（或生成物）的浓度。实际上任何一种与物质浓度有关的可观测量都可以加以利用，如气体的体积、体系的压强、颜色的深浅、光的吸收、导电能力等。

二、外界条件对化学反应速率的影响

不同的化学反应具有不同的反应速率，这说明参加反应的物质的性质是决定化学反应速率的重要因素。但由于受其他因素的影响，同一个化学反应在不同的条件下可能会有不同的化学反应速率。因此，我们可以通过改变反应的条件来改变化学反应的速率。

化学反应速率主要取决于参加反应的物质的性质，同时，还受到浓度、压强、温度和催化剂等许多外界条件的影响。

1. 浓度对化学反应速率的影响

当其他条件不变时，增加反应物的浓度，可以增大反应速率。

【实验1】在2支放有少量大理石的试管里，分别加入 10mL 1mol/L 盐酸和 10mL 0.1mol/L 盐酸，观察现象。

通过实验，我们看到在加入 1mol/L 盐酸的试管中有大量的气泡逸出，而在加入 0.1mol/L 盐酸的试管中气泡产生得很慢。这说明，浓度较大的盐酸与大理石反应的化学反应速率比浓度小的盐酸与大理石反应的化学反应速率大。

实验证明，当反应物为气体或溶液时，增加反应物的浓度，可以增大反应速率。

2. 压强对化学反应速率的影响

对于有气体参加的反应，当其他条件不变时，增大反应物的压强，反应速率也相应增大。

对于气体反应来说，当温度一定时，气体的浓度与压强成正比。由于压强增大，气体体积缩小，也就相当于增大了气体反应物的浓度。对于只有固体、液体参加的反应，由于改变压强对它们的体积改变很小，它们的浓度改变很小，可以认为压强与它们的反应速率无关。

3. 温度对化学反应速率的影响

当其他条件不变时，升高温度，可以增大反应速率。

【实验2】给实验1中加入 0.1mol/L 盐酸的试管加热，观察现象。

通过实验我们可以看到，给加入 0.1mol/L 盐酸的试管加热后，反应速率明显加快了。这说明温度的变化也可以使化学反应速率改变。一般来说，温度每升高 10℃，化学反应速率增加到原来的 2~4 倍。有很多在高温或常温时进行得很快的化学反应，在低温下则进行得比较慢，这就是人们使用电冰箱保存食物的原因。

4. 催化剂对化学反应速率的影响

催化剂是指在化学反应里能改变其他物质的反应速率，而本身的质量和化学性质在化学反应前后都没有改变的物质。催化剂有正负催化剂之分，一般所说的催化剂是指正催化剂。使用催化剂可以大幅度地改变（增大或减小）化学反应速率，但不能使本来不会发生的反应变为可能。

【实验3】在两支试管中分别加入 5mL 溶质的质量分数为 5% 的 H_2O_2 溶液和 3 滴洗涤剂，再向其中一支试管中加入少量 MnO_2 粉末，观察反应现象。

我们可以看到，在 H_2O_2 中加入 MnO_2 粉末时，立即有大量气泡产生，而在没有加入 MnO_2 粉末的试管中只有少量气泡出现。可见催化剂 MnO_2 使 H_2O_2 分解的反应加快了。

综上所述，实验和事实都证明，对于同一化学反应来说，条件不同时，反应速率会发生变化。除了浓度、温度、催化剂等能改变化学反应速率外，光、电磁波、超声波、反应物颗粒的大小、溶剂的性质等，也会对化学反应速率产生影响。

三、活化能

根据我们对分子的认识，一种分子要转变为另一种分子，首先应当破坏或减弱分子内原子之间的化学键，才能转化为新键，从而形成产物分子。因此，只有具有足够能量的分子碰撞时，才能发生化学反应。这种能够发生反应的碰撞称为有效碰撞。能够发生有效碰撞的分子称为活化分子（activated molecule），同时把活化分子具有的最低能量与分子的平均能量之差称做活化能（activation energy）。图 4-1 中，E_1、E_2 分别表示正逆反应的活化能。

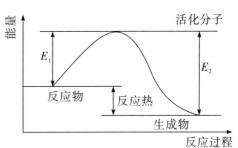

图 4-1 化学反应能量变化图

对于某一化学反应来说，在一定条件下，反应物分子中活化分子的百分数是一定的，而单位体积内活化分子的数目与反应物分子的总数成正比，即与反应物的浓度成正比。当其他条件相同时，反应物浓度增大，单位体积内活化分子数增多，单位时间内有效碰撞的次数增加，化学反应速率增大。同理，可以解释为何反应物浓度降低会使化学反应速率减小。

当其他条件相同时，升高温度，反应物分子的能量增加，使一部分原来能量较低的分子变成活化分子，从而增加了反应物中活化分子的百分数，使得单位时间内有效碰撞的次数增加，因而化学反应速率增大。同理，可以解释为何降低温度会使化学反应速率减小。

催化剂之所以能改变化学反应速率，是因为催化剂与反应物生成了不稳定的中间产物，改变了反应途径，大大地降低了活化能，这就使更多的反应物分子成为活化分子，增多了单位体积内反应物分子中活化分子百分数，从而增大了反应速率。催化剂改变反应历程如图 4-2 所示。

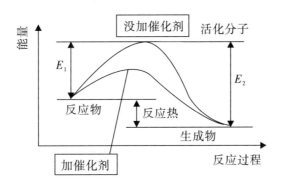

图 4-2 催化剂改变反应历程图

在现代化学工业中，催化剂的应用十分普遍。就近年来化学工业生产与技术的发展趋势而言，催化剂往往成为技术改造和更新的关键，从事这方面研究的科学家多次获得诺贝尔奖。在生命现象中也存在着大量的催化作用。例如，绿色植物的光合作用、动物体内蛋白质的分解等，都是在酶的催化下进行的。因为催化作用可以为化学工业生产带来巨大的经济效益，而且选择性极高的酶的生物催化作用有助于加深对生命过程的认识和模拟，所以催化剂的研究一直是高科技领域的重要内容。

例题1 $N_2(g) + 3H_2(g) \rightleftharpoons 2NH_3(g)$ 在 2L 的密闭容器中反应，30s 内有 0.6mol 氨气生成。请以 N_2 表示该化学反应的速率。

解：由化学反应速率的定义得：

$$v_{NH_3} = \frac{\Delta c}{\Delta t} = \frac{0.6mol/2L}{30s} = 0.01mol/(L \cdot s) = 0.6mol/(L \cdot min)$$

又化学反应速率比等于化学方程式的系数比，得：$v_{N_2} : v_{H_2} : v_{NH_3} = 1:3:2$

则 $v_{N_2} = 0.3mol/(L \cdot min)$

答：以 N_2 表示该化学反应的速率是 0.3mol/(L·min)。

例题2 已知某温度下，$2SO_2(g) + O_2(g) \rightleftharpoons 2SO_3(g)$（正反应为放热反应）反应的速率为 v_1。而 $2HI(g) \rightleftharpoons H_2(g) + I_2(g)$（正反应为吸热反应）反应的速率为 v_2。当升高温度时，v_1 和 v_2 将如何变化？

解：由影响化学反应速率的因素可知：升高温度，化学反应速率增大。这里的反应速率既包括吸热反应的化学反应速率，也包括放热反应的化学反应速率。只是 v_1 和 v_2 增大的倍数不一样。

答：两者都升高。

例题3 在 2L 的容器中 3 种物质间进行反应，X、Y、Z 的物质的量随时间的变化曲线如图所示。反应在 t_1 时刻达到平衡，问：

(1) 该反应的化学方程式是 _____。

(2) 反应起始至 t_1，Y 的平均反应速率是 _____。

(3) 下列条件的改变一定能使化学反应加快的是 _____。

A. 增加 X 的物质的量

B. 升高体系的温度

C. 减少 Z 的物质的量

D. 增加体系的压强

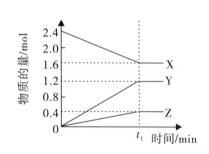

解析：(1) 由图像可以看出，反应中 X 的物质的量减小，Y、Z 的物质的量增多，则 X 为反应物，Y、Z 为生成物。t_1 时刻后，X 的物质的量为定值且不为零，为可逆反应，且 $\Delta n(X) : \Delta n(Y) : \Delta n(Z) = 0.8mol : 1.2mol : 0.4mol = 2:3:1$，则反应的化学方程式为：$2X \rightleftharpoons 3Y + Z$。

(2) 反应起始至 t_1，Y 的平均反应速率 $v(Y) = \dfrac{\frac{1.2mol}{2L}}{t_1 min} = \dfrac{0.6}{t_1}mol/(L \cdot min)$。

(3) 若 X 为气体，增加 X 的物质的量，反应速率加快；X 若为固体或纯液态，增大 X 的物质的量，不影响反应速率，故 A 项错误。升高体系的温度，反应速率一定加快，故 B

项正确。减少 Z 的物质的量，若生成物为气体，反应速率会减慢；X 若为固体或纯液态，不影响反应速率，故 C 项错误。增加体系的压强，若没有气体参与，不影响反应速率；若有气体参与，反应速率加快，故 D 项错误。

答：（1）$2X \rightleftharpoons 3Y + Z$；（2）$\dfrac{0.6}{t_1}$mol/（L·min）；（3）B。

思考题

1. 在密闭容器中通入一定量 $SO_2(g)$ 和 $O_2(g)$，在下列条件下，正逆反应速率会发生什么变化？

（1）升高温度；（2）充入更多的 O_2；（3）加入催化剂；（4）增大容器的体积。

2. 为什么升高温度和增加反应物的浓度，都能增大化学反应的速率？

3. 木炭在空气中燃烧是一个放热反应，为什么木炭燃烧时必须先引火点燃？点燃后停止加热，木炭能够继续燃烧吗？为什么？

4. 下列事实中是什么因素影响了化学反应速率？

（1）食品在夏天容易变质，冬天则难变质；

（2）熔化的 $KClO_3$ 放出气泡很慢，撒入少量 MnO_2，会很快产生气体；

（3）工业上常将固体燃料粉碎以提高燃烧效率；

（4）同浓度、等体积的硫酸与盐酸，和同样大小、质量相等的锌粒反应，产生气体有快有慢；

（5）集气瓶中有 H_2 和 Cl_2 的混合气体，在瓶外点燃镁条时发生爆炸；

（6）浓硝酸常盛放在棕色试剂瓶中，且放在黑暗、温度低的地方。

5. 在一容积为 2L 的密闭容器中盛有 0.2mol CO 和 0.5mol 水蒸气，发生如下反应：$CO + H_2O(g) \rightleftharpoons CO_2 + H_2$；如 CO 反应的平均速度是 0.01mol/（L·s），反应经 3s 后，求容器中 CO 和水蒸气的浓度及生成 H_2 的质量。

6. 在 4L 容器中加入 18g 水蒸气、28g 一氧化碳，在 t℃ 时（ >100 ）发生如下反应：$CO + H_2O(g) \rightleftharpoons CO_2 + H_2$；在最初 5s 内，一氧化碳的平均反应速率是 0.02mol/（L·s），求：

（1）5s 末时，容器内一氧化碳和水蒸气的浓度；

（2）5s 末时，容器内二氧化碳的质量。

7. 一定条件下，SO_2 氧化为 SO_3 的反应如下：$2SO_2(g) + O_2(g) \rightleftharpoons 2SO_3(g)$，现将 2mol

SO_2 与 1mol O_2 通入 2L 密闭容器中，2s 末测得混合物中含 0.8mol SO_2，试求用不同物质表示的化学反应速率。

8. 向体积为 10L 的恒容密闭容器中通入 3mol X，在一定温度下发生反应：$2X(g) \rightleftharpoons Y(g) + aZ(g)$，经 5min 后反应达到化学平衡状态。平衡时，测得容器内的压强为起始时的 1.2 倍，此时 X 的物质的量浓度为 0.24mol/L，求化学方程式中 a 的值及用 Y 表示的反应速率。

第三节　化学平衡

在根据化学方程式进行计算时，我们通常是依照化学方程式中的化学计量关系进行的。但是一个化学反应在实际进行时，反应物不一定能按化学方程式中相应物质的计量关系完全转变为生成物。在化学研究和化工生产中，只考虑化学反应速率是不够的，还需要考虑化学反应所能达到的限度。例如，在合成氨工业中，除了需要考虑如何使 N_2 和 H_2 尽可能快地转变为 NH_3 外，还需要考虑如何使 N_2 和 H_2 尽可能多地转变为 NH_3，这就涉及化学反应进行的程度问题，即化学平衡问题。化学平衡主要是研究可逆反应的规律、反应进行的程度以及各种条件对反应进行程度的影响。

一、可逆反应

在化学反应中，同一条件下，有的反应只能朝一个方向进行，而有的反应既可向生成物方向进行，又可向反应物方向进行。化学上，把向生成物方向进行的反应叫做正反应；向反应物方向进行的反应叫做逆反应。在同一条件下，既能向正反应方向进行，同时又可向逆反应方向进行的反应叫做可逆反应（reversible reaction）。可逆反应通常用"$\rightleftharpoons$"表示。

二、化学平衡

在一定温度下，当把适量蔗糖晶体溶解在水里时，一方面，蔗糖分子不断离开蔗糖表面扩散到水里去；另一方面，溶解在水里的蔗糖分子不断在未溶解的蔗糖表面聚集成为晶体，当这两个相反过程的速率相等时，蔗糖的溶解达到最大限度，形成蔗糖的饱和溶液。此时，我们说达到溶解平衡状态，溶解和结晶的过程并没有停止，只是速率相等罢了，因此，溶解平衡状态是一种动态平衡状态。

同样，对于任何可逆反应，当反应进行到一定程度，都会存在动态平衡状态。如一定条件下的可逆反应 $CO + H_2O(g) \rightleftharpoons CO_2 + H_2$，将 0.01mol CO 和 0.01mol $H_2O(g)$ 通入容积为 1L 的密闭容器里，在催化剂存在的条件下加热到 800℃，结果生成了 0.005mol CO_2 和 0.005mol H_2，反应物 CO 和 $H_2O(g)$ 各剩余 0.005mol。如果温度不变，反应无论进行多长时间，容器里混合气体的浓度都不再发生变化。也就是说达到了平衡状态。

在可逆反应中，反应开始时，反应物浓度大，正反应速率也大。随着反应的进行，反应物浓度逐渐减小，生成物浓度逐渐增大，导致正反应速率逐渐减小，逆反应速率逐渐增大。

当反应进行到一定程度时，正反应速率和逆反应速率相等，反应物和生成物浓度不再发生变化，这时反应达到了平衡状态。我们把在一定条件下的可逆反应里，正反应和逆反应的速率相等，反应混合物中各组分的浓度保持不变的状态，称为化学平衡状态。

三、化学平衡的移动及影响因素

化学平衡（chemical equilibrium）是一种动态平衡，当反应条件改变时，达到平衡的反应混合物里各组分的浓度也会随之改变，直到达到新的平衡状态。这种可逆反应中旧化学平衡的破坏、新化学平衡的建立过程就叫做化学平衡的移动。

1. 浓度对化学平衡的影响

当一个化学反应达到平衡时，如果其他条件不变，增大反应物浓度或减小生成物浓度，平衡会向正反应方向移动；减小反应物浓度或增大生成物浓度，平衡会向逆反应方向移动。

【实验4】在一个小烧杯里混合 10mL 0.01mol/L $FeCl_3$ 溶液和 10mL 0.01mol/L KSCN（硫氰化钾）溶液，溶液立即变成了红色。把该红色溶液平均分入三支试管中。在第一支试管中加入少量 1mol/L $FeCl_3$ 溶液，在第二支试管中加入少量 1mol/L KSCN 溶液，在第三支试管中不加试剂。观察前两支试管中溶液颜色的变化，并与第三支试管中溶液的颜色相比较。

$FeCl_3$ 与 KSCN 起反应，生成红色的 $Fe(SCN)_3$ 和 KCl，这个反应可表示如下：
$$FeCl_3 + 3KSCN \rightleftharpoons Fe(SCN)_3 + 3KCl$$

从上面的实验可知，当在此平衡混合物里加入 $FeCl_3$ 溶液或 KSCN 溶液，溶液的颜色将会变深，说明平衡向正反应方向移动了。

在生产上，往往采用增大容易取得的或成本较低的反应物浓度的方法，使成本较高的原料得到充分利用。例如，在硫酸工业里，常用过量的空气使 SO_2 充分氧化，以生成更多的 SO_3。

2. 压强对化学平衡的影响

对于达到平衡状态的反应，不管是在反应物还是在生成物里，只要有气态物质存在，改变压强常常会使化学平衡发生移动。

我们以合成氨反应为例来说明压强对化学平衡的影响：
$$N_2(g) + 3H_2(g) \rightleftharpoons 2NH_3(g)$$

在该反应中，1 体积 N_2 与 3 体积 H_2 反应生成 2 体积 NH_3，即反应前后气态物质的总体积发生了变化，反应后气体总体积减小了。表 4-1 列入 450℃时，不同压强下 N_2 与 H_2 反应生成 NH_3 的实验数据。

表 4-1　450℃时 N_2 与 H_2 反应生成 NH_3 的实验数据

压强/MPa	1	5	10	30	60	100
NH_3/%	2.0	9.2	16.4	35.5	53.6	69.4

从上述实验数据可以看出，对反应前后气体总体积发生变化的化学反应，当其他条件不变时，增大压强，会使化学平衡向着气体体积缩小的方向移动；减小压强，会使化学平衡向着气体体积增大的方向移动。

在有些可逆反应里，反应前后气态物质的总体积没有变化。例如：

$$2HI(g) \Longrightarrow H_2(g) \quad + \quad I_2(g)$$
（2 体积）　　（1 体积）　　（1 体积）

这种情况下，增大或减小压强都不能使化学平衡移动。

3. 温度对化学平衡的影响

在吸热或放热的可逆反应里，反应混合物达到平衡状态以后，改变温度也会使化学平衡发生移动。

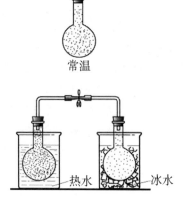

常温

热水　　冰水

图 4 - 3　温度对化学平衡的影响

【实验 5】把 NO_2 和 N_2O_4 的混合气体盛在两个连通的烧瓶里，然后用夹子夹住橡皮管，把一个烧瓶放进热水里，把另一个烧瓶放进冰水（或冷水）里（见图 4 - 3）。观察混合气体的颜色变化，并与常温时盛有相同混合气体的烧瓶中的颜色进行对比。

在这个反应里，正反应是放热反应，逆反应是吸热反应。

$$2NO_2(g) \Longrightarrow N_2O_4(g)，\Delta H < 0$$
（红棕色）　　　（无色）

从上面的实验可知，当混合气体受热时，颜色会变深，说明 NO_2 浓度增大，平衡向逆反应方向移动了。混合气体被冷却时颜色变浅，说明 NO_2 的浓度减小，即平衡向正反应方向移动了。由此可见，当其他条件不变时，升高温度，化学平衡向吸热反应方向移动；降低温度，化学平衡向放热反应方向移动。

由于催化剂能同等程度地改变正、逆反应速率，因此它对化学平衡的移动没有影响。使用催化剂只能改变反应达到平衡的时间。

浓度、压强、温度对化学平衡的影响可以概括为平衡移动原理，也叫勒沙特列原理（Le Chatelier's principle）：如果改变影响平衡的一个条件（如浓度、压强或温度等），平衡就向能够减弱这种改变的方向移动。

平衡移动原理对所有的动态平衡都适用，如对后面将要学习的电离平衡也适用。但是，平衡移动原理也有局限性，如虽然能用它来判断平衡移动的方向，但不能用它来判断建立新平衡所需要的时间，以及在平衡建立过程中各物质间的数量关系等。要掌握这些问题，还需继续学习其他理论。

例题 1　已知二氧化碳和焦炭的反应是吸热反应：$CO_2(g) + C(s) \Longrightarrow 2CO(g)$，在一定温度和压强下，上述反应达到平衡时，改变下列条件，平衡将如何移动？

①升高温度；②降低压强；③增加焦炭用量。

解析：根据化学平衡移动的影响因素可知：升高温度，化学平衡向吸热反应方向移动。对于上述反应，正反应为吸热反应，因此，升高温度，平衡向正反应方向移动；降低压强，平衡向气体体积增大的方向移动；焦炭是固体，增加它的量对平衡没有影响。

答：①正反应方向；②正反应方向；③不移动。

例题 2　化学反应 $2A + B \rightleftharpoons 2C$ 达到平衡时，升高温度时 C 的量增加，此反应是_____反应（填"吸热"或"放热"）。增加 B 的浓度，则 C 的量会_____（填"增加"或"减少"）。

解析： 升高温度，化学平衡应向吸热反应方向移动。在这个反应中，升高温度，C 的量增加，说明此反应是吸热反应。增加反应物的浓度，会使化学平衡向正反应方向移动，有更多的 C 生成。

答： 吸热；增加。

例题 3　可逆反应：$aA(g) + bB(g) \rightleftharpoons cC(g) + dD(g)$，$\Delta H$，有下列两图所示变化：

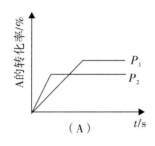
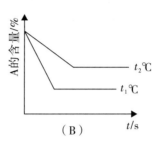

试根据图片回答（填" > "" = "" < "）：

（1）压强：P_1____P_2；

（2）$(a + b)$____$(c + d)$；

（3）温度：$t_1℃$____$t_2℃$；

（4）ΔH____0。

解析：（1）压强越大，化学反应速率越快，反应达到平衡时间越短，根据"先拐先平数值大"（先到拐点先达到平衡状态，对应的压强大、温度高）知，压强：$P_1 < P_2$。

（2）增大压强，平衡向气体体积减小的方向移动；增大压强，A 的转化率减小，平衡逆向移动，则 $(a + b) < (c + d)$。

（3）温度越高，化学反应速率越快，反应达到平衡时间越短，根据"先拐先平数值大"知，$t_1℃ > t_2℃$。

（4）升高温度，平衡向吸热方向移动；升高温度，A 的含量减少，平衡正向移动，则正反应为吸热反应，$\Delta H > 0$。

答：（1）<；（2）<；（3）>；（4）>。

思考题

1. 下列哪些反应是可逆反应？为什么？

（1）$2H_2 + O_2 \underset{电解}{\overset{点燃}{\rightleftharpoons}} 2H_2O$

（2）$6CO_2 + 6H_2O \underset{点燃}{\overset{光合作用}{\rightleftharpoons}} C_6H_{12}O_6 + 6O_2$

（3）$Pb + PbO_2 + 2H_2SO_4 \underset{充电}{\overset{放电}{\rightleftharpoons}} 2PbSO_4 + 2H_2O$

（4）$C + CO_2 \underset{高温}{\overset{高温}{\rightleftharpoons}} 2CO$（炼铁炉中）

(5) $NH_3 \cdot H_2O \Longrightarrow NH_3 + H_2O$

2. 在 $N_2 + 3H_2 \Longrightarrow 2NH_3$ 的可逆反应中，下列哪一种状态达到了平衡状态？
(1) 氮气与氢气反应生成氨的速率与氨的分解速率相等时的状态；
(2) 氮气和氢气不再发生反应时的状态；
(3) 氮气、氢气和氨气在混合气体中的含量相等的状态；
(4) 氮气、氢气和氨气在混合气体中的含量保持不变的状态；
(5) 反应前后气体体积保持不变的状态；
(6) 反应前后气体质量保持不变的状态。

3. 有气体参加的反应可能出现反应后气体体积增大、减小或不变三种情况。请根据这三种情况进行分析，体系压强增大会使化学平衡状态发生怎样的变化？对于只有固体或液体参加的反应，体系压强改变会使化学平衡状态发生变化吗？

4. 有一化学反应 $2A + B \Longrightarrow 2C$，达到平衡时，请根据条件回答下列问题：
(1) 升高温度时，C 的量减小，此反应是放热反应还是吸热反应？
(2) 增加 A 的浓度，则 C 的量会如何改变？
(3) 如果 A、B 都是气体，达到平衡时减小压强，那么平衡将向哪边移动？
(4) 如果已知 B 是气体，增大压强时，化学平衡向逆反应方向移动，则 A 和 C 分别是什么状态？

5. 在一密闭容器内加入 HBr 气体，在一定温度下，建立 $2HBr(g) \Longrightarrow H_2(g) + Br_2(g)$（正反应为吸热反应）的化学平衡，若升高温度，请回答下列问题：
(1) 正、逆反应速率将如何变化？
(2) 化学平衡如何移动？
(3) 混合气体的颜色是加深还是变浅？
(4) 混合气体的平均相对分子质量将如何变化？
(5) 若将密闭容器的体积减小为原来的 1/3，则化学平衡如何移动？混合气体的颜色是加深还是变浅？

6. 吃糖对牙齿会有什么样的影响呢？牙齿的损坏实际上是牙釉质 $[Ca_5(PO_4)_3OH]$ 溶解的结果。在口腔中存在着如下平衡：
$$Ca_5(PO_4)_3OH \Longrightarrow 5Ca^{2+}(aq) + 3PO_4^{3-}(aq) + OH^-(aq)$$
当糖在牙齿上发酵时，会产生 H^+。牙釉质表面 H^+ 的增加会对这一平衡产生怎样的影响？

7. 什么是勒沙特列原理? 请用该原理解释为什么当装有碳酸饮料的容器打开时, 会有气体冒出。

8. 硝酸与金的反应可表示为: $4H^+ + NO_3^- + Au \rightleftharpoons NO + Au^{3+} + 2H_2O$, 实际上该反应不能显著进行, 即硝酸不能将金溶解, 但王水能将金顺利溶解, 生成 NO 和一种可溶性的离子 $AuCl_4^-$ (王水是 HNO_3 和 HCl 的混合溶液)。试用化学平衡原理加以解释。

第四节　化学平衡常数及其计算

1. 化学平衡常数表达式

对于一个给定的反应, 一定条件下处于平衡状态时, 生成物浓度的乘积与反应物浓度的乘积之比为一常数。例如, 可逆反应:

$$mA + nB \rightleftharpoons pC + qD$$

A、B、C、D 均不表示固体或纯液体, 该条件下平衡常数表示为:

$$K = \frac{c^p(C) \cdot c^q(D)}{c^m(A) \cdot c^n(B)}$$

使用化学平衡常数时, 需注意以下问题:

(1) 必须根据给定的反应, 列出平衡常数表达式。同一反应由于方程式的系数不同, 平衡常数表达式也不同。如同一温度下的三个方程式:

$$N_2O_4 \rightleftharpoons 2NO_2 \quad K = \frac{c^2(NO_2)}{c(N_2O_4)}$$

$$2NO_2 \rightleftharpoons N_2O_4 \quad K = \frac{c(N_2O_4)}{c^2(NO_2)}$$

$$\frac{1}{2}N_2O_4 \rightleftharpoons NO_2 \quad K = \frac{c(NO_2)}{c^{\frac{1}{2}}(N_2O_4)}$$

以上三式中即使浓度相同, K 值也不同。

(2) 各物质的浓度是指平衡时各物质的物质的量的浓度 (mol/L)。

(3) 固体及纯液体的浓度不列入平衡常数表达式中。如:

$$CaCO_3 (固) \rightleftharpoons CaO (固) + CO_2 (气), 反应的 K = c(CO_2)$$

2. 平衡常数的意义

(1) 平衡常数表示可逆反应进行的程度。平衡常数 K 越大, 说明平衡体系中生成物所占的比例越大, 表示正反应进行的程度越大, 即该反应进行得越完全, 反应物的转化率也就越大。反之, K 越小, 表示反应进行的程度越小, 反应物的转化率也越小。一般来说,

$K > 10^5$ 时，该反应就进行得基本完全了。

$$指定某个反应的转化率 = \frac{该反应物的起始浓度 - 该反应物的平衡浓度}{该反应物的起始浓度} \times 100\%$$

（2）平衡常数只随温度而变化，不受浓度的影响。对吸热反应来说，升高温度平衡常数增大；对放热反应来说，升高温度平衡常数减小。

3．平衡常数的计算

例题1   在某温度下，将 H_2 和 I_2 各 0.10mol 的气态混合物充入 10L 的密闭容器中充分反应，达到平衡后，测得 $c(H_2) = 0.008\ 0mol/L$。

（1）求反应的平衡常数；

（2）上述温度下，该容器若通入 H_2 和 I_2 蒸气各 0.2mol，试求达到化学平衡状态时各物质的浓度。

解：（1）依题意可知，平衡时 $c(H_2) = 0.008\ 0mol/L$，消耗 $c(H_2) = 0.002\ 0mol/L$，生成 $c(HI) = 0.004\ 0mol/L$。

$$\begin{array}{cccc} & H_2 & + \quad I_2 \Longrightarrow & 2HI \end{array}$$

起始时各物质浓度（mol/L）   0.010   0.010   0

平衡时各物质浓度（mol/L）   0.008 0   0.008 0   0.004 0

$$K = \frac{c(HI)^2}{c(H_2) \cdot c(I_2)} = \frac{(0.004\ 0)^2}{(0.008\ 0)^2} = 0.25$$

（2）依题意可知，$c(H_2) = 0.020mol/L$，$c(I_2) = 0.020mol/L$。

设 H_2 的消耗浓度为 x。则：

$$\begin{array}{ccc} H_2(g) & + \quad I_2(g) \Longrightarrow & 2HI(g) \end{array}$$

平衡时的物质浓度（mol/L） $0.020 - x$ $0.020 - x$ $2x$

K 不随浓度发生变化：

$$K = \frac{c(HI)^2}{c(H_2) \cdot c(I_2)} = \frac{(2x)^2}{(0.020 - x)^2} = 0.25$$

解得 $x = 0.004\ 0mol/L$

平衡时 $c(H_2) = c(I_2) = 0.016mol/L$，$c(HI) = 0.008\ 0mol/L$。

答：反应的平衡常数为 0.25；平衡时 $c(H_2) = c(I_2)$，为 0.016mol/L，$c(HI)$ 为 0.008 0 mol/L。

例题2   在密闭容器中，将 2.0mol CO 与 10mol H_2O 混合加热到 800℃，达到下列平衡：

$$CO(g) + H_2O(g) \Longrightarrow CO_2(g) + H_2(g) \quad K = 1.0$$

求 CO 转化为 CO_2 的转化率。

解：设 x 为达到平衡时 CO 转化为 CO_2 的物质的量，V 为容器容积。

$$CO(g) \quad + \quad H_2O(g) \quad \rightleftharpoons \quad CO_2(g) \quad + \quad H_2(g)$$

起始浓度 $\dfrac{2.0}{V}$ $\quad\quad\dfrac{10}{V}$ $\quad\quad\quad$ 0 $\quad\quad\quad\quad$ 0

平衡浓度 $\dfrac{2.0-x}{V}$ $\quad\dfrac{10-x}{V}$ $\quad\quad\dfrac{x}{V}$ $\quad\quad\quad\dfrac{x}{V}$

$$K = \frac{c(CO_2) \cdot c(H_2)}{c(CO) \cdot c(H_2O)} = \frac{\dfrac{x^2}{V^2}}{\dfrac{2.0-x}{V} \cdot \dfrac{10-x}{V}} = 1.0$$

$x^2 = (2.0-x)(10-x)$

$x^2 = 20 - 12x + x^2$

解得 $x \approx 1.67$

CO 转化为 CO_2 的转化率为：$\dfrac{1.67}{2.0} \times 100\% = 83.5\%$

答：CO 转化为 CO_2 的转化率为 83%。

思考题

1. 书写下列化学平衡的平衡常数表达式。

（1）$Cl_2 + H_2O \rightleftharpoons HCl + HClO$；

（2）$C(s) + H_2O(g) \rightleftharpoons CO(g) + H_2(g)$；

（3）$CH_3COOH + C_2H_5OH \rightleftharpoons CH_3COOC_2H_5 + H_2O$；

（4）$CO_3^{2-} + H_2O \rightleftharpoons HCO_3^{-} + OH^{-}$；

（5）$CaCO_3(s) \rightleftharpoons CaO(s) + CO_2(g)$。

2. 化学平衡常数受哪些因素的影响？若化学平衡的平衡常数发生改变，平衡是否一定发生移动？反之，若平衡发生移动，化学平衡常数是否一定发生改变？

3. 在一定条件下的密闭容器中发生反应：$C_2H_6(g) \rightleftharpoons C_2H_4(g) + H_2(g) - Q$。当达到平衡时，下列各项措施中，哪些可以提高乙烷的转化率？

①增大容器的容积；②升高反应的温度；③分离出部分氢气；④等容下通入稀有气体。

4. 在常压和 500℃ 时将 O_2 和 SO_2 按 1：2 体积比混合，如果混合前 O_2 的物质的量为 10mol，平衡混合气中 SO_3 占总体积的 91%。求：

（1）平衡时转化的 O_2 的物质的量是多少？

（2）SO_2 的转化率是多少？

（3）混合气中 SO_2 的体积分数是多少？

（4）若在相同条件下只通入 20mol SO_3，则平衡时 O_2 占混合气的总体积的百分数是多少？

5. 在25℃时，NO_2 与 N_2O_4 处于平衡状态，两种气体的平衡混合物中含有0.012 5mol/L 的 NO_2 和 0.032 1mol/L 的 N_2O_4。求这个反应的平衡常数。

6. 在一个容器为2L的密闭容器中，用2mol的 SO_2 和1.8mol的 NO_2 相混合进行如下反应：

$$NO_2(g) + SO_2(g) \rightleftharpoons SO_3(g) + NO(g)$$

恒温时达到平衡，得到1.2mol的 SO_3。求：

（1）该反应的平衡常数；

（2）SO_2 的转化率。

7. 在密闭容器中，将 NO_2 加热到某高温时，进行如下反应：

$$2NO_2 \rightleftharpoons 2NO + O_2$$

在平衡时各物质的浓度是 $c(NO_2) = 0.06$ mol/L，$c(NO) = 0.24$ mol/L，$c(O_2) = 0.12$ mol/L，试求这个温度下的平衡常数和 NO_2 在反应开始时的浓度。

8. 在2L密闭容器内，800℃时进行如下反应：

$$2NO(g) + O_2(g) \rightleftharpoons 2NO_2(g)$$

体系中，$n(NO)$ 随时间的变化如下表所示：

时间/s	0	1	2	3	4	5
$n(NO)$/mol	0.020	0.01	0.008	0.007	0.007	0.007

（1）写出该反应的平衡常数表达式，已知：$K_{300℃} > K_{350℃}$，则该反应是吸热反应还是放热反应？

（2）右图中哪条线代表 NO_2 的变化曲线？

（3）试用 O_2 表示从 0～2s 内该反应的平均速率。

（4）为使该反应的反应速率增大，且平衡向正反应方向移动，可采取哪些措施？

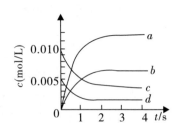

第五节 化学反应速率和化学平衡原理在生产中的应用

一、合成氨的条件选择

合成氨生产的关键是原料气氮和氢的合成反应：

$$\frac{3}{2}H_2(g) + \frac{1}{2}N_2(g) \Longleftrightarrow NH_3(g), \Delta H = -46.2kJ/mol$$

此反应是一个气体体积缩小的、放热的可逆反应。

选择合成氨的条件，首先考虑的是有高的反应速率，根据影响反应速率的条件可考虑采取的措施有：增加反应物的浓度、升高反应温度、增大压强、使用催化剂，也就是缩短达到平衡的时间，尽快地获得产物（NH_3）。

其次考虑的是反应物的转化率，根据化学平衡原理可考虑采取的措施有：增加反应物的浓度、降低反应温度、增加压强、减少生成氨的浓度，也就是使反应向正反应方向进行，尽可能多地获得产物。

综合这两类措施，在增大反应物的浓度和增大压强这两方面是一致的，考虑到压强过大对设备的要求和投入太大，所以选择适当压强为好。使用催化剂虽然对化学反应进程（化学平衡）没有影响，但能使平衡迅速建立，缩短达到化学平衡所用的时间，提高单位时间内的产量，所以要选择适宜的催化剂。在温度上，这两个要求发生矛盾，既要考虑适当提高温度以保证有理想的反应速率，又要考虑适当的温度以利于提高平衡时氨的浓度，同时还要保证是在催化剂的活化温度范围内。

二、合成氨的适宜条件

兼顾各种因素，目前我国合成氨生产多采用以下工艺条件：

（1）氢、氮（体积）比基本控制在 3∶1。

（2）采用铁触媒为催化剂，以便在较低的温度下有较快的反应速率。

（3）为了兼顾反应速率和氨的产率，温度一般控制在 673～773K，此时铁触媒的活性最大。

（4）压力越大，对氨的合成越有利，但压力太大，对设备要求高，且耗能大。综合考虑各因素，目前压力多采用 $2 \times 10^7 \sim 5 \times 10^7 Pa$。

（5）采取迅速冷却的方法，使气态氨变为液态氨，及时从混合气体中分离出去，从而使平衡向有利于氨合成的方向移动。

例题　在合成氨的过程中，为达到下述目的，在理论上可采取什么措施？

（1）使反应尽快达到平衡，可采取什么措施？

（2）为了提高 H_2 的转化率，可采取什么措施？

（3）在密闭容器中，能否通过某种办法，使 N_2 的转化达到 100%？为什么？

解析：工业合成氨的反应方程式为：$N_2(g) + 3H_2(g) \Longleftrightarrow 2NH_3(g) + 92.4kJ$，这个反应有如下特点：①合成氨是可逆反应；②合成氨方向是一个气体体积减小的反应；③合成氨是一个放热反应。为使反应尽快达到平衡，应采取措施加快合成氨速率，所以应采取升温、增压、使用催化剂等手段来达到目的。

答：（1）升高温度、增大压强、使用催化剂。

（2）①增大压强；②降低温度；③不断分离出生成的 NH_3；④通入过量的 N_2。

（3）不能。因为 N_2 和 H_2 反应生成 NH_3 是一个可逆反应，无论采取什么方法都不能使反应进行到底。

思考题

1. 工业合成氨的主要反应为：$N_2(g) + 3H_2(g) \xrightleftharpoons[\text{催化剂}]{\text{高温、高压}} 2NH_3(g)$，$\Delta H < 0$。

根据合成氨反应原理可知：
(1) 合成氨反应有哪些特点？
(2) 请写出工业上合成氨的适宜条件。
(3) 可以采取哪些措施提高 H_2 的转化率？

2. 在合成氨的生产实际中，不采用更大的压强和更低的温度的原因是什么？

3. 在密闭容器内，使 1mol N_2 和 3mol H_2 混合发生反应：$N_2 + 3H_2 \rightleftharpoons 2NH_3$（正反应为放热反应）。
(1) 当反应达到平衡时，N_2 和 H_2 的浓度之比是多少？
(2) 升高平衡体系的温度（保持体积不变），则混合气体的平均式量、密度如何变化？
(3) 当达到平衡时，充入 N_2 并维持压强不变，平衡如何移动？
(4) 当达到平衡时，将 $c(N_2)$、$c(H_2)$、$c(NH_3)$ 同时增大 1 倍，平衡如何移动？
(5) 当达到平衡时，充入 Ar 气，并保持体积不变，平衡如何移动？
(6) 当达到平衡时，充入 Ar 气，并保持压强不变，平衡如何移动？

4. 将 2mol N_2 和 3mol H_2 放在 10L 容器中，一定条件下合成氨的反应达到平衡，根据以下条件，分别求 N_2 的转化率。
(1) 平衡混合气中 NH_3 的物质的量为 1mol；
(2) 平衡混合气中 NH_3 的体积百分含量为 15%；
(3) 平衡混合气总物质的量为 4.2mol；
(4) 平衡时 H_2 的转化率为 40%；
(5) 平衡混合气的平均分子量为 15.5。

5. 在合成氨工业中，原料气（N_2、H_2 及少量 CO、NH_3 的混合气）在进入合成塔前需经过铜氨液处理，目的是除去其中的 CO，其反应为：$[Cu(NH_3)_2]^+ + CO + NH_3 \rightleftharpoons [Cu(NH_3)_3CO]^+$，$\Delta H < 0$。
(1) 铜氨液吸收 CO 适宜的生产条件有哪些？
(2) 吸收 CO 后的铜氨液经过适当处理可再生，恢复其吸收 CO 的能力，可循环使用。铜氨液再生适宜的生产条件有哪些？

6. 在硫酸工业中，通过下列反应使 SO_2 氧化为 SO_3，其反应为：$2SO_2(g) + O_2(g) \rightleftharpoons 2SO_3(g)$，$\Delta H = -196.6 kJ/mol$。下表列出了在不同温度和压强下，反应达到平衡时 SO_2 的转化率。

温度/℃	平衡时 SO_2 的转化率/%				
	0.1MPa	0.5MPa	1MPa	5MPa	10MPa
450	97.5	98.9	99.2	99.6	99.7
550	85.6	92.9	94.9	97.7	98.3

（1）从理论上分析，为了使二氧化硫尽可能多地转化为三氧化硫，应选择什么条件？

（2）为什么在实际生产中，选定的温度为 400~500℃？

（3）为什么在实际生产中，采用的压强为常压？

（4）为什么在实际生产中，通入过量的空气？

（5）为什么尾气中的 SO_2 必须回收？

《《 复习题四 》》

一、选择题（在下列每小题给出的四个选项中，只有一个是正确的，请将正确选项前的字母填在题后的括号内）

1. 一定条件下，反应 $N_2(g) + 3H_2(g) \rightleftharpoons 2NH_3(g)$ 在 2L 的密闭容器中进行，测得 2min 内，N_2 的物质的量由 2mol 减小到 0.4mol，则 2min 内 N_2 的反应速率为（　　）。

A. 0.2mol/(L·min)　　　　　　　B. 0.8mol/(L·min)

C. 1.6mol/(L·min)　　　　　　　D. 0.4mol/(L·min)

2. 下列反应中所加入的物质不是起催化剂作用的是（　　）。

A. $FeCl_3$ 溶液中，加入 KSCN 溶液

B. H_2O_2 水溶液中，加入少量新鲜的动物肝脏

C. 淀粉溶液中，加入唾液或少量稀硫酸

D. 滴有碘水的淀粉溶液中，加入少量稀硫酸

3. 一定温度下，反应 $N_2(g) + O_2(g) \rightleftharpoons 2NO(g)$ 在密闭容器中进行，下列措施中不改变化学反应速率的是（　　）。

A. 缩小体积使压强增大　　　　　B. 恒容，充入 N_2

C. 恒容，充入 He　　　　　　　 D. 恒压，充入 He

4. 在一定温度下，下列可逆反应建立平衡：$A_2(g) + B_2(g) \rightleftharpoons 2AB(g)$，反应达到平衡的标志是（　　）。

A. 单位时间内生成 $x$mol A_2，同时生成 $x$mol B_2

B. 单位时间内生成 $x$mol B_2，同时生成 $x$mol AB

C. 容器内的总压强不随时间变化而变化

D. 单位时间内生成 $2x$mol AB，同时生成 $x$mol A_2

5. 下列事实中不能用勒沙特列原理来解释的是（　　）。

A. 溴水中存在平衡：$Br_2 + H_2O \rightleftharpoons HBrO + HBr$，当加入 NaOH 溶液后颜色变浅

B. 加入催化剂，有利于合成氨的反应

C. 高压有利于合成氨的反应

D. 室温比 500℃ 左右更有利于提高氨的产率

6. 反应 $mA(g) + nB(g) \rightleftharpoons pC(g) + qD(g)$ 的平衡体系中，平衡时 A 的百分含量（A%）和压强、温度之间的关系可用右图表示，根据该图所得到的结论是（　　）。

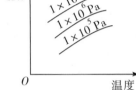

A. 正反应是吸热反应 $m + n > p + q$

B. 正反应是吸热反应 $m + n < p + q$

C. 正反应是放热反应 $m + n > p + q$

D. 正反应是放热反应 $m + n < p + q$

7. 在密闭容器中，放入 5mol H_2、3mol N_2，平衡时生成 NH_3 为 2mol，则反应后压强是反应前压强的（　　）。

A. 1.3 倍　　　　　B. 0.75 倍　　　　　C. 4 倍　　　　　D. 0.25 倍

8. 合成氨所需的 H_2，可由煤和水反应制得，其中一步反应为：$CO(g) + H_2O(g) \rightleftharpoons CO_2(g) + H_2(g) + Q$，欲提高 CO 的转化率，可采用的措施是（　　）。

①降低温度；②增大压强；③使用催化剂；④增大水蒸气浓度

A. ①和②　　　　　B. ②和④　　　　　C. ③和④　　　　　D. ①和④

9. 反应 $2A(g) \rightleftharpoons 2B(g) + C(g) - Q$，达到平衡时要使正反应速率降低，A 的浓度增大，应采取的措施是（　　）。

A. 加压　　　　　B. 增加 A 的量　　　　　C. 减小 C 的浓度　　　　　D. 降温

10. 在下列化学平衡状态中，X、Y、Z 均为气体，减压或升温后混合气体中 Z 的含量都会增加的是（　　）。

A. $X + Y \rightleftharpoons 2Z + Q$　　　　　　　　　B. $2X + Y \rightleftharpoons 2Z - Q$

C. $X + 2Y \rightleftharpoons 4Z - Q$　　　　　　　　　D. $2X + Y \rightleftharpoons 4Z + Q$

11. 当可逆反应 $2SO_2 + O_2 \rightleftharpoons 2SO_3$ 达到平衡后，通入 $^{18}O_2$ 气体，再次达到平衡时，$^{18}O_2$ 存在于（　　）中。

A. O_2、SO_3　　　B. SO_2、SO_3　　　C. SO_2、O_2、SO_3　　　D. SO_2、O_2

12. 对于可逆反应：$A(g) + B(g) \rightleftharpoons C(g) + Q$，图中正确的是（　　）。

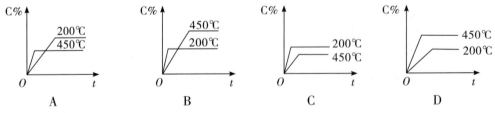

13. 可逆反应 $A + B(s) \rightleftharpoons C$ 达到平衡时，无论加压和升温，A 的转化率都增大，则下列结论正确的是（　　）。

A. A 为固体，C 为气体，正反应是放热反应

B. A 为气体，C 为固体，正反应是吸热反应

C. A 为气体，C 为气体，正反应是吸热反应

D. A 为固体，C 为液体，正反应是放热反应

14. 在四个不同的容器中，在不同的条件下进行合成氨反应。根据在相同时间内测定的结果判断，生成氨的速率最快的是（   ）。

A. $v(H_2) = 0.1\ mol/(L \cdot min)$ B. $v(N_2) = 0.2\ mol/(L \cdot min)$

C. $v(NH_3) = 0.15\ mol/(L \cdot min)$ D. $v(H_2) = 0.3\ mol/(L \cdot min)$

15. 在一定条件下，反应 $CO + NO_2 \rightleftharpoons CO_2 + NO$ 达到平衡后，降低温度，混合气体的颜色变浅，下列判断正确的是（   ）。

A. 正反应为吸热反应   B. 正反应为放热反应

C. CO 的浓度增大   D. 各物质的浓度不变

16. 对于达到平衡的可逆反应 $X + Y \rightleftharpoons W + Z$，其他条件不变时，增大压强，正、逆反应速率（$v$）变化的情况如图所示。下列对 X、Y、W、Z 四种物质状态的描述正确的是（   ）。

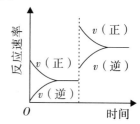

A. W、Z 均为气体，X、Y 中只有一种为气体

B. X、Y 均为气体，W、Z 中只有一种为气体

C. X、Y 或 W、Z 中均只有一种为气体

D. X、Y 均为气体，W、Z 均为液体或固体

17. 下列关于催化剂的说法中正确的是（   ）。

A. 催化剂能使不起反应的物质发生反应

B. 催化剂在化学反应前后，性质和质量都不变

C. 催化剂能使化学平衡发生移动

D. 催化剂在化学反应过程中，质量和性质不变

18. 在恒温恒压下，使 1L NO_2 按下式分解：$2NO_2 \rightleftharpoons 2NO + O_2$（放热反应），达平衡时，气体的体积变为 1.2L，这时 NO_2 的转化率为（   ）。

A. 40%   B. 60%   C. 10%   D. 20%

19. 下列有关平衡常数的说法正确的是（   ）。

A. 温度越高，K 值越大   B. K 值越大，正反应速率越大

C. K 值的大小与起始浓度有关   D. K 值越大，反应物的转化率越大

20. 对于反应 $3Fe(s) + 4H_2O(g) \rightleftharpoons Fe_3O_4(s) + 4H_2(g)$ 的平衡常数，下列说法正确的是（   ）。

A. $K = \dfrac{c^4(H_2) \cdot c(Fe_3O_4)}{c^3(Fe) \cdot c^4(H_2O)}$

B. $K = \dfrac{c^4(H_2)}{c^4(H_2O)}$

C. 增大 $c(H_2O)$ 或减小 $c(H_2)$，会使该反应平衡常数减小

D. 改变反应的温度，平衡常数不一定变化

二、填空题

1. 某一化学反应 $A + B \rightleftharpoons C$，开始时 A 的浓度为 $4\ mol/L$，2min 后反应达到平衡，A

的浓度降低为 0.8mol/L, 以 A 的浓度变化来表示的化学反应速率为_____。

2. 将等物质的量的 H_2 和碘蒸气放入密闭容器中进行反应: $H_2 + I_2 \rightleftharpoons 2HI$, 反应进行 2min 时, 测得反应速率 $v_{HI} = 0.1 \text{mol}/(\text{L} \cdot \text{min})$, 碘蒸气浓度为 0.4mol/L。

（1）反应速率 $v(H_2)$ = _____, $v(I_2)$ = _____。

（2）H_2 的起始浓度为_____, I_2 的起始浓度为_____。

（3）2min 末 HI 的浓度为_____。

3. 在 $2Cl_2(g) + 2H_2O(g) \rightleftharpoons 4HCl(g) + O_2(g) - Q$ 这个反应中, 将 Cl_2、O_2、HCl、$H_2O(g)$ 四种气体混合于密闭容器中, 一定条件下达到平衡时, 改变下列条件对化学平衡有什么影响?

（1）增大容器的体积, HCl 的物质的量_____, 平衡向_____移动, Cl_2 的平衡浓度_____。

（2）加入氧气, 氧气的物质的量_____, 平衡向_____移动, Cl_2 的平衡浓度将_____, HCl 的物质的量_____。

（3）升高温度, Cl_2 的物质的量_____, 平衡向_____移动, O_2 的平衡浓度_____。

（4）加入催化剂, Cl_2 的转化率_____, 正反应速率_____, 逆反应速率_____, 平衡_____移动。

4. 在密闭容器中, 通入一定量 $SO_2(g)$ 和 $O_2(g)$, 在下列条件下, 正逆反应速率会发生什么变化?（填"增大""减小"或"不变"）

（1）升高温度: $V_{正}$_____, $V_{逆}$_____。

（2）充入更多的 O_2: $V_{正}$_____, $V_{逆}$_____。

（3）加入催化剂: $V_{正}$_____, $V_{逆}$_____。

（4）增大容器的体积: $V_{正}$_____, $V_{逆}$_____。

三、简答题

1. 对于处于化学平衡状态的下列反应: $CO + H_2O(g) \rightleftharpoons CO_2 + H_2$。

（1）如果降低温度有利于 H_2 的生成, 那么正反应是放热反应还是吸热反应?

（2）如果要提高 CO 的利用率, 应该采取哪些措施?

2. 一氧化碳和一氧化氮都是汽车尾气里的有害物质, 它们能缓慢地起反应生成氮气和二氧化碳。

（1）试写出这一反应的化学方程式。

（2）如果要利用该反应除去尾气中的有害物质, 必须提高反应速率, 可采取哪些措施?

3. 在一定条件下, 二氧化硫和氧气发生如下反应:
$$2SO_2(g) + O_2(g) \rightleftharpoons 2SO_3(g), \quad \Delta H < 0$$

（1）写出该反应的化学平衡常数表达式。

（2）降低温度, 该反应 K 值、二氧化硫转化率和化学反应速率将如何变化?

（3）600℃时, 在一密闭容器中, 将二氧化硫和氧气混合, 反应过程中 SO_2、O_2、SO_3 物质的量变化如右图所示, 找出反应处于平衡状态的时间段。

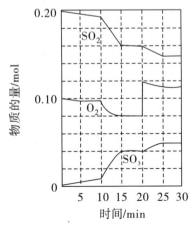

（4）据图判断，反应进行至 20min 时，曲线发生变化的原因是什么？

（5）写出 10～15min 曲线变化的可能原因。

4. 在一体积固定的密闭容器中通入 0.5mol 气体 A 和 0.3mol 气体 B，一定条件下使其发生反应：$aA(g) + bB(g) \rightleftharpoons cC(g)$。若实验测得反应物和生成物随时间的变化关系如右图所示，回答下列问题：

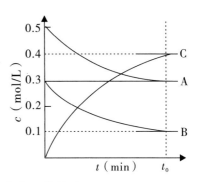

（1）图中 t_0 时刻代表什么？

（2）写出 0～t_0 时间内，A 的平均反应速率表达式。

（3）写出实验中 A 的转化率。

（4）写出该反应的方程表达式。

（5）若其他条件不变，只提高反应温度，反应速率如何变化？为什么？

四、计算题

1. 在一定温度、压强下，有催化剂存在时，把 100mol N_2 和 300mol H_2 混合，当反应达到平衡时，混合气体中含有 60mol N_2。求混合气体中氨的体积百分含量。

2. 将 9.2g N_2O_4 晶体放入 2L 的密闭容器中，升温到 25℃时全部气化，由于 N_2O_4 发生如下分解反应：$N_2O_4 \rightleftharpoons 2NO_2 - Q$，该反应达到平衡状态后，在 25℃时测得混合气体的压强为同温下 N_2O_4 气体尚未分解时压强的 1.2 倍。求平衡时容器内 NO_2 和 N_2O_4 的物质的量各是多少。

3. 反应 $C + CO_2 \rightleftharpoons 2CO$，在某温度下达到平衡后，测得 $c(CO_2) = 0.4$mol/L，$c(CO) = 0.4$mol/L。如果再加入 0.6mol/L 的 CO_2，试计算在新平衡时各物质的浓度。

4. 葡萄糖是人体所需能量的重要来源之一，设它在人体组织中完全氧化时的热化学方程式为：

$C_6H_{12}O_6(s) + 6O_2(g) \rightleftharpoons 6CO_2(g) + 6H_2O(l)$，$\Delta H = -2\ 800$kJ/mol

计算 100g 葡萄糖在人体组织中完全氧化时产生的热量。

第五章 水溶液中的离子平衡

水溶液广泛存在于生命体及其赖以生存的环境中。许多化学反应都是在水溶液中进行的，其中，酸、碱和盐等电解质在水溶液中发生的离子反应，以及弱电解质的电离平衡、盐类的水解平衡都与生命活动、日常生活、工农业生产和环境保护等息息相关。本章我们将运用化学平衡和物质结构理论等知识讨论电解质在水溶液中的电离平衡及其移动规律，进一步认识和理解酸、碱、盐在水溶液中所起的作用。

第一节 电解质

一、电解质的概念

1. 电解质和非电解质

某些物质的水溶液存在可自由移动的离子，而另一些物质的水溶液中不存在（或几乎不存在）自由移动的离子。我们把凡是在水溶液中（或熔化状态下）能导电的化合物叫做电解质（electrolyte）。在水溶液和熔化状态下都不能导电的化合物叫做非电解质（non-electrolyte）。例如氢氧化钠、硫酸、氯化钠、硝酸钾等都是电解质；酒精、蔗糖等都是非电解质。

2. 强电解质和弱电解质

（1）电离：电解质在水分子的作用下离解成自由移动的离子的过程叫做电解质的电离（electrolytic dissociation）。有的电解质在水溶液里全部电离为自由移动的离子，我们称其为强电解质（strong electrolyte）；而有的电解质只能部分电离为自由移动的离子，则称其为弱电解质（weak electrolyte）。

（2）强电解质：强电解质在水溶液中全部以离子形式存在，它们的电离过程是不可逆的。从结构上看，强电解质包括离子化合物和强极性共价化合物。

常见的强电解质有：强酸（HCl、HBr、H_2SO_4、HNO_3、$HClO_4$ 等）、强碱［KOH、$NaOH$、$Ba(OH)_2$ 等］、绝大部分的盐（除去 $HgCl_2$、$HgBr_2$ 等）。

我们知道，离子化合物是由阴离子和阳离子构成的。如果把离子化合物放入水中，在水分子的作用下，阴、阳离子就会逐渐脱离晶体表面而进入溶液，成为水合阴离子和水合阳离子。具有极性键的共价化合物是以分子状态存在的。例如，氯化氢分子是极性键形成的极性分子，在液态时是以分子形式存在的。当氯化氢分子溶于水时，在水分子的作用下，也能全部电离成为水合氢离子和水合氯离子，以至溶液里没有氯化氢分子存在。其他的强酸也与氯化氢一样，它们的水溶液中只存在水合氢离子和水合酸根离子。

（3）弱电解质：某些具有极性键的共价化合物，它们溶解于水时，虽然同样受到水分子的作用，却只有一部分分子电离成离子。离子在相互碰撞时又相互吸引，从而重新结合成分子。因此，这种具有极性键的共价化合物在水里的电离过程是可逆的。其溶液中既有离子存在，又有电解质分子存在。从结构上看，弱电解质是弱极性共价化合物。

常见的弱电解质有：弱酸（CH_3COOH、H_2CO_3、H_2S、$HClO$ 等）、弱碱（$NH_3 \cdot H_2O$）、水和少数盐类 $[HgCl_2，Pb(Ac)_2$ 等$]$。

3. 电离方程式

电解质在水中的电离可以用电离方程式来表示。书写电离方程式时应注意以下几点：

（1）方程式左边写分子式，右边写离子符号；

（2）阳离子的正电荷总数等于阴离子的负电荷总数；

（3）强电解质电离时用"＝＝"号，弱电解质电离时用"⇌"号；

（4）多元弱酸电离时要写出分步电离方程式。

例如，强电解质的电离方程式：

$$NaOH = Na^+ + OH^-$$
$$Ba(OH)_2 = Ba^{2+} + 2OH^-$$
$$Al_2(SO_4)_3 = 2Al^{3+} + 3SO_4^{2-}$$

弱电解质的电离方程式：

$$CH_3COOH \rightleftharpoons CH_3COO^- + H^+$$
$$NH_3 \cdot H_2O \rightleftharpoons NH_4^+ + OH^-$$

多元弱酸的电离是分步进行的，如：

$$H_2CO_3 \rightleftharpoons H^+ + HCO_3^-$$
$$HCO_3^- \rightleftharpoons H^+ + CO_3^{2-}$$

二、离子反应和离子方程式

电解质在溶液中全部或部分地电离为离子。电解质在溶液中的反应实质上是离子的互换和结合。这种反应叫做离子反应（ion reaction）。

例如，盐酸和氢氧化钠的反应，反应方程式为：

$$NaOH + HCl = NaCl + H_2O$$

因为 $NaOH$、HCl、$NaCl$ 都是易溶的强电解质，它们在溶液中均以离子形式存在。而 H_2O 的电离程度很小，主要是以分子形式存在的。所以，上面反应可写成：

$$Na^+ + OH^- + H^+ + Cl^- = Na^+ + Cl^- + H_2O$$

这说明溶液中 Na^+、Cl^- 并没有变化，即实际上没有参加反应。我们把没有参加反应的离子符号从等号两边删去，这样就得到：$H^+ + OH^- = H_2O$。

这种用实际参加反应的离子符号来表示化学反应的式子叫做离子方程式。

1. 离子方程式的书写方法

（1）根据化学反应写出化学方程式；

（2）把反应前后易溶于水的强电解质写成离子形式，难溶的（包括微溶的）、难电离的物质（即易溶弱电解质及水）以及气体物质写成化学式；

（3）等量消去方程式两边未参加反应的同种离子符号；

（4）检查方程式两边各种原子的数目和电荷数是否相等。

例如：$AgNO_3$ 和 NaCl 的反应方程式为：

$$AgNO_3 + NaCl == AgCl\downarrow + NaNO_3$$

其离子方程式为：

$$Ag^+ + Cl^- == AgCl\downarrow$$

书写离子方程式时，关键是要熟知电解质的溶解性和它们的强弱。酸、碱和盐的溶解性表见附录Ⅱ。

2. 离子方程式的意义

离子方程式表示反应的实质：不仅表示一定物质的某个反应，而且表示了所有同一类型的离子反应。例如，$H^+ + OH^- = H_2O$ 代表了所有强酸和强碱生成可溶性盐的中和反应。

3. 离子反应发生的条件

我们学习的离子反应主要是指以离子互换形式进行的复分解反应。属于复分解反应的这类离子反应发生的条件如下：

（1）生成难溶物质。

例如，$BaCl_2$ 溶液与 H_2SO_4 溶液的反应：

$$BaCl_2 + H_2SO_4 == BaSO_4\downarrow + 2HCl$$
$$Ba^{2+} + SO_4^{2-} == BaSO_4\downarrow$$

溶液中的 Ba^{2+} 和 SO_4^{2-} 绝大部分结合为 $BaSO_4$ 沉淀，所以反应能够进行。

常见的难溶物除了一些金属、非金属（如 Fe、S、Si 等）和氧化物（如 Al_2O_3、SiO_2 等）外，主要还有两类：一类是碱，如 $Mg(OH)_2$、$Al(OH)_3$、$Cu(OH)_2$、$Fe(OH)_3$ 等；另一类是盐，如 AgCl、AgBr、AgI、$CaCO_3$、$BaCO_3$、$BaSO_4$ 等。

（2）生成挥发性物质。

例如，$CaCO_3$ 和盐酸的反应：

$$CaCO_3 + 2HCl == CaCl_2 + H_2O + CO_2\uparrow$$
$$CaCO_3 + 2H^+ == Ca^{2+} + H_2O + CO_2\uparrow$$

由于反应生成 CO_2 气体，其不断从溶液中逸出，使反应能够完全进行。

（3）生成难电离的物质。

例如，$NaAc$（Ac^- 代表 CH_3COO^-）溶液与 H_2SO_4 反应：

$$2NaAc + H_2SO_4 == Na_2SO_4 + 2HAc$$
$$Ac^- + H^+ == HAc$$

溶液中生成了难电离的物质，使反应能够进行。

注意：当反应物中有难电离的或难溶的物质时，则生成物中必须有更难电离或更难溶的物质，这样，离子反应才能进行。

如 $Ca(OH)_2$ 是微溶物，当它与 Na_2CO_3 溶液混合时，由于生成了更难溶的 $CaCO_3$ 沉淀，该反应能够发生：

$$Ca(OH)_2 + CO_3^{2-} == CaCO_3\downarrow + 2OH^-$$

（4）发生氧化还原反应。

有些溶液中的离子反应，由于发生了氧化还原反应，反应物的某些离子浓度减小，这类离子反应也能发生。如：

$$Zn + 2H^+ = Zn^{2+} + H_2\uparrow$$
$$2Fe^{3+} + Cu = 2Fe^{2+} + Cu^{2+}$$

例题 1　下列说法是否正确？解释其原因。

（1）碳酸钙在水溶液中溶解度很小，其水溶液导电性很差，所以碳酸钙是弱电解质；

（2）氯气的水溶液导电性很好，所以氯气是强电解质；

（3）NaCl 晶体不导电，所以 NaCl 是非电解质；

（4）强电解质溶液的导电能力比弱电解质溶液的导电能力强。

答：（1）不正确。碳酸钙在水溶液中溶解度很小，但溶解的部分全部电离成自由移动的离子，所以碳酸钙是强电解质。

（2）不正确。氯气的水溶液能导电是由于氯气和水发生反应：$Cl_2 + H_2O \rightleftharpoons HCl + HClO$，溶液中存在自由移动的 H^+、Cl^-、ClO^- 等，而 Cl_2 本身不能电离出自由移动的离子。氯气是单质不是电解质。

（3）不正确。根据电解质溶液的定义，NaCl 溶液溶于水或熔融状态下都能导电，所以属于电解质。

（4）不正确。溶液导电能力的强弱取决于溶液中自由移动的离子的浓度，强电解质溶液中自由移动的离子的浓度不一定比弱电解质溶液中自由移动的离子浓度大，所以导电能力也不一定强。

例题 2　下列反应的离子方程式书写是否正确？说明理由。

A. 氯气跟水反应：$Cl_2 + H_2O = 2H^+ + Cl^- + ClO^-$

B. 氢氧化钠跟铝反应：$Al + 2OH^- = AlO_2^- + H_2\uparrow$

C. 铁跟稀硫酸反应：$Fe + 6H^+ = 2Fe^{2+} + 3H_2\uparrow$

D. 铜跟稀硝酸反应：$3Cu + 2NO_3^- + 8H^+ = 3Cu^{2+} + 4H_2O + 2NO\uparrow$

解析：写离子方程式要注意：①沉淀、水、弱电解质不能写成离子形式；②离子方程式两边的电荷要守恒。

答：A 项不正确，HClO 是弱电解质，不能写成离子形式。B 项不正确，离子方程式两边的电荷不守恒。C 项不正确，离子方程式两边的电荷不守恒，原子个数也不守恒。D 项正确，符合离子方程式的书写规则。

例题 3　下列各组离子在水溶液中能否大量共存？说明理由。

A. NO_3^-、H^+、Cl^-、ClO^-

B. Na^+、Ba^{2+}、Cl^-、CO_3^{2-}

C. Cu^{2+}、Fe^{3+}、SO_4^{2-}、NO_3^-

D. NH_4^+、K^+、SO_4^{2-}、OH^-

解析：离子共存要满足：①离子之间不能反应生成沉淀、气体、水；②不能发生氧化还原反应。

答：A 项中 Cl^- 在酸性条件下会与 ClO^- 发生氧化还原反应；B 项中 Ba^{2+} 会与 CO_3^{2-} 反应生成 $BaCO_3$ 白色沉淀；C 项中离子可以共存；D 项中 NH_4^+ 会与 OH^- 反应生成水和氨气。

因此，A、B、D 项中的离子均不能共存。

思考题

1. 下列液体或溶液，哪些能够导电？
(1) NaCl 晶体；　　(2) NaCl 溶液；　　(3) 液态氯；
(4) 氯水；　　　　(5) 硫酸溶液；　　(6) 熔融 NaOH。

2. 下列物质哪些是强电解质，哪些是弱电解质？
NH_4Cl、KNO_3、HCN、H_2S、H_2CO_3、$NH_3 \cdot H_2O$、$Fe(OH)_3$。

3. 写出下列物质在水溶液中的电离方程式。
(1) 氢氧化钾；　　(2) 氢氟酸；　　(3) 烧碱；　　(4) 小苏打；
(5) 明矾；　　　　(6) 醋酸；　　　(7) 氢硫酸；　(8) 硫酸氢钠。

4. 把下列反应的化学方程式改为离子方程式。
(1) $K_2SO_3 + 2HCl = 2KCl + H_2O + SO_2\uparrow$；
(2) $Na_2CO_3 + 2HCl = 2NaCl + H_2O + CO_2\uparrow$；
(3) $FeS + 2HCl = FeCl_2 + H_2S\uparrow$；
(4) $Ba(OH)_2 + H_2SO_4 = BaSO_4\downarrow + 2H_2O$。

5. 写出能实现下列变化的相应的化学方程式。
(1) $H^+ + OH^- = H_2O$；
(2) $2H^+ + CaCO_3 = Ca^{2+} + H_2O + CO_2\uparrow$；
(3) $Fe^{3+} + 3OH^- = Fe(OH)_3\downarrow$；
(4) $Ba^{2+} + CO_3^{2-} = BaCO_3\downarrow$；
(5) $Fe + Cu^{2+} = Fe^{2+} + Cu$。

6. 写出下列反应的离子方程式。
(1) 碳酸钙和盐酸反应；
(2) 硫化钠和稀硫酸反应；
(3) 氯化铜溶液和氢氧化钠溶液反应；
(4) 氢氧化铁和盐酸溶液反应；
(5) 铝和盐酸溶液反应。

7. 说明下列各组离子在溶液中不能大量共存的原因。

（1）K^+、NH_4^+、HCO_3^-、OH^-；

（2）H^+、Fe^{2+}、NO_3^-、SO_4^{2-}；

（3）H^+、K^+、AlO_2^-、SO_4^{2-}；

（4）Na^+、Ca^{2+}、CO_3^{2-}、SO_4^{2-}；

（5）K^+、H^+、NO_3^-、CH_3COO^-。

8. 某白色粉末中可能含有 $Ba(NO_3)_2$、$CaCl_2$、K_2CO_3，现进行以下实验：

（1）将部分粉末加入水中，振荡，有白色沉淀生成；

（2）向（1）的悬浊液中加入过量稀硝酸，白色沉淀消失，并有气泡产生；

（3）取少量（2）的溶液滴入 $AgNO_3$ 溶液，有白色沉淀生成。

根据上述实验现象，判断原白色粉末中肯定含有什么物质，可能含有什么物质，并写出有关反应的离子方程式。

第二节 弱电解质的电离平衡

一、电离度

不同的弱电解质在水溶液里的电离程度不同，可用电离度表示不同弱电解质的相对强弱。当弱电解质在溶液中达到电离平衡时，溶液中已经电离的分子数占原来总分子数（包括已电离和未电离的）的百分数叫做该电解质的电离度（degree of ionization），用 α 表示。

$$\alpha = \frac{\text{已电离的电解质的分子数}}{\text{溶液中原有的电解质的分子总数}} \times 100\%$$

上式中分子数也可以用物质的量或物质的量浓度来表示。

根据在同一条件下（相同的温度和浓度）测定的不同弱电解质的电离度就可以比较其相对强弱。在温度和弱电解质总浓度相同的条件下，电离度越大，电解质越强；电离度越小，电解质越弱。表 5 – 1 中所列的是在 25℃、0.1mol/L 溶液里某些弱电解质的电离度。

表 5 – 1　几种弱电解质的电离度

电解质	HF	CH_3COOH	HCN	$NH_3 \cdot H_2O$	HCOOH
电离度/%	8.0	1.32	0.01	1.33	4.24

电离度不仅与电解质本性有关，它还受溶剂性质、溶液的温度及浓度等因素的影响。下面我们就影响某一电解质电离度的因素做具体的讨论。

1. 溶剂性质的影响

溶剂对电解质的电离度有较大的影响，同一电解质在不同的溶剂中的电离度不同。一般来讲，电解质较易在极性大的溶剂里电离，且溶剂极性越大，电解质越易电离；而在非极性或极性很弱的溶剂里几乎不能电离。如酸、碱、盐在水中易电离，在苯溶剂里不电离。

2. 温度的影响

温度对电解质的电离度也有较大的影响。当电解质分子电离成离子时，需要吸收热量，温度升高时，平衡向电离的方向移动，从而使电解质电离度增大。所以，讲一种弱电解质的电离度时，应指出所在的温度。如果不注明温度，通常指25℃。

3. 溶液浓度的影响

同一弱电解质，通常是溶液越稀，离子互相碰撞而结合成分子的机会越小，电离度就越大。表5－2是25℃时不同浓度醋酸溶液的电离度。表中可看出浓度越小，电离度呈增大的趋势。值得注意的是，虽然电离度随着溶液的稀释而增大，但溶液中离子的浓度却降低了。这是因为稀释溶液时体积增大的影响超过了电离度增大的影响，使得单位体积内的离子数目反而减少了。

表5－2　25℃时不同浓度醋酸溶液的电离度

溶液浓度/（mol/L）	0.2	0.1	0.01	0.005	0.001
电离度/%	0.934	1.34	4.19	5.85	13.2

二、一元弱酸弱碱的电离平衡和电离常数

1. 平衡常数

在弱电解质的水溶液里，一方面分子可部分电离成离子，另一方面电离产生的离子又能彼此结合成分子。因此，弱电解质的电离是一个可逆过程。如醋酸的电离平衡为：

$$CH_3COOH \rightleftharpoons CH_3COO^- + H^+$$

当弱电解质的电离进行到一定程度时，分子电离成离子的速率与离子重新结合成分子的速率相等，即达到动态平衡。这种由电解质在电离过程中所建立的动态平衡，叫做电离平衡（ionization equilibrium）。电离平衡服从化学平衡的一般规律。对于一元弱酸或一元弱碱来说，溶液中电离所生成的各种离子浓度的乘积，与溶液中未电离分子的浓度的比值是一个常数。这个常数叫做电离平衡常数，简称电离常数（ionization constant）（可用K_i表示）。就CH_3COOH而言，其电离常数为：

$$K_i = \frac{c(H^+)c(CH_3COO^-)}{c(CH_3COOH)}$$

式中$c(H^+)$、$c(CH_3COO^-)$和$c(CH_3COOH)$都是平衡时的浓度。通常用K_a表示弱酸的电离常数，K_b表示弱碱的电离常数。

电离常数与电离度一样可以用来衡量弱电解质的相对强弱。在相同条件下，电离常数值越大，电解质越强；反之，电离常数值越小，电解质越弱。与电离度相比，电离常数只受电解质本性及温度的影响，而与溶液浓度无关（见表5－3）。

表 5 - 3　常见弱酸、弱碱在 298K 时的 K_a（或 pK_a）、K_b（或 pK_b）

弱酸或弱碱	化学式	K_a（或 K_b）	pK_a（或 pK_b）
醋酸	CH_3COOH	1.76×10^{-5}	4.76
碳酸	H_2CO_3	4.2×10^{-7}	6.38
	HCO_3^-	4.8×10^{-11}	10.32
氢氰酸	HCN	3.98×10^{-10}	9.40
氢硫酸	H_2S	8.91×10^{-8}	7.05
	HS^-	1.2×10^{-13}	12.92
草酸	$H_2C_2O_4$	5.9×10^{-2}	1.23
	$HC_2O_4^-$	5.25×10^{-5}	4.28
亚硫酸	H_2SO_3	1.2×10^{-2}	1.92
	HSO_3^-	6.2×10^{-8}	7.21
氨水	$NH_3 \cdot H_2O$	1.78×10^{-5}	4.75

2. 电离度与平衡常数的关系

通过前面内容的学习，我们知道了电离度和电离常数都可以表示弱电解质的相对强弱。那么它们之间究竟有什么关系呢？下面我们以 CH_3COOH 为例来加以说明。

设 CH_3COOH 溶液的浓度为 c，电离度为 α，则有：

$$CH_3COOH \rightleftharpoons H^+ + CH_3COO^-$$

平衡时的浓度　　　$c - c\alpha$　　　$c\alpha$　　　$c\alpha$

则：

$$K_i = \frac{c(H^+)c(CH_3COO^-)}{c(CH_3COOH)}$$

$$= \frac{c\alpha \cdot c\alpha}{c - c\alpha}$$

$$K_i = \frac{c\alpha^2}{1 - \alpha}$$

当 $K_i < 10^{-4}$ 时，α 很小，$1 - \alpha \approx 1$，此时：

$$K_i = c\alpha^2$$

$$\alpha = \sqrt{\frac{K_i}{c}}$$

此公式表明：同一弱电解质的电离度近似与浓度的平方根成反比。溶液浓度越稀，电离度越大；浓度相同的不同弱电解质，它们的电离常数越大，电离度也越大。

注意：上式只适用于一元弱酸、弱碱或多元弱酸、弱碱的第一步电离。

三、多元弱酸的电离

多元弱酸（弱碱）的电离是分步进行的，每一步电离都有其对应的电离平衡常数。例如，磷酸在水中的电离分为以下三步：

第一步：$H_3PO_4 \rightleftharpoons H^+ + H_2PO_4^-$

$$K_{a_1} = \frac{c(H^+)c(H_2PO_4^-)}{c(H_3PO_4)} \qquad K_{a_1} = 7.52 \times 10^{-3}$$

第二步：$H_2PO_4^- \rightleftharpoons H^+ + HPO_4^{2-}$

$$K_{a_2} = \frac{c(H^+)c(HPO_4^{2-})}{c(H_2PO_4^-)} \qquad K_{a_2} = 6.23 \times 10^{-8}$$

第三步：$HPO_4^{2-} \rightleftharpoons H^+ + PO_4^{3-}$

$$K_{a_3} = \frac{c(H^+)c(PO_4^{3-})}{c(HPO_4^{2-})} \qquad K_{a_3} = 4.35 \times 10^{-13}$$

从以上 H_3PO_4 各级电离常数可以看出 $K_{a_1} \gg K_{a_2} \gg K_{a_3}$，它们之间相差约 10^5 倍。所以，$c(H_2PO_4^-) \gg c(HPO_4^{2-}) \gg c(PO_4^{3-})$。而 $c(H^+)$ 则是三步电离产生的 $c(H^+)$ 的总和。但实际上我们计算 $c(H^+)$ 时，只需近似地考虑第一步电离所产生的 H^+ 离子即可。

四、有关电离平衡的计算

电离平衡的计算经常涉及电离度 α、电离平衡常数 K_i 和溶液中各种离子浓度的计算。下面我们就这些方面来进行讨论。

例题 1 水是极弱的电解质，常温下测得水中 $c(H^+) = 10^{-7}$ mol/L。求常温下水的电离度。

解：1L 水中含有水分子的物质的量为：$\dfrac{1\,000\text{g}}{18\text{g/mol}} \approx 55.6$mol

$$\alpha = \frac{\text{已电离的电解质的分子数}}{\text{溶液中原有的电解质分子总数}} \times 100\%$$

$$= \frac{10^{-7}\text{mol}}{55.6\text{mol}} \approx 1.8 \times 10^{-7}\%$$

答：常温下水的电离度为 $1.8 \times 10^{-7}\%$。

例题 2 某温度下，醋酸的电离度为 α，电离达平衡时含 CH_3COOH $n$mol。求此时溶液中 CH_3COOH、CH_3COO^-、H^+ 的总的物质的量。

解：设溶于水的 CH_3COOH 的物质的量为 x。在 CH_3COOH 水溶液中存在以下电离平衡：

$$CH_3COOH \rightleftharpoons CH_3COO^- + H^+$$

开始时物质的量（mol）　　　　x　　　　　　0　　　　　　0

平衡时物质的量（mol）　　$x - \alpha x$　　　　αx　　　　αx

依题意：　　　　　　　　$x - \alpha x = n(\text{mol})$

解得 $x = \dfrac{n}{1-\alpha}$（mol）

平衡时总的物质的量为：

$$(\alpha x + \alpha x + x - \alpha x)\text{mol} = (\alpha x + x)\text{mol} = \frac{n(1+\alpha)}{1-\alpha}\text{mol}$$

答：此时溶液中 CH_3COOH、CH_3COO^-、H^+ 的总的物质的量为 $\dfrac{n(1+\alpha)}{1-\alpha}$mol。

例题 3 一定温度下，将一定质量的冰醋酸加水稀释，溶液的导电能力变化如图所示，请回答：

（1）O 点导电能力为 0 的理由是什么？

（2）a、b、c 三点，溶液的 $c(H^+)$ 由小到大的顺序是什么？

（3）a、b、c 三点，醋酸的电离度最大的是哪个点？为什么？

（4）要使 c 点 $c(Ac^-)$ 增大，$c(H^+)$ 减少，可采取什么措施？

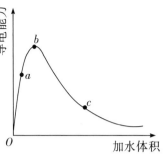

解：已知冰醋酸不含水，所以不存在氢离子，当加水时才慢慢电离出氢离子。加水到醋酸全部溶解时，氢离子浓度最大。再加水时，由于醋酸是弱电解质，随着加水量的增加，其电离度增大，而氢离子浓度减小。

答：（1）在 O 点醋酸未电离，无自由离子存在。

（2）$c < a < b$。

（3）c 点，因为浓度越稀，弱电解质的电离度越大。

（4）①加氢氧化钠固体；②加少量的碳酸钠固体；③加入镁等金属；④加入醋酸钠固体等。

例题 4 计算 0.01mol/L HAc 溶液中的 $c(H^+)$ 和 α，已知 $K_a = 1.76 \times 10^{-5}$。

解：设平衡时，H^+ 浓度为 x：

$$HAc \Longleftrightarrow H^+ + Ac^-$$
$$0.01 - x \qquad x \qquad x$$

$$K_a = \frac{c(H^+)c(Ac^-)}{c(HAc)} = \frac{x^2}{0.01 - x} = 1.76 \times 10^{-5}$$

因为 K_a 很小，α 也很小，$c(HAc)_{平衡} \approx c(HAc)_{起始}$，$0.01 - x \approx 0.01$

故有：
$$K_a = \frac{x^2}{0.01} = 1.76 \times 10^{-5}$$

$$x = c(H^+) = \sqrt{1.76 \times 10^{-5} \times 0.01} \approx 4.2 \times 10^{-4}\ (mol/L)$$

$$\alpha = \frac{c(H^+)}{c} = \frac{4.2 \times 10^{-4}}{0.01} \times 100\% = 4.2\%$$

答：$c(H^+)$ 为 4.2×10^{-4}mol/L；α 为 4.2%。

由上例可推得一元弱酸和弱碱溶液中，$c(H^+)$ 和 $c(OH^-)$ 的近似计算公式：

$$c(H^+) = \sqrt{K_a \cdot c}; \quad c(OH^-) = \sqrt{K_b \cdot c}$$

注意：只有当 $\alpha < 5\%$ 或 $K_i < 2 \times 10^{-4}$ 时，才可应用近似计算公式计算。

思考题

1. 某种电解质电离度大，它的溶液的导电能力是否就一定强？

2. 对同一弱电解质来说，电离常数受哪些因素的影响？强电解质有无电离常数？为什么？

3. 填表回答，当下列条件改变时，溶液中 α、K_i、$c(H^+)$、$c(CH_3COO^-)$ 如何变化？

条件	α	K_i	$c(H^+)$	$c(CH_3COO^-)$
加 HCl				
加 CH₃COONa				
加 NaOH				
加热				
加水				

4. 在 25℃ 时有 0.2mol/L，0.1mol/L 和 0.001mol/L 的三种醋酸溶液。计算后回答：

①1.32%、0.948% 和 13.2% 各是哪种醋酸溶液的电离度？

②上述三种溶液的 $c(H^+)$ 各是多少？

③上述三种溶液哪种导电性最强？

5. 已知 298K 时，氨水的起始浓度 c_b 为 0.01mol/L，K_b 为 1.8×10^{-5}。试计算 NH_4^+、OH^- 的平衡浓度。

6. 已知 298K 时，0.2mol/L 的氨水的电离度为 0.934%，求氨水在 298K 时的电离常数。

7. 将抗坏血酸（维生素 C）30 片（每片为 0.042g）溶于 0.50L 水中（设溶解后体积不变），问：溶液中 H^+ 浓度为多少？（抗坏血酸 $HC_6H_7O_6$ 为一元弱酸，$K_a = 8.0 \times 10^{-5}$）

第三节　水的电离和溶液的 pH 值

一、水的离子积

水是一种极弱的电解质，它能电离出很少的 H^+ 和 OH^-。水的电离方程式表示为：

$$H_2O + H_2O \rightleftharpoons H_3O^+ + OH^-$$

或简写成：

$$H_2O \rightleftharpoons H^+ + OH^-$$

实验测得，在 25℃ 时纯水中的 H^+ 和 OH^- 的浓度是：

$$c(H^+) = c(OH^-) = 1 \times 10^{-7} \text{mol/L}$$

$$K_w = c(H^+) \cdot c(OH^-) = 1 \times 10^{-7} \times 1 \times 10^{-7} = 1 \times 10^{-14}$$

其中，K_w 叫做水的离子积常数，简称水的离子积。K_w 随温度的升高而变大，如 100℃ 时 K_w 的值约为 1×10^{-12}，但此时纯水仍为中性。

二、溶液的酸碱性

实验证明，不仅在纯水中 $c(H^+)$ 和 $c(OH^-)$ 的乘积是一个常数，而且在酸性或碱性的稀溶液里，$c(H^+)$ 和 $c(OH^-)$ 的乘积也是一个常数，常温下：

$$c(H^+) \cdot c(OH^-) = 1 \times 10^{-14} = K_w$$

常温下，$c(H^+)$ 和 $c(OH^-)$ 的关系如下：

中性溶液：$c(H^+) = c(OH^-) = 1 \times 10^{-7} mol/L$

酸性溶液：$c(H^+) > c(OH^-)$，$c(H^+) > 1 \times 10^{-7} mol/L$

碱性溶液：$c(H^+) < c(OH^-)$，$c(H^+) < 1 \times 10^{-7} mol/L$

由此可见，在酸性溶液里不是没有 OH^-，而是其中 H^+ 浓度比 OH^- 浓度大；在碱性溶液里也不是没有 H^+，而是 OH^- 浓度比 H^+ 浓度大。

三、溶液的 pH 值

溶液的酸碱性都可以用 $c(H^+)$ 来表示。当 $c(H^+)$ 大于 $10^{-7} mol/L$ 时，表示溶液显酸性，且 H^+ 浓度越大，酸性越强，碱性越弱；相反，当 $c(H^+)$ 小于 $10^{-7} mol/L$ 时，表示溶液显碱性。但对于浓度很小的溶液，用 H^+ 浓度表示溶液的酸碱性不是很方便，因此化学上常采用 $c(H^+)$ 的负对数表示溶液的酸碱性，我们把 $c(H^+)$ 的负对数叫做溶液的 pH 值，即

$$pH = -\lg c(H^+)$$

当 $c(H^+) = 10^{-7}$ 时，$pH = -\lg(10^{-7}) = -(-7) = 7$。

因此，可推出 pH 值跟溶液酸碱性的关系如下：

pH = 7，溶液呈中性，此时 $c(H^+) = c(OH^-) = 1 \times 10^{-7} mol/L$；

pH < 7，溶液呈酸性，此时 $c(H^+) > 1 \times 10^{-7} mol/L$；

pH > 7，溶液呈碱性，此时 $c(H^+) < 1 \times 10^{-7} mol/L$。

用 pH 值可以表示溶液酸碱性的强弱。pH 值越小，溶液的酸性越强；pH 值越大，溶液的碱性越强。

pH 值的适用范围是 $c(H^+)$ 或 $c(OH^-) \leqslant 1 mol/L$ 的稀溶液。若 $c(H^+)$ 或 $c(OH^-)$ 大于 $1 mol/L$，就直接用 $c(H^+)$ 或 $c(OH^-)$ 来表示。

氢离子浓度与 pH 值对照关系见图 5-1。测定溶液 pH 值的方法很多，通常可用酸碱指示剂或广泛 pH 试纸。酸碱指示剂是弱有机酸碱，指示剂发生颜色变化的范围叫做指示剂的变色范围（见表 5-4）。广泛 pH 试纸是将多种所需的指示剂混合，再把试纸润湿，经晾干而制得的。广泛 pH 试纸只能粗略地测出 pH 范围，要想精确地知道 pH 值，需用 pH 计。

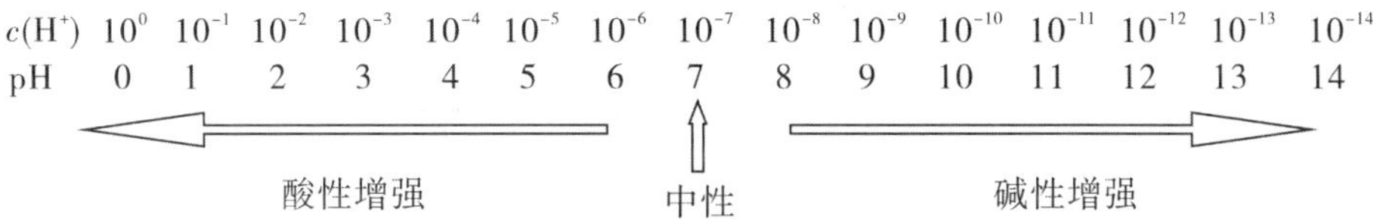

$c(H^+)$	10^0	10^{-1}	10^{-2}	10^{-3}	10^{-4}	10^{-5}	10^{-6}	10^{-7}	10^{-8}	10^{-9}	10^{-10}	10^{-11}	10^{-12}	10^{-13}	10^{-14}
pH	0	1	2	3	4	5	6	7	8	9	10	11	12	13	14

$$\longleftarrow \qquad\qquad \Uparrow \qquad\qquad \longrightarrow$$

酸性增强　　　　　　　中性　　　　　碱性增强

图 5-1　氢离子浓度与 pH 值对照关系

用 pH 试纸测定时，可用玻璃棒蘸取待测溶液，滴在一张 pH 试纸上，把试纸上显出的

颜色跟标准比色卡对比，就可以确定溶液的 pH 值。

表 5－4　常用指示剂的变色范围

指示剂	变色范围（pH）		
甲基橙	<3.1　红色	3.1～4.4　橙色	>4.4　黄色
酚酞	<8.0　无色	8.0～10.0　浅红色	>10.0　红色
石蕊	<5.0　红色	5.0～8.0　紫色	>8.0　蓝色

工农业生产和科学实验中常常涉及溶液的酸碱性，人们的生活和健康也与溶液的酸碱性密切相关。因此，测试和调控溶液的 pH 值，对工农业生产、科学研究，以及日常生活和医疗保健等具有重要意义。例如，人体各种体液都有一定的 pH 值。血液的 pH 值是诊断疾病的一个重要参数，当体内的酸碱平衡失调时，就可以利用药物控制 pH 值来进行辅助治疗。

四、酸碱中和反应及其应用

酸和碱的反应称为中和反应。用离子方程式表示为：$H^+ + OH^- = H_2O$。所有的酸碱中和反应都是放热反应。酸碱中和反应在日常生活中应用非常广泛。

1. 调节土壤的 pH 值

土壤的酸碱度会直接影响植物的生长。大部分植物适宜在 pH 值约为 7 的土壤环境里生长。由于植物的腐解、酸雨和酸性肥料的使用，部分土壤呈酸性，不利于植物的生长，这个时候需要在土壤中加入生石灰、熟石灰或石灰石来中和土壤的酸性。如果土壤的碱性过高，则需要加入硫酸铵或硝酸铵等酸性肥料来中和土壤的碱性。

2. 处理工业废料

很多工业废料都含有大量的酸或碱，例如电镀厂排放的污水一般是酸性的，漂染厂排放的污水则呈碱性。如果把未经处理的工业废料直接排放到环境中，会严重威胁水生生物的生命安全，因此排放工业废料前必须先做妥善处理。酸性废料可以用碱（碳酸钠、氧化钙和氢氧化钙）中和；碱性废料则可以用酸（如硫酸）中和。

3. 使用抗酸剂治疗胃病

胃痛一般是由胃部分泌过量氢氯酸引起的，患者可以服用 $Mg(OH)_2$ 等抗酸剂来中和胃部过量的氢氯酸。

4. 生产肥料

很多肥料都是利用酸碱中和反应制取的。例如，以硫酸与氨水的中和作用制成的硫酸铵是一种含氮的肥料，为植物提供氮，保证植物健康生长。

例题 1　0.05mol/L $Ba(OH)_2$ 水溶液的 pH 值是多少？

解：1mol $Ba(OH)_2$ 可电离出 2mol OH^-。

$$Ba(OH)_2 == Ba^{2+} + 2OH^-$$

　　　1　　　　　　　　　2

0.05mol/L　　　　　0.1mol/L

$$c(\text{H}^+) = K_w/c(\text{OH}^-) = 1 \times 10^{-14}/0.1 = 1 \times 10^{-13}\,\text{mol/L}$$

$$\text{pH} = -\lg c(\text{H}^+) = 13.0$$

答：0.05mol/L Ba(OH)$_2$ 水溶液的 pH 值是 13。

例题 2　将 pH 值为 5 的盐酸溶液稀释 1 000 倍后，溶液的 pH 值为多少？

解析：有同学会得出如下错误答案：$c(\text{H}^+) = \dfrac{1 \times 10^{-5}}{1\,000} = 1 \times 10^{-8}\,\text{mol/L}$；则 pH $= -\lg 10^{-8} = 8$。按这样的计算结果，将酸性溶液稀释后，却转变为碱性溶液，显然是错误的，其原因就在于未考虑水的电离。对于弱酸溶液，若稀释很大倍数后，酸电离出来 $c(\text{H}^+)$ 很小，但此时水电离出来的 $c(\text{H}^+)$ 却不能忽略不计，这时溶液中的 $c(\text{H}^+)$ 应该是酸电离出的 H$^+$ 的浓度与水电离出的 H$^+$ 的浓度之和，其数值是大于且接近于 $10^{-7}\,\text{mol/L}$ 的。因此酸性溶液无论怎样稀释都不会变为碱性溶液；同样，碱性溶液稀释很大倍数后，也不会变为酸性溶液。

答：溶液的 pH 值为 7。

例题 3　计算下列溶液的 pH 值：

（1）pH 值为 2 和 pH 值为 4 的两种盐酸溶液等体积混合；

（2）pH 值为 8 和 pH 值为 13 的两种氢氧化钠溶液等体积混合。

解：（1）pH $= 2$ 的盐酸溶液中，$c(\text{H}^+) = 10^{-2}\,\text{mol/L}$，pH $= 4$ 的盐酸溶液中，$c(\text{H}^+) = 10^{-4}\,\text{mol/L}$。设两溶液的体积各为 V L，则混合后

$$c(\text{H}^+)_\text{混} = \frac{10^{-2}\,\text{mol/L} \cdot V\,\text{L} + 10^{-4}\,\text{mol/L} \cdot V\,\text{L}}{2V\,\text{L}} = 5 \times 10^{-3}\,\text{mol/L}$$

则 pH 值 $= -\lg c(\text{H}^+)_\text{混} = -\lg(5 \times 10^{-3}) \approx 2.3$

答：pH $= 2$ 和 pH $= 4$ 的两种盐酸溶液等体积混合后，其 pH $= 2.3$。

（2）pH $= 8$ 的 NaOH 溶液中，$c(\text{H}^+) = 10^{-8}\,\text{mol/L}$，则 $c(\text{OH}^-) = 10^{-6}\,\text{mol/L}$；pH $= 13$ 的 NaOH 溶液中，$c(\text{H}^+) = 10^{-13}\,\text{mol/L}$，则 $c(\text{OH}^-) = 10^{-1}\,\text{mol/L}$，设两种溶液体积各为 V L，则混合后

$$c(\text{OH}^-)_\text{混} = \frac{10^{-6}\,\text{mol/L} \cdot V\,\text{L} + 10^{-1}\,\text{mol/L} \cdot V\,\text{L}}{2V\,\text{L}} = 5 \times 10^{-2}\,\text{mol/L}$$

根据水的离子积，则可求：

$$c(\text{H}^+)_\text{混} = K_w/c(\text{OH}^-)_\text{混} = 1 \times 10^{-14}/(5 \times 10^{-2}) = 2 \times 10^{-13}\,\text{mol/L}$$

所以 pH $= -\lg c(\text{H}^+)_\text{混} = -\lg(2 \times 10^{-13}) \approx 12.7$

答：pH $= 8$ 和 pH $= 13$ 的两种氢氧化钠溶液等体积混合后，其 pH $= 12.7$。

结论：两强酸 pH 相差 2 或 2 以上的，等体积混合，混合后溶液的 pH $= \text{pH}_\text{小} + 0.3$；两强碱 pH 相差 2 或 2 以上的，等体积混合，混合后溶液的 pH $= \text{pH}_\text{大} - 0.3$。

例题 4　在 10mL 0.1mol/L 的 NaOH 溶液中加入 9.99mL 0.1mol/L 的盐酸，求此溶液的 $c(\text{H}^+)$ 及 pH 值。

解：

	NaOH	+	HCl	= NaCl + H$_2$O
物质的量之比	1	:	1	
	$0.1 \times 9.99 \times 10^{-3}$	:	$9.99 \times 10^{-3} \times 0.1$	

在 10mL 0.1mol/L 的 NaOH 溶液中加入 9.99mL 0.1mol/L 的盐酸，则剩下 NaOH 溶液的浓度为：

$$c(\text{OH}^-) = \frac{0.1 \times 10^{-3} \times 10 - 9.99 \times 0.1 \times 10^{-3}}{(9.99 + 10) \times 10^{-3}} = \frac{0.01 \times 10^{-4}}{19.99 \times 10^{-3}} \approx 5 \times 10^{-5} \text{mol/L}$$

$\because \quad c(\text{H}^+) \times c(\text{OH}^-) = 10^{-14}$

$\therefore \quad c(\text{H}^+) = \dfrac{10^{-14}}{5 \times 10^{-5}} = 2 \times 10^{-10} \text{mol/L}$

$\text{pH} = -\lg 2 \times 10^{-10} = 10 - 0.3 = 9.7$

答：此溶液的 H^+ 浓度为 2×10^{-10} mol/L，pH 值为 9.7。

例题 5 将 0.05mol/L 的 HCl 溶液和未知浓度的 NaOH 溶液按 1：1 的体积比混合，所得混合溶液的 pH 值为 12。用上述 NaOH 溶液滴定某一元酸溶液 25mL，达到终点时消耗 NaOH 溶液 12.5mL。

（1）写出 HCl 与 NaOH 反应的离子方程式；

（2）计算 NaOH 溶液的摩尔浓度；

（3）计算此一元酸的摩尔浓度。

解：（1）离子方程式为：$\text{OH}^- + \text{H}^+ = \text{H}_2\text{O}$。

（2）设 NaOH 溶液的摩尔浓度为 $c(\text{NaOH})$，参加反应的各体积为 V。

NaOH 与 HCl 反应后剩余的 NaOH 物质的量为：$c(\text{NaOH}) \times V - c(\text{HCl}) \times V$

由混合液的 pH = 12 可知：$c(\text{OH}^-) = 0.01$ mol/L

所以：$c(\text{OH}^-) = \dfrac{c \times V - 0.05\text{mol/L} \times V}{V + V} = 0.01\text{mol/L}$

可得：$c(\text{NaOH}) = 0.07$ mol/L

（3）设此一元酸的摩尔浓度为 $c_{酸}$。

根据 $c(\text{NaOH}) \times V_{\text{NaOH}} = c_{酸} \times V_{酸}$

$0.07\text{mol/L} \times 12.5\text{mL} = c_{酸} \times 25\text{mL}$

解得：$c_{酸} = 0.035$ mol/L

答：（1）$\text{OH}^- + \text{H}^+ = \text{H}_2\text{O}$；（2）0.07mol/L；（3）0.035mol/L。

思考题

1. 什么是水的离子积常数？水中加入少量的酸或碱后，水的离子积有无变化？水中的 $c(\text{H}^+)$ 有无变化？

2. 写出溶液的 pH 的数学表达式，水溶液的 pH 和溶液的酸碱性有什么关系？pH 增大 1 倍，则 $c(\text{H}^+)$ 减小多少倍？

3. 计算下列溶液的 pH：

（1）0.001mol/L 的 NaOH；　　（2）0.001mol/L 的 HCl；

（3）$c(\text{H}^+) = 10^{-5}$ mol/L；　　（4）$c(\text{OH}^-) = 10^{-5}$ mol/L。

4. 把 0.1mL 10mol/L 盐酸稀释到 1L，求所得溶液的 pH。

5. 把 9mL 0.1mol/L 盐酸和 11mL 0.1mol/L 氢氧化钠溶液混合，求所得溶液的 pH。

6. 把 0.5g 98% 的 H_2SO_4 溶液用水稀释成 100mL，求该溶液的物质的量浓度及溶液的 pH。

7. 计算：
(1) 0.01mol/L 的 $NH_3 \cdot H_2O$ 溶液的 pH；
(2) 30mL 0.1mol/L NaOH 溶液与 20mL 0.1mol/L HCl 溶液混合后溶液的 pH。

8. 用 0.103 2mol/L 的 HCl 溶液滴定 25.00mL 未知浓度的 NaOH 溶液，滴定完全时，用去 HCl 溶液 27.84mL。通过中和滴定测得 NaOH 的摩尔浓度是多少？

9. 在 25.0mL 0.2mol/L $Ba(OH)_2$ 溶液中，加入 25.0mL 0.1mol/L H_2SO_4 溶液，求：
(1) 生成 $BaSO_4$ 沉淀的质量；
(2) 反应后溶液的 pH。

10. 有浓度均为 0.1mol/L 的盐酸、硫酸和醋酸三种溶液，试分析：
(1) 若溶液的 pH 分别为 a、b、c，则它们的大小关系是_____。
(2) 分别用这三种酸中和等物质的量的 NaOH 溶液，所需溶液的体积分别为 a、b、c，则它们的大小关系是_____。
(3) 等体积的三种酸分别与足量的锌粒反应，若它们的反应速度分别为 a、b、c，则反应开始时它们的大小关系是_____。
(4) 等体积的三种酸分别与足量的锌粒反应，在相同条件下，若产生气体的体积分别为 a、b、c，则它们的大小关系是_____。

第四节　盐类的水解

一、盐的水解

有的盐溶于水后，所形成的水溶液能显示一定的酸碱性。如：CH_3COONa 水溶液显碱性，NH_4Cl 水溶液显酸性。这是什么原因造成的呢？我们在前面已经学过：纯水中，H_2O 电离出来的 $c(H^+)$ 和 $c(OH^-)$ 是相等的，所以纯水显中性。但某些盐溶于水后，盐中的某些离子将会和水中的 OH^- 或 H^+ 结合成难电离的物质，使水中的 $c(H^+)$ 和 $c(OH^-)$ 发生改变，从而溶液的 pH 值也相应发生变化。

这种在溶液中盐的离子跟水所电离出来的 H^+ 或 OH^- 生成弱电解质的反应，叫做盐类的水解（salt hydrolysis）。

1. 强碱弱酸盐的水解

CH_3COONa 的水溶液显碱性，它的水解过程是：

$$CH_3COONa \Longrightarrow CH_3COO^- + Na^+$$
$$+$$
$$H_2O \Longrightarrow H^+ + OH^-$$
$$\Updownarrow$$
$$CH_3COOH$$

由于 CH_3COONa 电离出的 CH_3COO^- 与水电离出的 H^+ 结合成难电离的 CH_3COOH，使水中 $c(H^+)$ 减小，平衡向正反应方向移动，结果使溶液中 $c(OH^-)$ 大于 $c(H^+)$，溶液显碱性。其水解反应的离子方程式为：$CH_3COO^- + H_2O \Longrightarrow CH_3COOH + OH^-$。

Na_2CO_3 的水溶液也呈碱性，但 Na_2CO_3 的水解较复杂，因为碳酸是二元酸，所以 Na_2CO_3 水解要分两步进行。

第一步：

$$Na_2CO_3 \Longrightarrow 2Na^+ + CO_3^{2-}$$
$$+$$
$$H_2O \Longrightarrow OH^- + H^+$$
$$\Updownarrow$$
$$HCO_3^-$$

水解的离子方程式为：$CO_3^{2-} + H_2O \Longrightarrow HCO_3^- + OH^-$

第二步：$HCO_3^- + H_2O \Longrightarrow H_2CO_3 + OH^-$

溶液因 $c(OH^-)$ 增大而显碱性。但是，Na_2CO_3 第二步水解的程度小，平衡时溶液中 H_2CO_3 分子的浓度很小，所以不会放出 CO_2 气体。

强碱弱酸盐水解后，溶液显碱性。CH_3COOK、K_2S、KCN、Na_2S、Na_3PO_4 等盐的水解属于这种类型。

2. 强酸弱碱盐的水解

NH_4Cl 的水溶液显酸性，它的水解过程是：

$$NH_4Cl \Longrightarrow NH_4^+ + Cl^-$$
$$+$$
$$H_2O \Longrightarrow OH^- + H^+$$
$$\Updownarrow$$
$$NH_3 \cdot H_2O$$

水解的离子方程式为：$NH_4^+ + H_2O \Longrightarrow NH_3 \cdot H_2O + H^+$

NH_4Cl 电离出的 NH_4^+ 与水电离出的 OH^- 结合成难电离的 $NH_3 \cdot H_2O$，使水电离出的

$c(OH^-)$ 减小，水的电离平衡向正反应方向移动，$c(H^+)$ 不断增大，建立新的平衡后 $c(H^+)$ 会大于 $c(OH^-)$，所以溶液显酸性。

强酸弱碱盐水解后，溶液显酸性。其他如 $FeCl_3$、$Al_2(SO_4)_3$、$Cu(NO_3)_2$ 等盐也属于强酸弱碱盐。

3. 弱酸弱碱盐的水解

弱酸弱碱盐水解时，它们的阳离子和阴离子会分别与水中的 OH^- 离子和 H^+ 离子结合。这类盐如 CH_3COONH_4，其水解过程为：

$$CH_3COONH_4 \Longrightarrow CH_3COO^- \quad + \quad NH_4^+$$
$$+ \qquad\qquad\qquad +$$
$$H_2O \Longrightarrow \quad H^+ \quad + \quad OH^-$$
$$\Updownarrow \qquad\qquad\qquad \Updownarrow$$
$$CH_3COOH \qquad\qquad NH_3 \cdot H_2O$$

水解的离子方程式为：$NH_4^+ + CH_3COO^- + H_2O \Longrightarrow CH_3COOH + NH_3 \cdot H_2O$

因为 $K_{CH_3COOH} \approx K_{NH_3 \cdot H_2O}$，所以 $c(H^+) \approx c(OH^-)$，CH_3COONH_4 溶液呈中性。假若组成盐的弱酸与弱碱的相对强弱有较明显的差别，则会使溶液显出酸性或碱性。例如 $HCOONH_4$ 这种盐，因 $K_{HCOOH} > K_{NH_3}$，故 $HCOONH_4$ 溶液呈酸性。

由以上三种类型的水解反应可以看出，水解后都生成了酸和碱，即盐类的水解反应可看作酸碱中和反应的逆反应。

$$酸 + 碱 \underset{水解}{\overset{中和}{\Longrightarrow}} 盐 + 水$$

强酸和强碱生成的盐，如 $NaCl$、Na_2SO_4 等，因为它们电离出来的阴、阳离子不能与水溶液中的 H^+ 或 OH^- 结合形成弱电解质，所以水中的 H^+ 和 OH^- 的数目保持不变，没有破坏水的电离平衡，因此这类盐不发生水解。

二、水解方程式的写法

（1）水解过程是可逆的，因此水解方程式要用"$\Longrightarrow$"表示。

（2）水是弱电解质，在离子方程式中要用分子式。

（3）水解后生成的不溶解的物质，一般不加沉淀符号；生成的不稳定物质，如 H_2CO_3、$NH_3 \cdot H_2O$ 一般不分解。例如：$Fe^{3+} + 3H_2O \Longrightarrow Fe(OH)_3 + 3H^+$。

三、影响盐类水解的因素

1. 盐的本性

组成盐的酸（或碱）越弱，盐的水解度越大。这是因为组成盐的酸（或碱）越弱，其 K_a（或 K_b）越小，盐中离子与水电离出的 H^+（或 OH^-）结合的能力越强，越容易破坏水的电离平衡，盐的水解度也就越大。如果水解产物是难溶、难离解的物质，则常发生完全水解。如：

$$Al_2S_3 + 6H_2O \Longrightarrow 2Al(OH)_3 \downarrow + 3H_2S \uparrow$$

2. 温度

由于水解是中和反应的逆反应，而中和反应是放热反应，因此水解反应是吸热反应。温度升高平衡将向右移动（水解程度增大），温度降低则平衡向左移动（水解程度减小）。例如，热的纯碱溶液去油污比冷的更有效。

$$盐 + 水 \underset{放热}{\overset{吸热}{\rightleftharpoons}} 酸 + 碱$$

3. 溶液的浓度

对于强酸弱碱盐和弱酸强碱盐来说，水解程度随溶液浓度减小而增大。即溶液稀释时水解平衡向右移动，溶液浓缩时则相反。

4. 溶液的酸碱性

溶液的酸碱性对各类盐的水解影响有所不同。对弱碱强酸盐而言，酸度增加可抑制它的水解；对弱酸强碱盐而言，碱度增加可抑制它的水解；弱酸弱碱盐的水解则不受溶液酸碱性的影响。因此在实际工作中，常通过控制溶液酸碱度的办法来控制盐类的水解。

例如，在电镀工业中，常需将 NaCN 加入电镀液。而 NaCN 易水解：$CN^- + H_2O \rightleftharpoons HCN + OH^-$，生成的 HCN 有剧毒且易挥发，危及操作工人的生命健康，为此必须在电镀液中加 NaOH 或 KOH，使其保持强碱性，遏止 NaCN 水解。又如 $SnCl_2$ 极易水解，生成不溶于水的沉淀，因而在实验室中配制 $SnCl_2$ 溶液时，不能直接用水溶解 $SnCl_2$，而必须用少量盐酸先使 $SnCl_2$ 溶解，再用水稀释。这样由于保持了溶液的强酸性，阻止了 $SnCl_2$ 的水解。

四、盐类水解的利用

（1）配制易水解的盐溶液时，需要考虑如何抑制盐的水解反应。如实验室配制 $FeCl_3$ 溶液时，由于 $FeCl_3$ 是强酸弱碱生成的盐，会水解生成难溶于水的 $Fe(OH)_3$，而使溶液变浑浊。

$$FeCl_3 + 3H_2O \rightleftharpoons Fe(OH)_3 + 3HCl$$

为了防止水解，通常要加少量的盐酸。加稀盐酸既可使平衡向左移动，又不会增加其他杂质。

（2）酸碱中和滴定，选择指示剂需考虑盐的水解。如果强酸与弱碱溶液恰好中和，因为生成的盐水解，会使溶液呈酸性，所以应选择酸性变色的甲基橙作为指示剂。如果强碱与弱酸溶液恰好中和，因为生成的盐水解，会使溶液呈碱性，所以应选择碱性变色的酚酞作为指示剂。

（3）工业上，日常生活中常用明矾做净水剂，主要是利用 $Al_2(SO_4)_3$ 水解后生成氢氧化铝胶体，能吸附水中悬浮杂质，使水澄清。

$$Al^{3+} + 3H_2O \rightleftharpoons Al(OH)_3（胶体） + 3H^+$$

（4）热碱（Na_2CO_3）水去油污，效果比冷碱水好，就是利用加热有利于水解，使 OH^- 浓度增大，增强了去油污能力。

$$CO_3^{2-} + H_2O \rightleftharpoons HCO_3^- + OH^-$$

（5）泡沫灭火剂的原理，泡沫灭火剂的成分是 $NaHCO_3$ 和 $Al_2(SO_4)_3$，当两者混合时会发生双水解，生成 $Al(OH)_3$ 和 CO_2。

NaHCO$_3$水解：$HCO_3^- + H_2O \rightleftharpoons H_2CO_3 + OH^-$

Al$_2$(SO$_4$)$_3$水解：$Al^{3+} + 3H_2O \rightleftharpoons Al(OH)_3 + 3H^+$

当两者混合时相互促进水解：$Al^{3+} + 3HCO_3^- == Al(OH)_3\downarrow + 3CO_2\uparrow$

（6）用于制备某些无机物。如用 TiCl$_4$ 制备 TiO$_2$，其反应如下：

$$TiCl_4 + (x+2)H_2O == TiO_2 \cdot xH_2O\downarrow + 4HCl$$

在制备时加入大量的水，同时加热，促使水解趋于完全，所得 TiO$_2\cdot x$H$_2$O 经焙烧得到 TiO$_2$。

例题 1　指出下列溶液水解后的酸碱性。

（1）CH$_3$COONH$_4$；（2）NaCl；（3）NH$_4$Cl；（4）NaHCO$_3$。

解：（1）中 CH$_3$COONH$_4$是弱酸弱碱盐，在水溶液中发生双水解，呈中性；

（2）中 NaCl 是强酸强碱盐，水溶液呈中性；

（3）中 NH$_4$Cl 水解：$NH_4Cl + H_2O \rightleftharpoons NH_3\cdot H_2O + HCl$，溶液呈酸性；

（4）中 NaHCO$_3$水解：$NaHCO_3 + H_2O \rightleftharpoons H_2CO_3 + NaOH$，溶液呈碱性。

例题 2　向 FeBr$_2$溶液中通入过量的 Cl$_2$，然后把溶液蒸干，并将残渣灼烧，最后留下的固体物质是什么？

解析：此题涉及的知识点较多，首先 FeBr$_2$会与 Cl$_2$发生反应，生成 FeCl$_3$，在蒸溶液的过程中，由于 FeCl$_3$是强酸弱碱盐，其溶液中还存在着以下水解平衡：$Fe^{3+} + 3H_2O \rightleftharpoons Fe(OH)_3 + 3H^+$。随着温度的升高，平衡不断向正反应方向进行，到溶液蒸干灼烧时，Fe(OH)$_3$又分解生成 Fe$_2$O$_3$。

答：最后得到的物质是 Fe$_2$O$_3$。

思考题

1. 判断下列物质水溶液的酸碱性：

（1）NaCl；（2）Na$_2$CO$_3$；（3）AlCl$_3$；（4）NH$_4$Cl；（5）CuSO$_4$。

2. 在盛有 CH$_3$COONa 溶液的试管里，滴入酚酞试液，溶液变成粉红色，请解释原因；加热试管时，溶液的颜色加深，请解释原因。

3. 已知一种 pH=3 的酸性溶液和一种 pH=11 的碱性溶液等体积混合后，溶液的 pH 小于7，请解释其可能的原因。

4. 实验室配制硫酸亚铁溶液，溶解时为什么先要加入少量的稀硫酸？配制完毕后为什么还要加入少量铁屑？

5. 已知 NH_4Cl 溶液显酸性，CH_3COONH_4 溶液显中性，NH_4CN 溶液显碱性，试判断盐酸、醋酸、氢氰酸（HCN）的酸性由弱到强的顺序。

6. 写出下列离子水解反应的离子方程式：
(1) Al^{3+}；(2) Fe^{3+}；(3) CO_3^{2-}；(4) S^{2-}；(5) PO_4^{3-}；(6) Cu^{2+}。

7. $AlCl_3$ 溶液加热蒸干灼烧后的最终产物是什么？并加以解释。

8. 浓 NH_4Cl 溶液中加镁条，将有何现象产生？得到的产物是什么？

9. 草木灰是农村常用的钾肥，它含有 K_2CO_3。试说明为什么草木灰不宜与做氮肥的铵盐混合使用。

复习题五

一、选择题（在下列每小题给出的四个选项中，只有一个是正确的，请将正确选项前的字母填在题后的括号内）

1. 下列物质的水溶液能导电，但其本身属于非电解质的是（　　）。
A. 乙酸　　　　　　B. 酒精　　　　　　　C. 食盐　　　　　　D. 氨气

2. 下列说法中正确的是（　　）。
A. 液态 HCl、固态 NaCl 均不导电，所以 HCl、NaCl 均是非电解质
B. NH_3、CO_2 的水溶液均导电，所以 NH_3、CO_2 均是电解质
C. 铜、石墨均导电，所以它们是电解质
D. 蔗糖、酒精在水溶液中和熔化时均不导电，所以它们是非电解质

3. 在 0.1mol/L 的 CH_3COOH 溶液中存在如下电离平衡：$CH_3COOH \rightleftharpoons CH_3COO^- + H^+$，对于该平衡，下列叙述正确的是（　　）。
A. 加入少量 NaOH 固体，平衡向正反应方向移动
B. 加水，反应速率增大，平衡向逆反应方向移动
C. 滴加少量 0.1mol/L 的 HCl 溶液，溶液中 $c(H^+)$ 减少
D. 加入少量 CH_3COONa 固体，平衡向正反应方向移动

4. 下列电离方程式书写正确的是（　　）。
A. $H_2SO_4 = 2H^+ + SO_4^{2-}$　　　　　　B. $Ba(OH)_2 = Ba^{2+} + (OH)^{2-}$
C. $FeCl_3 = Fe^{2+} + 3Cl^-$　　　　　　D. $NaHCO_3 = Na^+ + H^+ + CO_3^{2-}$

5. 常温下，在 $0.01mol/L$ 的 H_2SO_4 溶液中，由水电离出的氢离子的浓度是（　　　）。

A. $5 \times 10^{-13}mol/L$ 　　　　　　　B. $0.02mol/L$

C. $1 \times 10^{-7}mol/L$ 　　　　　　　D. $1 \times 10^{-12}mol/L$

6. 下列物质属于弱电解质的是（　　　）。

A. CH_3COONH_4 　　B. $CaCO_3$ 　　　　C. 蔗糖 　　　　　　D. CH_3COOH

7. 浓度为 $0.01mol/L$ 的某一元碱，其 $pH = 9$，该弱碱的电离度为（　　　）。

A. 0.01% 　　　　B. 0.1% 　　　　　C. 1% 　　　　　　D. 0.03%

8. 在 NH_4Cl 溶液中，所含离子浓度最小的是（　　　）。

A. NH_4^+ 　　　　　B. Cl^- 　　　　　C. H^+ 　　　　　　D. OH^-

9. 用 CH_3COOH 与 $NaOH$ 溶液反应，若反应后溶液的 $pH = 7$，一定是（　　　）。

A. 二者的质量相等 　　　　　　　B. $NaOH$ 过量

C. 二者的物质的量相等 　　　　　D. CH_3COOH 过量

10. 25℃时，某溶液中由水电离出的 $c(OH^-) = 1 \times 10^{-12}mol/L$，向该溶液中滴入几滴甲基橙溶液时，溶液的颜色可能是（　　　）。

A. 红色 　　　　　　B. 橙色 　　　　　　C. 无色 　　　　　　D. 蓝色

11. 下列各组离子，在强碱性溶液中可以大量共存的是（　　　）。

A. K^+、Na^+、HSO_3^-、Cl^- 　　　　B. Na^+、Ba^{2+}、Al^{3+}、NO_3^-

C. NH_4^+、K^+、Cl^-、NO_3^- 　　　　D. K^+、Na^+、Cl^-、S^{2-}

12. 证明醋酸是弱酸的事实是（　　　）。

A. 醋酸能与氢氧化钠发生中和反应 　　B. 醋酸钠溶液的 $pH > 7$

C. 醋酸能和碳酸钠溶液反应放出 CO_2 　D. 醋酸能使石蕊试液变红

13. 对某弱酸稀溶液加热时，下列叙述中不正确的是（　　　）。

A. 促进了弱酸的电离 　　　　　　　B. 弱酸分子的浓度减小

C. 弱酸稀溶液中 $c(H^+)$ 减小 　　　　D. 弱酸稀溶液的导电性增强

14. 将 $pH = 10$ 和 $pH = 13$ 的两种强碱溶液等体积混合，混合后溶液的 pH 值为（　　　）。

A. 10.3 　　　　　B. 11.5 　　　　　　C. 12.7 　　　　　　D. 13.3

15. 某温度下，纯水的 $c(H^+) = 2 \times 10^{-7}mol/L$，则此时 $c(OH^-)$ 等于（　　　）mol/L。

A. 5×10^{-8} 　　B. 5×10^{-7} 　　　C. 2×10^{-7} 　　　D. 2×10^{-8}

16. 有下列微粒：①Na^+、②Cl^-、③Fe^{3+}、④S^{2-}、⑤NH_4^+、⑥H^+，其中不能破坏水的电离平衡的有（　　　）。

A. ①和② 　　　　B. ①和⑤ 　　　　　C. ⑤和⑥ 　　　　　D. ②和③

17. 能够使醋酸溶液的 pH 值和醋酸的电离度都减小的是（　　　）。

A. 滴加少量的 H_2SO_4 溶液 　　　　　B. 加入少许水稀释

C. 滴加少量的 $NaOH$ 溶液 　　　　　D. 加入少许 CH_3COONa 晶体

18. 常温下将 $pH = 2$ 的某一元酸溶液与 $pH = 12$ 的 $NaOH$ 溶液等体积混合，所得溶液的 pH（　　　）。

A. $= 7$ 　　　　　　B. $\leqslant 7$ 　　　　　C. $\geqslant 7$ 　　　　　D. 无法判断

19. NH_4Cl 溶液呈酸性，NH_4CN 溶液呈碱性，CH_3COONH_4 溶液呈中性，以上条件可以得出 HCl、HCN、CH_3COOH 酸性强弱的顺序为（　　　）。

A. HCl > HCN > CH₃COOH B. HCl > CH₃COOH > HCN

C. HCN > CH₃COOH > HCl D. CH₃COOH > HCN > HCl

20. 下列离子方程式中，正确的是（　　）。

A. 少量二氧化碳通入足量的 NaOH 溶液：$CO_2 + OH^- = HCO_3^-$

B. 向溴化亚铁溶液中通入氯气：$Fe^{2+} + Cl_2 = Fe^{3+} + 2Cl^-$

C. 向硫酸铜溶液中通入 H_2S 气体：$Cu^{2+} + H_2S = CuS\downarrow + 2H^+$

D. 向氯化铜溶液中通入 H_2S 气体：$Cu^{2+} + S^{2-} = Cu_2S\downarrow$

二、填空题

1. 25℃时，0.1mol/L 醋酸溶液的电离度为 1.32%，则溶液中 $c(H^+)$ 是＿＿＿＿＿，$c(CH_3COO^-)$ 是＿＿＿＿＿。

2. 0.002mol/L $Ca(OH)_2$ 溶液中，$c(Ca^{2+})$ = ＿＿＿ mol/L，$c(OH^-)$ = ＿＿＿ mol/L，$c(H^+)$ = ＿＿＿ mol/L。

3. 以下是几种酸碱指示剂变色的 pH 值范围：①甲基橙 3.1～4.4；②甲基红 4.8～6.2；③酚酞 8.2～10。用 NaOH 溶液滴定 CH_3COOH 溶液时，可采用的指示剂是＿＿＿＿＿。

4. 以下是浓度均为 0.1mol/L 的 8 种溶液：①HNO_3；②H_2SO_4；③$HCOOH$；④$Ba(OH)_2$；⑤NaOH；⑥CH_3COONa；⑦KCl；⑧NH_4Cl。其溶液 pH 值由小到大的顺序是（填写编号）：＿＿＿＿＿。

5. 硫酸氢钠溶液显＿＿＿＿＿（填"酸性""中性"或"碱性"，下同），用方程式表示为＿＿＿＿＿；碳酸氢钠溶液显＿＿＿，用方程式表示为＿＿＿＿＿。将上述两种溶液混合，现象是＿＿＿＿＿，方程式是＿＿＿＿＿。

6. 今有①盐酸、②硫酸、③醋酸三种酸：

（1）在同体积、同 pH 的三种酸中，分别加入足量的碳酸钠粉末，在相同条件下产生 CO_2 的体积由大到小的顺序是＿＿＿＿＿。（填酸的序号，下同）。

（2）在同体积、同浓度的三种酸中，分别加入足量的碳酸钠粉末，在相同条件下产生 CO_2 的体积由大到小的顺序是＿＿＿＿＿。

（3）物质的量浓度为 0.1mol/L 的三种酸溶液的 pH 由大到小的顺序是＿＿＿＿＿；如果取等体积的 0.1mol/L 的三种酸溶液，用 0.1mol/L 的 NaOH 溶液中和，当恰好完全反应时，消耗 NaOH 溶液的体积由大到小的顺序是＿＿＿＿＿。

三、简答题

1. 有两瓶 pH = 2 的酸溶液，一瓶是强酸，一瓶是弱酸。现只有石蕊试液、酚酞试液、pH 试纸和蒸馏水，简述如何用最简便的试验方法来鉴别两瓶酸。

2. 泡沫灭火器中药剂的主要成分是 $Al_2(SO_4)_3$ 溶液和 $NaHCO_3$ 溶液，工作时将两种溶液混合就会产生大量的气体泡沫。试解释其原理。

3. 将镁条投入盛有 $CuSO_4$ 的溶液中，会看到哪些现象？写出产生该现象的离子方程式。

4. Sb_2O_3 可用作白色燃料和阻燃剂等，在实验室中可利用 $SbCl_3$ 和水解反应制取 Sb_2O_3（$SbCl_3$ 的水解分三步进行，中间产物有 SbOCl 等），其总反应可表示为：

$$2SbCl_3 + 3H_2O \Longrightarrow Sb_2O_3 + 6HCl$$

为了得到较多的 Sb_2O_3，操作时要将 $SbCl_3$ 缓慢加入大量水中，反应后期还要加入少量氨水。试利用平衡移动原理说明这两项操作的原因。

四、计算题

1. 某溶液含 NaCl 和 HCl，取 20mL 该溶液用 0.1mol/L 的 NaOH 溶液滴定，需用 27.4mL 0.1mol/L NaOH 才能中和，中和后再加 0.1mol/L $AgNO_3$ 溶液至 40mL 才沉积完全，求每升溶液中 HCl 和 NaCl 的克数。

2. 把 0.50g 氢氧化钠和氯化钠的混合物配成 50mL 溶液。取 10mL 此溶液恰好与 20mL 0.1mol/L 盐酸中和，求此混合物中氢氧化钠的质量分数。

3. 在 40mL 0.10mol/L $BaCl_2$ 溶液中，加入过量 0.10mol/L H_2SO_4 溶液，使沉淀完全。将反应后的混合物过滤，取滤液的一半，在滤液中加入 25mL 0.20mol/L NaOH 溶液至恰好中性，计算过量的 H_2SO_4 溶液的体积。

4. 已知常温下浓度为 0.5mol/L 的一元强酸 HA 与一元强碱 MOH 溶液以 1∶2 体积混合后，pH = 13。用该 MOH 溶液 5mL，刚好能中和 20mL pH = 2 的某一元弱酸 HB 溶液，求弱酸 HB 的电离度和该温度下的电离常数。

第六章　氧化还原反应和电化学基础

在化学反应中，化学能与其他形式的能量可以相互转化并遵循能量守恒定律。化学能与电能的直接转化需要在一定的装置中通过氧化还原反应才能实现。原电池是将化学能转化为电能的装置，电解池是将电能转化为化学能的装置。原电池、电解池都以发生在电子导体（如金属）与离子导体（如电解质溶液）接触界面上的氧化还原反应为基础，这也是研究化学能与电能相互转化规律的电化学的核心问题。

电化学及其产品与能源、材料、环境和健康领域紧密联系，被广泛地应用于生产、生活的许多方面。

第一节　氧化还原反应

化学反应根据反应的实质可分为两类。一类是反应过程中，元素的氧化数不变，例如酸碱中和反应、复分解反应等，称为非氧化还原反应；另一类是在反应过程中，元素的氧化数发生了变化，我们称为氧化还原反应。氧化还原反应的实质是电子转移或共用电子对的偏移。

一、氧化数的概念

氧化数（oxidation number）：氧化数是某元素一个原子的荷电数，这种荷电数由假设把每个键中的电子指定给电负性更大的原子而求得。它可以是正数、负数、零或分数。

确定氧化数的方法如下：

（1）单质中，元素的氧化数为零，例如：O_2、P_4、S_8等。

（2）在正常氧化物中，氧的氧化数为 -2；在过氧化物中，氧的氧化数为 -1；在超氧化物（如 KO_2）中，氧的氧化数为 -0.5。

（3）氢除了在活泼金属氢化物（如 NaH）中氧化数为 -1 外，在一般化合物中的氧化数皆为 +1，如在 PH_3 中。

（4）在离子型化合物中，元素原子的氧化数等于该元素的离子电荷数。

（5）在共价化合物中，元素的氧化数等于这种元素的一个原子跟其他元素的原子形成的共用电子对的数目，其正负由共用电子对偏移的方向确定。

（6）在中性化合物中，所有元素原子的氧化数代数和为零。

根据以上规定，我们可以求出化合物中不同元素的氧化数。例如：

$K_2Cr_2O_7$ 中 Cr 的氧化数为 +6；

Fe_3O_4 中 Fe 的氧化数为 $+2\frac{2}{3}$；

$Na_2S_2O_3$ 中 S 原子的平均氧化数为 +2；

$Na_2S_4O_6$ 中 4 个 S 原子的氧化数不同，中间的两个 S 原子的氧化数为 0，其余两个 S 原子的氧化数为 +5，因此 S 原子的平均氧化数为 $(5+5+0+0)/4=2.5$。

氧化数与化学式有着密切的关系，由物质的化学式可以求得元素的氧化数；根据氧化数可以正确地写出物质的化学式。

二、氧化、还原的基本概念

1. 氧化还原反应

凡是有电子得失（或共用电子对偏移）的一类反应称为氧化还原反应。氧化还原反应的主要特征是反应前后有些元素的氧化数发生了升高或降低的变化。

2. 氧化与还原

在氧化还原反应中，失电子（或电子对偏离）的变化叫氧化，其表现为某元素（失电子元素）氧化数升高；得电子（或电子对偏近）的变化叫还原，其表现为某元素（得电子元素）的氧化数降低。

3. 氧化剂和还原剂

在氧化还原反应中得电子（或电子对偏近）的反应物叫氧化剂（oxidizing agent），失电子（或电子对偏离）的反应物叫还原剂（reducing agent）。氧化剂得电子的性质叫氧化性，还原剂失电子的性质叫还原性。

在中学化学中，常用作氧化剂的物质有 O_2、Cl_2、浓 H_2SO_4、HNO_3、$KMnO_4$、$FeCl_3$ 等；常用作还原剂的物质有活泼的金属单质如 Al、Zn、Fe，以及 C、H_2、CO 等。表 6-1、表 6-2 是一些常见的氧化剂和还原剂及它们在反应中的变化，通过这些变化，我们可以大致判断一个氧化还原反应发生后所生成的产物。

表 6-1　一些常见的氧化剂及它们在反应中的变化

氧化剂	变化	离子半反应式
酸化高锰酸钾 （$KMnO_4/H^+$）	$MnO_4^-(aq) \longrightarrow Mn^{2+}(aq)$	$MnO_4^-(aq)+8H^+(aq)+5e^- \longrightarrow$ $Mn^{2+}(aq)+4H_2O(l)$
稀氢氯酸(HCl) 稀硫酸(H_2SO_4)	$2H^+(aq) \longrightarrow H_2(g)$	$2H^+(aq)+2e^- \longrightarrow H_2(g)$
稀硝酸(HNO_3)	$NO_3^-(aq) \longrightarrow NO(g)$	$NO_3^-(aq)+4H^+(aq)+3e^- \longrightarrow$ $NO(g)+2H_2O(l)$
浓硝酸(HNO_3)	$NO_3^-(aq) \longrightarrow NO_2(g)$	$NO_3^-(aq)+2H^+(aq)+e^- \longrightarrow$ $NO_2(g)+H_2O(l)$
浓硫酸(H_2SO_4)	$H_2SO_4(l) \longrightarrow SO_2(g)$	$H_2SO_4(l)+2H^+(aq)+2e^- \longrightarrow$ $SO_2(g)+2H_2O(l)$

（续上表）

氧化剂	变化	离子半反应式
氧气（O_2）	酸性介质中： $O_2(g) \longrightarrow H_2O(l)$	$O_2(g) + 4H^+(aq) + 4e^- \longrightarrow$ $2H_2O(l)$
	碱性或中性介质中： $O_2(g) \longrightarrow OH^-(aq)$	$O_2(g) + 2H_2O(l) + 4e^- \longrightarrow$ $4OH^-(aq)$
卤素（如 Cl_2 和 Br_2）	$Cl_2(g) \longrightarrow Cl^-(aq)$	$Cl_2(g) + 2e^- \longrightarrow 2Cl^-(aq)$
	$Br_2(g) \longrightarrow Br^-(aq)$	$Br_2(g) + 2e^- \longrightarrow 2Br^-(aq)$
不活泼的金属离子 （如 Cu^{2+} 和 Ag^+）	$Cu^{2+}(aq) \longrightarrow Cu(s)$	$Cu^{2+}(aq) + 2e^- \longrightarrow Cu(s)$
	$Ag^+(aq) \longrightarrow Ag(s)$	$Ag^+(aq) + e^- \longrightarrow Ag(s)$
氯化铁（$FeCl_3$）	$Fe^{3+}(aq) \longrightarrow Fe^{2+}(aq)$	$Fe^{3+}(aq) + e^- \longrightarrow Fe^{2+}(aq)$
酸化氧化锰 （MnO_2/H^+）	$MnO_2(s) \longrightarrow Mn^{2+}(aq)$	$MnO_2(s) + 4H^+(aq) + 2e^- \longrightarrow$ $Mn^{2+}(aq) + 2H_2O(l)$

表 6 - 2   一些常见的还原剂及它们在反应中的变化

还原剂	变化	离子半反应式
氢（H_2）	$H_2(g) \longrightarrow H^+(aq)$	$H_2(g) \longrightarrow 2H^+(aq) + 2e^-$
碳（C）	$C(s) \longrightarrow CO(g)$	$C(s) + O^{2-} \longrightarrow CO(g) + 2e^-$ （在金属氧化物中）
	$C(s) \longrightarrow CO_2(g)$	$C(s) + 2O^{2-} \longrightarrow CO_2(g) + 4e^-$ （在金属氧化物中）
一氧化碳（CO）	$CO(g) \longrightarrow CO_2(g)$	$CO(g) + O^{2-} \longrightarrow CO_2(g) + 2e^-$ （在金属氧化物中）
卤素的离子（如 I^-）	$I^-(aq) \longrightarrow I_2(aq)$	$2I^-(aq) \longrightarrow I_2(aq) + 2e^-$
亚硫酸根离子（SO_3^{2-}）	$SO_3^{2-}(aq) \longrightarrow SO_4^{2-}(aq)$	$SO_3^{2-}(aq) + H_2O(l) \longrightarrow$ $2H^+(aq) + SO_4^{2-}(aq) + 2e^-$
二氧化硫（SO_2）	$SO_2(g) \longrightarrow SO_4^{2-}(aq)$	$SO_2(g) + 2H_2O(l) \longrightarrow$ $4H^+(aq) + SO_4^{2-}(aq) + 2e^-$
亚铁离子（Fe^{2+}）	$Fe^{2+}(aq) \longrightarrow Fe^{3+}(aq)$	$Fe^{2+}(aq) \longrightarrow Fe^{3+}(aq) + e^-$
活泼的金属离子 （如 Mg 和 Fe）	$Mg(s) \longrightarrow Mg^{2+}(aq)$	$Mg(s) \longrightarrow Mg^{2+}(aq) + 2e^-$
	$Fe(s) \longrightarrow Fe^{2+}(aq)$	$Fe(s) \longrightarrow Fe^{2+}(aq) + 2e^-$
硫化氢（H_2S）	$H_2S(g) \longrightarrow S(s)$	$H_2S(g) \longrightarrow 2H^+(aq) + S(s) + 2e^-$

　　并非所有氧化剂和还原剂都互相产生化学反应。一般来说，强氧化剂和强还原剂产生反应，这些反应通常较快速而完整。在氧化还原反应中，强氧化剂变为弱还原剂，如 $F_2(g) \longrightarrow F^-(aq)$，弱还原剂却不能够变为强氧化剂；同理，强还原剂变为弱氧化剂，如 $K(s) \longrightarrow K^+(aq)$，弱氧化剂却不能够变为强还原剂。此外，弱氧化剂和弱还原剂也不能够

互相进行氧化还原反应。

三、氧化还原反应的类型

1. 分子间的氧化还原反应

电子转移发生在不同物质间的氧化还原反应。

（1）电子转移发生在两种单质之间，例如：

$$2Na + Cl_2 \xrightarrow{\quad\quad} 2NaCl$$

（2）电子转移发生在单质和化合物之间，例如：

$$Fe + CuSO_4 \xrightarrow{\quad\quad} FeSO_4 + Cu$$

（3）电子转移发生在两种化合物之间，例如：

$$Fe_2O_3 + 3CO \xrightarrow{\triangle} 2Fe + 3CO_2 \uparrow$$

（4）电子转移发生在不同物质的多种元素之间，例如：

$$2KNO_3 + 3C + S \xrightarrow{\triangle} K_2S + N_2 \uparrow + 3CO_2 \uparrow$$

2. 分子内的氧化还原反应

这是电子转移发生在同一物质内部的氧化还原反应，这类反应也叫自身氧化还原反应。

（1）电子转移发生在同一物质的不同元素之间，例如：

$$2KClO_3 \xrightarrow{\triangle} 2KCl + 3O_2 \uparrow$$

（2）电子转移发生在同一物质的同种元素之间，例如：

$$3Cl_2 + 6KOH \xrightarrow{\triangle} 5KCl + KClO_3 + 3H_2O$$

这类反应是同一种元素的氧化数同时向较高和较低转化，也叫歧化反应。

四、氧化还原反应的表示方法

双线桥法：用双线桥表明化学方程式里反应前后一种元素的原子（或离子）得到电子和另一种元素的原子（或离子）失去电子的情况，在线上明确标明电子得失的数目，箭尾始于反应物中有关元素的原子，箭头指向生成物中化合价发生变化的相应元素的原子。

例如，钠与氯气的反应用双线桥法表示为：

$$
\begin{array}{c}
\overset{\text{失 }1e^- \times 2}{\overbrace{}} \\
2Na + Cl_2 \xrightarrow{\quad\quad} 2NaCl \\
\underset{\text{得 }1e^- \times 2}{\underbrace{}}
\end{array}
$$

用双线桥法表示时应注意：①标出得或失的电子数是以每个原子为单位。钠原子只能失1个电子，发生变化的原子共有2个，故乘以2。氯得电子，箭尾从Cl_2指向反应后NaCl中的Cl。每个Cl原子只得1个电子，再乘以参与反应的氯原子数。②失电子写在反应式上边，得电子写在反应式下边。③得失电子总数一定要相等。

五、氧化还原反应方程式的配平

氧化还原反应一般比较复杂，采用观察法来配平其反应方程式往往有困难，因此有必要介绍氧化还原反应方程式的配平方法。由于配平的方法很多,在此仅介绍氧化数法和离子 – 电子法。

1. 氧化数法

根据在氧化还原反应中氧化剂和还原剂的氧化数增减总数必须相等的原则来配平方程式的方法,称为氧化数法。以下用铜与稀硝酸反应为例,来说明具体的配平步骤。

(1)根据实验事实写出基本反应式:

$$Cu + HNO_3 \longrightarrow Cu(NO_3)_2 + NO$$

(2)根据氧化数的改变,确定氧化剂和还原剂,并指出氧化剂和还原剂的氧化数的变化:

$$\overset{0}{Cu} + \overset{+5}{HNO_3} \longrightarrow \overset{+2}{Cu}(\overset{}{NO_3})_2 + \overset{+2}{NO}$$

由上式可见,Cu 原子的氧化数由 0 变为 +2,升高值为 2,因此它是还原剂。N 原子的氧化数由 +5 变为 +2,降低值为 -3,因此它是氧化剂。

(3)根据最小公倍数原则,将各氧化数的改变值乘以相应的系数,使氧化数的增减总数相等。因此,在 Cu 前乘以 3,在 N 前乘以 2,使它们得失电子数相等。得:

$$3Cu + 2HNO_3 \longrightarrow 3Cu(NO_3)_2 + 2NO$$

(4)配平非氧化还原组分。用观察法先配平其他原子,最后配平 H、O 原子。

$$3Cu + 8HNO_3 \Longrightarrow 3Cu(NO_3)_2 + 2NO + 4H_2O$$

配平氧原子数时,往往要添加 H^+、OH^- 或 H_2O。至于是加 H^+ 和 H_2O 还是加 OH^- 和 H_2O,则须看具体情况而定。

2. 离子 – 电子法

对于在水溶液中以离子形式进行的氧化还原反应,除了可以用氧化数法配平其反应方程式外,还可以根据在氧化 – 还原过程中氧化剂和还原剂得失电子总数必定相等的原则,采用离子 – 电子法配平。

离子 – 电子法配平氧化还原反应方程式,是将反应式改写成氧化和还原两个半反应式,并分别配平,然后将它们加合起来,设法消去其中的电子即完成。具体配平步骤如下:

(1)确定产物,写出未配平的离子反应方程式。式中只包括氧化剂及其还原产物和还原剂及其氧化产物。例如:

$$Fe^{2+} + Cl_2 \longrightarrow Fe^{3+} + Cl^-$$

(2)任何一个氧化还原反应都是由两个半反应组成的,因此可以将上面的方程式分成两个未配平的半反应式,一个表明反应中的氧化过程,另一个表明反应中的还原过程。

$$Fe^{2+} \longrightarrow Fe^{3+} \quad (氧化过程)$$
$$Cl_2 \longrightarrow Cl^- \quad (还原过程)$$

(3)配平两个半反应式,使两端的原子数和电荷数相等(若半反应中两端的氧原子数不等,则视不同的介质,加 H^+、OH^- 或 H_2O 来配平)。

$$Fe^{2+} \Longrightarrow Fe^{3+} + e^- \quad (氧化半反应)$$
$$Cl_2 + 2e^- \Longrightarrow 2Cl^- \quad (还原半反应)$$

(4)根据氧化剂获得的电子数和还原剂失去的电子数必须相等的原则,确定氧化剂和还原剂化学式前的系数,并把两个半反应式加合,得到一个配平的离子反应方程式:

$$2Fe^{2+}=\!=\!=2Fe^{3+}+2e^-$$

$$+)\quad Cl_2+2e^-=\!=\!=2Cl^-$$

$$\overline{2Fe^{2+}+Cl_2=\!=\!=2Fe^{3+}+2Cl^-}$$

氧化数法和离子 – 电子法相比较，氧化数法适用范围更广，不仅可用于分子反应方程式和离子反应方程式的配平，对于熔融态或气体反应也都适用。离子 – 电子法仅适用于水溶液中的离子反应。

例题 1 配平下列反应方程式：$KMnO_4+FeSO_4+H_2SO_4\longrightarrow MnSO_4+Fe_2(SO_4)_3+K_2SO_4+H_2O$，并指出在此反应中的氧化剂和氧化产物；每消耗 1mol 氧化剂时，还原剂失去多少摩尔电子？写出上述反应的离子方程式。

解： Mn 的氧化数变化为：$+7\longrightarrow+2$，氧化数降低 5。

Fe 的氧化数变化为：$+2\longrightarrow+3$，氧化数升高 1×2。

元素氧化数升降的最小公倍数为 10。因此，在 $KMnO_4$ 和 $MnSO_4$ 前乘以 2，$Fe_2(SO_4)_3$ 前乘以 5。

即 $\underline{2}\ KMnO_4+\underline{10}\ FeSO_4+\underline{\ }\ H_2SO_4\longrightarrow\underline{2}\ MnSO_4+\underline{5}\ Fe_2(SO_4)_3+\underline{\ }\ K_2SO_4+\underline{\ }\ H_2O$

再配平 K^+ 和 SO_4^{2-} 的系数，最后配平 H 和 O。得：

$\underline{2}\ KMnO_4+\underline{10}\ FeSO_4+\underline{8}\ H_2SO_4=\!=\!=\underline{2}\ MnSO_4+\underline{5}\ Fe_2(SO_4)_3+\underline{1}\ K_2SO_4+\underline{8}\ H_2O$

氧化剂是 $KMnO_4$；氧化产物是 $Fe_2(SO_4)_3$；每消耗 1mol 氧化剂，还原剂失去 5mol 电子。

离子方程式：$MnO_4^-+8H^++5Fe^{2+}=\!=\!=Mn^{2+}+5Fe^{3+}+4H_2O$

例题 2 用离子 – 电子法配平方程式：$MnO_4^-+H^++Fe^{2+}\longrightarrow Mn^{2+}+Fe^{3+}+H_2O$。

解：（1）把上述反应分成两个半反应式，并配平：

氧化反应：$Fe^{2+}-e^-=\!=\!=Fe^{3+}$

还原反应：$MnO_4^-+8H^++5e^-=\!=\!=Mn^{2+}+4H_2O$

MnO_4^- 被还原成 Mn^{2+}，氧原子减少了 4 个，因反应在酸性介质中进行，故加 $8H^+$，并生成 $4H_2O$。

（2）使两个半反应的得失电子数相等，然后合并，消去电子，经整理得配平的离子反应式：

$$5Fe^{2+}-5e^-=\!=\!=5Fe^{3+}$$

$$+)\quad MnO_4^-+8H^++5e^-=\!=\!=Mn^{2+}+4H_2O$$

$$\overline{MnO_4^-+8H^++5Fe^{2+}=\!=\!=Mn^{2+}+5Fe^{3+}+4H_2O}$$

思考题

1. 下列哪些反应属于氧化还原反应？哪些属于非氧化还原反应？

（1）$CuSO_4+H_2S=\!=\!=CuS\downarrow+H_2SO_4$；

（2）$2Fe_2O_3+3C=\!=\!=4Fe+3CO_2$；

（3）$Cu(OH)_2=\!=\!=CuO+H_2O$；

（4）$NaCl+AgNO_3=\!=\!=AgCl\downarrow+NaNO_3$；

（5）$Fe+CuSO_4=\!=\!=Cu+FeSO_4$；

（6） $NH_3 + HCl =\!=\!= NH_4Cl$。

2. 请你用所学知识分析无机四种基本反应类型中，哪一种一定是氧化还原反应，哪一种一定是非氧化还原反应。

3. 从氧化剂和还原剂的角度，分析下列三个反应中 H_2O_2 的作用。

（1） $H_2O_2 + H_2S =\!=\!= 2H_2O + S\downarrow$ ；

（2） $H_2O_2 + Cl_2 =\!=\!= 2HCl + O_2\uparrow$ ；

（3） $2H_2O_2 \overset{MnO_2}{=\!=\!=} 2H_2O + O_2\uparrow$ 。

4. 指出下列反应中的氧化剂、氧化产物、还原剂和还原产物。

（1） $2Ag^+ + Zn \longrightarrow Zn^{2+} + 2Ag$ ；

（2） $2Fe^{3+} + Sn^{2+} \longrightarrow 2Fe^{2+} + Sn^{4+}$ ；

（3） $2Na + 2H_2O \longrightarrow 2NaOH + H_2$ ；

（4） $2KClO_3 \longrightarrow KClO_2 + KClO_4$ ；

（5） $4NH_3 + 5O_2 \longrightarrow 4NO + 6H_2O$ ；

（6） $Cl_2 + 2NaOH \longrightarrow NaClO + NaCl + H_2O$ 。

5. 用氧化数法配平下列氧化还原反应方程式。

（1） $H_2S + FeCl_3 \longrightarrow FeCl_2 + HCl + S$ ；

（2） $As_2S_3 + HNO_3 \longrightarrow H_3AsO_4 + H_2SO_4 + NO_2 + H_2O$ ；

（3） $H_2O_2 + Cr_2(SO_3)_3 \longrightarrow H_2Cr_2O_7 + H_2SO_4 + H_2O$ ；

（4） $KMnO_4 + Na_2C_2O_4 + HCl \longrightarrow MnCl_2 + CO_2 + KCl + NaCl + H_2O$ ；

（5） $Zn + HNO_3 \longrightarrow Zn(NO_3)_2 + NH_4NO_3 + H_2O$ ；

（6） $Na_3AsO_3 + I_2 + NaOH \longrightarrow Na_3AsO_4 + NaI + H_2O$ 。

6. 用离子-电子法配平下列氧化还原反应方程式。

（1） $MnO_4^- + NO_2^- \longrightarrow Mn^{2+} + NO_3^-$ （酸性介质）；

（2） $Cr_2O_7^{2-} + H_2S \longrightarrow Cr^{3+} + S$ （酸性介质）；

（3） $MnO_4^- + SO_3^{2-} \longrightarrow MnO_2 + SO_4^{2-}$ （中性介质）；

（4） $CrO_2^- + Cl_2 \longrightarrow CrO_4^{2-} + Cl^-$ （碱性介质）。

7. 高铁酸钠（Na_2FeO_4）是一种新型绿色消毒剂，主要用于饮用水处理。工业上制备高铁酸钠有多种方法，其中一种方法的化学原理可用离子方程式表示为：$ClO^- + Fe^{2+} + OH^- \longrightarrow FeO_4^{2-} + Cl^- + H_2O$。请分析上述反应中元素化合价的变化情况，指出氧化剂和还原剂，并且配平离子反应方程式。

8. 计算：

（1）在淀粉碘化钾溶液中，滴加少量次氯酸钠溶液，会看到溶液立即变成蓝色，请解释原因；

（2）在碘和淀粉形成的蓝色溶液中，滴加 Na_2SO_3 溶液，发现蓝色逐渐消失，请写出该反应的离子方程式；

（3）对比（1）、（2）实验所得结果，判断 I_2、$NaClO$、SO_4^{2-} 氧化性的强弱。

第二节　原电池

我们知道，氧化还原反应的特征是氧化数发生了变化，其实质是在氧化剂和还原剂之间发生了电子转移或电子对的偏移。有电子转移，是否就有电流产生呢？我们来看下面的实例。

将金属锌片放在硫酸铜溶液中，可以看到硫酸铜溶液的蓝色逐渐变淡或消失，锌片上有红褐色的铜析出，而锌慢慢地溶解。反应的离子方程式为：$Zn + Cu^{2+} =\!=\!= Zn^{2+} + Cu$。

反应的实质是锌失去电子，被氧化成 Zn^{2+} 进入溶液，而 Cu^{2+} 得到电子，被还原成铜沉积在锌片上。因为 Zn（还原剂）和 Cu^{2+}（氧化剂）直接接触，故 Zn 放出的电子直接转移给 Cu^{2+}。这时电子的流动是无秩序的，不能得到电流，其结果是化学能转化成热能。

欲使氧化还原反应的化学能直接转变成电能，即产生电流，必须设计一个装置，使反应过程中的电子转移变成电子的定向移动。

如图 6-1 所示，在一个烧杯中放入硫酸锌溶液和锌片，在另一个烧杯中放入硫酸铜溶液和铜片，将两个烧杯中的溶液用盐桥（salt bridge，通常用含有琼脂的 KCl 饱和溶液制成，离子可在其中自由移动）连接起来，再用导线连接铜片和锌片，并在导线中间连一只电流计。在实验中可观察到如下现象：

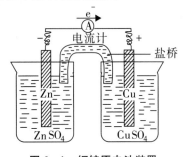

图 6-1　铜锌原电池装置

（1）电流计指针发生偏转，说明导线上有电流通过。通过观察电流计指针偏转方向，可知电子流动的方向是从锌片经过导线流向铜片。

（2）锌片不断溶解，而铜离子不断地还原成铜沉积在铜片上。

（3）若取出盐桥，电流计指针回到零点；放入盐桥，电流计指针偏转。说明盐桥起构成通路的作用。

上述装置由于 Zn 和 $CuSO_4$ 溶液分隔在两个烧杯中互不接触，它们之间不会直接发生反应。因此，Zn 的被氧化和 Cu^{2+} 的被还原是分开进行的，电子不是由 Zn 直接转给 Cu^{2+}，而是通过导线进行转移的。这样就产生电子的定向移动，从而产生电流。这种借助氧化还原反应得到电流的装置叫做原电池（galvanic cell）。通过原电池可以把化学能转变成电能。上述原电池叫做铜锌原电池，也叫丹尼尔电池（Daniell cell）。

一、原电池的组成

从图 6－1 可看出，原电池是由两个半电池、盐桥和导线组成的。半电池又称电极，它是组成原电池的主体。每一个电极都是由电极导体和电解质溶液构成的。输出电子（失去电子）的电极称为负极（cathode），输入电子（得到电子）的电极称为正极（anode），电子总是由负极流向正极。在负极上发生氧化反应，在正极上发生还原反应。在负极和正极上发生的总的氧化－还原反应称为电池反应。例如，在铜锌原电池中，Zn 和 $ZnSO_4$ 溶液组成锌半电池；Cu 和 $CuSO_4$ 溶液组成铜半电池。其中，锌极为负极，铜极为正极。其电极反应如下：

负极：$Zn - 2e^- \Longrightarrow Zn^{2+}$（氧化反应）

正极：$Cu^{2+} + 2e^- \Longrightarrow Cu$（还原反应）

电池总反应：$Zn + Cu^{2+} \Longrightarrow Zn^{2+} + Cu$

从组成电极的物质来看，每个电极都是由同一元素以不同价态存在的两种物质组成的。这两种物质相互组成一个氧化－还原电对（oxidation-reduction couple），其中氧化数高的，作为氧化剂的物质称为氧化态（oxidation state）；氧化数较低的，作为还原剂的物质称为还原态（reduction state）。如：

$$Cu^{2+} + 2e^- \Longrightarrow \quad Cu$$

氧化态 \qquad\qquad 还原态

每个半电池中，还原态物质和氧化态物质构成氧化－还原电对，常用"氧化态/还原态"表示。如锌半电池是由 Zn 和 Zn^{2+} 构成一个电对，该电对可表示为 Zn^{2+}/Zn；铜半电池是由 Cu 和 Cu^{2+} 构成一个电对，该电对可表示为 Cu^{2+}/Cu。

原电池中的盐桥是一支倒置的 U 形管，管中盛满了饱和 KCl 与琼脂的混合液。盐桥的作用是接通电路和平衡溶液的电性。如在铜锌原电池中，随着反应的进行，$ZnSO_4$ 溶液会因锌片溶解，使溶液中 Zn^{2+} 增多而带正电。而 $CuSO_4$ 溶液会因 Cu^{2+} 不断在铜片析出，使 SO_4^{2-} 过多而带负电。溶液不能保持电中性，将影响反应的继续进行，阻碍电子的流动，造成导线上不再有电流通过。盐桥的存在，可分别向两溶液中补充正、负离子，即盐桥中的 Cl^- 向 $ZnSO_4$ 溶液扩散，K^+ 向 $CuSO_4$ 溶液扩散，分别中和过剩的电荷，保持溶液的电中性，使反应得以继续进行，电流继续产生。

二、原电池的表示方法

原电池装置可以用电池符号来表示。例如铜锌原电池可以表示为：

$$(-)Zn \mid Zn^{2+}(c_1) \parallel Cu^{2+}(c_2) \mid Cu(+)$$

式中（＋）、（－）表示两个电极符号，习惯上把负极写在左边，正极写在右边。Zn 和 Cu 表示两个电极，$ZnSO_4$ 和 $CuSO_4$ 表示电解质溶液。c_1、c_2 分别表示两种电解质溶液的浓度（mol/L），若为气体物质则注明分压（Pa），如果溶液的浓度为 1mol/L，气体的分压为 101.3KPa，也可不写出。

从理论上讲，任何一个能自发进行的氧化－还原反应都能设计成一个原电池。

例如反应 $Zn + 2H^+ \Longrightarrow Zn^{2+} + H_2 \uparrow$，可先分解成两个半电池反应：

负极：$Zn - 2e^- \Longrightarrow Zn^{2+}$（氧化反应）

正极：$2H^+ + 2e^- \Longrightarrow H_2 \uparrow$（还原反应）

再设计成以下原电池：

$$(-)Zn \mid Zn^{2+}(c_1) \parallel H^+(c_2) \mid H_2(P_{H_2}), \ Pt(+)$$

其中非金属和相应离子及同一金属不同价态的离子做电极时，由于缺少电极导体，常需外加惰性电极导体，常用的是铂和石墨。

例题 1 在盛有稀 H_2SO_4 的烧杯中放入导线连接的锌片和铜片，下列叙述正确的是（ ）。

A. 正极附近的 SO_4^{2-} 离子浓度逐渐增大

B. 电子通过导线由铜片流向锌片

C. 正极有 O_2 逸出

D. 铜片上有 H_2 逸出

解析：原电池工作时，电子由负极（锌）经外电路（导线）流向正极（铜）。负极锌片：$Zn - 2e^- \Longrightarrow Zn^{2+}$；正极铜片：$2H^+ + 2e^- \Longrightarrow H_2 \uparrow$；总反应为：$Zn + 2H^+ \Longrightarrow Zn^{2+} + H_2 \uparrow$，原电池中没有产生 O_2。没有参与反应的 SO_4^{2-} 离子浓度不会逐渐增大。

答：D。

例题 2 下列放在以下装置（都盛有 0.1mol/L H_2SO_4 溶液）中的四块相同的纯锌片，其中腐蚀最快的是（ ）。

 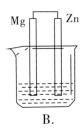 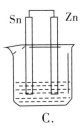 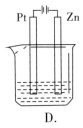

A.   B.   C.   D.

解析：A 项是锌与酸反应。B、C 项都形成了原电池，B 项 Mg 比 Zn 活泼，所以不是 Zn 腐蚀，C 项因为 Zn 比 Sn 活泼，所以 Zn 做负极而被腐蚀掉。D 项 Zn 连接电源的阴极，相当于外加电流的阴极防护法，所以 D 项中的 Zn 最不易被腐蚀。

答：C。

思考题

1. 什么是原电池？原电池是怎样产生的？试以铜锌原电池说明。

2. 下列各原电池中，哪个是正极？哪个是负极？说明电子的流动方向。

（1）$Pb \mid Pb(NO_3)_2 \parallel AgNO_3 \mid Ag$;

（2）$Pt \mid SnCl_2, SnCl_4 \parallel FeCl_2, FeCl_3 \mid Pt$;

（3）$Zn \mid H_2SO_4 \mid Fe$。

3. 由下列氧化－还原反应组成原电池，写出原电池的电极反应。

（1）$Fe^{2+} + Ag^+ = Fe^{3+} + Ag$;

（2）$Zn + 2Ag^+ = Zn^{2+} + 2Ag$;

（3）$Zn + Cd^{2+} = Zn^{2+} + Cd$。

4. 锌片和铁片分别浸入稀硫酸中，它们都可以与酸反应放出氢气。如果把它们同时放在一个盛有稀硫酸的烧杯中，并以导线相连，情况有什么不同？说明理由。

5. 试设计一套装置，使 Fe 能将 $CuSO_4$ 溶液中的 Cu 置换出来，但又不把 Fe 溶解在 $CuSO_4$ 溶液中。写出电极反应式。

6. 铁及铁的化合物应用广泛，如 $FeCl_3$ 可用作催化剂、印刷电路铜板腐蚀剂和外伤止血剂等。

（1）写出 $FeCl_3$ 溶液腐蚀印刷电路铜板的离子方程式；

（2）将（1）中的反应设计成原电池，请画出原电池的装置图，标出正负极，并写出电极反应式。

7. 有甲、乙、丙、丁四种金属，把甲、丙浸入稀硫酸中，用导线连接时丙为负极；把乙、丁分别浸入稀硫酸中，丁产生气泡的速率更大；把甲、乙用导线连接浸入稀硫酸中，甲上有气泡冒出；把丙浸入丁的硝酸盐溶液中，丙的表面有丁析出。请比较这四种金属的活动性由强到弱的顺序。

第三节　化学电源

现代生活离不开方便实用的化学电源。各种各样的化学电源都是依据原电池的原理制造的。化学电源包括一次电池、二次电池和燃料电池等几大类。一次电池的活性物质（发生氧化还原反应的物质）消耗到一定程度，就不能使用了。一次电池中电解质溶液制成胶体，不流动，也叫干电池。例如，普通的锌锰电池、碱性锌锰电池等都是干电池。二次电池又称充电电池或蓄电池，放电后可以再充电使活性物质获得再生，这类电池可以多次重复使用。化学电源具有稳定可靠、能量转换效率高、体积小、重量轻等优点，在日常生活中得到广泛的应用。随着科学技术的迅速发展，将会有更多的新型化学电源出现，并且将在未来的能源结构中占据重要地位。

一、一次电池

1. 碱性锌锰电池

市售一次电池品种很多，除我们熟知的普通锌锰干电池外，还有碱性锌锰电池、锌银电池、锂电池等。现对碱性锌锰电池做一简单介绍。

碱性锌锰电池的负极是 Zn，正极是 MnO_2，电解质是 KOH，其电极反应如下：

负极：$Zn + 2OH^- - 2e^- \Longrightarrow Zn(OH)_2$

正极：$2MnO_2 + 2H_2O + 2e^- \Longrightarrow 2MnOOH$（氢氧化氧锰）$+ 2OH^-$

总反应：$Zn + 2MnO_2 + 2H_2O \Longrightarrow 2MnOOH + Zn(OH)_2$

碱性锌锰电池比普通锌锰电池性能好，它的比能量和可储存时间均有提高和加长，适用于大电流和连续放电，是民用电池的升级换代产品之一。

图 6-2 碱性锌锰电池的构造示意图

锌粉和KOH的混合物
MnO₂
金属外壳

2. 锌碳电池

锌碳电池非常便宜，而且设计成多种形状和大小，符合不同的用途。圆筒形的锌碳电池产生 1.5V 的电压。放电时电压迅速下跌，因此它们不能够提供稳定的电压和电流，而且锌碳电池的蓄电量很少，使用寿命亦很短。

3. 氧化银电池

氧化银电池在放电时产生 1.5V 的稳定电压，但是电流很小。它们的体积只如纽扣般小巧，故又称为纽扣电池。氧化银电池的使用寿命很长，适用于长期操作的小型电器。

4. 锂电池

锂电池在放电时产生 3.0~6.0V 的稳定电压，它们的蓄电量很大，使用寿命亦很长。电池的正极是银化合物，负极是金属锂，电解质则是锂化合物。因为锂是活泼的金属，容易放出电子，所以锂电池能够提供较大的电压。它们的缺点是价格较昂贵。

二、二次电池

1. 铅蓄电池

铅蓄电池是一种常见的二次电池，可以利用外电源充电后再次使用，这样充电放电可以反复几百次。

铅蓄电池的结构如图 6-3 所示。电池内有一排铅锑合金的栅格板，栅格板交替由两块导板相连，分别成为顶部的两个电极。整个电极板在使用之前先浸泡在稀硫酸溶液中进行电解处理，在阳极，Pb 被氧化成为二氧化铅（PbO_2）；在阴极，形成海绵状金属铅。干燥后，PbO_2 为蓄电池的正极，海绵状铅为负极。所用电解液为 30% 的硫酸（H_2SO_4），因此这类电池也叫酸性蓄电池。放电时，电极反应和电池反应如下：

正极：$PbO_2(s) + SO_4^{2-}(aq) + 4H^+(aq) + 2e^- \longrightarrow PbSO_4(s) + 2H_2O(l)$

负极：$Pb(s) + SO_4^{2-}(aq) \longrightarrow PbSO_4(s) + 2e^-$

总反应：$PbO_2(s) + Pb(s) + 2H_2SO_4(aq) \longrightarrow 2PbSO_4(s) + 2H_2O(l)$

放电之后，正负两极都生成了一层硫酸铅（$PbSO_4$），到一定程度就必须充电。充电时是将一个电压略高于蓄电池的直流电源与它相接，PbO_2 电极上的 $PbSO_4$ 放出电子被氧化为 PbO_2，Pb 极上的 $PbSO_4$ 接受电子被还原为 Pb，于是蓄电池的电极恢复原状，又可放电。充电时的电极反应和电池反应恰好是放电时的逆反应：

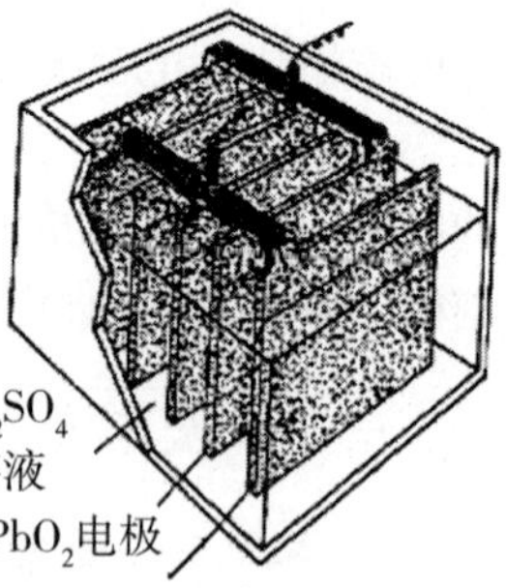

阳极：$PbSO_4(s) + 2H_2O(l) \longrightarrow PbO_2(s) + SO_4^{2-}(aq) + 4H^+(aq) + 2e^-$

阴极：$PbSO_4(s) + 2e^- \longrightarrow Pb(s) + SO_4^{2-}(aq)$

H_2SO_4 溶液
PbO_2 电极
Pb 电极

Pb 和 PbO_2 交替排列

图 6 - 3　铅蓄电池

总反应：$2PbSO_4(s) + 2H_2O(l) \longrightarrow PbO_2(s) + Pb(s) + 2H_2SO_4(aq)$

铅蓄电池放电和充电过程可以合并为：

$$Pb(s) + PbO_2(s) + 2H_2SO_4(aq) \underset{充电}{\overset{放电}{\rightleftharpoons}} 2PbSO_4(s) + 2H_2O(l)$$

铅蓄电池每个单元电压为 2.0V 左右，汽车用的电瓶一般由 3 个单元组成，即工作电压在 6.0V 左右。若电容量为几十至一百安培，放电时，单元电压降到 1.8V，就不能继续使用了，必须充电。只要按规定及时充电，使用得当，一个电池可以充放电 300 多次，否则使用寿命会大大缩短。这种蓄电池具有电动势高、电压稳定、使用温度范围广、原料丰富、价格便宜等优点；主要缺点是笨重、防震性差、易溢出酸雾、维护不便、携带不便等。

随着信息技术的发展，特别是移动通信及笔记本电脑等的迅速发展，人们迫切需要小型、供电方便、工作寿命长、自放电率低、记忆效应低、不需要维护的电池。目前已开发出镍镉电池、氢镍电池、锌银电池、锂离子电池、聚合物锂离子蓄电池等一系列电池。新型蓄电池越来越受到人们的青睐。

2. 碱性蓄电池

日常生活中使用的充电电池就属于碱性蓄电池。它的体积、电压都和干电池相似，携带方便，使用寿命比铅蓄电池长得多，使用恰当可以反复充放电上千次，但价格比较贵。商品电池中有镍镉（Ni – Cd）和镍铁（Ni – Fe）两类，它们的电池反应如下：

$$Cd + 2NiO(OH) + 2H_2O \underset{充电}{\overset{放电}{\rightleftharpoons}} 2Ni(OH)_2 + Cd(OH)_2$$

$$Fe + 2NiO(OH) + 2H_2O \underset{充电}{\overset{放电}{\rightleftharpoons}} 2Ni(OH)_2 + Fe(OH)_2$$

反应是在碱性条件下进行的，所以叫碱性蓄电池。

三、燃料电池

燃料电池是一种连续地将燃料和氧化剂的化学能直接转化为电能的化学电源。氢气、烃、肼、甲醇、氨、煤气等液体或气体在氧气（O_2）中燃烧时，能将化学能直接转化为电能，这种装置叫燃料电池。

　　燃料电池与一般化学电池不同，一般化学电池的活性物质储存在电池内部，故而限制了电池的容量，而燃料电池的电极本身不包含活性物质，只是一个催化转化元件。它工作时，燃料和氧化剂连续地由外部供给，在电极上不断地反应，生成物不断地被排除，于是电池就连续不断地提供电能。

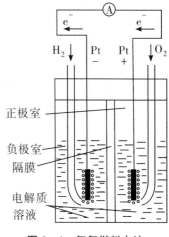

图6-4　氢氧燃料电池

　　燃料电池种类很多。现以氢氧燃料电池为例，来说明它的反应原理。氢氧燃料电池以氢气为燃料，氧气为氧化剂，铂做电极，使用酸性电解质。如图6-4所示，在负极室通入 H_2，它在 Pt 电极上催化分解为 H 原子，再失去电子成为 H^+ 进入电解质溶液，透过隔膜，进入正极室；在正极室通入 O_2，经过 Pt 电极的催化，O_2、H^+ 在正极上放电生成 H_2O。反应可表示如下：

负极：$H_2 - 2e^- \!=\!=\!= 2H^+$

正极：$\dfrac{1}{2}O_2 + 2H^+ + 2e^- \!=\!=\!= H_2O$

总反应：$H_2 + \dfrac{1}{2}O_2 \!=\!=\!= H_2O$

　　燃料电池的能量转换率超过 80%，远高于普通燃烧过程（能量转化率仅为 30%），有利于节约能源。燃料电池可以组合成燃料电池发电站，它不仅有巨大的经济优势，而且排放的废弃物也比普通火力发电站少得多，运行时噪声也低，被人们誉为"绿色"发电站。燃料电池具有广阔的发展前景。

四、化学电池造成的环境污染

　　原电池不可充电，在电力耗尽后就被丢弃，电池当中的成分难以被大自然降解，因此造成了严重的环境污染问题。

　　锌碳电池、碱性锰电池和氧化银电池含有的金属锌和产生化学反应后所生成的锌化合物都是有毒物质。其中碱性锰电池和氧化银电池含有的氢氧化钾浓度很高，属强碱；金属锌一般含有少量汞（Hg），如果汞泄漏，便会造成很严重的环境污染，因为汞和汞化合物毒性很强。

　　二极电池虽然可以充电，但所含的化学品会对人类和环境造成伤害。一旦它们的使用寿命结束，丢弃时便产生污染问题。例如，镍镉电池含有毒性很高的镉和镉化合物，铅酸蓄电池含有的铅和铅化合物也是有毒物质。

　　现在一些市场上出售的锌碳电池和碱性锰电池不含或只含有少量汞，这些电池被称为"环保电池"。为了保护环境，我们不要随便丢弃电池，要把它放到专门的回收垃圾桶中。

　　例题　甲醇燃料电池采用铂或碳化钨做电极催化剂，在硫酸电解质溶液中直接加入纯化后的甲醇，同时向一个电极通入空气。试回答以下问题：

（1）配平电池放电时发生的化学方程式：

$CH_3OH +$ _____ $O_2 \longrightarrow$ _____ $CO_2 +$ _____ H_2O

（2）在硫酸电解质溶液中，CH_3OH 失去电子，此电池的正极发生的反应是 _____

_____，负极发生的反应是 _____。

（3）电解质溶液中的 H^+ 向_____极移动，向外电路释放电子的电极是_____极。

解析：（1）根据得失电子守恒定律配平反应方程式，注意 CH_3OH 中的 H 显 $+1$ 价，O 显 -2 价。（2）电极反应的书写应注意电解质溶液，本题给出的是酸性溶液。（3）由电极反应可知，H^+ 在正极被消耗，在负极生成，所以 H^+ 向正极移动。

答：（1）2　3　2　4

（2）$3O_2 + 12H^+ + 12e^- \xlongequal{} 6H_2O$　　$2CH_3OH + 2H_2O - 12e^- \xlongequal{} 2CO_2 + 12H^+$

（3）正　负

思考题

1. 碱性锌锰电池的总反应为：$Zn + 2MnO_2 + 2H_2O \xlongequal{} 2MnO(OH) + Zn(OH)_2$，指出该原电池的正负极，并写出电极反应方程式。

2. 我们知道电解水可以得到氢气和氧气，这是由电能直接转化为化学能的过程。按照能量转化与守恒的观点推测：氢气与氧气反应由化学能转化为电能的过程也可实现。试解释这一过程是如何实现的。

3. 根据乙醇在酸性电解质溶液中与氧气生成二氧化碳和水的反应，设计一种燃料电池。指出该燃料电池的正负极，并写出电极反应方程式。

4. 燃料电池是目前正在探索的一种新型电池。它的工作原理是在燃料燃烧过程中将化学能直接转化为电能，目前已经使用的氢氧燃料电池的基本反应是：

X 极：$O_2(g) + 4e^- + 2H_2O(l) \xlongequal{} 4OH^-$

Y 极：$H_2(g) - 2e^- + 2OH^- \xlongequal{} 2H_2O$

（1）X 极是电池的正极还是负极？

（2）写出总的电池反应方程式；

（3）若反应得到 5.4g 液态水，燃料电池中转移的电子数为多少摩尔？

5. 飞船上使用的氢氧燃料电池的两个电极均由多孔性炭制成，通入的气体由空隙逸出，并在电极表面放电，总反应式为：$2H_2 + O_2 \xlongequal{} 2H_2O$。请写出下列条件下的正、负电极反应式。

（1）以 KOH 溶液为电解质构成燃料电池；

（2）以稀硫酸溶液为电解质构成燃料电池。

6. 某牌子锌碳电池的包装纸上写有以下资料：

注意：①切勿将耗尽的电池弃置于火中；②应从电器中取出长期未用之电池。

（1）解释为什么不可将耗尽的电池弃置在火中；

（2）解释为什么应从电器中取出长期未用的电池；

（3）你对于废弃电池对环境的污染有哪些认识？并提出如何回收废弃电池的建议。

7. 查阅资料，了解氢氧燃料电池、生物燃料电池等的特点及应用前景。

8. 写一篇小论文，应包括以下内容：

（1）我们日常生活经常用到哪些电池？你是怎样选择电池的？

（2）人们一般怎样处置废旧电池？

第四节　电解及其应用

前面我们学习了原电池，主要讨论了化学能转变为电能的过程。本节将研究电能转变为化学能的电解过程，即当电流通过电解质时引起氧化还原反应的过程，以及电解原理在实际中的应用。

一、电解原理

如图 6-5 所示，在一个 U 形管中装入 $CuCl_2$ 溶液，用两根石墨棒做电极，分别插入 U 形管的 $CuCl_2$ 溶液中，接通直流电源。通电后不久，就会看到和电源负极相连的阴极上有铜析出；和电源正极相连的阳极上有气泡放出，用润湿的淀粉碘化钾试纸检验时，试纸变蓝，证明放出的气体是 Cl_2。其电解反应可用下式表示：

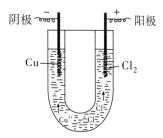

图 6-5　电解 $CuCl_2$ 溶液
实验装置示意图

$$CuCl_2 \xrightarrow{\text{电解}} Cu \downarrow + Cl_2 \uparrow$$

通电时，为什么氯化铜会分解成铜和氯气呢？

因为 $CuCl_2$ 是强电解质，将其溶于水后，会完全电离成 Cu^{2+} 和 Cl^-，水本身也会极微弱地电离出 H^+ 和 OH^-。

$$CuCl_2 = Cu^{2+} + 2Cl^-$$
$$H_2O \rightleftharpoons H^+ + OH^-$$

未通电时，上述各种离子在溶液中做无规则的自由运动。通电后，这种自由移动着的离子，在电场作用下做定向移动。根据异性相吸的原理，带负电的氯离子向阳极移动，带正电的铜离子向阴极移动。在阳极，氯离子失去电子被氧化成氯原子，然后两两结合成氯分子，从阳极放出；在阴极，铜离子获得电子被还原成铜原子。它们的反应可分别表示如下：

阳极：$2Cl^- - 2e^- = Cl_2 \uparrow$（氧化反应）

阴极：$Cu^{2+} + 2e^- = Cu$（还原反应）

总反应就是阴极、阳极两个电极反应的总和：

$$CuCl_2 \xrightarrow{\text{通电}} Cu + Cl_2 \uparrow$$

溶液中　　　阴极　阳极

这种受直流电的作用在电解质溶液中发生氧化还原反应的过程叫电解（electrolysis）。电解所利用的装置叫电解池（electrolytic cell）或电解槽。在电解池中，与电源负极相连的电极叫阴极（cathode），与电源正极相连的电极叫阳极（anode）。通电时，电池负极发出的电子到达电解池的阴极，电解质的阳离子受极板上异性电荷的吸引移向阴极并从其上获取电子；而阴离子将其多余的电子在阳极板上释放，并通过导线流回电源的正极。如此循环往复，形成电流回路并进行电解反应。电解，实质上是通过电流使电解质进行分解的反应。电解时，阳离子在阴极上得到电子发生还原反应，阴离子在阳极上失去电子发生氧化反应，从而使电解液发生氧化还原反应，这样电能就转变成了化学能。

电解时，阳离子得到电子或阴离子失去电子的过程叫离子放电。

在电解质溶液中，除了电解质电离出的阴、阳离子外，还有水电离出来的 H^+ 和 OH^-。这样，在阴极上可能放电的阳离子有两种，通常是金属离子和 H^+；在阳极上可能放电的阴离子也有两种，通常是酸根离子和 OH^-。在电解时，阳极上进行的是氧化反应，先放电的必是容易给出电子的物质；在阴极上进行的是还原反应，先放电的必然是容易接受电子的物质。但在实际中，由于影响电解产物的因素很多，而且相当复杂，有时，电解产物只能由实验确定。在这里只能总结出放电的一般规律：

阴离子在阳极上的放电顺序，一般为先简单离子放电，然后氢氧根离子放电，最后才是含氧酸根离子放电。用锌、镍、铜等金属（铬、铝除外）做阳极时，一般是阳极材料首先发生氧化反应而溶解；电解不活泼金属以及锌、铁、镍等金属的盐溶液时，在阴极上一般得到相应的金属；电解其他活泼金属的盐溶液时，在阴极上一般得到 H_2。阴、阳离子在电极上的放电顺序如下：

阳离子放电顺序：$Ag^+ > Hg^{2+} > Cu^{2+} > H^+ > Fe^{2+} > Zn^{2+} > Al^{3+} > Mg^{2+} > Ca^{2+} > K^+$；

阴离子放电顺序：$S^{2-} > I^- > Br^- > Cl^- > OH^- > NO_3^- > SO_4^{2-}$。

二、电解原理的应用

1. 电解食盐水制取烧碱、氯气和氢气

工业上用电解饱和食盐水的方法来制取烧碱、氯气和氢气。食盐水的电解原理与 $CuCl_2$ 溶液的电解原理是相似的。实验装置如图 6-6 所示。当接通直流电源后，其电极反应如下：

阴极：$2H^+ + 2e^- = H_2 \uparrow$

阳极：$2Cl^- - 2e^- = Cl_2 \uparrow$

电解总反应：$2NaCl + 2H_2O \xrightarrow{\text{电解}} 2NaOH + H_2 \uparrow + Cl_2 \uparrow$

　　　　　　　　　　　　　阴极区　　　　阳极区

　　工业生产中，这个反应在离子交换膜电解槽中进行，离子交换膜电解槽主要由阳极、阴极、离子交换膜、电解槽框和导电铜棒等组成，每台电解槽由若干个单元槽串联或并联组成。图 6-7 是一个单元槽的示意图。电解槽的阳极用金属钛网制成，为了延长电极使用寿命和提高电解效率，钛阳极网上涂有钛钌等氧化物涂层；阴极由碳钢网制成，上面涂有镍涂层；阳离子交换膜把电解槽隔成阴极室和阳极室。阳离子交换膜有一种特殊的性质，即它只允许阳离子通过，阻止阴离子和气体通过，也就是说只允许 Na^+ 通过，Cl^-、OH^- 和气体则不能通过。这样既能防止阴极产生的 H_2 和阳极产生的 Cl_2 相混合而引起爆炸，又能避免 Cl_2 和 NaOH 溶液作用生成 NaClO 而影响烧碱的质量。精制的饱和食盐水进入阳极室，纯水（加入一定量的 NaOH 溶液）进入阴极室。通电时，H_2O 在阴极表面放电生成 H_2，Na^+ 穿过离子膜由阳极室进入阴极室，导出的阴极液中含有 NaOH；Cl^- 则在阳极表面放电生成 Cl_2。电解后的淡盐水从阳极导出，可重新用于配制食盐水。

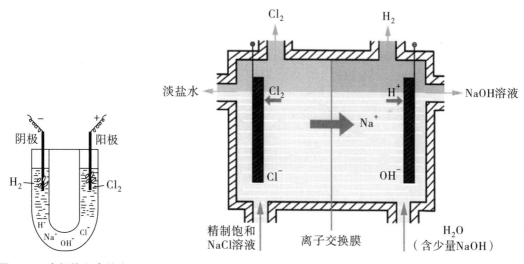

图 6-6　电解饱和食盐水

图 6-7　离子交换膜法电解原理示意图

2. 电冶

应用电解原理从金属化合物制取金属的过程叫做电冶（electrometallurgy）。一些活泼金属如 K、Na、Ca、Mg、Al 等的制取，就是利用电解原理。由于电解上述金属的盐溶液时，阴极总是析出氢气，而得不到相应的金属，因此，这类活泼金属的单质只能通过电解它们的熔融态化合物来制取。

例如：电解熔融的氯化钠来制取金属钠。

通电前：$NaCl \Longrightarrow Na^+ + Cl^-$

通电后：阴极　$2Na^+ + 2e^- \Longrightarrow 2Na$

　　　　阳极　$2Cl^- - 2e^- \Longrightarrow Cl_2 \uparrow$

总的电解反应式：$2NaCl \xrightarrow{\text{电解}} 2Na + Cl_2\uparrow$
　　　　　　　　　　　阴极　阳极

除了用电解的方法直接制取金属外，也常用电解法精炼金属。电解是很好的精炼铜的方法。粗铜作为阳极，以 H_2SO_4 加 $CuSO_4$ 水溶液做电解液，精铜做阴极。通电时粗铜阳极氧化成 Cu^{2+} 进入溶液，而溶液中的 Cu^{2+} 迁移到阴极后还原成 Cu 沉淀。这样精炼的铜纯度可达 99.9% 以上。

3. 电镀

应用电解原理在某些金属表面镀上一层其他金属或合金的过程叫做电镀（electroplating）。电镀的主要目的是增强金属的抗腐蚀能力，使金属更显美观及表面硬度增强。镀层金属通常是在空气或溶液里不易起变化的金属（如铬、锌、镍、银）和合金（镀锡合金、镀锌合金等）。

电镀时，要把镀件做阴极，镀层金属做阳极，镀层金属的盐溶液做电镀液（见图6-8）。

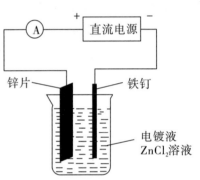

例如，在铁制品（即镀件）上镀锌时，金属锌做阳极，铁制品做阴极，$ZnCl_2$ 溶液做电镀液。接通直流电源后，电镀液中的 Zn^{2+} 在阴极上被还原为 Zn，镀在铁制品的表面，阳极金属 Zn 不断溶解，以补充在阴极上析出 Zn 而减少的 Zn^{2+} 的量，保持了溶液中 Zn^{2+} 的浓度恒定，使电镀顺利进行。上述镀锌主要过程表示如下：

通电前：$ZnCl_2 == Zn^{2+} + 2Cl^-$

通电后：阴极　$Zn^{2+} + 2e^- == Zn$（还原反应）

　　　　阳极　$Zn - 2e^- == Zn^{2+}$（氧化反应）

图6-8　电镀锌的实验装置

例题1　写出电解水（含少量硫酸）的电极反应式，并指出阳极和阴极上放出的气体的体积比。

解：水中的阳离子有 H^+，阴离子有 OH^- 和 SO_4^{2-}。通电后其电极反应如下：

阳极：$4OH^- - 4e^- == 2H_2O + O_2\uparrow$（氧化反应）

阴极：$4H^+ + 4e^- == 2H_2\uparrow$（还原反应）

阳极和阴极上放出的气体的体积比应为1:2。

例题2　用石墨做电极，分别电解下列物质的稀溶液，电解一段时间后，求溶液 pH 值的变化。

（1）NaOH；（2）H_2SO_4；（3）$CuSO_4$；（4）Na_2SO_4。

解：石墨是惰性电极，不参与电极反应。根据离子的放电顺序，可得出：（1）实际是电解水，水减少了，NaOH 溶液的浓度增大，碱性增强，pH 值也增大；（2）同样是电解水，只是 H_2SO_4 溶液浓度增大，酸性增强，pH 值反倒减小了；（3）阴极是 Cu^{2+} 放电，阳极是 OH^- 放电，结果是打破了水的电离平衡，溶液中的 $c(H^+)$ 增大了，pH 值减小了；（4）同样是电解水，因为 Na_2SO_4 溶液本身呈中性，所以电解后对 pH 值无影响。

例题3　有一硝酸盐晶体分子式为 $M(NO_3)_x \cdot nH_2O$，经测定其摩尔质量为242g/mol，取 1.21g 此晶体溶于水配成 100mL 溶液，将该溶液放入电解槽中用惰性电极进行电解，当有 0.01mol 电子通过电极时，溶液中全部金属离子都在电极上析出，经测定阴极增重 0.32g。求：

(1) 金属 M 的相对原子质量；

(2) x 的值和 n 的值；

(3) 如果电解过程溶液体积不变，计算电解后溶液的 pH 值。

解： (1) 由已知条件可得此硝酸盐晶体的物质的量为：

$$n = \frac{1.21g}{242g/mol} = 0.005mol \text{（含金属 M 的物质的量也应是 0.005mol）}$$

又知金属离子全部析出在阴极上，阴极增重 0.32g。则此金属的摩尔质量为：

$$M = \frac{0.32g}{0.005mol} = 64g/mol \text{（此金属的相对原子质量为 64）}$$

(2) $M^{x+} + xe^- \longrightarrow M$

$$\qquad\qquad x \qquad\qquad 64$$

$$\qquad 0.01mol \qquad 0.32g$$

解得 $x = 2$

$M(NO_3)_x \cdot nH_2O$ 的式量为：$64 + 2 \times (14 + 3 \times 16) + n \times (2 + 16) = 242$

解得 $n = 3$

(3) $M(NO_3)_2 \stackrel{\textstyle =}{=\!=} M + 2NO_3^-$

$$\qquad\qquad 1 \qquad\qquad\qquad 2$$

$$\qquad 0.005mol \qquad\qquad y$$

解得 $y = 0.01mol$（电解后生成硝酸的量）

$$c(H^+) = \frac{0.01mol}{0.1L} = 0.1mol/L$$

所以 pH = 1。

答： 金属 M 的相对原子量为 64；x 的值为 2，n 的值为 3；电解后溶液的 pH 值为 1。

思考题

1. 原电池和电解池在构造上和原理上有什么不同？试从电极名称、电子流动方向和电极反应方面加以比较。

2. 从原理上分析，电解精炼铜与电镀铜有何相似之处？写出电解精炼铜的电极反应。

3. 按要求写出用惰性电极电解下列溶液时的电极反应式与总反应，判断电解发生后的 pH 值的变化。

(1) NaOH 溶液；   (2) KCl 溶液；   (3) $AgNO_3$ 溶液；

(4) Na_2SO_4 溶液；   (5) 稀盐酸；   (6) 稀硫酸。

4. 如图所示，当线路接通时，发现 M（用石蕊试液浸润过的滤纸）a 端显蓝色，b 端显红色；已知甲中电极材料是锌、铜，乙中电极材料是铂、铜，且乙中两极不发生变化。请回答：

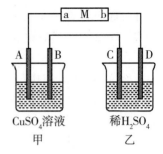

（1）甲、乙分别是什么装置？

（2）写出 A、B、C、D 的电极名称以及电极材料。

5. 从 Cl^-、H^+、Cu^{2+}、Na^+、SO_4^{2-} 五种离子中恰当选择离子，组成电解质，按下列要求进行电解（每一题只要求写一种物质）。

（1）以碳棒为电极，在进行电解时，电解质的质量减小，水的质量不变，则可采用的电解质是什么？

（2）以碳棒为电极，在进行电解时，电解质的质量不变，水的质量减小，则可采用的电解质是什么？

（3）以碳棒为阳极，铁棒为阴极，在进行电解时，电解质和水的质量都减小，则可采用的电解质是什么？

6. 有一镁样品含有 Al、Sn 和 Cu 杂质，电解精制后哪几种留在阳极泥中？哪几种金属离子存在于溶液中？

7. 电解足量的饱和食盐水时，从阴极析出 1.12L 氢气（标准状况下），则从阳极析出什么气体？该气体的体积（标准状况下）是多少？

8. 用铂做电极电解某二价金属的氯化物溶液，当收集到 1.12L 氯气时（标准状况下），阴极增重 3.2g，求：

（1）该金属的相对原子质量。

（2）电路中有多少摩尔电子通过？

第五节　金属的腐蚀及防护

一、金属的腐蚀

金属与周围的物质接触时，常因发生化学作用或电化学作用，金属逐渐遭到破坏，这种现象叫做金属的腐蚀（metal corrosion）。

金属腐蚀的现象非常普遍，如钢铁在潮湿的空气中会生锈；铝制器皿用来装盐会穿孔；铜制品会出现铜绿等。金属发生腐蚀后，在外形、色泽以及机械性能等方面都将发生变化，如致使机械设备受损，仪器仪表的精密度和灵敏度降低，甚至不能继续使用。金属腐蚀还使桥梁、建筑物的金属构架强度降低而造成坍塌，使地下金属管道发生泄漏、轮船船体损坏等。因此，了解金属腐蚀的原因，并采取有效措施防止金属腐蚀具有重要意义。

金属的腐蚀，本质上就是金属原子失去电子变成离子的过程。由于金属接触的介质不同，发生腐蚀的情况也就不同。根据金属腐蚀的机理，可以分为化学腐蚀和电化学腐蚀两大类。

1. 化学腐蚀

金属与接触到的物质（一般是非电解质）直接发生化学反应而引起的腐蚀，叫做化学腐蚀（chemical corrosion）。

化学腐蚀的特点是只发生在金属表面，使金属表面形成一层相应的化合物，如氧化物、硫化物、氯化物等。如果生成的化合物形成致密的一层膜覆盖在金属表面，反而可以保护金属内部，使腐蚀速度减慢。如铝表面的氧化膜，致密、坚实，可以保护内层的铝不被进一步腐蚀。

化学腐蚀的速度随温度的升高而加快。例如钢铁在正常温度和干燥的空气中不易腐蚀，但在高温下就容易被氧化。

2. 电化学腐蚀

金属与其周围的介质相接触时，发生电化学作用（原电池作用）引起的腐蚀叫做电化学腐蚀（electrochemical corrosion）。

我们都知道，钢铁（普通碳钢）在干燥的空气中长时间不会腐蚀，但在潮湿的空气中很快就会腐蚀，这是什么原因呢？由于钢铁本身不纯，其主要成分是 Fe，还含有 C 等杂质，这些杂质与铁相比都不易失去电子，但都能导电，这些杂质与铁可以构成原电池的两极。另外，钢铁在潮湿空气中会吸附水汽，在钢铁

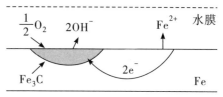

图 6-9　钢铁电化学腐蚀示意图

表面形成一层水膜，水膜中又溶有大气中的 SO_2、CO_2、H_2S 等气体，使水膜中 H^+ 的浓度大大增加，形成了电解液。这样就构成了以铁为负极，杂质为正极，水膜为电解质溶液的原电池。因为杂质是极小的颗粒，又分散到钢铁各处，所以在钢铁表面形成了无数微小的原电池，又称它为微电池（见图 6-9）。在该腐蚀电池中，铁为负极（或称阳极），碳为正极（或称阴极），其电极反应如下：

阳极：$Fe - 2e^- \rightleftharpoons Fe^{2+}$

阴极反应有两种情况，在中性或接近中性的溶液中，主要是溶解在水膜中的氧得到电子：

$$O_2 + 2H_2O + 4e^- \rightleftharpoons 4OH^-$$

在酸性较强的溶液中，主要是 H^+ 离子得到电子：

$$2H^+ + 2e^- \rightleftharpoons H_2 \uparrow$$

前者称为吸氧腐蚀，后者称为析氢腐蚀。但无论哪种情况，正极反应都会导致溶液中 OH^- 离子浓度增大，并与负极反应生成的 Fe^{2+} 离子结合生成 $Fe(OH)_2$。故钢铁的吸氧腐蚀和析氢腐蚀的总反应分别为：

$$Fe + \frac{1}{2}O_2 + H_2O \rightleftharpoons Fe(OH)_2$$

$$Fe + 2H_2O =\!\!=\!\!= Fe(OH)_2 + H_2 \uparrow$$

腐蚀产物 $Fe(OH)_2$ 将被空气中的氧进一步氧化生成 $Fe(OH)_3$：

$$4Fe(OH)_2 + 2H_2O + O_2 =\!\!=\!\!= 4Fe(OH)_3$$

$Fe(OH)_3$ 失去部分水生成 $Fe_2O_3 \cdot xH_2O$。它是铁锈的主要成分。铁锈疏松地覆盖在钢铁制品表面，不能阻止钢铁继续发生腐蚀。

因为大气形成的水膜一般接近中性，所以钢铁的大气腐蚀以吸氧腐蚀为主。

从以上可看出，金属腐蚀是一个复杂的氧化－还原过程，腐蚀的程度和速度取决于金属的本质（活泼或不活泼）、周围介质的成分以及发生腐蚀的条件等。化学腐蚀和电化学腐蚀往往同时发生，但后者比前者要普遍得多，腐蚀的速度也快得多。

二、金属的防护

了解金属腐蚀的原理之后，便能采取措施有效地防止金属腐蚀。金属防腐的方法很多，这里只做一些简单的介绍。

1. 改变金属材料的组成

将不同物料与金属组成合金，既可改变金属的使用性能，又可改善金属的耐腐蚀性能。例如，含铬 18% 的不锈钢能耐硝酸的腐蚀。根据我国资源的特点，已经研制出加锰、硅、稀土元素等的耐腐蚀合金钢，能满足各种工程的需要。

2. 在金属表面覆盖保护层

金属腐蚀过程中，介质也参加反应，因此在可能的情况下，设法将金属制品和介质隔离，便可起到防护作用，例如油漆、搪瓷、塑料喷涂等。在金属上镀保护层也属此列。如镀锌铁皮（白铁皮）有良好的耐腐蚀性能。锌的表面易形成致密的碱式碳酸锌 $Zn_2(OH)_2CO_3$ 薄膜，阻滞了腐蚀过程。当镀层有局部破裂时，因为锌比铁活泼，所以形成原电池时是锌失电子被腐蚀，而铁被保护下来（见图 6 - 10）。但在空气中，破裂的镀锡铁皮（马口铁）却会加速铁的腐蚀（见图 6 - 11）。故食用罐头盒一经打开，在断口附近很快会出现锈斑。

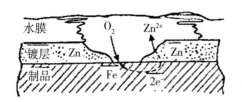

图 6 - 10　镀层破裂后白铁皮的腐蚀原理

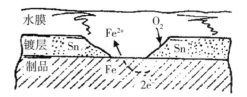

图 6 - 11　镀层破裂后马口铁的腐蚀原理

对于枪支武器、刀片、发条等金属制品（既不易涂漆，又不宜镀其他金属的制品），往往可在金属表面施行氧化处理（俗称发黑或发蓝处理）或磷化处理。这些处理的过程较复杂，其原理是在金属表面形成一层致密的、不溶于水的氧化物或磷酸盐薄膜，从而隔离介质，使金属不受腐蚀。

3. 电化学防腐法

从电化学腐蚀的原理可知，如果使被保护金属成为腐蚀电池的阴极，其将不会受到腐蚀，电化学保护法就是基于这一原理采取的措施。

目前主要有两种保护方法，一种是将较活泼的金属（Mg、Al、Zn 等）或其合金连接在被保护的金属设备上，形成原电池。这时较活泼的金属作为阳极而被腐蚀，金属设备则作为阴极而得到保护（见图 6-12）。这种方法称做牺牲阳极保护法，常用于保护海轮外壳、海底设备等金属制品。牺牲阳极和被保护金属的表面积应有一定的比例，通常是被保护金属面积的 1%~5%。另一种方法称为阴极保护法或外加电流法。它是将直流电源的负极接到被保护的金属设备上，正极接到另一导体上（如石墨、废钢铁等），两者都放在电解质溶液里，控制适当的电流（见图 6-13）。通电后，大量电子被强制流向被保护的设备，使设备表面产生负电荷的积累。这样就抑制了钢铁的失电子作用，从而达到保护阴极的目的。这种外加电流法常用于防止土壤中金属设备的腐蚀。

防止金属腐蚀的方法有很多。例如，可以根据不同的设计条件选用不同的金属或非金属材料，也可以控制和改善环境介质因素（如选用缓蚀剂）等。实际上，金属防护包括生产设计、选材、施工、监测、管理和维护等环节，需要进行综合评价和决策。

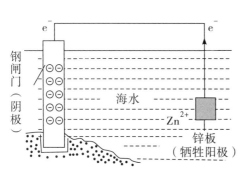 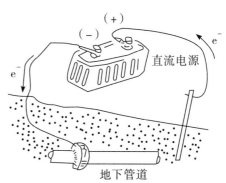

图 6-12　牺牲阳极保护法示意图　　　　图 6-13　外加电流法的原理

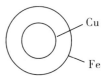

（例题 1）　镀层破损后，为什么镀锌钢板（白铁）比镀锡钢板（马口铁）耐腐蚀？

解：镀层破损后，若在钢板表面有电解质溶液形成，则可形成 Zn-Fe 原电池和 Fe-Sn 原电池。在 Zn-Fe 原电池中，Zn 是负极，其反应为：$Zn - 2e^- = Zn^{2+}$，锌被腐蚀；而铁本身不发生反应。Fe-Sn 原电池中，Fe 是负极，发生反应：$Fe - 2e^- = Fe^{2+}$，铁被腐蚀。所以镀锌钢板比镀锡钢板耐腐蚀。

（例题 2）　如图所示，在铁和铜的接缝处（接触良好）涂上含有酚酞的氯化钠溶液，会发生什么现象？解释其原因。

解：由题意知，铁与铜、氯化钠溶液构成了原电池而发生腐蚀：

负极（Fe）：$2Fe - 4e^- = 2Fe^{2+}$

正极（Cu）：$2H_2O + O_2 + 4e^- = 4OH^-$

在沿铜一侧周围因产生 OH^- 而使溶液显红色。

思考题

1. 金属发生电化学腐蚀的实质是什么？为什么电化学腐蚀是常见的而且危害很大的腐蚀？

2. 通常金属在大气中的腐蚀是析氢腐蚀还是吸氧腐蚀？分别写出这两种腐蚀的化学反应式。

3. 为什么铁制的工具沾上泥土处很容易生锈？

4. 电工操作中规定，不能把铜线和铝线拧在一起连接线路。这是什么原因？

5. 牺牲阳极保护法和外加电流法都要采用辅助阳极，将被保护的金属作为阴极。在这两种方法中，辅助阳极发生的电极反应类型是否相同？对于用作辅助阳极的金属的化学性质各有什么要求？

6. 计算：
（1）用铝饭盒盛放醋酸，一段时间后饭盒被腐蚀，这种腐蚀属于什么腐蚀？写出反应方程式。
（2）若用铝饭盒盛放食盐（含水），一段时间后，饭盒被腐蚀，这种腐蚀属于什么腐蚀？写出反应方程式。

7. 在长期的生产实践中，人类对各种金属器件的防锈方面已找到一些理想的措施，请说出下列器件的防锈方法：
（1）汽车；（2）地下输油管道；（3）远洋巨轮船体；（4）大型水库的钢铁闸门。

8. 炒过菜的铁锅未及时洗净（残液中含 $NaCl$），第二天便会因腐蚀出现红褐色锈斑。请回答：
（1）铁锅锈蚀的原因是什么？写出铁锅锈蚀的电极反应式。
（2）如何预防铁锅生锈？

复习题六

一、选择题（在下列每小题给出的四个选项中，只有一个是正确的，请将正确选项前的字母填在题后的括号内）

1. 在 $H_2SO_3 + 2H_2S \xrightarrow{\quad} 3H_2O + 3S$ 反应中，被氧化与被还原元素的质量比为（　　）。

A. 1 : 1   B. 2 : 1   C. 1 : 2   D. 3 : 2

2. 在原电池和电解池的电极上所发生的反应，属于氧化反应的是（　　　）。

A. 原电池的正极和电解池的阳极所发生的反应

B. 原电池的正极和电解池的阴极所发生的反应

C. 原电池的负极和电解池的阳极所发生的反应

D. 原电池的负极和电解池的阴极所发生的反应

3. 下列叙述中不正确的是（　　　）。

A. 金属的电化学腐蚀比化学腐蚀更普遍

B. 用铝质铆钉铆接铁板，铁板易被腐蚀

C. 钢铁在干燥空气中不易被腐蚀

D. 用牺牲锌块的方法来保护船身

4. 下列关于实验现象的描述不正确的是（　　　）。

A. 把铜片和铁片紧靠在一起浸入稀硫酸中，铜片表面出现气泡

B. 用锌片做阳极，铁片做阴极，电解氯化锌溶液，铁片表面出现一层锌

C. 把铜片插入三氯化铁溶液中，铜片表面出现一层铁

D. 把锌粒放入盛有盐酸的试管中，加入几滴氯化铜溶液，气泡放出速率加快

5. 关于如图所示装置的叙述，正确的是（　　　）。

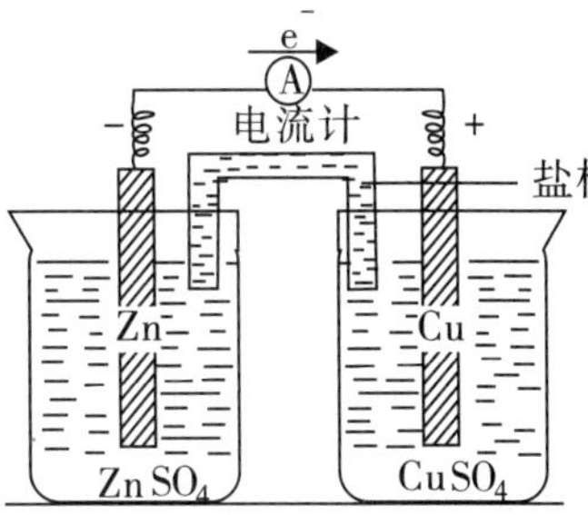

A. 铜是阳极，铜片上有气泡产生

B. 铜片质量逐渐减少

C. 电流从锌片经导线流向铜片

D. 铜离子在铜片表面被还原

6. 关于电解 NaCl 水溶液，下列叙述正确的是（　　　）。

A. 电解时在阳极得到氯气，在阴极得到金属钠

B. 若在阳极附近的溶液中滴入 KI 试液，溶液呈棕色

C. 若在阴极附近的溶液中滴入酚酞试液，溶液呈无色

D. 电解一段时间后，将全部电解液转移到烧杯中，充分搅拌后溶液呈中性

7. 已知：①$2FeCl_3 + 2KI = 2FeCl_2 + 2KCl + I_2$；②$2FeCl_2 + Cl_2 = 2FeCl_3$。下列物质的氧化性由强到弱的顺序是（　　　）。

A. $Fe^{3+} > Cl_2 > I_2$　　　B. $Cl_2 > I_2 > Fe^{3+}$　　　C. $I_2 > Cl_2 > Fe^{3+}$　　　D. $Cl_2 > Fe^{3+} > I_2$

8. 用惰性电极电解下列溶液，阴、阳极产生的气体体积之比为 $1:1$ 的是（　　　）。

A. NaOH　　　　　B. $CuSO_4$　　　　　C. Na_2SO_4　　　　　D. KCl

9. 用石墨做电极，电解下列物质的水溶液，在阴极上得到氢气的是（　　　）。

①NaCl；②$CuCl_2$；③K_2SO_4。

A. ①　　　　　B. ②　　　　　C. ①和③　　　　　D. ②和③

10. 在氧化还原反应中，氧化剂（　　　）。

A. 失去电子　　　　　　　　　B. 得到电子

C. 既不失去也不得到电子　　　　　　D. 化合价升高

11. 在实验室用二氧化锰和盐酸制取氯气的反应中，得到 22.4L（标准状况下）氯气时，被氧化的氯化氢的物质的量是（　　　）mol。

A. 4　　　　　　B. 3　　　　　　C. 2　　　　　　D. 1

12. 由于容易被空气中的氧气氧化而不宜长期存放的溶液是 （   ）。

A. 高锰酸钾溶液　　　B. 硫化氢溶液　　　C. 硝酸银溶液　　　D. 氯化铁溶液

13. 实验室制取氢气，反应速度最快的是 （   ）。

A. 粗锌（含有铜、铅等杂质）+ 稀硫酸　　　B. 纯锌 + 稀硫酸

C. 纯锌 + 稀硫酸 + 少量 NaCl 溶液　　　D. 纯锌 + 浓硫酸

14. Se 是半导体，也是补硒保健品中的元素，工业上提取硒的方法之一是用 H_2SO_4 和 $NaNO_3$ 处理含 Se 的工业废料，而得到亚硒酸（H_2SeO_3）和少量硒酸（H_2SeO_4），并使之富集；再将它们与盐酸共热，H_2SeO_4 转化为 H_2SeO_3，主要反应为：$2HCl + H_2SeO_4 \xlongequal{\quad} H_2SeO_3 + H_2O + Cl_2$；最后向溶液中通入 SO_2，使硒元素还原为单质硒沉淀。据此正确的判断为 （   ）。

A. H_2SeO_4 的氧化性比 Cl_2 弱　　　B. SO_2 的还原性比 SeO_2 弱

C. H_2SeO_4 的氧化性比 H_2SeO_3 强　　　D. 浓 H_2SeO_4 的氧化性比浓 H_2SO_4 强

15. 下列制取单质的反应中，化合物作为还原剂的是 （   ）。

A. 用溴与碘化钠反应制碘　　　B. 用锌与稀硫酸反应制取氢气

C. 在电炉中用碳与二氧化硅反应制取硅　　　D. 用铝与二氧化锰反应冶炼锰

16. 铁棒与石墨用导线连接后，浸入 0.01mol/L 的食盐溶液中，可能出现的现象是 （   ）。

A. 铁棒附近产生 OH^-　　　B. 铁棒被腐蚀

C. 石墨棒上放出 Cl_2　　　D. 石墨棒上放出 O_2

17. 电解硫酸铜溶液时，若阴极上有 1.6g 铜析出，则阳极上产生的气体的体积（标准状况下）为 （   ）。

A. 0.28L　　　B. 0.56L　　　C. 0.14L　　　D. 11.2L

18. 将金属 A 和 B 一起插入稀硫酸溶液中组成原电池，A 为负极；用惰性电极电解含有金属 A 离子和金属 C 离子（浓度相同）的混合液，在阴极上先析出金属 A。则金属 A、B、C 的还原性由强到弱的顺序为 （   ）。

A. A > B > C　　　B. B > A > C　　　C. A > C > B　　　D. C > A > B

19. 电解物质的量浓度相同的 $CuCl_2$ 和 NaCl 的混合溶液，阴极和阳极上分别析出的物质是 （   ）。

A. H_2 和 Cl_2　　　B. Cu 和 Cl_2　　　C. H_2 和 O_2　　　D. Cu 和 O_2

20. 有 a、b、c、d 四种金属，将 a 与 b 浸在稀硫酸中并用导线连接，a 上有气泡逸出，而 b 逐渐溶解；对溶有 a、c 两种金属可溶性盐的溶液进行电解时，阴极析出 c；把 c 金属单质投入 d 的氯化物溶液中，可置换出 d。这四种金属的还原性由强到弱的顺序是 （   ）。

A. d > c > a > b　　　B. a > b > c > d　　　C. b > c > a > d　　　D. b > a > c > d

二、填空题

1. 录像用的高性能磁粉，主要材料之一是由三种元素组成的化学式为 $Co_xFe_{3-x}O_{3+x}$ 的化合物，已知氧为 -2 价，钴和铁可能呈现 $+2$ 价或 $+3$ 价，且上述化合物中，每种元素只能有一种化合价，则 x 的值为 _____，铁的化合价为 _____，钴的化合价为 _____。

2. 在氯氧化法处理含 CN^- 的废水的过程中，液氯在碱性条件下可以将氰化物氧化成氰酸盐（其毒性仅为氰化物的千分之一），氰酸盐进一步被氧化为无毒物质。

（1）某厂废水中含 KCN，其浓度为 650mg/L。现用氯氧化法处理，发生如下反应（其中 N 均为 -3 价）：$KCN + 2KOH + Cl_2 \longrightarrow KOCN + 2KCl + H_2O$，被氧化的元素是_____。

（2）投入过量液氯，可将氰酸盐进一步氧化为氮气。请配平下列化学方程式：

__$KOCN$ + __ KOH + __ $Cl_2 \longrightarrow$ __CO_2 + __N_2 + __KCl + __H_2O

3. 我国自行设计和制造的长征三号火箭，在发射卫星时采用液氢和液氧做推进剂，这是利用它们能迅速反应，生成气体并放出大量_____，从而推动火箭前进，反应的化学方程式为_____，发生还原反应的是_____。

4. 用铜、银和硝酸银溶液设计一个原电池，该原电池的负极是_____，正极上的反应是_____。

5. 电解饱和食盐水制取氯气、氢气、氢氧化钠的工业生产中，主要设备叫_____，阳极材料用_____制成，阳极的电极反应式为_____；阴极材料用_____制成，上面涂有_____，阴极的电极反应式为_____。电解时如在电解液中加酚酞则_____变红，电解的总化学反应方程式为_____。

三、问答题

1. 据新闻媒体报道，误食亚硝酸钠已造成多起人畜中毒事件，因为它有像食盐一样的咸味，人们不易分辨。已知亚硝酸盐能发生如下反应：

____$NaNO_2$ + ____$HI \longrightarrow$ ____$NO\uparrow$ + ____NaI + ____I_2 + ____H_2O

（1）配平上述化学方程式；

（2）根据上述反应，可以用试纸和一些生活中常见的物质进行实验，以鉴别亚硝酸盐和食盐。可供选用的物质有：①自来水；②碘化钾淀粉试纸；③淀粉；④白糖；⑤食醋；⑥白酒。进行实验时，必须使用的物质有哪些？

（3）某厂废切削液中含 2% ~5% 的 $NaNO_2$，直接排放会造成环境污染，有试剂：①$NaCl$；②NH_4Cl；③H_2O_2；④浓 H_2SO_4，其中哪些物质能使 $NaNO_2$ 转化为不引起二次污染的 N_2？

2. 实验室可用 $KMnO_4$ 和浓盐酸反应制取氯气。

$KMnO_4 + HCl$（浓）$=\!=\!= KCl + MnCl_2 + Cl_2\uparrow + H_2O$（未配平）

（1）将上述化学方程式配平后改写为离子方程式。

（2）浓盐酸在反应中显示出什么性质？

（3）若产生 $0.5mol$ Cl_2，则被氧化的 HCl 的物质的量是多少？

3. 有关的电池装置如下图，请回答以下问题：

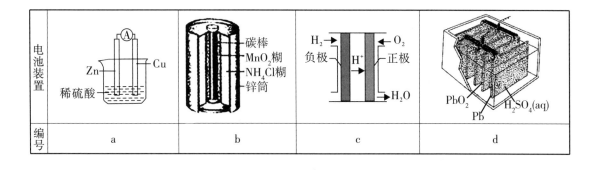

电池装置				
编号	a	b	c	d

（1）上述四种电池中，哪种电池属于二次电池？并写出其负极的电极反应式。

（2）写出 a 装置外电路中电子的流向。

（3）写出 c 装置负极的电极反应式。

4. 电化学原理在防止金属腐蚀、能量转换等方面应用广泛。

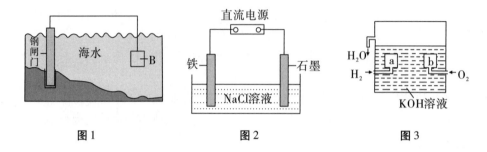

图1　　　　　　　图2　　　　　　　图3

（1）钢铁在海水中容易发生电化学腐蚀，写出其正极反应式。

（2）图1中，为减缓钢闸门的腐蚀，材料 B 可以选择哪种材料？

（3）图2为钢铁防护模拟实验装置，该方法属于哪种防护法？

（4）氢氧燃料电池是一种新型的化学电源，其构造如图3所示。a、b 为多孔石墨电极，通入的气体由孔隙中逸出，并在电极表面放电。

①写出 a 的电极反应式；

②若电池共产生 3.6g 水，计算电路中通过了多少摩尔的电子。

四、计算题

1. 用铂电极电解硫酸钠稀溶液 30.90g 时，若阳极产生的气体在标准状况下为 56.00mL，则由阴极反应产生的气体物质的量浓度为多少？此时电解质溶液的质量是几克？

2. 某硫酸盐晶体的化学式为 $R(SO_4)_x \cdot nH_2O$，已知 R 在晶体中的质量分数为 25.6%。将 0.05mol 该晶体配成 100mL 溶液，并将溶液置于电解器用惰性电极进行电解。当有 0.1mol 电子通过电极时，溶液中金属离子全部析出，且阴极的质量增加 3.2g，若电解后溶液的体积不变，求：

（1）该晶体的分子式；

（2）反应后溶液的物质的量浓度；

（3）电解后溶液的 pH 值。

3. 用石墨电极电解 500mL KNO_3 和 $Cu(NO_3)_2$ 的混合液，片刻后阴极逸出 11.2L（标准状况下）气体，同时阳极逸出 8.4L（标准状况下）气体，求：

（1）原溶液中 Cu^{2+} 的物质的量浓度；

（2）电解后溶液中 H^+ 的浓度（体积仍视为 500mL）。

4. 三聚氰酸 $C_3N_3(OH)_3$ 可用于消除汽车尾气中的氮氧化物（如 NO_2）。当加热至一定温度时，它发生如下分解：$C_3N_3(OH)_3 === 3HNCO$。HNCO（异氰酸，其结构是 H—N=C=O）能和 NO_2 反应生成 N_2、CO_2 和 H_2O。

（1）写出 HNCO 和 NO_2 反应的化学方程式；

（2）计算每转化 22.4L NO_2（标准状况下），需要转移的电子数目和三聚氰酸的质量。

第七章　元素及其化合物

　　无机化学（inorganic chemistry）是化学科学的重要组成部分，是化学学科中发展最早的一个分支学科。当前无机化学正处在蓬勃发展的新时期，许多边缘领域迅速崛起，研究范围不断扩大，已形成无机合成化学、丰产元素化学、配位化学、有机金属化学、无机固体化学、生物无机化学和同位素化学等领域。

　　无机元素化学是研究元素、单质和无机化合物的来源、制备、结构、性质、变化和应用等化学的一个分支。新兴科学技术的发展，如原子能的研究和利用、空间科学技术的发展、半导体材料和超导体的研究和利用，都推动了无机化学的新发展。

　　本章在原子结构、分子结构和元素周期律等理论的基础上，重点介绍卤素、硫、氮、硅、碱金属、铝、锌、铁、铜等元素及其化合物的结构、性质、存在、制法、用途以及对环境的影响等。

第一节　卤族元素

　　元素周期表中Ⅶ A 族元素叫做卤族元素，简称卤素（halogen）。包括氟（F, fluorine）、氯（Cl, chlorine）、溴（Br, bromine）、碘（I, iodine）、砹（At, astatine）五种元素，其中砹是放射性元素。卤是成盐的意思，它们在自然界多以典型的盐类存在，如萤石（CaF_2）、冰晶石（Na_3AlF_6）、氯化钠（NaCl）、光卤石（$KCl \cdot MgCl_2 \cdot 6H_2O$）、溴化钾（KBr）等。

一、卤素的基本性质及其变化规律

1. 卤素的原子结构和性质的比较（见表 7 – 1）

表 7 – 1　卤素的原子结构和性质

元素名称和符号	氟（F）	氯（Cl）	溴（Br）	碘（I）
价电子构型	$2s^2 2p^5$	$3s^2 3p^5$	$4s^2 4p^5$	$5s^2 5p^5$
原子半径/10^{-10} m	0.27	0.99	1.14	1.33
离子半径/10^{-10} m	1.36	1.81	1.95	2.16

（续上表）

元素名称和符号	氟（F）	氯（Cl）	溴（Br）	碘（I）
第一电离能/（kJ/mol）	1 740	1 301	1 140	1 009
电负性	4.0	3.0	2.8	2.5
主要氧化数（化合价）	-1, 0	-1, 0, +1, +3, +5, +7	-1, 0, +1, +3, +5, +7	-1, 0, +1, +3, +5, +7
相同点	价电子构型均为 ns^2np^5			
不同点	能层数、微粒半径、第一电离能及电负性			

2. 卤素单质的性质及其变化规律

卤族元素的单质都是双原子分子，固态时均为分子晶体。它们的性质随着核电荷数的递增呈现规律性的变化。卤素单质随着摩尔质量的增大，分子间作用力增大，单质的颜色逐渐变深，熔点、沸点、密度等依次增大。卤素单质的化学性质活泼，在化学反应中容易结合1个电子（或共用1对电子）形成最外层8个电子的稳定结构，表现出典型的非金属性。卤素单质都有氧化性，氟单质的氧化性最强。单质的活动性、氧化性、氢化物的稳定性等由强到弱，阴离子的还原性、氢卤酸的酸性由弱到强。主要性质见表7-2。

表7-2   卤素单质的性质及比较

名称		氟（F_2）	氯（Cl_2）	溴（Br_2）	碘（I_2）
物理性质	颜色	淡黄绿色	黄绿色	棕红色	紫黑色
	状态	气体	气体	液体	固体
	密度	1.69g/L	3.21g/L	3.12g/mL	4.93g/cm³
	沸点	-188.1℃	-34.6℃	58.8℃	184.4℃
	熔点	-219.6℃	-101.0℃	-7.2℃	113.5℃
主要化学性质	跟氢气反应	$F_2 + H_2 = 2HF$ 冷暗处爆炸	$Cl_2 + H_2 = 2HCl$ 光照爆炸	$Br_2 + H_2 = 2HBr$ 加热反应缓慢	$I_2 + H_2 \rightleftharpoons 2HI$ 高温反应慢
	跟水反应	$2F_2 + 2H_2O = O_2 + 4HF$ 剧烈反应	$Cl_2 + H_2O = HCl + HClO$ 光照放出 O_2	$Br_2 + H_2O = HBr + HBrO$ 反应慢	反应不明显
	跟金属反应	$F_2 + 2Na = 2NaF$ 常温下反应	$Cl_2 + 2Na = 2NaCl$ 点燃反应	$Br_2 + 2Na = 2NaBr$ 加热反应	$I_2 + 2Na = 2NaI$ 高温反应

二、氯气

1. 物理性质

在通常情况下，氯气（Cl_2）是一种黄绿色、有强烈的刺激性气味的气体，密度比空气大。熔沸点较低，在压强为101kPa、温度为-34.6℃时易液化，如果将温度继续冷却到-101℃，液氯变成固态氯。氯气易溶于有机溶剂，能溶于水，在通常情况下，1体积水能够溶解约 2 体积的氯气，氯气的水溶液叫做氯水。氯气有毒，人吸入少量氯气会使鼻和喉头的黏膜受到刺激，引起胸痛和咳嗽；吸入大量氯气会中毒致死，在制取和使用氯气时要十分小心。

2. 化学性质

氯原子的最外电子层上有 7 个电子，在化学反应中容易结合 1 个电子，变成 -1 价的阴离子。氯原子的第一电离能很大，在化学反应中要形成 $+1$ 价阳离子很困难，所以 $+1$ 价的氯离子一般不能稳定存在。氯气主要表现强氧化性。

（1）跟金属反应。

氯气几乎能跟所有的金属反应生成金属氯化物。有变价的金属被氯气氧化生成高价氯化物。

①红热的铜丝能在氯气里燃烧生成棕黄色的氯化铜颗粒，氯化铜溶于水形成蓝绿色的溶液：

$$Cu + Cl_2 \xrightarrow{\text{点燃}} CuCl_2 \text{（产生棕色的烟）}$$

②加热时，铁能跟氯气反应生成三氯化铁：

$$2Fe + 3Cl_2 \xrightarrow{\text{加热}} 2FeCl_3$$

（2）跟非金属反应。

氯气能在光照或点燃的条件下跟氢气直接化合生成氯化氢，还可以跟磷等非金属反应。磷在氯气中燃烧产生白色烟雾。

$$2P + 3Cl_2 \xrightarrow{\text{点燃}} 2PCl_3 \text{（磷在不充足氯气中燃烧生成三氯化磷，PCl_3是无色液体）}$$

$$2P + 5Cl_2 \xrightarrow{\text{点燃}} 2PCl_5 \text{（磷在充足氯气中燃烧生成五氯化磷，PCl_5是无色固体）}$$

（3）跟水反应。

溶解在水里的氯气能跟水起反应，生成盐酸（HCl）和次氯酸（HClO）。次氯酸不稳定，容易分解放出氧气，光照时分解更快。次氯酸具有很强的氧化性，可用于消毒、杀菌和漂白。在 1L 水中通入 0.002g 的氯气能杀死水里的病菌，所以自来水厂常用氯气来净化水。

$$Cl_2 + H_2O \rightleftharpoons HCl + HClO \text{（次氯酸）}$$

$$2HClO \rightleftharpoons 2HCl + O_2 \uparrow$$

（4）跟碱反应。

在常温条件下，氯气跟碱溶液起反应，生成次氯酸盐和金属氯化物；在加热条件下，氯气跟碱溶液反应生成氯酸盐和金属氯化物。例如：

$$Cl_2 + 2NaOH == NaCl + NaClO + H_2O$$

$$3Cl_2 + 6NaOH \xrightarrow{\text{加热}} 5NaCl + NaClO_3 + 3H_2O$$

氯气跟氢氧化钠反应生成的次氯酸钠（NaClO）比次氯酸稳定，容易保存。所以，工业上利用这一反应原理制造漂白粉。

$$2Ca(OH)_2 + 2Cl_2 == Ca(ClO)_2 + CaCl_2 + 2H_2O$$

漂白粉是由次氯酸钙 [Ca(ClO)$_2$] 和氯化钙（CaCl$_2$）组成的混合物，其有效成分是次氯酸钙。用漂白粉漂白时，Ca(ClO)$_2$ 跟盐酸反应生成 HClO，HClO 有强氧化性，使有色物质被氧化而褪色。漂白原理为：

$$Ca(ClO)_2 + 2HCl == CaCl_2 + 2HClO$$

漂白粉放置在空气中会吸收空气中的 CO_2 和水蒸气生成 $HClO$，而 $HClO$ 分解放出氧气使漂白粉失效。因此，漂白粉应密封保存。

$$Ca(ClO)_2 + CO_2 + H_2O == CaCO_3 + 2HClO$$

$$2HClO == 2HCl + O_2\uparrow \text{（次氯酸分解放出氧气后失去漂白作用）}$$

3. 氯气的制法和用途

（1）制法。

工业上利用电解氯化钠饱和溶液的方法制取氯气（阳极产生氯气，阴极产生氢气和氢氧化钠）。电解方程式为：

$$2NaCl + 2H_2O \xrightarrow{\text{电解}} 2NaOH + H_2\uparrow + Cl_2\uparrow$$

实验室常用加热浓盐酸和二氧化锰的混合物的方法制取氯气，也可以用其他氧化剂如高锰酸钾（$KMnO_4$）、氯酸钾（$KClO_3$）等跟浓盐酸反应制取氯气。

$$MnO_2 + 4HCl \xrightarrow{\text{加热}} MnCl_2 + Cl_2\uparrow + 2H_2O$$

$$2KMnO_4 + 16HCl == 2MnCl_2 + 2KCl + 5Cl_2\uparrow + 8H_2O$$

氯气比空气重，应采用瓶口向上排气法收集；氯气有毒，剩余的氯气不能直接排放到空气中，应用氢氧化钠溶液吸收。

（2）用途。

氯气是一种重要的化工原料。大量的氯气用于制造有机物，如制造氯乙烯、二氯乙烯、氯乙烷、氯仿、四氯化碳、氯代苯、氯代苯酚等，也用于合成盐酸、漂白粉、溴、碘等。氯气也可以用于纤维和面粉的漂白、自来水的杀菌和消毒等。

三、氯化氢和氢氯酸

1. 氯化氢

（1）物理性质。

氯化氢（HCl，hydrogen chloride）是无色、有刺激性气味的气体，极易溶于水，0℃时，1 体积的水能溶解 500 体积的氯化氢。

（2）化学性质。

干燥的氯化氢不导电、不显酸性，在潮湿的空气中吸收水蒸气产生盐酸液滴而形成白雾；遇氨气生成氯化铵固体而产生白烟；跟有机物发生加成反应。有关反应的化学方程式：

$$NH_3 + HCl == NH_4Cl\ (s)$$

$$CH_2{=}CH_2 + HCl \xrightarrow[\triangle]{\text{催化剂}} CH_3{-}CH_2Cl$$

（3）氯化氢制法。

工业制法：点燃氢气和氯气的混合气体，反应方程式为：

$$H_2 + Cl_2 \xrightarrow{\text{点燃}} 2HCl$$

实验室制法：氯化钠与浓硫酸反应，低温时生成硫酸氢钠，高温时生成硫酸钠。化学反应方程式为：

$$NaCl(s) + H_2SO_4(\text{浓}) == NaHSO_4 + HCl\uparrow \text{（不加热或微热）}$$

$$2NaCl(s) + H_2SO_4(\text{浓}) \xrightarrow{\text{加热}} Na_2SO_4 + 2HCl\uparrow \text{（加强热至 600℃或以上）}$$

2．氢氯酸（盐酸）

氯化氢的水溶液叫做氢氯酸或盐酸（hydrochloric acid/muriatic acid）。

（1）物理性质。

纯盐酸为无色、有挥发性和腐蚀性的液体。常用盐酸的密度是1.19g/L，浓度为37%。粗盐酸或工业盐酸因含杂质氯化铁而显黄色（Fe^{3+}）。

（2）化学性质。

①具有酸的通性。

跟指示剂反应：盐酸能使甲基橙变黄色，使石蕊试液变红色。

跟活泼的金属反应（金属活动性顺序表氢前的金属）：

$$2HCl + Zn \xrightarrow{\quad\quad} ZnCl_2 + H_2\uparrow$$

跟金属氧化物反应：

$$2HCl + CaO \xrightarrow{\quad\quad} CaCl_2 + H_2O$$

跟碱反应（酸碱中和反应）：

$$HCl + NaOH \xrightarrow{\quad\quad} NaCl + H_2O$$

跟某些盐反应（复分解反应）：

$$HCl + AgNO_3 \xrightarrow{\quad\quad} AgCl\downarrow + HNO_3$$

②还原性：

$$4HCl(浓) + MnO_2 \xrightarrow{加热} MnCl_2 + Cl_2\uparrow + 2H_2O$$

四、含氯化合物

1．氯的含氧酸

氯可以形成多种价态的含氧酸，如次氯酸（HClO，hypochlorous acid）、亚氯酸（$HClO_2$，chlorous acid）、氯酸（$HClO_3$，chloric acid）和高氯酸（$HClO_4$，perchloric acid）等。

高氯酸是无色液体，熔点－112℃，沸点90℃，不稳定，氧化性极强，易发生爆炸，是已知含氧酸中酸性最强的。

2．氯酸钾

氯酸钾（$KClO_3$，potassium chlorate）是白色晶体，有咸味，有毒，密度是2.32g/L，熔点368℃，溶于水或碱溶液。工业上用氯酸钾制造炸药、火柴、焰火等。

氯酸钾加热至400℃时能分解放出氧气，在二氧化锰催化作用下，分解速度加快。在没有催化剂的条件下，氯酸钾分解能生成高氯酸钾和氯化钾。实验室里常用加热氯酸钾和二氧化锰混合物的方法制取氧气。氯酸钾与浓盐酸反应不需加热就能生成氯气。有关反应的化学方程式为：

$$4KClO_3 \xrightarrow{加热} KCl + 3KClO_4$$

$$2KClO_3 \xrightarrow[\triangle]{催化剂} 2KCl + 3O_2\uparrow$$

$$6HCl(浓) + KClO_3(s) \xrightarrow{\quad\quad} KCl + 3Cl_2\uparrow + 3H_2O$$

五、氟、溴、碘及其化合物

1. 氟及其化合物

(1) 氟气 (fluorine gas)。

氟气是最活泼的非金属单质,是强氧化剂。氟原子半径很小,电负性最大,所以,氟只形成 -1 价化合物,不表现正价。它跟氢气反应不需要光照,在暗处就能剧烈化合,并发生爆炸。

氟单质跟水剧烈反应,生成氟化氢和氧气:

$$2F_2 + 2H_2O === 4HF + O_2$$

氟单质是火箭燃料的高能氧化剂。大量的氟用于制造有机物,如制造氟利昂 (CF_2Cl_2)、聚四氟乙烯 (PTFE) (C_2F_4)$_n$、高效灭火剂 (CF_2ClBr) 等,也用于冶炼稀有金属。

(2) 氟化钙 (CaF_2, calcium fluorite) 和氟化氢 (HF, hydrogen fluorine)。

氟化钙俗名萤石,在铅皿中跟浓硫酸反应,生成氟化氢。

$$CaF_2(s) + H_2SO_4 \ (浓) === CaSO_4 + 2HF\uparrow$$

氟化氢分子间易形成氢键,其沸点比同族其他氢化物要高。氟化氢有剧毒,易溶于水,生成氢氟酸 (hydrofluoric acid)。氟化氢溶于水后,氟化氢分子与水分子之间也能形成氢键,氟化氢在水中不易电离,氢氟酸是一种弱酸。

$$HF \rightleftharpoons H^+ + F^- \qquad K = 5.6 \times 10^{-4}$$

氢氟酸的毒性也很大,接触皮肤后,会渗入体内危害骨骼。它能强烈地腐蚀玻璃,所以氢氟酸不能放在玻璃器皿中。氢氟酸常用于雕刻玻璃,制造塑料、橡胶等。

2. 溴和溴化银

(1) 液态溴 (liquid bromine)。

单质溴是易挥发的液体,通常在盛溴的容器中加水,形成液封,防止溴挥发。液溴会灼伤皮肤及黏膜,使用时要特别小心。液溴在水中的溶解度较小,易溶于有机溶剂如四氯化碳、氯仿、苯等。

溴的活动性比氟、氯差,跟氢气反应要在 600℃ 时才能缓慢进行。溴在加热的条件下跟强碱溶液发生歧化反应:

$$3Br_2 + 6OH^- \xrightarrow{加热} 5Br^- + BrO_3^- + 3H_2O$$

大量的溴用于制取二溴乙烷 (汽油中的除铅剂),制取溴苯、溴仿、溴乙烷、医药上的三溴片、染料等。

(2) 溴化银 [silver (I) bromide]。

溴化银是既不溶于水也不溶于稀硝酸的浅黄色立方晶体,具有感光性,见光分解。人们把溴化银和动物胶合在一起制成乳剂涂在胶片上,制成溴胶干片,照相胶卷、照相底片、印相纸几乎都涂有一层溴化银。

$$2AgBr \xrightarrow{光照} 2Ag + Br_2$$

3. 碘和碘化银

(1) 固体碘 (solid iodine)。

固体碘是略带金属光泽的紫黑色晶体,微溶于水,易溶于四氯化碳、苯等有机溶剂。碘易升华,其蒸气对眼、鼻、呼吸系统有刺激作用,大量吸入会导致中毒甚至死亡。

碘是人体必需的微量元素，发挥着非常重要的生理功能，是合成甲状腺激素的主要原料。人体内大部分的碘存在于甲状腺中，碘缺乏和碘过多与甲状腺疾病的关系十分密切。目前已经明确的，包括碘摄入过多引起的甲状腺功能亢进症，又称为碘甲亢；长期缺碘会导致地方性甲状腺肿、甲状腺功能减退症等。

碘酒是由碘、碘化钾溶解于酒精制成的溶液，市售碘酒的浓度为 2%。碘酒有很强的杀灭病原体的作用，它可以使病原体的蛋白质发生变性。碘酒可以杀灭细菌、真菌、病毒、阿米巴原虫等，可用来治疗许多细菌性、真菌性、病毒性等皮肤病。碘酒有一定刺激性，可刺激皮肤色素细胞分泌色素，用后皮肤上会留下暂时性色素沉着斑。碘酒还可以做饮用水消毒剂。一般饮用水中含碘量适宜浓度为 $10 \sim 30 \mu g/L$。

淀粉遇碘一般变蓝色。直链淀粉遇碘呈蓝色，支链淀粉遇碘呈紫红色。这些显色反应很灵敏，可以用作淀粉的定量测定和定性检验，也可以用它来分析碘的含量。碘的活动性比溴弱，碘跟氢气反应要在不断加热的条件下才能缓慢进行，生成的碘化氢不稳定，同时发生分解。反应的化学方程式为：

$$I_2 + H_2 \rightleftharpoons 2HI$$

碘与强碱溶液发生歧化反应，方程式为：

$$3I_2 + 6OH^- \Longrightarrow 5I^- + IO_3^- + 3H_2O$$

（2）碘化银［silver（Ⅰ）iodide］。

碘化银为亮黄色无臭微晶形粉末，不溶于水，也不溶于稀硝酸。碘化银的固体和液体均具有感光特性，可感受从紫外线到约 480mm 波长之间的光线，光照下分解：

$$2AgI \xrightarrow{\text{光照}} 2Ag + I_2$$

碘化银也用于人工降雨。世界上许多国家普遍使用碘化银做人工降雨的催化剂，或采用干冰和碘化银穿插使用的办法进行人工降雨。大量喷洒干冰会造成温室效应，也会降低雨水的 pH 值，但碘化银不会降低雨水的 pH 值。

4. 卤素单质间的置换反应

在卤素单质中，氧化性最强的是氟，氯气的氧化性比溴和碘都要强。氯可以把溴和碘分别从溴化物和碘化物中置换出来，溴也可以把碘从碘化物中置换出来。如：

$$2NaBr + Cl_2 \Longrightarrow 2NaCl + Br_2$$

$$2KI + Cl_2 \Longrightarrow 2KCl + I_2$$

$$2KI + Br_2 \Longrightarrow 2KBr + I_2$$

卤素单质跟氢气、金属和水反应的条件，以及卤素单质之间的置换反应都说明卤素的非金属性和氧化性都是随着元素的原子序数和原子半径的递增而减弱的。

5. 卤素离子的检验

卤素离子（X^-）跟银离子（Ag^+）反应生成不溶于水也不溶于稀酸的 AgX 沉淀（氟化银除外）。根据产生沉淀的颜色不同来检验或鉴别卤素离子。Cl^-、Br^-、I^- 离子经硝酸酸化后，跟硝酸银溶液反应，分别生成氯化银的白色沉淀、溴化银的淡黄色沉淀和碘化银的黄色沉淀。反应的离子方程式分别为：

$$Cl^- + Ag^+ \Longrightarrow AgCl\downarrow \text{（白色沉淀）}$$

$$AgCl + 2NH_3 \cdot H_2O \Longrightarrow Ag(NH_3)_2Cl + 2H_2O \text{（氯化银溶于过量的氨水）}$$

$$Br^- + Ag^+ \Longrightarrow AgBr\downarrow \text{（淡黄色沉淀）}$$

$$I^- + Ag^+ \Longrightarrow AgI\downarrow （黄色沉淀）$$

例题 1 溴化碘（IBr）的化学性质类似卤素单质，它与水反应的化学方程式为：$IBr + H_2O \Longrightarrow HBr + HIO$。下列有关 IBr 的叙述不正确的是（　　）。

A. IBr 是共价化合物

B. 在很多反应中，IBr 是氧化剂

C. IBr 跟水反应时既不是氧化剂也不是还原剂

D. IBr 跟 NaOH 稀溶液反应时，生成 NaI、NaBrO、H_2O

解析：A 项，I 与 Br 都是非金属，它们之间以共价键结合成分子，其化合物属于共价化合物，正确；B 项，类比氯气，IBr 在很多反应中都是做氧化剂（化合价由 0 价降到 −1 价），正确；C 项，在反应 $IBr + H_2O \Longrightarrow HBr + HIO$ 中，Br 的电负性比 I 大，吸引电子能力强于 I，所以 I 为 +1 价，Br 为 −1 价，IBr 反应前后化合价没有变化，此反应不是氧化还原反应，正确；D 项，该反应可看成先与水反应生成 HBr 和 HIO，再与 NaOH 中和反应生成 NaBr、NaIO、H_2O，所以 D 项错误。

答：D。

例题 2 用 8.7g 二氧化锰跟含氯化氢 21.9g 的浓盐酸反应，在标准状况下能制得多少升氯气？

解：当两种反应物都是已知量时，首先判断是否有反应物过量；若有反应物过量，应以另一种反应物的量为已知条件计算结果。

设 8.7g 的二氧化锰能跟 xg 的氯化氢完全反应。

$$MnO_2 \quad + \quad 4HCl \quad \xrightarrow{加热} \quad MnCl_2 + Cl_2\uparrow + 2H_2O$$
$$87 \qquad\qquad 4\times 36.5$$
$$8.7 \qquad\qquad\quad x$$

解得 $x = \dfrac{8.7\times 4\times 36.5}{87} = 14.6$

因为 14.6 < 21.9，所以氯化氢过量；以二氧化锰为已知量计算生成氯气的体积。

解法一：8.7g 的二氧化锰跟浓盐酸完全反应生成 yL 的氯气。

$$MnO_2 + 4HCl \xrightarrow{加热} MnCl_2 + Cl_2\uparrow + 2H_2O$$
$$87 \qquad\qquad\qquad\qquad 22.4$$
$$8.7 \qquad\qquad\qquad\qquad\quad y$$

解得 $y = \dfrac{22.4\times 8.7}{87} = 2.24$

解法二：设 8.7g 的二氧化锰跟浓盐酸完全反应生成 yL 的氯气。

依题意：$n(MnO_2) = \dfrac{8.7g}{87g/mol} = 0.1mol$

根据反应的化学方程式可知，1mol 的 MnO_2 与足量的浓盐酸完全反应生成 1mol Cl_2，所以 0.1mol 的 MnO_2 完全反应能生成 0.1mol Cl_2，其体积为 $0.1mol\times 22.4L/mol = 2.24L$。

答：在标准状况下能制得 2.24 升氯气。

例题 3　　足量的浓盐酸与 4.35g MnO_2 混合加热，向反应后的溶液中加入 10.6g 10% 的 Na_2CO_3 溶液，恰好不再产生气体，再向溶液中加入过量的 $AgNO_3$ 溶液。求：

（1）标准状况下产生 Cl_2 的体积；

（2）生成 AgCl 沉淀的质量。

解：（1）设标准状况下产生 Cl_2 的体积为 VL。

已知 $n(MnO_2) = \dfrac{4.35g}{87g/mol} = 0.05mol$

根据反应：$\underset{\underset{0.05mol}{1mol}}{MnO_2} + 4HCl（浓）\xm{\triangle}{=\!=\!=} \underset{\underset{0.05mol}{1mol}}{MnCl_2} + \underset{\underset{V}{22.4L}}{Cl_2\uparrow} + 2H_2O$

解得 $V = 0.05mol \times 22.4L/mol = 1.12L$

（2）设生成 AgCl 沉淀的质量为 $m(AgCl)$g。

已知 10.6g 10% 的 Na_2CO_3 溶液中 $n(Na_2CO_3) = \dfrac{10.6g \times 10\%}{106g/mol} = 0.01mol$

根据反应：$\underset{\underset{0.01mol}{1mol}}{Na_2CO_3} + \underset{\underset{n(HCl)=0.02mol/L}{2mol}}{2HCl} =\!=\!= 2NaCl + H_2O + CO_2\uparrow$

$n(NaCl) = n(HCl) = 0.02mol$

$n(MnCl_2) = n(MnO_2) = 0.05mol$

反应后溶液中 $n(Cl^-) = 0.02mol + 2 \times 0.05mol = 0.12mol$

$$\underset{\underset{0.12mol}{}}{Cl^-} + Ag^+ =\!=\!= \underset{\underset{0.12mol}{}}{AgCl\downarrow}$$

可得：$n(AgCl) = 0.12mol$

$m(AgCl) = 0.12mol \times 143.5g/mol = 17.22g$

答：（1）标准状况下产生 Cl_2 的体积为 1.12L；

（2）生成 AgCl 沉淀的质量为 17.22g。

思考题

1. 卤素单质的物理性质有什么变化规律？

2. 卤素单质的氧化性、卤素阴离子的还原性、卤化氢的稳定性、卤化氢的沸点、氢卤酸的酸性等有什么样的变化规律？

3. 工业上制造漂白粉的原料是什么？漂白原理是什么？在空气中长时间放置的漂白粉变质的原因是什么？

4. 新制的氯水中有哪些成分？分别与下列物质混合，产生的现象是什么？写出有关反应的化学方程式（或离子方程式）。

（1）$AgNO_3$ 溶液；　　（2）Na_2CO_3 溶液；　　（3）石蕊溶液；

（4）淀粉 – KI 溶液；　　（5）$FeCl_2$ 溶液；　　（6）NaBr 溶液。

5. 现有 a、b、c 和 d 四个试剂瓶，分别盛有 KI、$AgNO_3$、Na_2S 和 NaCl 四种试剂。仅用这四种溶液，通过以下实验确定 a、b、c、d 各是什么试剂。

（1）分别取少量 a 和 c 的溶液放入试管中混合，生成黄色沉淀；

（2）分别取少量 b 和 c 的溶液放入另一试管中混合，生成白色沉淀。

6. A、B、C、D、E 和 F 六种物质间的转换关系如下：

$$A + KOH \longrightarrow B + C + H_2O$$

$$D \xrightarrow[\triangle]{MnO_2} C + E$$

$$B + C + H_2SO_4 \longrightarrow A + F + H_2O$$

已知 A 是黄绿色气体单质，E 是无色气体单质，F 是硫酸盐。由此可推断 A、B、C、D、E、F 各是什么物质？写出它们的化学式。

7. 如图是一套实验室制取气体的装置，欲快速制取氧气、氯气、氯化氢等气体，供选用的试剂有：①浓硫酸；②浓盐酸；③稀盐酸；④MnO_2；⑤H_2O_2；⑥$KClO_3(s)$；⑦$KMnO_4$溶液；⑧H_2O；⑨大理石；⑩食盐。

根据题目要求回答下列问题（填写序号）：

（1）若要快速制备少量氧气，应选择什么试剂？

（2）若要快速制备少量氯化氢，应选择什么试剂？

（3）若要快速制备少量氯气，应选择什么试剂？

（4）若要快速制备少量二氧化碳，应选择什么试剂？

8. 以食盐、石灰石、水为原料，制备次氯酸钠和漂白粉，写出有关反应的化学方程式。

9. 将8.7g二氧化锰加入100mL 6mol/L 的盐酸中，在加热的情况下进行反应（不考虑加热时氯化氢的蒸发和少量氯气溶解的影响），试计算：

（1）在标准状况下，生成多少升的氯气？

（2）在反应过程中，有多少摩尔的氯化氢被氧化？

（3）若在反应后的溶液中加入足量的硝酸银溶液，能得到多少克的氯化银沉淀？

第二节 其他非金属元素及其化合物

在已知的 118 种元素中有 6 种稀有气体和 16 种非金属，它们大多位于元素周期表的右上部。除了卤族元素外，本节主要讨论硫（S）、氮（N）、硅（Si）等元素及其化合物的存在、性质、制备和用途等。

一、硫及其化合物

元素周期表中ⅥA 族元素叫做氧族元素，包括氧（O）、硫（S）、硒（Se）、碲（Te）、钋（Po）五种元素。其价电子构型为 ns^2np^4，有获得 2 个电子达到 8 个电子稳定结构的趋势。随着核电荷数的递增，原子半径依次增大，得电子的能力依次减弱。氧和硫是典型的非金属元素，硒和碲是非金属兼有部分金属性，钋是放射性的金属。

1. 硫

（1）物理性质。

硫（S，sulfur）是一种淡黄色的晶体，俗称硫黄。把硫的蒸气急剧冷却，不经液化直接凝成粉状固体，这种粉状固体叫硫华。硫有多种同素异形体，最常见的是斜方硫（菱形硫）和单斜硫。单斜硫是针状晶体，95.6℃以上时能稳定存在。硫元素在自然界中常以硫化物或硫酸盐的形式存在，火山喷口附近或地壳的岩层里含有硫元素。

单质硫不溶于水，微溶于酒精，易溶于二硫化碳（弹性硫只能部分溶解）、四氯化碳和苯等溶剂中。硫的密度大约是水的两倍，菱形硫的密度是 $2.07g/cm^3$，单斜硫的密度是 $1.96g/cm^3$。硫的硬度较小、松脆，容易研成粉末。

（2）化学性质。

硫的价电子构型为 $3s^23p^4$，有 3 个电子层，最外层有 6 个电子，主要化合价有 -2 价、0 价、$+4$ 价、$+6$ 价等。其化学性质比较活泼，容易跟金属、氢气和其他非金属等起反应。但是，硫的非金属性和氧化性都比氧弱，跟铁和铜反应时只能得到低价态的金属硫化物。

①跟金属反应：硫跟铁在加热条件下反应生成黑色的硫化亚铁；硫跟铜起反应，生成黑色的硫化亚铜；还能跟其他金属起反应生成金属硫化物，如 Al_2S_3、ZnS 等。

$$Fe + S \xrightarrow{\text{加热}} FeS（黑色固体）$$

$$2Cu + S \xrightarrow{\text{加热}} Cu_2S（黑色固体）$$

②跟非金属反应：硫能跟氧气反应生成二氧化硫。硫在空气中燃烧有淡蓝色火焰，硫在氧气中燃烧有明亮蓝紫色火焰。反应的化学方程式为：

$$S(s) + O_2(g) \xrightarrow{\text{点燃}} SO_2(g)，\Delta H < 0$$

硫还能跟氢气等其他非金属反应。例如，硫的蒸气能跟氢气直接化合生成硫化氢气体：

$$S(g) + H_2 \underset{}{\overset{\triangle}{\rightleftharpoons}} H_2S(g)$$

③硫与强碱溶液反应：硫在加热条件下跟强碱溶液发生歧化反应生成硫化物和亚硫酸盐。如试管上黏附的硫可用 CS_2 洗涤，也可以用 NaOH 溶液洗：

$$3S + 6NaOH \xrightarrow{\text{加热}} 2Na_2S + Na_2SO_3 + 3H_2O$$

（3）硫的用途。

硫主要用来制造硫酸，还可用于制造黑火药、焰火、火柴、润滑剂、杀虫剂和抗真菌剂等。硫是生物体中不可或缺的一种重要元素，是多种氨基酸的组成部分，也就是大多数蛋白质的组成部分。

2. 硫化氢和氢硫酸

（1）硫化氢（H_2S，hydrogen sulfide）。

①物理性质：硫化氢是一种没有颜色、具有腐蛋气味的气体，有剧毒，是一种大气污染物。空气中含 0.05% 的硫化氢，人即可闻到臭味。若浓度超过 1%，会引起中毒，人会出现头痛、晕眩等不适症状，吸入大量硫化氢会导致死亡。空气中的硫化氢最大允许量不超过 0.01mg/L。硫化氢能溶于水，在通常状况下，1 体积水能溶解 2.6 体积的硫化氢。

②主要化学性质。

跟氧气的反应：硫化氢是可燃性气体，在空气充足时能完全燃烧生成水和二氧化硫；空气不充足时不完全燃烧，生成水和硫。

$$2H_2S + 3O_2 \xrightarrow{点燃} 2H_2O + 2SO_2 （蓝色火焰）$$

$$2H_2S + O_2 \xrightarrow{点燃} 2H_2O + 2S \downarrow$$

硫化氢中硫的化合价最低（-2 价），具有强还原性，易失去 2 个电子生成单质硫，或进一步发生电子对的偏移，形成高价态硫的化合物。

$$2H_2S + SO_2 === 2H_2O + 3S \downarrow$$

$$H_2S + 4Cl_2 + 4H_2O === 8HCl + H_2SO_4 （生成两种强酸）$$

$$H_2S + Br_2 === 2HBr + S \downarrow （使溴水褪色）$$

$$H_2S + H_2SO_4（浓）=== S \downarrow + 2H_2O + SO_2 \uparrow$$

③硫化氢的制法：在实验室里，常用硫化亚铁跟稀盐酸或稀硫酸反应来制取硫化氢（注意：不能用浓硫酸、硝酸等强氧化性酸）。反应的离子方程式为：

$$FeS + 2H^+ === Fe^{2+} + H_2S \uparrow$$

（2）氢硫酸。

硫化氢的水溶液叫做氢硫酸，是挥发性的二元弱酸。主要性质有：

①酸的通性：

$$H_2S \rightleftharpoons H^+ + HS^- \quad K_1 = 1.3 \times 10^{-7}$$

$$HS^- \rightleftharpoons H^+ + S^{2-} \quad K_2 = 7.1 \times 10^{-15}$$

$$NaOH + H_2S === NaHS + H_2O （NaOH 少量）$$

$$2NaOH + H_2S === Na_2S + 2H_2O （NaOH 过量）$$

$$CuSO_4 + H_2S === CuS \downarrow + H_2SO_4 （检验 H_2S 或 S^{2-} 的方法）$$

②强还原性：氢硫酸的还原性很强，露置在空气中就有硫析出。

$$2H_2S + O_2 === 2S \downarrow + 2H_2O$$

3. 二氧化硫和亚硫酸

（1）二氧化硫（SO_2，sulfur dioxide）。

①物理性质：二氧化硫又叫做亚硫酐，是一种无色、有刺激性气味的有毒气体，比空气重，易溶于水，易液化，沸点 -10℃。

②化学性质。

具有酸性氧化物的通性：$SO_2 + CaO \Longrightarrow CaSO_3$

溶于水生成二元弱酸：$SO_2 + H_2O \Longrightarrow H_2SO_3$

还原性：$SO_2 + Cl_2 + 2H_2O \Longrightarrow 2HCl + H_2SO_4$（生成两种强酸）

氧化性：$SO_2 + 2H_2S \Longrightarrow 3S\downarrow + 2H_2O$

③实验室制法：

$$Na_2SO_3 + H_2SO_4(浓) \xrightarrow{加热} SO_2\uparrow + H_2O + Na_2SO_4$$

④工业制法：

$$4FeS_2 + 11O_2 \xrightarrow{煅烧} 8SO_2\uparrow + 2Fe_2O_3$$

⑤二氧化硫的用途：二氧化硫具有暂时漂白性，能跟一些有色物质结合生成不稳定的无色物质。可用于漂白一些有机物质，如纸浆、草帽、丝、毛等。生成的无色物质不稳定，漂白了的物质又会逐渐分解而恢复原来的颜色。二氧化硫还用于生产硫，做杀虫剂、杀菌剂、漂白剂和还原剂等。

二氧化硫是造成大气污染的主要物质之一。大气中二氧化硫浓度在 0.5ppm 以上对人体已有潜在影响；在 1~3ppm 时多数人开始感到刺激；在 400~500ppm 时人会出现溃疡和肺水肿直至窒息死亡。二氧化硫在大气中经过复杂的变化，成为硫酸和硫酸盐，能伤害植物叶片，浓度高时会使植物枯死。我们经常说的酸雨，主要就是由二氧化硫污染引起的，酸雨对于湖泊、土壤、森林等都有比较严重的危害。

（2）亚硫酸（H_2SO_3, sulfurous acid）。

①物理性质：二氧化硫的水溶液叫做亚硫酸。通常情况下，1 体积水能溶解 40 体积的 SO_2。溶于水的二氧化硫跟水反应生成挥发性的二元弱酸，亚硫酸只存在于稀溶液里，浓度大时，亚硫酸会分解。

②化学性质。

具有酸的通性：

$$H_2SO_3 \Longrightarrow H^+ + HSO_3^- \qquad K_1 = 1.2 \times 10^{-2}$$

还原性：

$$2H_2SO_3(溶液) + O_2 \Longrightarrow 2H_2SO_4$$

$$H_2SO_3 + Br_2 + H_2O \Longrightarrow 2HBr + H_2SO_4$$

$$Na_2SO_3 + Cl_2 + H_2O \Longrightarrow 2HCl + Na_2SO_4$$

氧化性：

$$H_2SO_3(溶液) + 2H_2S \Longrightarrow 3S\downarrow + 3H_2O$$

4. 硫酸

（1）物理性质。

硫酸（H_2SO_4, sulfuric acid）是一种无色油状液体，沸点高，98.3% 硫酸的沸点是 337℃，不易挥发，浓度为 18mol/L 的硫酸密度为 1.84g/cm^3。硫酸能以任意比跟水互溶，硫酸溶于水时放出大量的热。

（2）化学性质。

硫酸是一种二元强酸，在水溶液里容易电离生成氢离子，其电离方程式为：

$H_2SO_4 \Longrightarrow 2H^+ + SO_4^{2-}$ 或 $H_2SO_4 \Longrightarrow H^+ + HSO_4^-$，$HSO_4^- \Longrightarrow H^+ + SO_4^{2-}$

①酸的通性：与指示剂作用，使紫色石蕊试液变红，遇无色酚酞试液不变色；与多数金属（金属活动性顺序表氢前）在一定条件下发生置换反应，生成相应的硫酸盐和氢气；与绝大多数金属氧化物反应，生成相应的硫酸盐和水；与碱发生中和反应，生成相应的硫酸盐和水；与某些盐溶液发生复分解反应，生成相应的硫酸盐和弱酸。

②浓硫酸的特性。

强氧化性：浓硫酸跟某些金属反应生成金属的硫酸盐、水和二氧化硫，如浓硫酸与不活泼的金属铜反应：

$$Cu + 2H_2SO_4(浓) \xrightarrow{加热} CuSO_4 + SO_2 \uparrow + 2H_2O$$

浓硫酸还可以跟某些非金属及其他还原剂反应，如在加热条件下跟木炭反应：

$$C + 2H_2SO_4(浓) \xrightarrow{加热} CO_2 \uparrow + 2SO_2 \uparrow + 2H_2O$$

与溴化氢反应：

$$2HBr + H_2SO_4(浓) \xlongequal{\quad} Br_2 + SO_2 + 2H_2O$$

在上述反应中，浓硫酸是氧化剂，铜、木炭和溴化氢是还原剂。铁、铝等金属在冷、浓硫酸中钝化，可以用铁或铝制的容器贮存浓硫酸。

吸水性：浓硫酸很容易跟水结合生成多种水合物，所以浓硫酸常用作气体的干燥剂。但它不能干燥氨气、硫化氢、碘化氢等气体。

脱水性：浓硫酸能夺取糖、木材等物质中跟水的组成相当的氢、氧原子，而使其脱水碳化。

（3）硫酸的用途。

硫酸是最重要的化工产品之一，在工业上和实验室里都具有广泛的用途，可用于制造过磷酸钙、硫酸铵等化学肥料；可除去金属表面的氧化物；可制取各种硫酸盐，制取各种挥发性酸；还用于精炼石油、制造炸药、农药、染料等。在实验室里常需要使用硫酸，例如用电解法精炼铜、锌、镉、镍时，电解液就需要使用硫酸；某些贵金属的精炼，也需要硫酸来溶解夹杂的其他金属。

（4）硫酸的工业制法。

工业上常用接触法制取硫酸，它的反应原理及生产流程如下。

①煅烧硫铁矿石或硫等原料制取二氧化硫：

$$S(s) + O_2(g) \xlongequal{点燃} SO_2(g)，\Delta H < 0$$

$$4FeS_2 + 11O_2 \xlongequal{煅烧} 2Fe_2O_3 + 8SO_2 \uparrow$$

②二氧化硫在催化剂（五氧化二钒）的作用下氧化生成三氧化硫［sulfur trioxide/sulfur（Ⅵ）oxide］。

三氧化硫又叫做硫酐，是一种无色固体，熔点16.8℃，沸点44.8℃，跟水剧烈反应生成硫酸：

$$2SO_2(g) + O_2(g) \xrightarrow[催化剂]{400 \sim 500℃} 2SO_3(g)，\Delta H < 0$$

$$SO_3 + H_2O \xlongequal{\quad} H_2SO_4 + Q$$

③三氧化硫的吸收和硫酸的生成：

$$SO_3 + H_2O \xlongequal{\quad} H_2SO_4 + Q$$

[注意]

（1）二氧化硫进入接触室前必须净化，以防止催化剂中毒；

（2）使用过量的空气，以提高二氧化硫的转化率；

（3）为了吸收得更充分，生产时实际上是用 98.3% 的浓硫酸代替水吸收三氧化硫，防止形成酸雾，然后用适量的水稀释制得各种浓度的硫酸；

（4）尾气必须经过回收、净化处理才可以排放于空气中，以防止污染空气，又可以充分利用二氧化硫。

5. 硫酸盐

大多数的硫酸盐易溶于水，硫酸钡（$BaSO_4$）和硫酸铅（$PbSO_4$）难溶于水，硫酸钙（$CaSO_4$）和硫酸银（Ag_2SO_4）微溶于水。

可溶性的硫酸盐从水溶液中析出结晶时常常带有结晶水，如 $Na_2SO_4 \cdot 10H_2O$、$MgSO_4 \cdot 7H_2O$、$CuSO_4 \cdot 5H_2O$ 等。多数硫酸盐能形成复盐，如明矾 $K_2SO_4 \cdot Al_2(SO_4)_3 \cdot 24H_2O$、$K_2SO_4 \cdot MgSO_4 \cdot 6H_2O$ 等。

几种常见的硫酸盐：

（1）硫酸钙（$CaSO_4$）：$CaSO_4 \cdot 2H_2O$ 俗名石膏，是一种白色固体，存在于石膏矿中。将 $CaSO_4 \cdot 2H_2O$ 加热到 150~170℃时，其失去大部分结晶水变成熟石膏（$2CaSO_4 \cdot H_2O$）。熟石膏和生石膏可以相互转化，常用于制造石膏绷带、调节水泥凝结时间等。

（2）硫酸锌（$ZnSO_4$）：$ZnSO_4 \cdot 7H_2O$ 俗名皓矾，是一种无色晶体。医疗上用作收敛剂，也用作木材的防腐剂，还可用于制造白色颜料（锌钡白等）。

（3）硫酸钡（$BaSO_4$）：俗名重晶石，是一种白色固体，不溶于水也不溶于酸，利用这一性质来检验硫酸根离子。$BaSO_4$ 的 K_{sp} 极小，又不被 X 射线穿透，因此医疗上用作 X 射线透视胃肠的内服药剂。工业上也用作白色颜料。

（4）硫酸钠（Na_2SO_4）：$Na_2SO_4 \cdot 10H_2O$ 俗名芒硝，硫酸钠是制造玻璃和造纸（制浆）的重要原料，也用在染色、纺织、制水玻璃等工业上，医药上用作缓泻剂。自然界的硫酸钠主要分布于盐湖和海水。

（5）硫酸亚铁（$FeSO_4$）：$FeSO_4 \cdot 7H_2O$ 俗名绿矾，是淡绿色晶体，溶于水，在空气中易被氧化生成三价铁盐。

6. 离子的检验（见表 7-3）

表 7-3　S^{2-}、SO_3^{2-}、$S_2O_3^{2-}$、SO_4^{2-} **离子的检验**

离子符号	加入稀硫酸或稀盐酸	加入 $BaCl_2$ 溶液和稀盐酸
	反应现象及反应原理	
S^{2-}	有腐蛋气味的气体生成 $S^{2-}+2H^+ =\!=\!= H_2S\uparrow$	加入 $BaCl_2$ 溶液无现象，加入稀盐酸后有腐蛋气味的气体生成 $S^{2-}+2H^+ =\!=\!= H_2S\uparrow$
SO_3^{2-}	生成有刺激性气味的气体，该气体能使品红褪色 $SO_3^{2-}+2H^+ =\!=\!= H_2O+SO_2\uparrow$	生成白色沉淀，加稀盐酸沉淀溶解并有气体产生 $SO_3^{2-}+Ba^{2+} =\!=\!= BaSO_3\downarrow$ $BaSO_3+2H^+ =\!=\!= Ba^{2+}+SO_2\uparrow+H_2O$

（续上表）

离子符号	加入稀硫酸或稀盐酸	加入 $BaCl_2$ 溶液和稀盐酸
	反应现象及反应原理	
$S_2O_3^{2-}$	生成有刺激性气味的气体，同时产生淡黄色沉淀 $S_2O_3^{2-} + 2H^+ \rlap{=}{=} H_2O + SO_2\uparrow + S\downarrow$	生成白色沉淀，加稀盐酸沉淀溶解，生成气体和淡黄色沉淀 $S_2O_3^{2-} + Ba^{2+} \rlap{=}{=} BaS_2O_3\downarrow$ $BaS_2O_3 + 2H^+ \rlap{=}{=} Ba^{2+} + SO_2\uparrow + S\downarrow + H_2O$
SO_4^{2-}	无现象	生成白色沉淀，加稀盐酸沉淀不溶解 $SO_4^{2-} + Ba^{2+} \rlap{=}{=} BaSO_4\downarrow$

二、氮及其化合物

元素周期表中的ⅤA族元素叫做氮族元素（nitrogen group elements），包括氮（N，nitrogen）、磷（P，phosphorum）、砷（As，arsenic）、锑（Sb，antimony）、铋（Bi，bismuth）五种元素。这里介绍氮及其化合物的重要性质。

1. 氮气

一般情况下，空气的组成是不变的。由氮气、氧气、稀有气体、二氧化碳以及其他气体和杂质组成。按体积计算，氮气占78%、氧气占21%、稀有气体占0.94%、二氧化碳占0.03%、其他气体和杂质占0.03%。空气的密度是1.293g/L。

（1）物理性质。

氮气（N_2，nitrogen gas）是空气的主要成分，约占空气总质量的75%。纯净的氮气是无色、无味、难溶于水的气体，比空气稍轻。在标准状况下，氮气的密度是1.25g/L，沸点 $-196℃$，熔点 $-210℃$。

（2）化学性质。

氮气分子的结构式为N≡N，共用三对电子，键能很大，为946kJ/mol，在通常情况下，氮气很稳定。生成氮的化合物的反应很难进行。

①跟氢气反应：在一定温度、一定压强和有催化剂的条件下，氮气跟氢气化合生成氨气。工业上利用这一反应原理生产氨气。反应的化学方程式为：

$$N_2 + 3H_2 \xrightarrow[\text{高温、高压}]{\text{催化剂}} 2NH_3 + Q$$

②跟某些金属反应：跟活泼的金属如 Mg、Ca、Ba 等反应生成金属氮化物。反应的化学方程式为：

$$6Li + N_2 \rlap{=}{=} 2Li_3N \quad （锂跟氮气反应生成氮化锂）$$

$$3Mg + N_2 \xrightarrow{\text{点燃}} Mg_3N_2 \quad （镁条在氮气中燃烧生成氮化镁）$$

③跟氧气反应：

空气中氮气在放电条件下跟氧气反应生成一氧化氮：

$$N_2 + O_2 \xrightarrow{\text{放电}} 2NO \quad （无色气体）$$

一氧化氮继续氧化生成二氧化氮：

$$2NO + O_2 \rlap{=}{=} 2NO_2 \quad （红棕色气体）$$

二氧化氮溶于水生成硝酸：

$$3NO_2 + H_2O == NO + 2HNO_3（硝酸）$$

雷雨时大气中常有硝酸随雨水淋洒到地上，工业上就是利用该反应原理制造硝酸的。

（3）制法和用途。

制法：工业上是将空气液化再蒸馏收集 $-196℃$ 的馏分。

用途：用作合成氨、制造硝酸等，是合成纤维、合成树脂、合成橡胶等的重要原料。代替惰性气体用作焊接金属的保护气。充填灯泡以防止钨丝的氧化和减慢钨丝的挥发。低氧高氮环境适于保存粮食、水果等农副产品。氮是一种营养元素，可以用来制作化肥，例如碳酸氢铵（NH_4HCO_3）、氯化铵（NH_4Cl）、硝酸铵（NH_4NO_3）等。

（4）氮的固定。

把空气中游离态的氮转变为化合态氮的过程叫做氮的固定，或叫固氮（nitrogen fixation）。氮是动植物生长不可缺少的元素，能够被动植物吸收的是化合态的氮，但自然界中的氮主要是以游离态形式存在。自然界中存在自然固氮过程，如某些豆科植物的根瘤菌中含有固氮酶，能把游离态氮转化为化合态氮；雷雨闪电时空气中的氮气和氧气反应生成一氧化氮等。目前，人工固氮的方法主要是合成氨，但合成氨要在高温、高压和有催化剂的条件下反应才能进行。一般采用 $450℃$、$2×10^7 ~ 5×10^7 Pa$ 和铁触媒的反应条件，此条件下反应达到平衡时氨的生成量只有 15% 左右。所以如何在温和条件下将游离态氮转变成化合态氮是十分重要的课题。目前，在"模拟生物固氮"的研究方面，已经取得了一定的成果。

2. 氨气

（1）物理性质。

氨气（NH_3，ammonia gas）是一种无色有刺激性气味的气体，比空气轻，在标准状况下，氨的密度是 $0.771g/L$，极易溶于水。常温下，1 体积水可以溶解 700 体积的氨，氨气是溶解度最大的气体，这与氨分子和水分子之间形成氢键有关。氨的沸点是 $-33℃$，易液化，凝结成无色液体，液态氨是有机化合物的良好溶剂。液态氨还可以溶解碱金属，生成深蓝色的溶液，该溶液比较稳定，能导电，是强还原剂。液态氨气化时要吸收大量的热，能使周围的温度急剧降低，所以氨常用作制冷剂。

（2）分子结构。

氮原子有 5 个价电子，其中有 3 个未成对，当它与氢原子化合时，每个氮原子可以和 3 个氢原子通过极性共价键结合成氨分子，氨分子里的氮原子还有一对孤对电子。氨分子中 N—H 键的键角为 $107°18'$，呈三角锥形。

（3）化学性质。

①跟水反应：氨溶于水，大部分与水结合成一水合氨（$NH_3·H_2O$）。$NH_3·H_2O$ 可以部分电离出 NH_4^+ 和 OH^-，所以氨水显弱碱性。

$$NH_3 + H_2O \rightleftharpoons NH_3·H_2O \rightleftharpoons NH_4^+ + OH^-$$

$NH_3·H_2O$ 不稳定，受热易分解：

$$NH_3·H_2O \xrightarrow{\triangle} NH_3\uparrow + H_2O$$

②跟酸反应：氨跟酸反应生成铵盐，当氨遇到挥发性酸时产生白烟。

$$NH_3 + HCl == NH_4Cl(s)（氨跟盐酸里挥发出的氯化氢化合生成氯化铵小晶粒）$$

$$2NH_3 + H_2SO_4 == (NH_4)_2SO_4$$

③跟氧气反应：氨分子中的氮原子处于最低价态（−3价），能被氧化生成氮气或氮氧化物。氨在催化剂铂、氧化铁等作用下加热，可以被氧化生成一氧化氮。氨的水溶液能被氯气、过氧化氢、高锰酸钾等强氧化剂氧化。

$$4NH_3 + 3O_2 \xrightarrow{\text{纯氧气中点燃}} 2N_2 \uparrow + 6H_2O （黄色火焰）$$

$$4NH_3 + 5O_2 \xrightarrow[\triangle]{\text{催化剂}} 4NO \uparrow + 6H_2O + Q$$

$$2NH_3 + 3Cl_2 == N_2 + 6HCl$$

（4）制法和用途。

制法：实验室常用铵盐跟碱反应制取氨气。

$$2NH_4Cl + Ca(OH)_2 \xrightarrow{\text{加热}} 2NH_3 \uparrow + 2H_2O + CaCl_2$$

工业上是用氢气和氮气在500℃（773K）、200~300个大气压（$2 \times 10^7 ~ 5 \times 10^7 Pa$）和铁触媒的作用下合成氨。氮气通过分离液态空气得到，氢气来源于水和燃料：

$$C + H_2O(g) \xrightarrow{\text{高温}} CO + H_2$$

$$CO + H_2O(g) == CO_2 + H_2$$

$$CH_4 \xrightarrow{1\,273K} C + 2H_2$$

$$N_2 + 3H_2 \xrightarrow[\text{高温、高压}]{\text{催化剂}} 2NH_3 + Q$$

用途：制氨水、液氨、氮肥（尿素、碳铵等）、HNO_3、铵盐和纯碱等，是化工、轻工、化肥、制药、合成纤维、塑料、染料等工业的原料，用于做制冷剂。

3. 铵盐

铵盐（ammonium salt）是由铵离子（NH_4^+）和酸根离子组成的化合物。铵盐都是离子晶体，都能溶于水。大多数铵盐受热容易分解。

（1）氯化铵（NH_4Cl, ammonium chloride）受热分解成 NH_3 和 HCl：

$$NH_4Cl \xrightarrow{\text{加热}} NH_3 + HCl$$

（2）硝酸铵（NH_4NO_3, ammonium nitrate）加热到190~300℃时分解生成一氧化二氮和水，继续加热至300℃以上发生爆炸性分解，生成 N_2、O_2 和 H_2O：

$$NH_4NO_3 \xrightarrow{\text{加热}} N_2O （笑气） + 2H_2O$$

$$2NH_4NO_3 \xrightarrow{\text{加热}} 2N_2 + O_2 + 4H_2O$$

（3）铵盐跟碱反应放出氨气。实验室常用这一反应来检验铵盐或铵根离子：

$$(NH_4)_2SO_4 + 2NaOH \xrightarrow{\text{加热}} Na_2SO_4 + 2NH_3 \uparrow + 2H_2O$$

（4）大多数铵盐用作氮肥，NH_4NO_3 还可用来制造炸药。NH_4Cl 常用于印染和制作干电池的原料，也用在焊接金属时除去金属表面的氧化膜。

4. 氮的氧化物

氮跟氧可以形成多种氮的氧化物，如 N_2O、NO、N_2O_3、NO_2、N_2O_5。在不同的条件下反应生成的产物各不相同。

（1）一氧化二氮（N_2O, nitrous oxide）是无色有甜味气体，又称笑气，是一种氧化剂。在一定条件下能支持燃烧，但在室温下稳定，能溶于水、乙醇、乙醚及浓硫酸。一氧化二氮有麻醉作用，该气体早期用于牙科手术的麻醉，现也用于外科手术的麻醉和镇痛。

（2）一氧化氮（NO，nitrogen monoxide）是一种无色、不溶于水的有毒气体，是空气的污染物之一，属于中性氧化物（不成盐氧化物），在空气中易被氧化生成 NO_2。反应的化学方程式：

$$2NO + O_2 === 2NO_2$$

实验室里用铜跟稀硝酸反应制取：

$$3Cu + 8HNO_3（稀）=== 3Cu(NO_3)_2 + 2NO\uparrow + 4H_2O$$

（3）二氧化氮（NO_2，nitrogen dioxide）是一种红棕色的有毒气体，溶于水并跟水反应生成硝酸和一氧化氮。反应的化学方程式：

$$3NO_2 + H_2O === 2HNO_3 + NO$$

实验室里用铜和浓硝酸反应制取：

$$Cu + 4HNO_3(浓)=== Cu(NO_3)_2 + 2NO_2\uparrow + 2H_2O$$

一氧化氮和二氧化氮溶于氢氧化钠溶液生成亚硝酸盐。ⅠA 和ⅡA 族金属的亚硝酸盐对热比较稳定。亚硝酸钠是微黄色晶体，密度为 $2.16g/cm^3$，极易溶于水。亚硝酸钠大量用于生产偶氮染料、印染剂、漂白剂等。亚硝酸盐有毒，会使血液里的血红蛋白变性，变性的血红蛋白不再与氧结合，使人缺氧，造成血压下降、窒息或死亡。亚硝酸盐有强烈的致癌作用，蔬菜霉烂及煮沸过久的水中都会有亚硝酸盐生成。

$$NO_2 + NO + 2NaOH === 2NaNO_2 + H_2O$$

5. 硝酸

（1）物理性质：硝酸（HNO_3，nitric acid）是无色、有刺激性气味的液体，密度为 $1.5027g/L$，沸点为 83℃，熔点为 $-242℃$，易挥发，能以任意比例与水互溶。常用的浓硝酸的浓度大约是 69%。浓度为 98% 以上的浓硝酸叫做发烟硝酸，这种硝酸挥发出的硝酸蒸气遇到空气里的水蒸气生成微小硝酸液滴，形成白雾。

（2）化学性质：HNO_3 是一种一元强酸，除了具有酸的通性外，还有一些特性。

①不稳定性：纯净的 HNO_3 或浓 HNO_3 在常温下见光容易分解，受热时分解更快。HNO_3 的浓度越大越容易分解。分解生成的 NO_2 溶于 HNO_3，所以 HNO_3 常为黄色。为了防止 HNO_3 分解，常把 HNO_3 盛放在棕色试剂瓶里，存放在阴凉处。HNO_3 分解的方程式为：

$$4HNO_3 === 2H_2O + 4NO_2\uparrow + O_2\uparrow$$

②氧化性：HNO_3 是强氧化剂，不论是稀 HNO_3 还是浓 HNO_3 都有氧化性，几乎能氧化所有的金属（除 Pt、Au 等外）或非金属。如：

$$4Zn + 10HNO_3(极稀)=== 4Zn(NO_3)_2 + NH_4NO_3 + 3H_2O$$
$$4Zn + 10HNO_3(稀)=== 4Zn(NO_3)_2 + N_2O + 5H_2O$$
$$4HNO_3(浓) + C === 2H_2O + 4NO_2\uparrow + CO_2\uparrow$$
$$6HNO_3(浓) + S === H_2SO_4 + 6NO_2\uparrow + 2H_2O$$

浓 HNO_3 和浓 HCl 的混合物（按物质的量之比 1∶3 混合）叫做王水，它的氧化能力更强，能氧化金、铂等金属。

铝、铁等金属在冷、浓 HNO_3（或浓 H_2SO_4）中会发生钝化，金属表面生成一层致密的氧化膜，阻止铁、铝等金属跟浓 HNO_3（或浓 H_2SO_4）进一步反应。

（3）制法：实验室里常用浓硫酸跟硝酸盐在微热条件下反应制取硝酸。反应的化学方程式为：

$$NaNO_3(s) + H_2SO_4 \xrightarrow{微热} NaHSO_4 + HNO_3 \uparrow$$

工业上是用氨的催化（铂铑合金做催化剂，并加热）氧化法制硝酸，反应原理是：

$$4NH_3 + 5O_2 \xrightarrow[\triangle]{催化剂} 4NO \uparrow + 6H_2O$$

$$2NO + O_2 = 2NO_2$$

$$3NO_2 + H_2O = 2HNO_3 + NO \uparrow$$

上述方法制得的硝酸，浓度为 50% 左右，可以用硝酸镁（或浓硫酸）做吸水剂，吸水后再蒸馏能够得到 96% 以上浓度的硝酸。尾气中的 NO 继续氧化生成 NO_2，再用水吸收生成硝酸，使原料中的氨完全转化为硝酸。

6. 硝酸盐

硝酸盐几乎都易溶于水，易结晶，对热不稳定。硝酸盐的水溶液氧化性较弱，但在高温条件下，所有的硝酸盐都能分解生成氧气而显氧化性。分解产物跟金属的活动性有关，一般在金属活动性顺序表中：

K—Na 的硝酸盐受热分解生成亚硝酸盐和氧气：

$$2KNO_3 \xrightarrow{加热} 2KNO_2 + O_2 \uparrow$$

Mg—Cu 的硝酸盐受热分解生成金属氧化物、二氧化氮和氧气：

$$2Cu(NO_3)_2 \xrightarrow{加热} 2CuO + 4NO_2 \uparrow + O_2 \uparrow$$

Hg 以后的金属硝酸盐受热分解生成金属单质、二氧化氮和氧气：

$$2AgNO_3 \xrightarrow{加热} 2Ag + 2NO_2 \uparrow + O_2 \uparrow$$

三、硅及其化合物

元素周期表中 ⅣA 族元素叫做碳族元素（carbon group elements）。碳族元素包括碳（C，carbon）、硅（Si，silicon）、锗（Ge，germanium）、锡（Sn，stannum）、铅（Pb，plumbum）五种元素。这里重点介绍硅及其化合物的存在、性质和用途。

硅位于元素周期表中的金属与非金属的分界处，硅的导电性介于导体和绝缘体之间，是重要的半导体材料。硅及其化合物广泛应用于半导体、计算机、建筑、通信、宇航、卫星等材料科学和信息技术等领域，其发展前景十分广阔。

1. 硅

（1）存在、物理性质和用途：硅在地壳里分布很广，地壳中的含量为 26.3%，仅次于氧。硅是一种亲氧元素，自然界中总是与氧结合，以熔点很高的氧化物及硅酸盐的形式存在。硅的氧化物和硅酸盐组成地壳中大部分的岩石、矿物、沙子和土壤，约占地壳总质量的 90% 以上。

硅有无定形和晶体两种，晶体硅具有与金刚石相同的结构，是空间网状的原子晶体。晶体硅是银灰色、具有金属光泽的晶体，熔点高（熔点 1 410℃、沸点 2 355℃），硬度大，有脆性。无定形硅是黑灰色粉末。

晶体硅的导电性介于导体和绝缘体之间，是良好的半导体材料，可制成光电池、计算机芯片等。

（2）化学性质：硅的化学性质比较稳定，常温下只跟氟和强碱溶液反应，在高温条件下活动性增强，能跟氯气、氧气、碳等反应。

①跟氧气等非金属反应：将硅研细后加热能燃烧生成二氧化硅，同时放出大量的热。

$$Si(s) + O_2(g) \xrightarrow{873K} SiO_2(s) + Q$$

$$Si(s) + 2F_2(g) \longequal SiF_4(g)$$

$$Si(s) + 2Cl_2(g) \xrightarrow{673K} SiCl_4(g)$$

$$Si(s) + C(s) \xrightarrow{2\,273K} SiC(s)$$

②跟强碱溶液反应：硅溶于强碱溶液放出氢气。

$$Si + 2NaOH + H_2O \longequal Na_2SiO_3 + 2H_2\uparrow$$

③跟氢氟酸反应：

$$Si + 4HF \longequal SiF_4 + 2H_2\uparrow$$

2. 二氧化硅

（1）存在和用途：自然界中的二氧化硅（SiO_2，silicon dioxide）也叫硅石，是岩石、土壤和沙子的主要成分。二氧化硅有晶体和无定形两类。石英（quartz）的主要成分是二氧化硅晶体，具有不同的晶型和色彩。纯净的石英是无色透明的晶体，也称水晶（rock crystal），具有彩色圆环带状或层状的称为玛瑙。

水晶用于制造电子工业的重要部件、光学仪器和工艺品，较为纯净的石英可用来制造石英玻璃。石英玻璃热膨胀系数小，骤冷骤热时不会破裂，可用于制造耐高温的化学仪器。石英熔点高，也可以制造耐火材料。纯净的石英在现代通信中用于制造光导纤维。硅藻土含有无定形二氧化硅，质轻、松软、表面积大，吸附能力强，可用作吸附剂和催化剂的载体以及保温材料等。

（2）物理性质：二氧化硅是网状结构的原子晶体，在其晶体中不存在单个的 SiO_2 分子，在整个晶体里硅原子与氧原子的个数比为 $1:2$，SiO_2 只表示其晶体的化学式。SiO_2 是一种坚硬难熔的固体，不溶于水，高温熔化，不挥发也不分解。

（3）化学性质：SiO_2 是一种酸性氧化物，是 H_2SiO_3 的酸酐，SiO_2 不溶于水，不能跟水起反应生成酸。通常用可溶性硅酸盐跟酸作用制得硅酸。SiO_2 跟碱性氧化物或强碱溶液反应生成盐，二氧化硅也跟氢氟酸反应：

$$SiO_2 + CaO \xrightarrow{高温} CaSiO_3$$

$$SiO_2 + 2NaOH \longequal Na_2SiO_3 + H_2O$$

$$SiO_2 + 4HF \longequal SiF_4 + 2H_2O$$

二氧化硅有弱氧化性，跟碳在高温下反应生成硅或金刚砂（SiC，carborundum）：

$$SiO_2 + 3C \xrightarrow{高温} SiC + 2CO$$

（4）制法：工业上用焦炭在电炉中将石英砂还原制得粗硅。

$$SiO_2 + 2C \longequal Si(粗硅) + 2CO$$

$$Si(粗硅) + 2Cl_2(g) \xrightarrow{723 \sim 773K} SiCl_4(1)$$

$SiCl_4$ 精馏提纯，用纯氢气还原，得到纯硅：

$$SiCl_4(粗) + 2H_2 \xrightarrow{电炉} Si(纯) + 4HCl$$

3. 硅酸

硅酸（H_2SiO_3）是不溶于水的白色固体，是一种弱酸，可以用硅酸钠（Na_2SiO_3）的水溶液跟盐酸反应制得。反应方程式为：

$$Na_2SiO_3 + 2HCl + H_2O = H_4SiO_4 + 2NaCl$$

H_4SiO_4叫做原硅酸，是白色胶状物质，即硅酸凝胶。硅酸凝胶经干燥脱水后形成多孔的硅酸干凝胶，即"硅胶"。硅胶吸水能力强，常用作食品、药品的干燥剂。

4. 硅酸盐

（1）组成和存在：硅酸盐（silicate）是由硅元素、氧元素和金属元素组成的化合物的总称。它是构成地壳岩石的主要成分之一，自然界中存在各种各样的硅酸盐矿石，约占地壳的5%。黏土的主要成分也是硅酸盐。天然硅酸盐种类很多，组成比较复杂，它们的基本结构单元都是硅氧四面体。各种硅酸所对应的盐，统称为硅酸盐。硅酸盐结构复杂，常用氧化物的形式来表示其组成，如 $Mg_3(Si_4O_{10})(OH)_2$ 表示为 $3MgO \cdot 4SiO_2 \cdot H_2O$，$K_2Al_2Si_6O_{16}$ 表示为 $K_2O \cdot Al_2O_3 \cdot 6SiO_2$。

（2）性质：大多数硅酸盐熔点高，化学性质稳定。硅酸盐只有钾、钠盐能溶于水。最常见的是硅酸钠，它的水溶液俗称水玻璃，水玻璃是无色黏稠的液体，是一种矿物胶，它既不能燃烧，又不易被腐蚀，可用作黏合剂、耐火材料等。实验室可以用可溶性硅酸盐与盐酸反应制备硅酸：

$$Na_2SiO_3 + 2HCl = 2NaCl + H_2SiO_3 \downarrow$$

水玻璃在空气中吸收水和二氧化碳生成硅酸：

$$Na_2SiO_3 + H_2O + CO_2 = H_2SiO_3 \downarrow + Na_2CO_3$$

（3）硅酸盐工业：以含硅元素的物质为原料，经加工制得硅酸盐产品的工业叫做硅酸盐工业。硅酸盐是一大类无机材料，水泥、玻璃、陶瓷等都含有硅酸盐。

硅酸盐工业的特点：

①原料相同：石英、黏土、石灰石等。

②反应条件相同：在高温高压的条件下才能完成。

③原理相同：发生复杂的物理、化学变化，形成复杂的硅酸盐。

硅酸盐工业主要有：

水泥：硅酸三钙（$3CaO \cdot SiO_2$）、硅酸二钙（$2CaO \cdot SiO_2$）和铝酸三钙（$3CaO \cdot Al_2O_3$）的混合物。以石灰石、黏土、煤粉、空气为原料，在回转窑煅烧而成。

玻璃：是 Na_2SiO_3、$CaSiO_3$ 等的混合物，用纯碱、石灰石、二氧化硅粉碎混合在坩埚或玻璃窑中加热反应而成的玻璃态物质，没有固定的熔点、沸点。玻璃的种类很多，有普通玻璃、硼酸玻璃、有色玻璃、钢化玻璃等。

陶瓷：陶瓷是陶器和瓷器的总称。人们早在约8 000年前的新石器时代就发明了陶器。常见的陶瓷材料有黏土、氧化铝、高岭土等。黏土具有韧性，常温遇水可塑，微干可雕，全干可磨，烧至700℃可成陶器，用于盛水；烧至1 230℃则瓷化，几乎完全不吸水且耐高温耐腐蚀。陶瓷工业发展迅速，各种新型陶瓷不断问世。新型陶瓷材料可代替金属材料制发动机，1990年我国第一台无水冷陶瓷发动机试车成功，这是继美、日之后，国际上仅有的几次试验之一。专家们预言：随着新陶瓷技术的发展，人类将重返"石器时代"，不过是一个全新的石器时代。

例题 1　对下列实验现象的描述正确的是（　　　）。

A. 将 SO_2 气体通入 $BaCl_2$ 溶液中，有白色沉淀产生

B. 将 Na_2CO_3 粉末加入新制饱和氯水中，有气体产生

C. 硫在氧气中燃烧产生淡蓝色火焰，放出大量的热，生成一种有刺激性气味的气体

D. 将少量新制氯水加入 KI 溶液中，再加入 CCl_4，振荡、静置后有紫色沉淀析出

解析： 已知盐酸的酸性强于亚硫酸，SO_2 气体通入 $BaCl_2$ 溶液，不发生反应，无沉淀生成，A 项错误；氯水中含氢离子，与 Na_2CO_3 反应生成二氧化碳气体，B 项正确；硫在氧气中燃烧，发出明亮的蓝紫色火焰，放出大量的热，产生一种具有刺激性气味的气体，C 项错误；少量新制氯水加入 KI 溶液中生成碘，碘溶于 CCl_4，振荡、静置后下层为碘的 CCl_4 溶液，显紫色，不会有沉淀出现，D 项错误。

答： B。

例题 2　有一无色混合气体，可能由 CO_2、HCl、NO、NO_2、NH_3、O_2 中的某几种混合而成，对此进行了如下实验：

（1）将混合气体通过浓硫酸时气体的体积明显减少；

（2）再通过碱石灰时，气体的体积又减少；

（3）剩余的气体与空气接触，立即变成红棕色。

由上述实验判断，该混合气体中一定存在什么气体？一定不存在什么气体？

解析： 无色混合气体中一定不存在 NO_2，因为 NO_2 是红棕色气体。当混合气体通过浓硫酸时，气体体积明显减少，说明混合气体中一定存在 NH_3，因为 NH_3 能被硫酸吸收生成铵盐；当有 NH_3 存在时，HCl 一定不存在，因为二者发生反应：$NH_3 + HCl = NH_4Cl$。再通过碱石灰时，气体体积又减少，说明混合气体中一定存在 CO_2。剩余气体接触空气时，变成红棕色，一定存在 NO，因为 NO 在空气中会发生反应：$2NO + O_2 = 2NO_2$；有 NO 存在，则 O_2 一定不存在。

答： 一定存在 CO_2、NO、NH_3；一定不存在 HCl、NO_2、O_2。

例题 3　有一白色粉末，由 NaCl、$(NH_4)_2SO_4$、$(NH_4)_2CO_3$、$BaCl_2$、$Ba(NO_3)_2$ 等物质中的两种组成。根据以下实验判断该白色粉末是由哪两种物质组成的。

（1）将少量白色粉末与熟石灰一起研磨，放出有刺激性气味的气体，此气体遇氯化氢产生白烟；

（2）另取少量白色粉末加足量水搅拌，溶液中有白色沉淀物，过滤后的沉淀不溶于硝酸；

（3）向滤液中加入硝酸银溶液，产生不溶于稀硝酸的白色沉淀。

解析： 由实验（1）可知，研磨产生的气体是 NH_3，说明该白色粉末中含有 NH_4^+。由实验（2）中的白色沉淀物不溶于硝酸，可知该物质中含 Ba^{2+} 和 SO_4^{2-}，没有 CO_3^{2-}，$BaCO_3$ 沉淀会溶于硝酸。由实验（3）可知该物质中含有 Cl^-。

答： 综合实验结果可以确定该白色粉末是由 $(NH_4)_2SO_4$ 和 $BaCl_2$ 两种物质组成的。

例题 4　单质 Z 是一种常见的半导体材料，可由 X 通过如图所示的路线制备。其中 X 为 Z 的氧化物；Y 为氢化物，分子结构与甲烷相似。回答以下问题：

（1）写出 Z 元素的电子排布式。

（2）X 能与什么酸发生反应？写出反应方程式。写出由 X 制备 Mg_2Z 的化学方程式。

（3）写出 Y 的名称和分子式。

（4）Z、X 中共价键的类型分别是什么？

答：（1）常见半导体材料是硅（$^{28}_{14}Si$），其电子排布式为 $1s^2 2s^2 2p^6 3s^2 3p^2$。

（2）二氧化硅为酸性氧化物，不溶于一般的酸，但是能溶于氢氟酸，此性质常用于雕刻玻璃。反应的化学方程式为：$SiO_2 + 4HF \!=\!=\! SiF_4 + 2H_2O$；$SiO_2 + 2Mg \xrightarrow{\triangle} O_2\uparrow + Mg_2Si$。

（3）Y 是硅烷，分子式为 SiH_4。

（4）硅单质为原子晶体，晶体中存在 Si—Si 非极性共价键，X 为 SiO_2，属于原子晶体，存在 Si—O 极性共价键。

例题5 将 30mL NO_2 和 NO 的混合气体通过足量的水后，剩余气体的体积是 16mL。求原混合气体中 NO 和 NO_2 各是多少毫升。

解：NO 不溶于水，NO_2 溶于水并与水反应生成 HNO_3 和 NO，所以，剩余的气体有原混合气体中 NO 和 NO_2 与水反应生成的 NO 共 16mL。

设原混合气体中 NO_2 的体积为 x mL，NO 为（$30-x$）mL。

$$3NO_2 + H_2O \!=\!=\! 2HNO_3 + NO$$

$$3 \qquad\qquad\qquad\qquad 1$$

$$x \qquad\qquad\qquad\qquad \frac{x}{3}$$

根据题意可得：$(30-x) + \frac{x}{3} = 16$

解得 $x = 21$

答：原混合气体中含有 NO 9mL 和 NO_2 21mL。

思考题

1. 举例说明浓硫酸和硝酸各有哪些特性，写出有关反应的化学方程式。

2. 下列说法是否正确？若不正确，请说明原因。

（1）稀硫酸属于非氧化性酸，所以稀硫酸无氧化性；

（2）硫化氢与氢硫酸都只有还原性而无氧化性；

（3）硫能与金属和非金属反应，在反应中均做氧化剂；

（4）氯能把铁氧化成三价，硫只能把铁氧化成二价，说明氯气的氧化性比硫强；

（5）浓硫酸和稀硫酸在常温下都能用铁制容器贮存；

（6）在某无色酸性溶液中加入氯化钡溶液，生成不溶于水的白色沉淀，则该溶液中一定含有 SO_4^{2-}；

（7）硅和二氧化硅都可用于制造光导纤维，硅的导电性介于导体和绝缘体之间，是良好的半导体材料；

（8）传统无机非金属材料是指玻璃、水泥、陶瓷等硅酸盐材料。

3. 在溶液中可能含有下列阴离子中的一种或几种：SO_4^{2-}、SO_3^{2-}、S^{2-}、CO_3^{2-}、HCO_3^-、Cl^-。

(1) 当溶液中有大量 H^+ 存在时，溶液中不可能大量存在什么离子？

(2) 当溶液中有大量 Ba^{2+} 存在时，溶液中不可能大量存在什么离子？

(3) 当溶液中有大量 OH^- 存在时，溶液中不可能大量存在什么离子？

(4) 当溶液中通入足量氯气时，因氧化还原反应而不能存在的离子是什么？写出发生反应的离子方程式。

4. 硫酸（浓硫酸）具有：①酸性；②高沸点难挥发；③吸水性；④脱水性；⑤强氧化性；⑥溶于水放出大量热等性质。请根据下列实验或事实回答：

(1) 写出浓硫酸与铜共热发生反应的化学方程式。实验中往往有大量蓝色固体析出，可见浓硫酸在该实验中表现了哪些性质？

(2) 实验证明铜不能在低温下与 O_2 反应，也不能与稀硫酸共热发生反应，但工业上却是将废铜屑倒入热的稀硫酸中并通入空气来制备 $CuSO_4$ 溶液，写出铜屑在此状态下被溶解的化学方程式。硫酸在该反应中表现了哪些性质？

(3) 在过氧化氢与稀硫酸的混合溶液中加入铜片，常温下就生成蓝色溶液，写出有关反应的化学方程式。与（2）中的反应比较，反应条件不同的原因是什么？

(4) 向蔗糖晶体中滴 2～3 滴水，再滴入适量的浓硫酸。发现加水处立即变黑，黑色区不断扩大，最后变成一块疏松的焦炭，并伴有刺激性气味的气体产生，写出产生有刺激性气味气体的化学方程式。该实验中浓硫酸表现了哪些性质？

5. 硝酸是一种强酸，除了具有酸的通性外，还有特性，回答以下问题：

(1) 纯净的硝酸是无色液体，但久置的硝酸呈黄色，原因是什么？

(2) 储运浓硝酸常用铁或铝制容器，原因是什么？

(3) 实验室制氢气常用稀硫酸或稀盐酸而不用硝酸，原因是什么？

(4) 溶解金、铂必须用王水，此溶液的成分是什么？

(5) 硝酸制备过程会污染空气，试写出污染物的名称。

6. 黑火药的主要成分是 KNO_3（75%）、S（10%）和 C（15%）。发生爆炸反应时生成 K_2S、N_2 和 CO_2，写出反应的化学方程式，并指出氧化剂和还原剂。

7. 硅酸钠溶液为什么显碱性？露置于空气中一段时间后的水玻璃会变浑浊，向此浑浊溶液中加入稀盐酸，会生成白色沉淀，同时伴随气泡产生。用化学方程式解释产生上述现象的原因。

8. 将 25mL NO 和 NO$_2$ 的混合气体的试管倒立在水槽中，充分反应后，气体的体积缩小为 15mL，则原混合气体中 NO 和 NO$_2$ 的体积比是多少？

9. 有一瓶储藏较久的 Na$_2$SO$_3$ 固体部分被氧化成 Na$_2$SO$_4$。现取 20.0g 样品加入 18.4mol/L的浓硫酸 10mL，在标准状况下产生气体的体积为 2.24L。试剂中 Na$_2$SO$_3$ 的质量分数是多少？

10. 把盛有 48mL NO、NO$_2$ 的混合气体的容器倒置于水中（保持同温同压），液面稳定后，容器内气体体积变为 24mL，则：
（1）原混合气体中 NO 和 NO$_2$ 各是多少毫升？
（2）若在剩余的 24mL 气体中通入 6mL O$_2$，液面稳定后，容器内剩余气体是什么？体积是多少毫升？

第三节　碱金属

碱金属元素（alkali metals）位于元素周期表的 ⅠA 族。包括锂（Li，lithium）、钠（Na，natrium/sodium）、钾（K，kalium）、铷（Rb，rubidium）、铯（Cs，cesium）、钫（Fr，francium，只能由核反应产生）六种元素。因为碱金属都能跟水发生剧烈的反应，生成强碱性的氢氧化物，所以称其为碱金属。碱金属的单质反应活性高，在自然状态下只以盐类存在，钾、钠是海洋中的常量元素，在生物体中也有重要的作用；其余的则属于轻稀有金属元素，在地壳中的含量十分稀少。

一、碱金属的结构和基本性质

1. 原子结构
碱金属元素的原子价电子构型为 ns^1，次外层具有 8 个电子的稳定结构（锂次外层有 2 个电子）。原子半径是同周期元素中最大的，它们都非常活泼，反应的活动性从锂到铯依次增强，第一电离能逐渐降低，在化学反应中很容易失去最外层的电子形成带有 1 个正电荷的离子。第二电离能很高，不能形成二价离子。

2. 碱金属的基本性质（见表 7-4）

表 7-4　碱金属的基本性质

名称	第一电离能/（kJ/mol）	电负性	熔点/℃	沸点/℃	密度/（g/cm³）
锂	521	1.0	180.5	1 347	0.53
钠	499	0.9	97.81	883.9	0.97
钾	421	0.8	63.65	774	0.86

（续上表）

名称	第一电离能/（kJ/mol）	电负性	熔点/℃	沸点/℃	密度/（g/cm³）
铷	405	0.8	38.89	688	1.53
铯	371	0.7	28.40	678.4	1.90

①大多是银白色的金属（铯呈金黄色光泽）。随着原子序数的增大，光电效应趋向显著。

②密度小，熔点和沸点都比较低。随着原子序数的增大，其熔点逐渐降低，密度增大。

③质地软，可以用刀切开，露出银白色的切面。

④碱金属化学性质都很活泼，一般将它们放在矿物油中或封在稀有气体中保存，防止与空气或水发生反应。

⑤电负性和第一电离能逐渐降低，表现强还原性。碱金属单质都是强还原剂。

碱金属原子的价电子构型是 ns^1，极易失去 1 个电子，氧化态为 +1 价。均为活泼金属、强还原剂。与水反应剧烈且均生成强碱和氢气。随着原子序数增加，金属性和还原性逐渐增强，跟水、氧气、卤素等的反应愈趋剧烈。

3. 碱金属的化学性质

（1）跟氧的反应：常温下，碱金属在空气中易被氧化而失去光泽，在氧气或空气中燃烧，随着碱金属的活动性增强，生成的氧化物也越复杂。

锂跟氧反应，生成氧化锂：

$$4Li + O_2 \xrightarrow{\text{点燃}} 2Li_2O \text{（氧的氧化数为 } -2\text{）}$$

钠在空气或氧气里燃烧，生成过氧化钠：

$$2Na + O_2 \xrightarrow{\text{点燃}} Na_2O_2 \text{（氧的氧化数为 } -1\text{）}$$

钾、铷等跟氧气反应，生成超氧化物（在超氧化物中，氧的氧化数为 $-\frac{1}{2}$）：

$$K + O_2 \xrightarrow{\text{点燃}} KO_2 \text{（超氧化钾）}$$

（2）跟水的反应：常温下，碱金属跟水剧烈反应，能置换出水中的氢，活动性越强，反应越剧烈。

$$2Li + 2H_2O == 2LiOH + H_2 \uparrow \text{（反应较慢）}$$

$$2K + 2H_2O == 2KOH + H_2 \uparrow \text{（反应剧烈，甚至爆炸）}$$

（3）跟酸反应：碱金属单质与稀酸剧烈反应，放出氢气。

$$2Li + 2HCl == 2LiCl + H_2 \uparrow$$

$$2K + H_2SO_4 == K_2SO_4 + H_2 \uparrow$$

（4）跟其他非金属反应：碱金属能够跟大多数的非金属如氯、溴、硫和氢等发生反应，表现出强还原性。

$$2Li + Cl_2 == 2LiCl$$

$$2K + S == K_2S$$

$$2Na + H_2 == 2NaH \text{（离子化合物）}$$

金属氢化物：离子型氢化物也称盐型氢化物。是氢和碱金属、碱土金属中的钙、锶、钡、镭所形成的二元化合物，其固体为离子晶体，如 NaH、BaH_2 等。这些元素的电负性都比氢的电负性小。在这类氢化物中，氢以 H^- 形式存在，熔融态能导电，电解时在阳极放出氢气，所以该方法又称金属储氢法。离子型氢化物都是无色或白色晶体，常因含有金属杂质而发灰，金属过量则呈蓝紫色。离子型氢化物中氢的氧化数为 -1，具有强烈的失电子趋势，是强还原剂，在水溶液中跟水剧烈反应放出氢气，使溶液呈强碱性，如：

$$CaH_2 + 2H_2O \longrightarrow Ca(OH)_2 + 2H_2 \uparrow$$

在高温下还原性更强，如：

$$NaH + 2CO \longrightarrow HCOONa + C$$

离子型氢化物对空气和水是不稳定的，有些甚至会发生自燃。

金属氢化物除用作还原剂外，还用作干燥剂、脱水剂、氢气发生剂，1kg 氢化锂在标准状况下跟水反应可以产生 $2.8m^3$ 的氢气。在非水溶剂中与 $+3$ 价的 B（Ⅲ）、Al（Ⅲ）等生成广泛用于有机合成和无机合成的复合氢化物，如氢化铝锂：$4LiH + AlCl_3 \longrightarrow LiAlH_4 + 3LiCl$。复合氢化物主要用作还原剂、引发剂和催化剂。

4. 焰色反应

金属或它们的化合物在灼烧时，火焰呈现出的特殊颜色，这在化学上叫做焰色反应。例如，钠呈黄色，钾呈浅紫色（透过蓝色钴玻璃观察，滤去钠的黄色光）。根据焰色反应呈现的特殊颜色，可以测定某些金属或金属离子，碱金属就是用焰色反应来检验的。节日里燃放的五彩缤纷的烟花就是碱金属、锶、钡等化合物焰色反应产生的颜色。几种常见金属的焰色反应的颜色见表 7-5。

表 7-5　几种常见金属的焰色反应的颜色

金属或金属离子	锂	钾	钙	锶	钠	钡	铜
焰色反应的颜色	紫红色	紫色	砖红色	洋红色	黄色	黄绿色	绿色

5. 碱金属的用途和制法

(1) 碱金属的用途。

锂的密度很小，通常贮存于液体石蜡中。锂常用来制备有机化学工业上的催化剂、多种合金、高强度玻璃等。锂有高导热率，熔化的温度范围大，用于核反应堆中的冷却剂，镁、铝、锂合金具有坚韧性、耐腐蚀性，锂、铅合金具有耐磨性而用于制轴承等。氢化锂是热核反应的重要原料。碳酸锂有明显抑制狂躁症的作用，可以改善精神分裂症等情感障碍，一般对于严重急性躁狂患者，先将氯丙嗪或氟哌利多合用，急性症状得到控制后再单用碳酸锂维持。

钾是人体必需的元素之一，它主要存在于细胞内液中。钾具有维持细胞新陈代谢、保持细胞膜静息电位、调节细胞内液外液渗透压、调控体内酸碱平衡等作用，具有重要的生理功能。钾是农业生产中的重要肥料，是植物营养所必需的元素之一，能增强植物抗旱、抗寒、抗病虫害能力。钾玻璃是由 SiO_2、CaO 和 K_2O 组成的硬质玻璃，比钠玻璃难熔，耐化学药品侵蚀，常用于制烧瓶、烧杯等仪器。

铷、铯作为感光材料的红外线望远镜，在黑夜里也能观察到目标。锂、钠、钾主要用于制合金、电池、冶金工业上的还原剂等。铷、铯、钫多用于制作光电管、光学材料和合金等。

（2）碱金属的制法。

碱金属单质的化学性质活泼，在自然界里均以化合态的形式存在，如钠长石（$NaAlSi_3O_8$）、钾长石（$KAlSi_3O_8$）等。海水中含有丰富的氯化钠，碱金属的制备方法主要是电解熔融的盐：

$$2NaCl \xrightarrow{\text{电解}} 2Na + Cl_2$$

$$2KCl \xrightarrow{\text{电解}} 2K + Cl_2$$

二、钠及其化合物

1. 钠

（1）钠的物理性质和用途：钠很软，可以用刀切割，切开的断面呈银白色，在空气中很快变暗，生成一薄层氧化物。钠是一种强还原剂，可以把钛、锆等从化合物中还原出来，钠－钾合金（含 50% ~ 80% 的钾）在室温下呈液态，是原子反应堆的导热剂；高压钠灯发出的黄光射程远，透雾能力强，常用于路灯。钠是生物体必需的主要元素。人体液的渗透压平衡主要通过钠离子和氯离子进行调节，钠离子的另一个重要作用是调节神经元轴突膜内外的电荷，钠离子与钾离子的浓度差变化是神经冲动传递的物质基础。世界卫生组织建议每人每日摄入 1 ~ 2g 钠盐，中国营养学会建议不要超过 5g。

（2）钠的化学性质：钠的性质活泼，在空气中缓慢氧化生成氧化钠，氧化钠不稳定，继续被氧化生成过氧化钠；钠在空气中燃烧生成过氧化钠。

$$4Na + O_2 === 2Na_2O$$

$$2Na + O_2 \xrightarrow{\text{点燃}} Na_2O_2$$

钠在干燥的氢气流中加热生成氢化钠（NaH，sodium hydride）。NaH 为白色具有 NaCl 型结构的晶体，在 300℃ 以上能缓慢分解，温度达 800℃ 时完全分解。NaH 跟水作用生成氢气，是强还原剂。钠还可以跟其他非金属反应，如钠跟硫在加热的条件下剧烈反应生成硫化钠；钠在常温下可以跟水剧烈反应，放出氢气。所以钠应隔绝空气密封保存，通常把少量的钠保存在煤油里。

$$2Na + H_2 \xrightarrow{623K} 2NaH$$

$$NaH + H_2O === NaOH + H_2 \uparrow$$

$$2Na + 2H_2O === 2NaOH + H_2 \uparrow$$

2. 氧化钠和过氧化钠（见表 7 - 6）

表 7 - 6　氧化钠和过氧化钠的性质比较

名称	氧化钠（Na_2O）（sodium monoxide）	过氧化钠（Na_2O_2）（sodium peroxide）
电子式	$Na^+[\overset{\cdot\cdot}{\underset{\times\times}{O}}]^{2-}Na^+$	$Na^+[\overset{\cdot\cdot}{O}:\overset{\times\times}{O}]^{2-}Na^+$
颜色和状态	白色固体	淡黄色固体

（续上表）

名称	氧化钠（Na_2O） （sodium monoxide）	过氧化钠（Na_2O_2） （sodium peroxide）
与水反应	$Na_2O + H_2O == 2NaOH$	$2Na_2O_2 + 2H_2O == 4NaOH + O_2 \uparrow$
与 CO_2 反应	$Na_2O + CO_2 == Na_2CO_3$	$2Na_2O_2 + 2CO_2 == 2Na_2CO_3 + O_2 \uparrow$
与酸反应	$Na_2O + 2HCl == 2NaCl + H_2O$	$2Na_2O_2 + 4HCl == 4NaCl + 2H_2O + O_2 \uparrow$
用途	化学试剂，脱水剂	是强氧化剂，用于漂白织物、麦秆、羊毛等；是氧气发生剂，用于制呼吸面具和潜水艇的供氧剂

3. 氢氧化钠

（1）物理性质：氢氧化钠（NaOH，sodium hydroxide）又称苛性钠（caustic soda）、火碱或烧碱，氢氧化钠为白色半透明结晶状固体，有腐蚀性。在空气中易吸水而潮解，常用固体氢氧化钠做干燥剂，但液态氢氧化钠没有吸水性。氢氧化钠易溶于水并放出热量，其水溶液有涩味和滑腻感，熔点 318.4℃，沸点 1 390℃，密度 $2.130g/cm^3$。

（2）化学性质：氢氧化钠是可溶性的强碱，具有碱的通性。

①跟酸发生中和反应：

$$NaOH + HCl == NaCl + H_2O$$

②跟酸性氧化物反应：

$$2NaOH + CO_2 == Na_2CO_3 + H_2O$$

③跟盐发生复分解反应：

$$3NaOH + FeCl_3 == 3NaCl + Fe(OH)_3 \downarrow$$

④跟指示剂反应：能使石蕊试液变蓝色，使无色酚酞变红色，使甲基橙变黄色。

NaOH 既能跟空气中的二氧化碳反应，又能吸水，所以必须密封保存。

（3）制法和用途：氢氧化钠是重要的化工原料，广泛应用于肥皂、石油、造纸、纺织、印染等工业。在实验室里常用氢氧化钠溶液吸收酸性气体，如 CO_2、SO_2、HCl、H_2S 等。氢氧化钠是制造肥皂的重要原料之一。在化工生产中，氢氧化钠提供碱性环境或做催化剂，主要用于合成洗涤剂、合成脂肪酸及动植物油脂的精炼等。

工业上用电解饱和食盐水的方法制氢氧化钠，反应原理为：

$$2NaCl + 2H_2O \xrightarrow{\text{电解}} Cl_2 \uparrow + H_2 \uparrow + 2NaOH$$

实验室制备少量氢氧化钠：

$$Ca(OH)_2 + Na_2CO_3 == CaCO_3 \downarrow + 2NaOH$$

4. 氯化钠

氯化钠（NaCl，sodium chloride）俗名食盐（common salt），纯净的氯化钠晶体呈立方形，熔点 801℃，沸点 1 413℃，易溶于水，具有盐的通性。

（1）盐的化学通性。

①金属（比盐中金属活泼）+ 盐（溶于水）——→新金属 + 新盐。

$$Fe + CuSO_4 == FeSO_4 + Cu$$

②酸＋盐——→新酸＋新盐（条件：生成物有弱电解质、气体或沉淀）。

$$2HCl + CaCO_3 === CaCl_2 + H_2O + CO_2\uparrow$$

$$HCl + AgNO_3 === AgCl\downarrow + HNO_3$$

③盐＋盐——→两种新盐（条件：反应物都溶于水，生成物中必须有沉淀）。

$$Na_2SO_4 + BaCl_2 === BaSO_4\downarrow + 2NaCl$$

$$CaCl_2 + Na_2CO_3 === CaCO_3\downarrow + 2NaCl$$

④碱＋盐——→新碱＋新盐（条件：反应物都溶于水，生成物中必须有沉淀）。

$$FeCl_3 + 3NaOH === Fe(OH)_3\downarrow + 3NaCl$$

$$MgCl_2 + 2NaOH === Mg(OH)_2\downarrow + 2NaCl$$

（2）氯化钠的用途。

氯化钠（食盐）是人和高等动物正常生理活动不可缺少的物质，0.9%的食盐水是医疗上用的生理盐水。Na^+是体液中浓度最大和交换很快的阳离子，其主要功能是调节渗透压，保持细胞中的最适水位，同时将葡萄糖、氨基酸等营养物质输入细胞。日常生活中用食盐调味和腌渍蔬菜、鱼类、蛋类等。氯化钠是重要的化工原料，用于制金属钠、氯气、氢氧化钠、纯碱等化工产品。

工业上用海水、盐湖水、盐矿制成卤水，然后蒸发掉水，使氯化钠结晶析出。

5. 碳酸钠和碳酸氢钠（见表7-7）

表7-7 碳酸钠和碳酸氢钠性质的比较

名称	碳酸钠/碳酸钠晶体 （sodium carbonate）	碳酸氢钠 （sodium bicarbonate）
化学式	$Na_2CO_3/Na_2CO_3 \cdot 10H_2O$	$NaHCO_3$
俗名	纯碱/苏打	小苏打
颜色和状态	白色粉末/白色晶体	白色细小晶体
溶解性	易溶于水	溶于水
跟酸反应	$Na_2CO_3 + 2HCl === 2NaCl + CO_2\uparrow + H_2O$	$NaHCO_3 + HCl === NaCl + CO_2\uparrow + H_2O$
热稳定性	对热稳定	受热易分解 $2NaHCO_3 \xrightarrow{\triangle} Na_2CO_3 + CO_2\uparrow + H_2O$
用途	工业上用于制玻璃、制肥皂、造纸、纺织等，也用作洗涤剂	治胃酸过多，制发酵粉，用作灭火剂

例题1 有A、B、C和D四种化合物，进行如下实验：

（1）焰色反应均为黄色；

（2）A、B、C分别与盐酸反应均得到D；

（3）B、C等物质的量反应可得到A；

（4）在B的溶液中通入一种无色无味可使$Ca(OH)_2$溶液变混浊的气体，适量时得到A，过量时得到C。

根据实验结构推断：A、B、C和D各是什么物质？写出其化学式。

解析：由A、B、C和D四种化合物的焰色反应均为黄色，可知四种化合物中都含有钠元素；A、B 和 C 都能跟 HCl 反应生成 D，则 D 是 NaCl；无色无味可使 $Ca(OH)_2$ 溶液变混浊的气体是二氧化碳，适量的二氧化碳通入 B（NaOH）中生成 A（Na_2CO_3），过量时生成 C（$NaHCO_3$）。

答：A、B、C 和 D 分别为碳酸钠、氢氧化钠、碳酸氢钠和氯化钠（Na_2CO_3、NaOH、$NaHCO_3$ 和 NaCl）。

例题 2　被称为万能还原剂的 $NaBH_4$ 溶于水并跟水反应：$NaBH_4 + 2H_2O \rightleftharpoons NaBO_2 + 4H_2\uparrow$。关于该反应，下列说法中正确的是（　　）。

A. 被氧化的元素与被还原的元素质量比为 1:4

B. $NaBH_4$ 既是氧化剂又是还原剂

C. $NaBH_4$ 是还原剂，H_2O 是氧化剂

D. 硼元素被氧化，氢元素被还原

解析：在化合物 $NaBH_4$ 中各元素的氧化数（化合价）分别是：$\overset{+1}{Na}$、$\overset{+3}{B}$、$\overset{-1}{H}$，反应前后，Na 和 B 元素的氧化数没有发生变化。反应中 $NaBH_4$ 的 H 由 $\overset{-1}{H}\rightarrow\overset{0}{H}$，失去电子，被氧化，是还原剂，不是氧化剂；$H_2O$ 中的 H 由 $\overset{+1}{H}\rightarrow\overset{0}{H}$，得到电子，被还原，是氧化剂。所以被氧化的元素与被还原的元素的质量比 = 物质的量的比 = 1:1，不是 1:4。

答案：C。

例题 3　将 2.3g 金属钠放入 39.6g 水中，反应完全后，溶液中 Na^+ 与 H_2O 分子的个数比是多少？

解：钠放入水中，能跟水反应生成氢氧化钠，同时消耗一部分水；计算剩余的水中钠离子和水分子的个数比。

设 2.3g 钠能跟 xg 的水反应，生成 $y$mol 的氢氧化钠。

$$2Na\ +\ 2H_2O\ ==\ 2NaOH + H_2$$
$$2\times23\qquad 2\times18\qquad\quad 2mol$$
$$2.3\qquad\quad x\qquad\qquad y$$

解得 $x = 1.8$，$y = 0.1$

剩余水的质量为 $39.6g - 1.8g = 37.8g$，即 $\dfrac{37.8}{18} = 2.1mol$

生成 0.1mol 的氢氧化钠，即 0.1mol 的 Na^+。

所以 Na^+ 和 H_2O 的个数比为：0.1:2.1 = 1:21。

答：溶液中 Na^+ 和 H_2O 分子的个数比为 1:21。

例题 4　将碳酸钠和碳酸氢钠的混合物共 150g 加热到质量不再减少为止，冷却称量剩下固体的质量为 119g，计算这种混合物里碳酸钠的百分含量。

解：混合物加热后质量减轻，是因为碳酸氢钠分解生成二氧化碳和水蒸气逸出；而剩下的固体是原碳酸钠和碳酸氢钠分解生成的碳酸钠。解此题用差量法较快捷。

设原混合物中碳酸氢钠的质量为 xg，碳酸钠的质量为（$150 - x$）g。

$$2NaHCO_3 == Na_2CO_3 + CO_2 + H_2O$$
$$2\times84\qquad\qquad 44 + 18 = 62（固体减轻的量）$$
$$x\qquad\qquad\qquad 150 - 119$$

解得 $x = 84$

$150 - 84 = 66$

Na_2CO_3 的百分含量为：$\dfrac{66}{150} \times 100\% = 44\%$

答：这种混合物里碳酸钠的百分含量是 44%。

思考题

1. 碱金属的原子结构和碱金属单质的物理性质随着原子序数的递增有什么样的变化规律？

2. 把一小块新切开的钠放置在空气中，最后生成的物质是什么？写出变化过程的化学方程式。

3. 有四种钠的化合物 A、B、C、D，根据下列变化判断 A、B、C、D 的化学式。

（1）$A \longrightarrow B + CO_2 \uparrow + H_2O$

（2）$D + CO_2 \longrightarrow B + O_2 \uparrow$

（3）$D + H_2O \longrightarrow C + O_2 \uparrow$

（4）$B + Ca(OH)_2 \longrightarrow C + CaCO_3 \downarrow$

4. 用简便的方法鉴别下列各组物质。

（1）金属钾和钠；

（2）苏打和小苏打。

5. 将 14g Na_2O 和 Na_2O_2 的混合物放入 87.6g 水中，在标准状况下得到 1.12L 气体，并测得反应后溶液的密度为 1.18g/mL。试计算：

（1）原混合物中 Na_2O 和 Na_2O_2 的物质的量之比；

（2）所得溶液中溶质的质量分数和物质的量浓度。

6. 将 18.1g 碳酸钠和碳酸氢钠的混合物加热到质量不再减少为止，冷却称量剩下固体的质量为 15g。

（1）求这种混合物里碳酸钠的质量是多少克；

（2）计算在标准状况下生成二氧化碳气体多少升。

7. 将 31g 钾－钠合金投入 200mL 0.4mol/L 的盐酸中，在标准状况下放出气体 11.2L。合金中钾与钠的物质的量之比是多少？

第四节　金属及其化合物

在已知的 118 种元素中，有 16 种非金属和 6 种稀有气体，其余 90 多种都是金属元素。金属元素位于每个周期的前部，具体是指 I A 族（氢除外）、II A 族、III A 族、全部副族和 VIII 族，IV A 族的锗、锡、铅，V A 族的锑、铋以及 VI 族的钋等元素。

一、金属概述

1. 金属元素的原子结构特征
（1）金属元素的原子最外电子层上的电子数比较少（一般为 1 ~ 2 个电子）。
（2）跟同周期的非金属元素相比，金属元素的原子半径较大。
（3）金属在化学反应中容易失去电子变成带正电荷的阳离子。如果以 M 代表金属，那么失去电子的过程可以用 $M - ne = M^{n+}$ 表示。

2. 物理通性
金属有许多共同的物理性质，如有金属光泽（大多数金属是银白色，金是黄色，铜是紫红色）、不透明、能导电、能导热、有延展性等；常温下大多数是固体，唯一的液态金属是汞。

3. 化学性质
因为大多数金属最外层电子数少于 4，所以金属只有正价，没有负价，金属都是还原剂。但由于金属的活动性不同，其性质也有一定的差异。金属的活动性顺序和主要化学性质见表 7 - 8。

表 7 - 8　金属的活动性顺序和主要化学性质

金属的活动性顺序	K、Ca、Na	Mg、Al、Zn	Fe、Sn、Pb	H	Cu、Hg、Ag	Pt、Au
与氧的反应	常温易被氧化	常温能被氧化	常温干燥空气中不易被氧化		加热时能被氧化	不能被氧化
与水的反应	常温时能置换水中的氢	加热或与水蒸气反应时能置换水中的氢		不能与水反应		
与酸的反应	能把氢从酸中置换出来（非氧化性酸）				与氧化性酸反应	只与王水反应
与盐的反应	位于金属活动性顺序表前面的金属能把其后面的金属从它们的盐溶液中置换出来					
金属原子失电子的能力	强 ────────────────────→ 弱					
金属离子结合电子的能力	弱 ────────────────────→ 强					

4．金属的冶炼方法

（1）电解法：用于冶炼活泼的金属（K～Al）。

$$2NaCl(s) \xrightarrow{\text{电解}} 2Na + Cl_2$$

（2）还原法：用于冶炼中等活性的金属（Zn～Cu）。常用的还原剂有碳、一氧化碳、氢气、铝等，一般是在加热或高温条件下反应。

$$Fe_2O_3 + 3CO \xrightarrow{\text{高温}} 2Fe + 3CO_2$$

$$WO_3 + 3H_2 \xrightarrow{\text{高温}} W + 3H_2O$$

$$Fe_2O_3 + 2Al \xrightarrow{\text{高温}} 2Fe + Al_2O_3$$

（3）加热法：用于冶炼不活泼的金属（Hg～Ag）。

$$2HgO \xrightarrow{\triangle} 2Hg + O_2\uparrow$$

5．金属的分类

（1）有色金属：

①碱金属、碱土金属：钾、钠、钙、镁等；

②轻金属：密度小于 $4.5g/cm^3$，如镁、铝等；

③重金属：密度大于 $4.5g/cm^3$，如铜、镍、锡、铅等；

④贵金属：金、银、铍等。

（2）黑色金属：铁、锰、铬。

（3）稀有金属：锂、钨、镭、锆、铪、铌、镧系、锕系等。

（4）半金属：硼、硅、砷、硒、碲等。

6．合金

两种或两种以上的金属（或金属跟非金属）熔合而成的具有金属特性的物质叫做合金（alloy）。合金比它的成分金属具有许多良好的物理、化学和机械等方面的性能。一般地，合金的熔点比它的各成分金属的熔点都低。根据不同的需要，可以制成各种性能良好的合金。例如，铝硅合金的熔点为 564℃，比纯铝或硅的熔点都低，而且在凝固时收缩率很小，这种合金适合用于铸造。

二、铝及其化合物

1．铝

铝（Al，aluminium）位于元素周期表中的第三周期ⅢA族，处于元素周期表中金属元素和非金属元素分界线附近，它除了表现金属性以外，还表现某些非金属性。但铝原子的最外电子层上有 3 个电子，在化学反应中较易失去这 3 个电子而变成 +3 价的阳离子，所以铝主要表现金属性。

（1）存在、物理性质和用途。

①铝是地壳中最多的金属元素，约占地壳总质量的 7.73%，仅次于氧和硅。铝在自然界里主要以铝硅酸盐 $[Al_2Si_2O_5(OH)_4]$、矾土矿（$Al_2O_3 \cdot nH_2O$）、刚玉（Al_2O_3，corundum）、冰晶石（Na_3AlF_6）等形式存在。

②铝是银白色的轻金属，密度为 $2.70g/cm^3$，质地较软，耐腐蚀。熔点为 660.4℃，沸点为 2 467℃。铝是热和电的良导体，在电力工业上可以代替部分铜做导线和电缆。铝有很

强的延展性，能够抽成细丝，也能压成薄片成为铝箔。

③铝的重要用途是可以跟许多元素形成性能优良的各种合金。铝合金在汽车、船舶、飞机等制造业以及在日常生活的用途都很广。铝箔可以用来包装胶卷、糖果等，也可以用含铝材料制作消防服，用以反射大火的热辐射。铝粉跟某些油料混合，可以制得银白色防锈油漆。

随着科学技术的不断发展，人们对铝的认识越来越深入。过去被普遍认为无害元素的铝，近年来研究发现，其对环境及人类健康是有影响的。若人脑组织中含有高浓度的铝，会使人产生明显的脑功能障碍，记忆力衰退，行为紊乱。此外，铝在体内会干扰磷的代谢，导致骨质软化。

（2）铝的化学性质。

①铝跟氧气反应。

铝在潮湿的空气中能形成一层致密的氧化膜（Al_2O_3），它能保护内部的铝不再被氧化，所以铝具有抗腐蚀性能。铝粉在氧气中加热能燃烧，放出大量的热，同时发出耀眼的白光，在空气里，只有在高温下才能发生这样剧烈的变化：

$$4Al(s) + 3O_2(g) \xrightarrow{\text{高温}} 2Al_2O_3(s) + Q$$

②铝跟其他非金属反应：

$$2Al + 3Cl_2 \xrightarrow{\text{点燃}} 2AlCl_3$$

$$2Al + 3S \xrightarrow{\triangle} Al_2S_3$$

③铝跟稀盐酸或稀硫酸都能起反应：

$$2Al + 6H^+ = 2Al^{3+} + 3H_2\uparrow$$

常温下，铝在浓硝酸或浓硫酸里表面被钝化，生成坚硬的氧化膜，阻止反应继续进行。因此铝制的容器可以用来盛放和运输浓硝酸、浓硫酸。

④铝能跟强碱溶液起反应：

$$2Al + 2NaOH + 2H_2O = 2NaAlO_2(\text{偏铝酸盐}) + 3H_2\uparrow$$

⑤铝跟某些氧化物反应：

$$2Al + Fe_2O_3 \xrightarrow{\text{点燃}} 2Fe + Al_2O_3 + \text{热量}$$

这个反应叫做铝热反应，铝粉和氧化铁的混合物叫做铝热剂。铝粉和其他氧化物的混合物也可以叫做铝热剂，发生的反应也叫做铝热反应。在反应中放出大量的热，温度可达2 000℃以上，生成氧化铝和液态铁。运用这一反应原理可以冶炼一些难熔的金属如钒、铬、锰等，也用于焊接钢轨。

（3）铝的冶炼：工业上是以矾土矿（Al_2O_3、Fe_2O_3、SiO_2）为原料，电解熔融的氧化铝和冰晶石（Na_3AlF_6）的混合物冶炼铝。

第一步提纯：提纯氧化铝是在加压下用氢氧化钠处理矾土矿制得偏铝酸钠。

$$Al_2O_3 + 2NaOH = 2NaAlO_2 + H_2O$$

经沉降、过滤后，向滤液中通入二氧化碳制得氢氧化铝〔$Al(OH)_3$〕沉淀。

$$NaAlO_2 + CO_2 + 2H_2O = Al(OH)_3\downarrow + NaHCO_3$$

经煅烧氢氧化铝制得氧化铝（Al_2O_3）。

第二步电解：纯净氧化铝的熔点很高，约为2 045℃，很难熔化。需要加入冰晶石做熔剂，使氧化铝在 1 000℃ 左右熔解在液态的冰晶石里，形成冰晶石和氧化铝的熔融体。冰晶石和氧化铝的熔融体密度小于液态铝，液态铝积存在槽底，定期汲出。

①反应原理。实际上的反应比较复杂，可以简单地表示为：

阴极：$4Al^{3+} + 12e^- === 4Al$

阳极：$6O^{2-} - 12e^- === 3O_2$

电解方程式：$2Al_2O_3 \xrightarrow{\text{电解}} 4Al + 3O_2 \uparrow$

②原料：氧化铝，冰晶石。

③设备：电解槽，钢板做阴极，炭块做阳极。

④生产过程：直流电通过冰晶石－氧化铝的熔融体，在阴极有液态铝析出。反应过程中有氧气生成，高温条件下，阳极炭块不断被氧化而损耗。所以，在电解过程中，氧化铝和炭块要定期补充。

2. 氧化铝

氧化铝（Al_2O_3，aluminium oxide）是白色难熔的固体，不溶于水，熔点是 2 045℃。

氧化铝是冶炼铝的原料，也是一种较好的耐火材料，它可以用来制造耐火坩埚、耐火管和耐高温的实验仪器等。天然存在的无色氧化铝晶体叫做刚玉。在其晶体中，氧原子是六方紧密堆积，铝原子占有八面体的 2/3 的位置，质地致密、坚硬，其硬度仅次于金刚石，常用作磨料、精密仪器和手表的轴承等。当刚玉中含有杂质离子时会呈现出不同颜色，如含微量 Cr（Ⅲ）时呈红色，俗称红宝石；含 Fe（Ⅱ）、Fe（Ⅲ）或 Ti（Ⅳ）时呈蓝色，俗称蓝宝石。

氧化铝是典型的两性氧化物，新制备的氧化铝既能跟酸起反应生成铝盐，又能跟碱起反应生成偏铝酸盐：

$$Al_2O_3 + 6H^+ === 2Al^{3+} + 3H_2O$$
$$Al_2O_3 + 2NaOH === 2NaAlO_2 + H_2O$$

3. 氢氧化铝

氢氧化铝［$Al(OH)_3$，aluminium hydroxide］是难溶于水的白色胶状物质，表面积比较大，能凝聚水中悬浮物质，并且有吸附色素的性能，是很好的吸附剂。

实验室常用铝盐溶液跟氨水反应来制备氢氧化铝：

$$Al^{3+} + 3NH_3 \cdot H_2O === Al(OH)_3 \downarrow + 3NH_4^+$$

氢氧化铝加热时分解生成氧化铝和水：

$$2Al(OH)_3 \xrightarrow{\text{加热}} Al_2O_3 + 3H_2O$$

氢氧化铝是典型的两性氢氧化物，既能跟酸起反应生成铝盐，又能跟碱起反应生成偏铝酸盐。它在水溶液中按下式电离：

$$H_2O + AlO_2^- + H^+ \rightleftharpoons Al(OH)_3 \rightleftharpoons Al^{3+} + 3OH^-$$
$$\text{酸式电离} \qquad\qquad\qquad \text{碱式电离}$$
$$Al(OH)_3 + 3H^+ === Al^{3+} + 3H_2O$$
$$Al(OH)_3 + OH^- === AlO_2^- + 2H_2O$$

氢氧化铝是一种弱电解质，它的碱性和酸性都很弱，电离时生成的 H^+ 和 OH^- 都很少。当往 $Al(OH)_3$ 中加酸时，酸中的 H^+ 跟溶液里少量的 OH^- 起反应生成水，这就会使氢氧化铝按碱式电离，使平衡向右移动，而使 $Al(OH)_3$ 不断地溶解。若往 $Al(OH)_3$ 里加碱，碱中的 OH^- 立即跟溶液里少量的 H^+ 起反应生成水，这样就会使氢氧化铝按酸式电离，使平衡向左移动，同样 $Al(OH)_3$ 也会不断地溶解。

4. 硫酸铝钾

硫酸铝钾 $[KAl(SO_4)_2$, aluminium potassium sulfate] 是由两种不同的金属离子和一种酸根离子组成的盐，像这样的盐叫做复盐（double salt）。它电离时可离解出两种金属阳离子：

$$KAl(SO_4)_2 =\!=\!= K^+ + Al^{3+} + 2SO_4^{2-}$$

十二水合硫酸铝钾 $[KAl(SO_4)_2 \cdot 12H_2O]$ 俗名明矾，是无色晶体，易溶于水，它的水溶液呈酸性。

$$Al^{3+} + 3H_2O \rightleftharpoons Al(OH)_3 （胶体） + 3H^+$$

明矾水解产生的 $Al(OH)_3$ 胶体吸附能力很强，可以吸附水里悬浮的杂质，形成较大的颗粒而沉淀，使水澄清，所以明矾是一种较好的净水剂。

三、铁及其化合物

在元素周期表的中部，从ⅢB族到ⅡB族的 7 个副族和第Ⅷ族，共 10 个纵行，包括镧系和锕系，共有 65 种元素，分属第四至第七周期。这些元素在元素周期表的位置和元素的性质方面起到了由活泼金属到活泼非金属过渡的作用，所以人们习惯把它们叫做过渡元素（transition elements）。铁（Fe，iron/ferrum）和铜（Cu，copper/cuprum）是两种重要的过渡元素。

1. 铁

铁位于元素周期表的第四周期Ⅷ族，是一种重要的过渡元素。铁原子的价电子构型为 $3d^64s^2$，可以形成两种阳离子：$Fe - 2e^- =\!=\!= Fe^{2+}$ 和 $Fe - 3e^- =\!=\!= Fe^{3+}$。铁在化合物里通常呈 +2 和 +3 两种氧化态。

（1）物理性质和用途。

纯净的铁是光亮银白色金属，密度是 $7.86g/cm^3$，熔点是 1 535℃，沸点是 2 750℃。纯铁的抗腐蚀能力很强，但通常的铁都含有少量的碳或其他元素，使其熔点降低，抗腐蚀能力减弱。铁有延展性和导热性，也能导电，但是它的导电性比铜、铝要差。铁能被磁体吸引，在磁场的作用下，铁自身也能产生磁性。铁是现代工业的基础，是人类进步与文明发展不可缺少的金属材料之一。铁钴镍合金是很好的磁性材料，在冶金工业中，铁、钴、镍组成各种性能优良的合金。铁是哺乳动物所必需的元素：血液中的血红蛋白和肌肉组织中的肌红蛋白的活性部位都是由 Fe（Ⅱ）和卟啉组成的；铁在血液中是交换与输氧所必需的。铁还是植物制造叶绿素不可缺少的催化剂。

（2）化学性质。

铁是比较活泼的金属，它在金属活动性顺序表里位于氢之前。

铁跟氧气和其他非金属的反应：常温时，铁在干燥的空气里不易被氧化；高温时，铁在氧气里剧烈反应生成黑色的四氧化三铁。

$$3Fe + 2O_2 \xrightarrow{点燃} Fe_3O_4$$

加热时，铁还能跟硫、氯气等发生反应：

$$Fe + S \xrightarrow{加热} FeS \quad （硫化亚铁）$$

$$2Fe + 3Cl_2 \xrightarrow{加热} 2FeCl_3 \quad （三氯化铁）$$

铁跟水的反应：红热的铁能跟水蒸气起反应，生成四氧化三铁和氢气。

$$3Fe + 4H_2O(g) \xrightarrow{\text{高温}} Fe_3O_4 + 4H_2 \uparrow$$

铁跟盐酸、稀硫酸和某些盐发生置换反应：

$$Fe + 2H^+ \xrightarrow{} Fe^{2+} + H_2 \uparrow$$

$$Fe + Cu^{2+} \xrightarrow{} Fe^{2+} + Cu$$

铁遇冷浓硫酸和浓硝酸会钝化。

铁在干燥的空气中不易被氧化，在潮湿的空气中容易发生电化腐蚀：

$$Fe + CO_2 + H_2O \xrightarrow{} FeCO_3 + H_2 \uparrow$$

$$4FeCO_3 + 6H_2O + O_2 \xrightarrow{} 4Fe(OH)_3 + 4CO_2 \uparrow$$

$$4Fe(OH)_3 \xrightarrow{} 2Fe_2O_3 \cdot 6H_2O \quad （铁锈）$$

2．铁的氧化物

铁的氧化物有氧化亚铁、氧化铁和四氧化三铁等，它们的性质见表 7 - 9。

表 7 - 9　铁的氧化物的性质比较

名称	氧化亚铁（FeO）[iron（Ⅱ）oxide]	氧化铁（Fe₂O₃）[iron（Ⅲ）oxide]	四氧化三铁（Fe₃O₄）[ferroferric oxide]
颜色、状态和溶解性	黑色粉末，不溶于水	红棕色粉末，不溶于水	有磁性的黑色晶体，不溶于水
跟酸反应	溶于酸：$FeO + 2H^+ == Fe^{2+} + H_2O$	溶于酸：$Fe_2O_3 + 6H^+ == 2Fe^{3+} + 3H_2O$	溶于稀酸（非氧化性强酸）：$Fe_3O_4 + 8H^+ == 2Fe^{3+} + Fe^{2+} + 4H_2O$
热稳定性和用途	不稳定，在空气中加热生成四氧化三铁	稳定，俗称铁红，用作油漆的颜料	稳定，俗称磁铁

3．铁的氢氧化物

铁有两种氢氧化物，即氢氧化亚铁和氢氧化铁，它们的性质见表 7 - 10。

表 7 - 10　铁的氢氧化物的性质比较

名称	氢氧化亚铁 [Fe(OH)₂]（ferrous hydroxide）	氢氧化铁 [Fe(OH)₃]（ferric hydroxide）
颜色、状态和溶解性	白色固体，难溶于水	红褐色固体，不溶于水
跟酸反应	跟酸反应生成亚铁盐：$Fe(OH)_2 + 2H^+ == Fe^{2+} + 2H_2O$	跟酸反应生成铁盐：$Fe(OH)_3 + 3H^+ == Fe^{3+} + 3H_2O$
热稳定性	不能稳定存在，极易被氧化：$4Fe(OH)_2 + 2H_2O + O_2 == 4Fe(OH)_3$	受热分解：$2Fe(OH)_3 == Fe_2O_3 + 3H_2O$
制取方式	用可溶性的亚铁盐跟碱溶液反应来制取：$Fe^{2+} + 2OH^- == Fe(OH)_2 \downarrow$	用可溶性的铁盐跟碱溶液反应来制取：$Fe^{3+} + 3OH^- == Fe(OH)_3 \downarrow$

4. 亚铁盐和铁盐

（1）硫酸亚铁［$FeSO_4$，iron（Ⅱ）sulfate］是淡绿色的晶体，易溶于水，易水解，在空气中易被氧化生成铁盐。在配制溶液时应加入少量酸和铁，以防止水解和氧化：

$$Fe^{2+} + 2H_2O \Longrightarrow Fe(OH)_2 + 2H^+ \quad （防止水解，加入稀硫酸）$$

$$2Fe^{3+} + Fe \Longrightarrow 3Fe^{2+} \quad （防止氧化，加入铁粉）$$

（2）氯化铁［$FeCl_3$，iron（Ⅲ）chloride］或称三氯化铁，是黑棕色六方结晶，密度 2.898g/cm^3，熔点306℃，沸点315℃。易溶于水，其水溶液呈酸性，有腐蚀性。水解后生成棕色絮状氢氧化铁，有吸附性，用作饮用水的净水剂和废水的处理沉淀剂。易潮解，属强氧化剂，可用作银矿和铜矿的氯化浸提剂，电子工业用于腐蚀电路板。

$$Fe^{3+} + 3H_2O \Longrightarrow Fe(OH)_3（胶体） + 3H^+（防止水解，加盐酸）$$

（3）亚铁（Ⅱ）化合物和铁（Ⅲ）化合物间的相互转变。

铁（Ⅲ）化合物遇较强的还原剂会被还原成亚铁（Ⅱ）化合物。例如，氯化铁溶液遇铁等还原剂，能被还原生成氯化亚铁：

$$2FeCl_3 + Fe \Longrightarrow 3FeCl_2 \quad （溶液由黄棕色变成淡绿色）$$

亚铁（Ⅱ）化合物在较强的氧化剂的作用下会被氧化成铁（Ⅲ）化合物。例如，氯化亚铁溶液跟氯气起反应，生成氯化铁：

$$2FeCl_2 + Cl_2 \Longrightarrow 2FeCl_3 \quad （溶液由淡绿色变成黄棕色）$$

$$Fe^{2+} \underset{还原剂}{\overset{氧化剂}{\rightleftharpoons}} Fe^{3+} + e^-$$

（4）Fe^{2+} 和 Fe^{3+} 的检验。

Fe^{3+} 与 SCN^- 产生一系列的红色络离子，Fe^{2+} 跟 SCN^- 反应不显红色：

$$Fe^{3+} + nSCN^- \Longrightarrow [Fe(SCN)_n]^{3-n} \quad （红色溶液），\quad n = 1 \sim 6$$

Fe^{2+} 和 Fe^{3+} 也可以通过加入氢氧化钠溶液来检验：

$$Fe^{2+} + 2OH^- \Longrightarrow Fe(OH)_2 \downarrow$$

反应生成白色沉淀，在空气中易被氧化，逐渐变成灰绿色，最后生成红褐色沉淀 ［Fe（OH）$_3$］：

$$4Fe(OH)_2 + O_2 + 2H_2O \Longrightarrow 4Fe(OH)_3 \downarrow$$

Fe^{3+} 与 NaOH 溶液反应直接生成红褐色沉淀：

$$Fe^{3+} + 3OH^- \Longrightarrow Fe(OH)_3 \downarrow$$

四、铜及其化合物

1. 铜

铜位于元素周期表的第四周期ⅠB族，其价电子构型为 $3d^{10}4s^1$，有 +1 和 +2 两种氧化态。自然界里，单质铜很少，大多以化合态存在，如黄铜矿（$CuFeS_2$）、辉铜矿（Cu_2S）、孔雀石［$Cu_2(OH)_2CO_3$］和赤铜矿（Cu_2O）等。

（1）物理性质和用途。

铜是紫红色固体，密度为 8.92g/cm^3，质软，熔点1 083℃，易导电、导热，有延展性。

铜制成各种合金，用途广泛。如黄铜（铜锌合金），其机械性能及耐磨性能都很好，用于仪器、船舶、钟表上的零件。青铜（铜锡合金）具有良好的抗腐蚀性能、导电性能、耐磨性、可铸造性等，常用于制精密轴承，机械零件及抗腐蚀板材、管材、棒材等。白铜

（铜镍合金）有良好的抗腐蚀性能，常用于仪表工业。铜还大量用于电子电气工业。

铜也是人体不可缺少的元素之一。正常人体每天需要补充 2~5mg 的铜。人体缺少铜会导致红细胞减少，引起贫血。体内缺铜会出现头发变白、动脉硬化、胆固醇升高等症状。但是人体内铜含量过高也会导致癌变。

（2）化学性质。

铜在金属活动性顺序表中排在氢之后，不能跟稀酸反应。在干燥的空气中稳定，有耐腐蚀性。

①铜在加热或点燃的条件下能跟氧气及其他非金属反应。在潮湿的空气中能生成碱式碳酸铜，俗称铜绿（verdigris）：

$$2Cu + O_2 \xrightarrow{\text{加热}} 2CuO（黑色固体）$$

$$Cu + Cl_2 \xrightarrow{\text{点燃}} CuCl_2（反应剧烈，产生棕色的烟）$$

$$2Cu + S \xrightarrow{\text{加热}} Cu_2S（黑色固体）$$

$$2Cu + H_2O + CO_2 + O_2 == Cu_2(OH)_2CO_3（铜绿）$$

②跟氧化性酸和某些盐溶液的反应：

$$3Cu + 8HNO_3（稀）== 3Cu(NO_3)_2 + 2NO\uparrow + 4H_2O$$

$$Cu + 2AgNO_3 == 2Ag + Cu(NO_3)_2$$

2. 铜的氧化物

铜的氧化物有氧化铜和氧化亚铜等，它们的性质见表 7-11。

表 7-11　氧化铜和氧化亚铜的性质

名称	氧化铜（CuO） [copper（Ⅱ）oxide]	氧化亚铜（Cu₂O） [copper（Ⅰ）oxide]
颜色、状态和溶解性	黑色固体，不溶于水	红色固体，不溶于水
热稳定性	对热不稳定，加热至 1 273K 时分解，生成氧化亚铜和氧气： $4CuO == 2Cu_2O + O_2\uparrow$	对热稳定，加热难分解
跟酸反应	跟酸反应： $CuO + H_2SO_4 == CuSO_4 + H_2O$	跟酸发生歧化反应： $Cu_2O + H_2SO_4 == CuSO_4 + Cu + H_2O$

3. 氢氧化铜

氢氧化铜 [Cu(OH)₂，copper hydroxide] 是淡蓝色固体，难溶于水。可以用可溶性的铜盐跟碱溶液反应来制取：

$$CuSO_4 + 2NaOH == Cu(OH)_2\downarrow + Na_2SO_4$$

主要化学性质有：

（1）酸碱中和反应：

$$Cu(OH)_2 + 2HCl == CuCl_2 + 2H_2O$$

（2）跟氨水反应生成络合物：

$$Cu(OH)_2 + 4NH_3 \cdot H_2O =\!=\!= [Cu(NH_3)_4](OH)_2 + 4H_2O$$

（3）受热分解：

$$Cu(OH)_2 \overset{353K}{=\!=\!=} CuO + H_2O$$

4. 硫酸铜

无水硫酸铜 [$CuSO_4$, copper（Ⅱ）sulfate] 是白色粉末，吸水性强，吸水后呈蓝色。实验室里常用无水硫酸铜来鉴定有机溶剂中的微量水，也可以用无水硫酸铜来除去有机溶剂中的微量水。

五水合硫酸铜（$CuSO_4 \cdot 5H_2O$, copper sulfate pentahydrate）是蓝色晶体，俗称胆矾。胆矾常用于配制电解法精炼铜和电镀铜的电解液。胆矾跟石灰乳混合配成波尔多液，是防治植物病害的农药。五水合硫酸铜在加热时会逐渐失去水：

$$CuSO_4 \cdot 5H_2O \xrightarrow{375K} CuSO_4 \cdot 3H_2O \xrightarrow{386K} CuSO_4 \cdot H_2O \xrightarrow{531K} CuSO_4$$

5. 其他金属

（1）碱土金属：包括铍（Be）、镁（Mg）、钙（Ca）、锶（Cs）、钡（Ba）、镭（Ra，放射性元素），其价电子构型是 ns^2，在化学反应中易失电子，形成 +2 价阳离子，表现强还原性。碱土金属有着广泛的用途。铍具有透过 X 射线的能力，常用作 X 光管的透射材料和制造霓虹灯的元件。铍也用作原子反应堆的减速剂，铍青铜合金的抗拉强度很大，比钢大 9 倍，而弹性似弹簧钢，被称为"超硬合金"。其机械性能优良，硬度大，弹性好，抗腐蚀能力强，常用于制造气阀座、手表游丝、高速轴承、耐磨齿轮及精密仪器的零件等。铍-镁-钴合金轻而坚硬，常用于航空航天工业中。铍及其化合物有毒，能导致严重的肺病和皮肤炎。

镁离子在机体中的生化作用是十分重要的。镁能激活人体中的生物酶，对蛋白质的合成起重要作用。镁是构成叶绿素的重要成分。镁还具有镇静作用，在血液中注射镁盐可以起麻醉效果。在工业中，镁主要用于制强度高、密度小的合金，广泛用于汽车、飞机制造业。

钙是构成人和动物骨骼的主要成分，在传递神经脉冲、触发肌肉收缩和激素释放、血液的凝结以及正常心律调节中，Ca^{2+} 都起着重要的作用。钙盐是人体必需的无机盐。人体每天要补充 $400 \sim 1\,500mg$ 的钙。如果人体缺钙就会导致佝偻病及骨质疏松症。钙主要来源于牛奶、干酪及绿叶蔬菜。

（2）锌（Zn）：位于元素周期表中的第四周期ⅡB族，外层电子构型为 $3d^{10}4s^2$，易失去最外层的 2 个电子，通常只有 +2 价氧化态。锌主要以硫化物或含氧化物存在于自然界中，如闪锌矿（ZnS）、菱锌矿（$ZnCO_3$）等。锌对人体发育过程有着重要的作用。医学上发现，锌具有促进人体内淋巴细胞增殖、维持上皮和黏膜组织正常的作用。人体缺锌会导致青春侏儒症，也会导致伤口不易愈合、皮肤及黏膜溃疡、嗅觉迟钝、发育不良，影响骨骼发育和性机能发育。锌还是植物生长不可缺少的元素，它能促进叶绿素的形成以及碳水化合物和蛋白质的合成，提高植物抗病害的能力。

（3）钛（Ti）：一种性能非常优良的金属，具有银灰色金属光泽，密度小（$4.5g/cm^3$），机械强度大，熔点高（$1\,680℃$），耐热性强。常温时钛在空气中稳定，只有在高温下与氧、硫、卤素、氮和碳等起反应生成二氧化钛（白色粉末，工业上称为"钛白粉"，是性能优良的白色颜料）和四氯化钛等化合物。

钛既耐高温，又耐低温；钛合金强度高（在 $-253 \sim 500℃$ 这样宽的温度范围内都能保持高强度），密度小（密度是钢铁的一半而强度和钢铁相当），这些优点正是太空金属所必备的。钛的合金是制造火箭发动机的壳体及人造卫星、宇宙飞船、军舰和船舶的理想材料。钛有"太空金属"之称，钛及其合金在宇航工业、火箭、导弹等的制造业中占有重要的地位。

钛是一种纯性金属，正因为钛金属的"纯"，故物质和它接触的时候不会发生化学反应。钛的耐腐蚀性和稳定性使它在和人长期接触以后也不影响其本质，所以不会使人过敏，它是唯一对人类自主神经和味觉没有任何影响的金属。钛又被人们称为"亲生物金属"，在医学上有着独特的用途。在骨头损伤处，用钛片和钛螺丝钉固定好，过几个月，骨头就会长在钛片上和螺丝钉的螺纹里，新的肌肉就包在钛片上。这种"钛骨"就如同真的骨头一样，甚至可以用钛制作人造骨头，代替人骨治疗骨折。

（4）稀土金属：元素周期表中原子序数从 $57 \sim 71$（从镧至镥）的 15 种元素以及钇和钪，共 17 种元素，称为稀土元素。稀土元素在科技、生产上有广泛的用途。我国拥有丰富的稀土资源，占世界稀土资源的 80% 左右。稀土金属有广泛的用途，既可以单独使用，也可用于生产合金。在合金中加入稀土金属，能大大改善合金性能。如钢中加入稀土元素后，增强了钢的塑性、韧性、耐磨性、耐热性、抗氧化性和抗腐蚀性等。

稀土元素的物理性质和化学性质相似，在自然界中总是共生，分离十分困难。高效萃取剂的合成和自动化技术在分离工序中的应用促进了稀土金属、稀土氧化物和盐类的生产。

例题 1 下列有关金属的说法不正确的是（   ）。

A. 铜和硬铝都属于金属材料

B. 铝有良好的抗氧化能力

C. 把少量生铁放入足量稀盐酸中可完全溶解并放出气体

D. 铁生锈是铁在有氧气和水等物质存在的条件下，发生复杂的化学反应的过程

解析：金属材料包括金属单质和合金，铜是金属单质，硬铝是铝的合金，所以铜和硬铝都属于金属材料，A 项正确。铝能被空气氧化，表面生成致密的氧化物薄膜，对铝起到保护作用，所以铝有良好的抗氧化能力，B 项正确。生铁是合金，除了铁外，还含有 C、Si、Mn、S、P 等元素。生铁与盐酸混合反应不可能完全溶解，C 项错误。铁生锈的反应是铁、氧气和水等物质之间发生复杂的化学反应的过程，D 项正确。

答：C。

例题 2 某白色固体可能是 K_2CO_3、$BaSO_4$、NH_4Cl、$CaCl_2$ 四种物质中的一种或几种。把少量白色固体加到水中，有不溶物存在，过滤后进行如下实验：

（1）向不溶物中加盐酸，不溶物完全溶解，并放出气体；

（2）在滤液中加入氢氧化钠溶液并加热，在试管口用湿润的红色石蕊试纸检验，试纸不变色。

根据上述实验确定：白色固体中肯定存在什么物质？肯定不存在什么物质？

解析：白色固体加到水中后出现的不溶物，可能是 $BaSO_4$，也可能是 K_2CO_3 与 $CaCl_2$ 在溶液中混合后生成的 $CaCO_3$。由实验（1）可知，不溶物不可能是 $BaSO_4$，肯定是 $CaCO_3$，因为 $BaSO_4$ 不溶于酸，$CaCO_3$ 溶于酸并产生 CO_2 气体。由此推断，原白色固体中肯定存在 K_2CO_3 和 $CaCl_2$。由实验（2）可知滤液中不存在铵盐，因为铵盐与氢氧化钠溶液混合加热会反应生成氨气，而氨气会使湿润的红色石蕊试纸变蓝色。

答：白色固体中肯定存在 K_2CO_3 和 $CaCl_2$，肯定不存在 $BaSO_4$ 和 NH_4Cl。

例题 3　在含有 Ag^+、Al^{3+}、Mg^{2+} 等离子的溶液中：①加入过量的盐酸，过滤；②滤液中加入氢氧化钠溶液至过量，过滤；③滤液中加适量的盐酸。各发生什么变化？写出有关反应的离子方程式。

解：在含有 Ag^+、Al^{3+}、Mg^{2+} 等离子的溶液中：①加入盐酸时，有氯化银的白色沉淀生成。②加入氢氧化钠时，先中和盐酸，后有白色的氢氧化铝和氢氧化镁沉淀生成；当氢氧化钠过量时，白色沉淀部分溶解。③滤液中加入适量的盐酸时又有氢氧化铝沉淀生成。有关反应的离子方程式为：

$$Ag^+ + Cl^- == AgCl \downarrow$$
$$Mg^{2+} + 2OH^- == Mg(OH)_2 \downarrow$$
$$Al^{3+} + 3OH^- == Al(OH)_3 \downarrow$$
$$Al(OH)_3 + OH^- == AlO_2^- + 2H_2O$$
$$AlO_2^- + H^+ + H_2O == Al(OH)_3 \downarrow$$

例题 4　向溶解 10g 硫酸铜的溶液中加入 2.8g 铁屑，充分反应后，有多少克铜析出？溶液中含有什么金属离子？

解：铁比铜的活动性强，铁屑加到硫酸铜的溶液中，铁能把铜从溶液中置换出来；铁被氧化成二价铁。根据硫酸铜和铁的量计算析出铜的质量和溶液中存在的离子的种类。若硫酸铜过量，溶液中存在 Cu^{2+} 和 Fe^{2+}；若铁过量或刚好完全反应，则溶液中只存在 Fe^{2+}。

设 2.8g 铁能跟 xg 硫酸铜完全反应。

$$CuSO_4 + Fe == FeSO_4 + Cu$$
$$\qquad 160 \qquad 56$$
$$\qquad x \qquad 2.8$$

解得 $x = 8$（$8 < 10$，硫酸铜过量，铁反应完全，生成硫酸亚铁）

8g 硫酸铜与 2.8g 铁完全反应生成 yg 铜。

$$CuSO_4 + Fe == FeSO_4 + Cu$$
$$\qquad 56 \qquad\qquad 64$$
$$\qquad 2.8 \qquad\qquad y$$

解得 $y = 3.2$（析出铜的质量）

答：析出铜的质量为 3.2g，溶液中含有 Cu^{2+} 和 Fe^{2+}。

例题 5　在 500mL 2mol/L 的 $AlCl_3$ 溶液中加入含 136g 氢氧化钠的溶液，最后生成多少克的沉淀？

解：氯化铝和氢氧化钠两种溶液反应，根据反应物的量不同，有三种情况：①氢氧化钠与氯化铝的量按 3:1 混合时，刚好完全反应生成氢氧化铝沉淀；②氢氧化钠与氯化铝的量的比大于 3:1 时，生成的氢氧化铝会溶解在过量的氢氧化钠溶液中；③氢氧化钠与氯化铝的量的比小于 3:1 时，氯化铝有剩余，这时要以氢氧化钠的量计算生成氢氧化铝沉淀的量。

此命题中 NaOH 与 $AlCl_3$ 的量之比：

$$\frac{\dfrac{136g}{40g/mol}}{0.5L \times 2mol/L} = \frac{3.4}{1} > 3:1，按第二种情况计算生成沉淀的量。$$

跟氯化铝反应的氢氧化钠的量为 xg，生成 yg 的氢氧化铝。跟氢氧化铝反应消耗的氢氧

化铝的质量为 z g。

$$3NaOH + AlCl_3 = Al(OH)_3\downarrow + 3NaCl$$

$$\begin{array}{cccc} 3\times40 & 1mol & & 78 \\ x & 0.5\times2 & & y \end{array}$$

解得 $x = 120$，剩余氢氧化钠的质量为 $136g - 120g = 16g$；

解得 $y = 78$，生成氢氧化铝的质量为 $78g$。

$$NaOH + Al(OH)_3 = Na[Al(OH)_4]$$

$$\begin{array}{cc} 40 & 78 \\ 16 & z \end{array}$$

解得 $z = 31.2$，溶解的氢氧化铝的质量为 $31.2g$。

最后生成的沉淀为：$78g - 31.2g = 46.8g$。

答：最后生成氢氧化铝沉淀 $46.8g$。

思考题

1. 下列叙述是否正确？
(1) 金属阳离子都只有氧化性；
(2) 在通常情况下，金属内部的自由电子的运动是没有方向性的；
(3) 非金属元素形成的单质都不能导电；
(4) 化学反应中，金属单质都是还原剂，非金属单质都是氧化剂；
(5) 某物质中只含有一种元素，该物质一定是纯净物；
(6) 晶体中只要有阳离子，就一定含阴离子；
(7) 金属越活泼，其原子在反应中失去电子越多；
(8) 合金属于混合物，但具有金属的某些特性；
(9) 钠放置在空气中最后的生成物是碳酸钠。

2. 解释下列现象：
(1) 硫化钠和氯化铝两种溶液混合后为什么有沉淀和气体生成？
(2) 制取氢氧化铝时，最好是在铝盐溶液中加入氨水，而不是加入氢氧化钠，为什么？
(3) 明矾和氯水都可以用于净水，其本质是否相同？

3. 下列操作中最后能否得到沉淀？写出有关反应的离子方程式。
(1) 向硅酸钠溶液中通入过量的二氧化碳；
(2) 向偏铝酸钠溶液中滴加盐酸至过量；
(3) 向石灰水中通入二氧化碳至过量；
(4) 向氯化铝溶液中加入氢氧化钠溶液至过量；
(5) 向氯化铝溶液中加入氨水至过量；
(6) 向硫酸铜溶液中加入氨水至过量。

4. 要证明某溶液中不含 Fe^{3+} 而可能含有 Fe^{2+}，进行如下实验操作的最佳顺序是什么？①加入足量氯水；②加入足量 $KMnO_4$ 溶液；③加入少量 KSCN 溶液。

5. 有五瓶失去标签的白色粉末状固体，它们是 $MgCO_3$、$BaCO_3$、无水 Na_2CO_3、无水 $CaCl_2$、无水 Na_2SO_4 中的一种，如何区别它们？

6. 怎样分离 Cu^{2+}、Al^{3+}、Mg^{2+} 离子？

7. 有一种固体，可能含有 $AgNO_3$、CuS、$AlCl_3$、$KMnO_4$、K_2SO_4 和 $ZnCl_2$，将该固体加入水中，并加盐酸酸化，有白色沉淀 A 生成，滤液 B 无色，白色沉淀 A 能溶于氨水中。将滤液 B 分成两份，一份加入少量 NaOH 溶液时有白色沉淀生成，再加入过量的 NaOH 溶液时白色沉淀溶解；另一份溶液加入少量氨水时有白色沉淀生成，再加入过量的氨及氯化铵溶液时白色沉淀溶解。

根据以上实验现象，指出上述固体中哪些化合物一定存在，哪些化合物一定不存在，哪些化合物可能存在。

8. 1L 0.1mol/L 的氯化铝溶液和 175mL 2mol/L 的氢氧化钠溶液混合，完全反应后，最后生成的氢氧化铝沉淀是多少克？

9. 在 20g 的铁、铜和铝的混合粉末中，加入过量的氢氧化钠溶液，在标准状况下生成 6.72L 的氢气；另取相同质量的该混合粉末放入足量的稀盐酸中，在标准状况下生成 11.2L 氢气。计算原混合物中各金属的质量。

《〉 复习题七 《〉

一、选择题（在下列每小题给出的四个选项中，只有一个是正确的，请将正确选项前的字母填在题后的括号内）

1. 关于卤素，下列叙述正确的是（　　）。

A. 氟、氯、溴、碘等均与水反应生成氢卤酸和次卤酸

B. 都能形成最高价氧化物，其水化物均为强酸

C. 卤化氢的水溶液均为一元强酸

D. 卤素单质的氧化性随着卤素原子半径的增大而减弱

2. 下列关于液氯的说法中，正确的是（　　）。

A. 液氯属于混合物

B. 液氯是一种有色、有味、有毒的液体

C. 液氯能使有色布条褪色

D. 液氯有酸性

3. 将 KOH、KBr、KI 的混合溶液通入氯气，再加入过量盐酸酸化，将所得溶液蒸干，并灼烧残渣，最后剩余的物质是（　　）。

A. KCl　　　　　　B. KCl、KClO　　　C. KCl、KOH　　　D. KCl、I_2

4. 对于非金属，下列说法中正确的是（　　）。

A. 非金属元素都是主族元素，且大于或等于ⅣA族

B. 非金属元素的原子都能夺得电子形成阴离子

C. 非金属单质都不具有光泽，也不能导电

D. 非金属氧化物不一定都是酸性氧化物

5. 冰箱制冷剂氟氯甲烷在高空中受紫外线辐射产生 Cl 原子，并进行反应：$Cl + O_3 \longrightarrow ClO + O_2$，$ClO + O \longrightarrow Cl + O_2$，下列说法不正确的是（　　）。

A. 反应过程中将 O_3 转变为 O_2　　　　B. 氟氯甲烷是总反应的催化剂

C. Cl 原子是总反应的催化剂　　　　　　D. 氯原子反复起分解 O_3 的作用

6. 下列颜色变化不属于化学反应产生的现象的是（　　）。

A. 无色试剂瓶中的浓硝酸呈黄色　　　　B. 久置的 KI 溶液呈黄色

C. 新制氯水久置后变为无色　　　　　　D. 溴水与 CCl_4 混合后水层变为无色

7. 下列溶液中，不能区别 SO_2 和 CO_2 气体的是：①石灰水；②H_2S 溶液；③$KMnO_4$ 溶液；④溴水；⑤酸化的 $Ba(NO_3)_2$ 溶液；⑥品红溶液。（　　）

A. ①②③⑤　　　　B. ②③④⑤　　　C. ①　　　D. ①③

8. 下列过程中没有发生化学反应的是（　　）。

A. 用浸泡过高锰酸钾溶液的硅藻土保存水果

B. 用热碱水清除炊具上残留的油污

C. 用活性炭去除冰箱中的异味

D. 用含硅胶、铁粉的透气小袋与食品一起密封包装

9. 将铁粉加入氯化铁、氯化亚铁和氯化铜的混合液中，反应后有铁剩余，则反应后的溶液中离子浓度最大的是（　　）。

A. Cu^{2+}　　　　B. Fe^{2+}　　　　C. Fe^{3+}　　　　D. H^+

10. 下列各组物质中的两种物质发生反应，反应条件或反应物用量改变时，对生成物不产生影响的是（　　）。

A. NaOH 与 CO_2　　B. Na 与 O_2　　C. Na_2O_2 与 CO_2　　D. Na_2CO_3 与 HCl

11. 只用一种试剂即可鉴别 $BaCl_2$、Na_2CO_3、Na_2SO_3 和 $Al_2(SO_4)_3$ 四种溶液，这种试剂是（　　）。

A. 盐酸　　　　　　B. 稀硫酸　　　　C. 氯水　　　　D. 硝酸银溶液

12. 下列叙述中不正确的是（　　　）。

A. 硝酸通常保存在棕色试剂瓶，置于低温处，是因为硝酸见光受热易分解

B. 实验室可以用稀硝酸与活泼金属反应制取氢气

C. 硅酸钠（水玻璃）是制备木材防火剂的原料

D. 某溶液与 NaOH 共热产生能使湿润的石蕊试纸变蓝的气体，则该溶液中含有 NH_4^+

13. 在氢气中混有少量 H_2S、CO_2、HCl、H_2O（气）等杂质，为得到纯净、干燥的氢气，正确的操作顺序是：①用浓硫酸洗气；②用盛水的洗气瓶洗气；③用 NaOH 溶液洗气；④通过灼热的 CuO；⑤用 $CuSO_4$ 溶液洗气；⑥用无水氯化钙干燥；⑦用稀 $KMnO_4$ 溶液洗气。（一次除一种）（　　　）

A. ②⑥⑤①　　　　　B. ①③④⑤　　　　　C. ②⑤③①　　　　　D. ④③⑤⑦

14. 下列各组离子中，能在水溶液中大量共存的是（　　　）。

A. Ba^{2+}、Cl^-、Na^+、SO_4^{2-}　　　　　　　B. Ag^+、NO_3^-、K^+、CO_3^{2-}

C. Cu^{2+}、Cl^-、Ag^+、OH^-　　　　　　　D. Na^+、OH^-、K^+、SO_4^{2-}

15. 下列说法中正确的是（　　　）。

A. 可以用澄清的石灰水鉴别 CO_2、SO_2 两种气体

B. 硫粉在过量的纯 O_2 中燃烧可以生成 SO_3

C. 少量 SO_2 通过浓的氯化钙溶液能生成白色沉淀

D. Cl_2、NO_2、NO、SO_2、NH_3 等气体对人体均有毒害

16. 除去二氧化碳中的氯化氢气体，可选用的试剂是（　　　）。

A. NaOH 溶液　　　B. $BaCl_2$ 溶液　　　C. 饱和 $NaHCO_3$　　　D. 饱和 NaCl

17. 下列叙述中正确的是（　　　）。

A. 含金属元素的离子一定都是阳离子

B. 在氧化还原反应中，非金属单质一定是氧化剂

C. 某元素从化合态转变为游离态时，该元素一定被还原

D. 金属阳离子被还原不一定得到金属单质

18. 将表面都含有氧化物的铁片和铜片一起放入盐酸中充分反应，若反应后铁片有剩余，则所得溶液中存在的金属离子是（　　　）。

A. 只有 Fe^{2+}　　　　　　　　　　　B. Fe^{2+} 和 Fe^{3+}

C. Fe^{2+} 和 Cu^{2+}　　　　　　　　　D. Cu^{2+} 和 Fe^{3+}

19. 某溶液中含 HCO_3^-、SO_3^{2-}、CO_3^{2-}、NO_3^-、Na^+ 五种离子，若向其中加入足量 Na_2O_2（设溶液体积不变），溶液中上述离子浓度基本保持不变的是（　　　）。

A. NO_3^-　　　　　　　　　　　　B. SO_3^{2-}、NO_3^-

C. CO_3^{2-}、NO_3^-　　　　　　　　D. CO_3^{2-}、NO_3^-、Na^+

20. 下列对实验现象的描述不正确的是（　　　）。

A. 向 Na_2SiO_3 溶液中通入 CO_2，溶液变浑浊，继续通入 CO_2 至过量，浑浊消失

B. 向 $Ca(ClO)_2$ 溶液中通入 CO_2 气体，溶液变浑浊，继续通入 CO_2 至过量，浑浊消失

C. 向 $CaCl_2$ 溶液中通入 CO_2，无明显现象，若先通入 NH_3 再通入 CO_2，溶液变浑浊

D. 向饱和 Na_2CO_3 溶液中通入 CO_2 至过量，有晶体析出

二、填空题

1. 在 H_2S、S、SO_2、H_2SO_4 四种物质中，_____中的硫元素只具有氧化性，_____中的硫元素只具有还原性，_____中的硫元素既具有氧化性又具有还原性。

2. 气体 A、B、C、D、E 是 CO、NO、H_2S、SO_2、Cl_2、O_2、H_2 中的五种。进行如下实验：

（1）A 在 C 中充分燃烧，生成 D 和水；

（2）E 在 C 中燃烧，燃烧产物在常温下是无色、无味的液体；

（3）A 跟 D 反应，生成浅黄色固体和水；

（4）B 与 E 在封闭的无色玻璃容器中充分混合，强光下会发生爆炸。

根据以上实验判断：

A 为 _____；B 为 _____；C 为 _____；D 为 _____；E 为 _____。

3. 有一瓶无色溶液，可能含有 Na^+、Ba^{2+}、Al^{3+}、Fe^{3+}、Ag^+、NH_4^+、Cu^{2+}、Cl^-、Br^-、SO_4^{2-}、HCO_3^-、CO_3^{2-} 中的几种，取该溶液进行如下实验：

（1）用 pH 试纸检验，表明溶液呈强酸性；

（2）取少量上述溶液，滴入几滴氯水，再加入少量四氯化碳，振荡后静置，四氯化碳层呈橙红色；

（3）另取少量上述溶液两份，其中一份滴加 $BaCl_2$ 溶液，立即产生白色沉淀，再加入足量稀硝酸，沉淀量没有减少；另一份溶液中滴加 NaOH 溶液，无沉淀生成，加热后产生使红色石蕊试纸变蓝的气体。

根据以上实验结果判断：该溶液中一定含有_____；一定没有_____；可能含有_____。为检验可能存在的阳离子，需要进行的实验操作名称是_____；若存在，现象是_____。

4. 有一包固体，可能含有下列阳离子和阴离子中的若干种：

阳离子：K^+、NH_4^+、Fe^{3+}、Cu^{2+}、Mg^{2+}；

阴离子：Cl^-、SO_4^{2-}、CO_3^{2-}、HCO_3^-、MnO_4^-。

（1）取少量固体，加适量蒸馏水，搅拌后固体全部溶解得到无色透明溶液；

（2）向（1）溶液中加入浓 NaOH 溶液，加热，未发生变化；

（3）另取少量固体加入足量稀硝酸，搅拌后，固体全部溶解，没有气体放出；

（4）向（3）溶液中加入 $Ba(NO_3)_2$ 溶液，没有沉淀生成，再加入 $AgNO_3$ 溶液，生成白色沉淀；

（5）用铂丝蘸取少量固体放在火焰上灼烧，隔着钴玻璃观察，火焰呈紫色。

A. 由实验（1）可推断该固体中不可能存在_____离子；

B. 由实验（2）可推断该固体中不可能存在_____离子；

C. 由实验（3）可推断该固体中不可能存在_____离子；

D. 由实验（4）可推断该固体中不可能存在_____离子；

E. 由实验（5）可推断该固体中一定存在_____离子；该固体是_____。

5. 某同学用以下装置图制取并收集干燥的氯气。

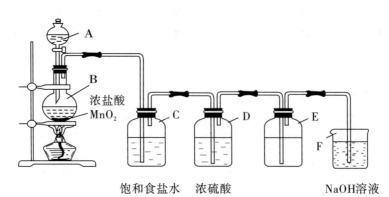

饱和食盐水　浓硫酸　　　　　NaOH溶液

回答下列问题：

（1）写出圆底烧瓶中发生反应的化学方程式：_____。

（2）装置 C 的作用是_____，装置 D 的作用是_____。

（3）装置 F 的作用是_____。

（4）装置 B 中，如果反应产生氯气的体积为 2.24L（标准状况下），则反应中被氧化的 HCl 的物质的量为_____。

（5）F 处发生反应的离子方程式为_____。

6. 根据要求回答下列问题：

（1）电子工业使用 $FeCl_3$ 溶液腐蚀印刷电路板铜箔，写出该过程的离子方程式：_____。

（2）制备 NaClO 溶液时，若温度超过 40℃，Cl_2 与 NaOH 溶液反应生成 $NaClO_3$ 和 NaCl，该反应的化学方程式为_____。

（3）实验室可利用 $KMnO_4$ 与盐酸反应制取 Cl_2，反应生成 $MnCl_2$ 和 Cl_2，反应的离子方程式为_____。

（4）以铝土矿（主要成分为 Al_2O_3，含 SiO_2 和 Fe_2O_3 等杂质）为原料制备铝，铝土矿加入 NaOH 溶液"碱溶"，"碱溶"时生成偏铝酸钠的离子方程式为_____。

三、问答题

1. A、B、C 三种物质均属于同一金属的化合物。用铂丝蘸取 A、B、C 三种物质的溶液，在无色火焰上灼烧，均呈浅紫色。已知：①A 与 B 反应生成 C；②加热 B 得到 D；③D 与 A 的水溶液反应生成 B 或 C；④B 既可以与酸反应又可以与碱反应。由此推断：A、B、C 和 D 各是什么物质？写出它们的化学式。

2. 选用合适的试剂除去下列各物质中的杂质（括号内为杂质），写出有关的化学方程式。

（1）$FeCl_2$（FeS）；　　　　（2）H_2（H_2S）；　　　　（3）CO_2（SO_2）；

（4）Na_2SO_4（Na_2SO_3）；　　（5）NaCl（Na_2SO_4）；　　（6）H_2S（HCl）。

3. 某溶液可能含有 Cl^-、SO_4^{2-}、CO_3^{2-}、NH_4^+、Fe^{3+}、Al^{3+} 和 K^+。取该溶液 100mL，加入过量的 NaOH 溶液，加热，在标准状况下收集到 0.448L 气体，同时产生红褐色沉淀。将沉淀过滤、洗涤、灼烧、冷却，得到 1.6g 固体。向上述滤液中加入足量的 $BaCl_2$ 溶液，得到 4.66g 不溶于盐酸的沉淀。

（1）原溶液中一定存在的阳离子是哪些？其物质的量浓度各是多少？

（2）原溶液中一定存在的阴离子是哪些？其物质的量浓度各是多少？

四、计算题

1. 取 50.0mL Na_2CO_3 和 Na_2SO_4 的混合溶液，加入过量 $BaCl_2$ 溶液后得到 14.51g 白色沉淀，用过量稀硝酸处理后沉淀量减少到 4.66g，并有气体放出。试计算：

（1）原混合溶液中 Na_2CO_3 和 Na_2SO_4 的物质的量浓度；

（2）产生的气体在标准状况下的体积。

2. 三种盐 Na_2CO_3、$NaHCO_3$ 和 Na_2SO_4 的混合物共 8.32g，溶于水后，加入过量的 $BaCl_2$ 溶液和稀盐酸，生成 0.06mol CO_2 气体，过滤并干燥后得到沉淀 4.66g。求混合物中三种盐的质量各是多少克。

3. 铝在日常生活、工业生产、航天事业中有着广泛的用途。

（1）4.8g Al 在空气中放置一段时间后，质量变为 5.28g，求未发生变化的铝的质量是多少克。

（2）向 10mL 0.2mol/L 的 $AlCl_3$ 溶液中逐滴加入未知浓度的 NaOH 溶液，测得滴加 15mL 与滴加 35mL NaOH 溶液所产生的沉淀一样多，计算 NaOH 溶液的物质的量浓度。

第八章　有机化合物

　　有机化学（organic chemistry）是最大的化学分支学科，以碳氢化合物及其衍生物为研究对象，是在原子、分子水平上研究有机化合物的组成、结构、性质、转化及应用的科学。

　　很久以前，人们就从动物、植物等生物体中取得了糖类、淀粉、蛋白质、油脂、纤维素和染料等物质。当时，人们把这些从动植物等有机体中取得的化合物称为有机化合物。从19世纪20年代开始，随着科学技术的发展，人们逐步用非生物体内取得的物质合成了许多有机化合物，如合成尿素、醋酸、柠檬酸等。目前，人们不但能合成自然界中已有的很多有机化合物，而且还能合成自然界中原来没有的多种多样的性能良好的有机化合物，如合成树脂、合成橡胶、合成纤维、药物、染料等。因此，"有机化合物"这个名称已经失去了历史上原来的意义，只是人们习惯沿用这个名称。

　　现在，我们所说的有机化合物（organic compound），简称有机物，是指含碳元素的化合物。组成有机物的元素除了碳以外，还有氢、氧、硫、氮、磷、卤素等元素。

　　目前，从自然界中发现的和人工合成的有机物超过3 000万种，而且新的有机物仍在不断地被发现或合成。有机物种类繁多的原因是碳原子不仅能与其他原子结合，而且碳原子与碳原子之间也能结合；碳原子彼此之间不仅能以单键结合，还能以双键或三键结合；多个碳原子不仅可以相互结合形成链状，还可以形成环状。更重要的原因是有机化合物具有同分异构体。

　　有机化合物的结构和性质相似。大多数有机物的分子都是通过共价键形成的，碳－碳之间是非极性键，碳－氢之间是弱极性键，形成的分子极性较小或没有极性。所以，大多数有机物难溶于作为极性分子的水，而易溶于极性小或非极性的汽油、酒精、苯、氯仿、丙酮等有机溶剂。大多数有机物是非电解质，不易电离，不易导电。有机物在固态时多为分子晶体，分子间的作用力较小，所以熔、沸点较低；对热的稳定性小，受热易分解，易燃烧。

　　有机化合物参与的反应比较复杂，反应速率较慢，常常需要加热或在催化剂的作用下才能发生反应。有机物的碳链较长，且有支链，反应可以发生在不同的部位。有机物在同一反应里有多种产物生成，且常伴有副反应发生，因此有机化学反应的方程式通常不用等号而用箭头（——→）连接反应物和生成物。

第一节　烷烃

烃（hydrocarbon）：仅由碳和氢两种元素组成的有机化合物叫做烃，包括饱和烃、不饱和烃、芳香烃等。当烃分子里去掉一个或几个氢原子后，剩余的部分叫做烃基（hydrocarbonyl）。用符号"R—"来表示。例如：—CH_3（甲基）、—CH_2—（亚甲基）、—CH_2CH_3（乙基）、—$CH_2CH_2CH_3$（丙基）、CH_2=CH—（乙烯基）、C_6H_5—（苯基）等。

一、甲烷

1．甲烷的存在和物理性质

甲烷（methane）是无色、无味的气体，沸点 $-161.4℃$。在标准状况下的密度是 $0.717g/L$，极难溶于水，易燃烧。

甲烷通常存在于池沼的底部和煤矿的坑道里，所以甲烷又叫做沼气或坑气，它是由植物残体经过某些微生物发酵而形成的。此外，在有些地方的地下深处蕴藏着大量的叫做天然气的可燃性气体，它的主要成分是甲烷，天然气里一般含甲烷80%～98%。

可燃冰：自20世纪60年代以来，人们陆续在冻土带和海洋深处发现了一种可以燃烧的白色固体，外形像冰，其成分的80%～99.9%为甲烷，人们称其为"可燃冰"。这种可燃冰在地质上被称为天然气水合物（natural gas hydrate，简称 gas hydrate），又称"笼形包合物"（clathrate），分子式为 $CH_4 \cdot nH_2O$。可燃冰由于含有大量甲烷等可燃气体，极易燃烧。同等条件下，可燃冰燃烧产生的能量比煤、石油、天然气要多出数十倍，而且燃烧后不产生任何残渣和废气，使用可燃冰可以减少对环境的污染。因此，可燃冰被称为"21世纪能源"或"未来新能源"。

世界上绝大部分的天然气水合物分布在海洋里，据最保守的统计，海洋里天然气水合物的资源量是陆地上的100倍以上。可燃冰的分布面积达4 000万平方公里，占地球海洋总面积的四分之一。全世界海底天然气水合物中贮存的甲烷总量约为 $1.8 \times 10^{16} m^3$，约合 1.1 万亿吨。目前，世界上已发现的可燃冰分布区多达116处，其矿层之厚、规模之大，是常规天然气田无法相比的。数量如此巨大的能源是人类未来动力的希望，是21世纪具有良好前景的后续能源。科学家的评价结果表明，海底可燃冰的储量至少够人类使用上千年。

但是，天然气水合物在给人类带来新的能源前景的同时，对人类生存环境也提出了严峻的挑战。天然气水合物中的甲烷，其温室效应是 CO_2 的20倍，温室效应造成的异常气候和海平面上升正威胁着人类的生存。若有不慎，让海底天然气水合物中的甲烷释放到大气中，将导致无法想象的后果。而且固结在海底沉积物中的水合物一旦条件变化，使甲烷从水合物中逸出，会改变沉积物的物理性质，极大地降低海底沉积物的工程力学特性，造成海底软化、海啸和海底滑坡等灾害，毁坏海底工程设施，如海底输电或通信电缆和海洋石油钻井平台等。所以，可燃冰的开发利用就像一柄"双刃剑"，需要谨慎对待。

2．甲烷的分子组成和结构

甲烷是分子结构最简单的一种有机物（烃），由一个碳和四个氢原子组成，其中碳的质量分数是75%，氢的质量分数是25%。由此，我们可以计算出：

甲烷的摩尔质量：$0.717g/L \times 22.4L/mol \approx 16g/mol$

1mol 甲烷分子里碳原子的量：$\frac{1\text{mol} \times 16\text{g/mol} \times 75\%}{12\text{g/mol}} = 1\text{mol}$

1mol 甲烷分子里氢原子的量：$\frac{1\text{mol} \times 16\text{g/mol} \times 25\%}{1\text{g/mol}} = 4\text{mol}$

甲烷的分子式是 CH_4。甲烷分子结构的表示方法如下图：

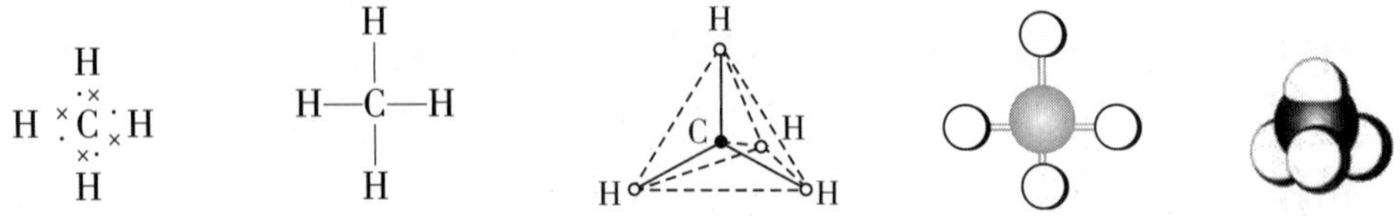

电子式　　结构式　　立体结构　　球棍模型　　比例模型

甲烷分子里的 1 个碳原子和 4 个氢原子不在同一平面上，而是形成了一个正四面体的立体结构。碳原子位于正四面体的中心，4 个氢原子分别位于正四面体的 4 个顶点上。碳氢键的键角都是 109°28′，键长是 1.09×10^{-10}m，键能是 413kJ/mol。键能较大，难断裂。

3. 甲烷的化学性质

在通常情况下，甲烷比较稳定，一般跟高锰酸钾等强氧化剂和强还原剂都不发生反应，跟强酸和强碱等也不发生反应，但在一定的条件下也会发生某些反应。

（1）取代反应（substitution reaction）：有机物分子里的某些原子或原子团被其他原子或原子团所代替的反应叫做取代反应。在光照条件下，甲烷跟氯气发生下述反应：

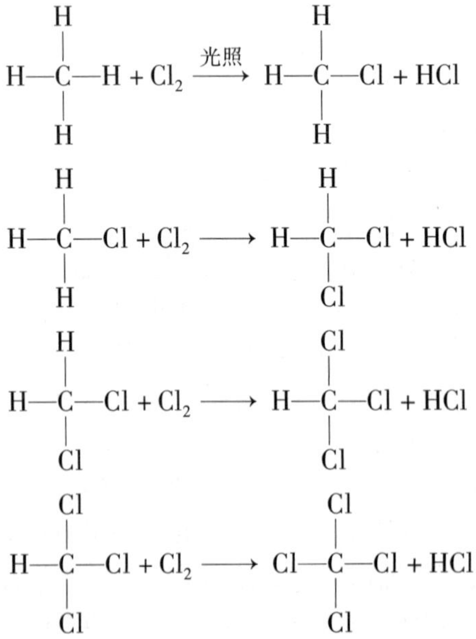

生成一氯甲烷和氯化氢

生成二氯甲烷和氯化氢

生成三氯甲烷和氯化氢

生成四氯甲烷和氯化氢

在这些反应里，甲烷分子中的氢原子逐步被氯原子所代替，生成 4 种氯代产物。甲烷的 4 种氯的取代物都不溶于水，在常温下，一氯甲烷（沸点 −24.2℃）是气体，其他 3 种都是油状液体；三氯甲烷又叫氯仿，是重要的有机溶剂；四氯甲烷也叫四氯化碳，是一种灭火剂，也是一种常用的溶剂。

（2）氧化反应（oxidation reaction）：纯净的甲烷在空气中燃烧，生成二氧化碳和水，同时放出大量的热：

$$CH_4(g) + 2O_2(g) \xrightarrow{点燃} CO_2(g) + 2H_2O(l)，\Delta H = -890kJ/mol$$

甲烷是一种很好的气体燃料，但是，若空气中含甲烷 5.0% ~ 15.4%（体积），点燃会立即发生爆炸。在进行甲烷燃烧实验时，一定要检验纯度。甲烷是一种比二氧化碳更加活跃的温室气体，但它在大气中数量较少。

（3）分解反应（decomposition reaction）：在隔绝空气的条件下，加热至 1 000℃，甲烷分解生成炭黑和氢气；加热至 1 500℃，甲烷生成乙炔和氢气。

$$CH_4 \xrightarrow{高温} C + 2H_2$$

$$2CH_4 \xrightarrow{高温} HC\equiv CH + 3H_2$$

4. 甲烷的制法和用途

（1）甲烷在实验室里是用加热无水醋酸钠和碱石灰的混合物的方法来制取的，其反应原理为：

$$CH_3COONa + NaOH \xrightarrow[\triangle]{CaO} Na_2CO_3 + CH_4\uparrow$$

（2）甲烷的用途：甲烷是优质的气体燃料，是制造氢气、一氧化碳、乙炔、氢氰酸及甲醛等物质的原料；甲烷高温分解可得炭黑，用作颜料、油墨、油漆以及橡胶的添加剂等；甲烷做气体燃料电池具有效率高、污染低、噪声小等优点。

二、烷烃

1. 烷烃的组成、结构和性质

在有机化合物里，还有一系列结构和性质都跟甲烷很相似的烃，如乙烷（C_2H_6）、丙烷（C_3H_8）、丁烷（C_4H_{10}）等等。它们的结构式（structural formula）分别为：

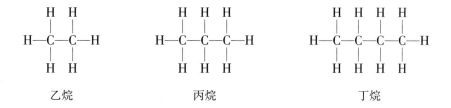

乙烷　　　　　　　　丙烷　　　　　　　　　丁烷

为了书写方便，可以用结构简式来表示。例如：乙烷：CH_3CH_3；丙烷：$CH_3CH_2CH_3$；丁烷：$CH_3CH_2CH_2CH_3$ 或 $CH_3(CH_2)_2CH_3$。

在这些烃的分子里，碳原子之间都是以单键结合成链状，碳原子剩余的价电子全部跟氢原子结合。这样的结合使得每个碳原子的价电子都已充分利用，达到了饱和。具有这种结合方式的链烃叫做饱和烃（saturated hydrocarbon），也叫烷烃（alkane）。

（1）同系列（homologous series）和同系物（homologue）。

结构相似而分子组成相差一个或若干个亚甲基（CH_2）的一系列化合物，叫做同系列。同系列中的各种化合物互称为同系物。

（2）同系物的性质。

①化学性质：烷烃同系物的化学性质跟甲烷相似，在通常情况下比较稳定，跟强氧化剂、强还原剂、酸和碱都不发生反应，也难跟其他物质化合。但它们都可以在空气中燃烧；在光照和较高温（500℃以上）的条件下，都可以跟卤素发生取代反应；在高温条件下都可以发生裂化反应等。

②物理性质：烷烃的物理性质（如熔点、沸点、密度等）随着碳原子个数的递增呈现规律性的变化。表 8-1 列出了几种烷烃的物理性质。

表 8-1   几种烷烃的物理性质

名称	结构简式	常温时的状态	熔点/℃	沸点/℃	相对密度*
甲烷	CH_4	气	-182.5	-161.5	—
乙烷	CH_3CH_3	气	-182.8	-88.6	—
丙烷	$CH_3CH_2CH_3$	气	-188.0	-42.1	0.500 5
丁烷	$CH_3(CH_2)_2CH_3$	气	-138.4	-0.5	0.578 8
戊烷	$CH_3(CH_2)_3CH_3$	液	-129.7	36.0	0.626 2
癸烷	$CH_3(CH_2)_8CH_3$	液	-29.7	174.1	0.729 8
十七烷	$CH_3(CH_2)_{15}CH_3$	固	22.0	302.2	0.776 7

＊相对密度是指20℃时某物质的密度与4℃时水的密度的比值。

由表 8-1 中的数据可见，烷烃在常温下，它们的聚集状态由气态变为液态再到固态；沸点逐渐升高，相对密度逐渐增大。

从烷烃的分子组成可以得出烷烃的组成通式是：C_nH_{2n+2}（$n \geqslant 1$）。

2. 烷烃的同分异构体及命名

烷烃是根据分子里所含的碳原子数目来命名的。碳原子数目在 10 以下的，从 1 到 10 依次用甲、乙、丙、丁、戊、己、庚、辛、壬、癸来命名；碳原子数目在 11 以上的，就用数字来命名。例如，C_8H_{18} 叫做辛烷、$C_{18}H_{38}$ 叫做十八烷。

（1）烷烃的同分异构体。

人们在研究物质的分子组成和性质时，发现分子组成相同的物质，性质却不相同。例如，丁烷（C_4H_{10}）就有分子组成相同而性质不同的两种物质（见表 8-2）。

表 8-2   正丁烷和异丁烷的物理性质

名称	熔点/℃	沸点/℃	相对密度
正丁烷	-138.4	-0.5	0.578 8
异丁烷	-159.6	-11.7	0.557

通过实验确定，它们的结构式分别是：

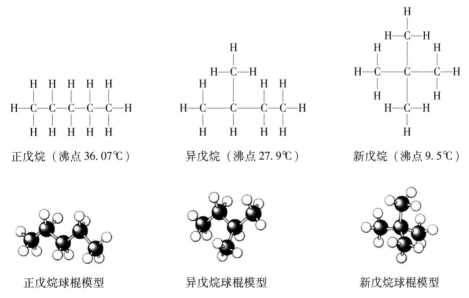

正丁烷　　　　　　　　　　　异丁烷

人们把分子里碳原子彼此间结合成直链的叫做正丁烷，另一种分子里含有支链的叫做异丁烷。

同分异构现象（isomerism）：化合物具有相同的分子式，但具有不同结构的现象，叫做同分异构现象。

同分异构体（isomer）：具有同分异构现象的化合物互称为同分异构体。

同分异构现象是由分子中各原子有不同的结合顺序和方式，或不同的空间排列所引起的。同分异构体主要包括碳链异构、位置异构、官能团异构（类别异构）、几何异构、旋光异构等。

在饱和链烃里，主要有碳链异构，即组成相同，因分子中碳原子相互连接的顺序不同而产生的异构体。在烷烃分子里，含碳原子数越多，碳原子的结合方式就越复杂，同分异构体的数目也就越多。例如，戊烷（C_5H_{12}）有 3 种同分异构体，庚烷（C_7H_{16}）有 9 种，而癸烷（$C_{10}H_{22}$）有 70 多种同分异构体。

戊烷的 3 种同分异构体的结构式是：

正戊烷（沸点 36.07℃）　　异戊烷（沸点 27.9℃）　　新戊烷（沸点 9.5℃）

正戊烷球棍模型　　　　异戊烷球棍模型　　　　新戊烷球棍模型

戊烷的三种同分异构体，可以用"正""异""新"来区别。这种命名方法是习惯命名法，在实际应用中有很大的局限性。随着烃分子里碳原子数目的增多，同分异构体的数目也随之增多，这样一种简单的命名方法难以应用于更复杂的分子。所以，在有机化学中广泛采用系统命名法（IUPAC 命名法）。

（2）系统命名法的命名步骤。

①选定分子里含碳原子数目最多的碳链为主链，并按主链上的碳原子数目称其为"某烷"。

②从离支链较近的一端开始用阿拉伯数字给主链上的碳原子编号，以确定支链的位置，位置号用阿拉伯数字表示。

③把支链作为取代基，命名时，取代基写在"某烷"的前面。如果主链上有相同的取代基，可以将取代基合并起来，用二、三等汉字数字表示；如果主链上有几个不同的取代基，把简单的写在前面，复杂的写在后面。

④阿拉伯数字与汉字数字之间以"－"隔开。

例如，异戊烷的系统命名为：2－甲基丁烷；新戊烷的系统命名为：2，2－二甲基丙烷。其他含碳原子数目比较多的烷烃命名方法如下：

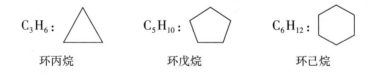

2，4－二甲基庚烷   2－甲基－3－乙基己烷

2，3－二甲基－3－乙基己烷   3－甲基－4－异丙基庚烷

3. 环烷烃

烃分子里碳原子间以单键相互连接成环状的，叫做环烷烃（cycloalkane）。其分子组成通式为：C_nH_{2n}（$n \geq 3$）。

例如环丙烷、环戊烷、环己烷，它们的分子组成和结构简式分别为：

C_3H_6：△ 环丙烷 C_5H_{10}：⬠ 环戊烷 C_6H_{12}：⬡ 环己烷

在环烷烃里，工业上用途比较广的有环己烷。它是无色液体，易挥发，易燃烧，是生产合成纤维——锦纶的一种重要原料，也是一种常用的有机溶剂。

4. 有机化合物化学式（分子式）的确定

确定有机物化学式的主要途径有：①根据有机物的摩尔质量或式量或各元素的质量分数，计算一个分子中各元素的原子个数，确定实验式（最简式）和分子式。②当能够确定有机物的类别时，可以根据有机物的通式计算 n 值，确定分子式。③根据混合物的平均式量，推算混合物中有机物的分子式。④通过有机物反应的化学方程式，计算分子式。确定有机物化学式的途径可以用图 8－1 表示：

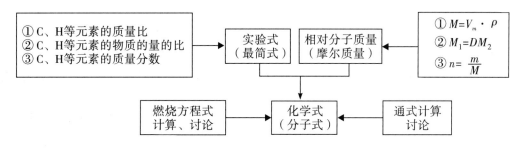

图 8 - 1　有机化合物分子式的确定

例题 1　某气态烃对氢气的相对密度为 29，1.16g 该烃在氧气中充分燃烧生成 1.8g 的水和 3.52g 的二氧化碳，求该烃的相对分子质量和化学式。

解：设该烃的分子式为 C_xH_y，则根据：

$$相对密度（D）= \frac{第二种气体的密度}{第一种气体的密度} = \frac{\dfrac{M_2}{V_m}}{\dfrac{M_1}{V_m}} = \frac{M_2}{M_1}$$

所以该烃的式量为：$M_2 = D_{H_2} \times M_{H_2} = 29 \times 2 = 58$

$$C_xH_y + \left(x + \frac{y}{4}\right)O_2 \longrightarrow xCO_2 + \frac{y}{2}H_2O$$

$$1mol \qquad\qquad\qquad xmol \qquad\qquad \frac{y}{2}mol$$

$$\frac{1.16g}{58g/mol} = 0.02mol \qquad \frac{3.52g}{44g/mol} = 0.08mol \qquad \frac{1.8g}{18g/mol} = 0.1mol$$

解得 $x = 4$，$y = 10$

答：该烃的相对分子质量是 58，化学式为 C_4H_{10}。

例题 2　一种气态烃的密度是相同条件下氢气密度的 15 倍，该烃分子中碳的质量分数为 80%，求该烃的分子式。

解：根据烃分子中碳、氢原子的质量分数可得该烃的分子式。

设该烃的相对分子质量为 M，

$M = 15 \times 2 = 30$

$$C : H = \frac{30 \times 80\%}{12} : \frac{30 \times (100 - 80)\%}{1} = 2 : 6$$

答：该烃的分子式为 C_2H_6。

例题 3　把 10mL 某烷烃在室温条件下通入 70mL 氧气中，充分燃烧后，恢复到室温时，体积为 50mL，求该烷烃的分子式。

解：根据烷烃的通式，可以设该烷烃的分子式为 C_nH_{2n+2}，在相同条件下，气体的体积比等于物质的量之比，也等于方程式中的系数比。在室温的条件下水为液态，所以当反应后恢复到室温时，气体的体积为烷烃燃烧生成的二氧化碳和剩余的氧气的体积之和。

$$C_nH_{2n+2} \quad + \quad \frac{3n+1}{2}O_2 \quad \longrightarrow \quad nCO_2 \quad + \quad (n+1)H_2O$$

$$1 \qquad\qquad \frac{3n+1}{2} \qquad\qquad n \qquad\qquad (n+1)$$

$$10 \qquad 10\left(\frac{3n+1}{2}\right) \qquad 10n \qquad 10(n+1)$$

根据题意得：$\left[70-10\left(\frac{3n+1}{2}\right)\right]+10n=50$

解得 $n=3$

答：该烷烃的分子式为 C_3H_8。

例题 4　有机物 A 由碳、氢两种元素组成。现取 0.2mol A 与一定量的氧气（标准状况下）在密闭容器中燃烧，燃烧后生成二氧化碳、一氧化碳和水蒸气（假设反应物没有剩余）。将反应生成的气体依次通过浓硫酸、碱石灰和灼热的氧化铜，浓硫酸增重 18g，碱石灰增重 26.4g，氧化铜质量减少 3.2g。

（1）通过计算确定该有机物的分子式；

（2）写出符合上述条件的有机物的结构简式。

解：（1）浓硫酸吸水后增重 18g，即水的质量为 18g，$n(H_2O)=1mol$，$n(H)=2mol$。

碱石灰吸收二氧化碳后增重 26.4g，$n(CO_2)=\dfrac{26.4g}{44g/mol}=0.6mol$，$n(C)=0.6mol$。

依题意：

$$CO \quad + \quad CuO \xlongequal{\quad} Cu + CO_2 \qquad \Delta m（固体质量减轻）$$

$$1mol \qquad 80 \qquad\qquad\qquad 80g-64g=16g$$

$$n(CO) \qquad\qquad\qquad\qquad\qquad 3.2g$$

解得 $n(CO)=0.2mol$，根据碳原子守恒，$n(C)=n(CO)=0.2mol$。

燃烧产物中含有碳原子总的物质的量为：

$n(C)=n(CO_2)+n(CO)=0.6mol+0.2mol=0.8mol$

所以 1mol A 中 $n(C):n(H)=\dfrac{0.8mol}{0.2mol}:\dfrac{2mol}{0.2mol}=4:10$，该有机物的分子式为 C_4H_{10}。

（2）C_4H_{10} 的同分异构体有两种，分别是正丁烷和异丁烷。

答：（1）该有机物的分子式为 C_4H_{10}；

（2）结构简式分别为 $CH_3CH_2CH_2CH_3$ 和 $CH_3CH(CH_3)_2$。

例题 5　取标准状况下的 CH_4 和过量的 O_2 混合气体 840mL 点燃，将燃烧后的气体用碱石灰吸收，碱石灰增重 0.600g。计算：

（1）碱石灰吸收后剩余气体的体积在标准状况下是多少？

（2）原混合气体中 CH_4 与 O_2 的体积比是多少？

解：碱石灰吸收 CO_2 和 H_2O，增加的质量为二者之和，共 0.600g。

已知混合气体的物质的量：$n(混合气体)=\dfrac{840\times10^{-3}L}{22.4L/mol}=0.0375mol$

根据反应 $CH_4+2O_2\xrightarrow{点燃}CO_2\uparrow+2H_2O$，生成的二氧化碳和水的物质的量之比是 $1:2$。设二氧化碳的物质的量为 x，水为 $2x$。

依题意得：$44x+18\times2x=0.600$

解得 $x = 0.007\,5\text{mol}$

根据碳原子守恒，则甲烷也是 $0.007\,5\text{mol}$，其体积为 168mL。

消耗 O_2 的体积为：$2 \times 0.007\,5\text{mol} \times 22.4\text{L/mol} = 336\text{mL}$

答：（1）剩余 O_2 的体积为：$840\text{mL} - 168\text{mL} - 336\text{mL} = 336\text{mL}$；

（2）原混合气体中 CH_4 与 O_2 的体积比为 $168 : (840 - 168) = 1 : 4$。

思考题

1. 组成有机化合物的元素有哪些？有机化合物在结构和性质上有什么特点？

2. 下列说法是否正确？为什么？
（1）含碳元素的化合物都是有机物；
（2）碳是形成化合物种类最多的元素；
（3）有机物都能燃烧；
（4）有机物都是非电解质；
（5）有机物都不易溶于水。

3. 写出符合下列条件的化学式。
（1）相对分子质量为 170 的烷烃；
（2）对氧气的相对密度为 4.437 5 的烷烃；
（3）分子中有 32 个氢原子的烷烃；
（4）分子中含有 34 个电子的烷烃。

4. 写出下列化合物的结构简式。
（1）2，4，6 - 三甲基 - 5 - 乙基辛烷；
（2）2 - 甲基 - 3 - 乙基己烷；
（3）2，2，4，5 - 四甲基庚烷；
（4）3，4 - 二甲基 - 4 - 乙基庚烷。

5. 写出下列化合物的系统名称。
（1）$CH_3-CH-CH_3 \quad CH_3$
$CH_3-CH-CH_2-C-CH_2-CH_3$
CH_2-CH_3

(2) 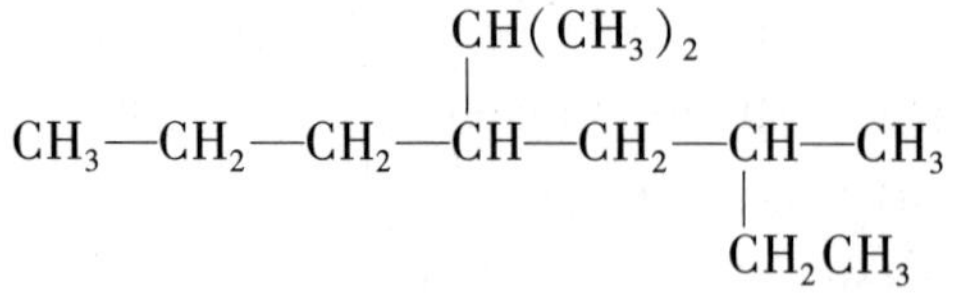
$$CH_3—CH_2—CH_2—\underset{\underset{CH_2CH_3}{|}}{\overset{\overset{CH(CH_3)_2}{|}}{CH}}—CH_2—CH—CH_3$$

(3) $CH_3C(CH_3)_2C(CH_3)_3$

(4) $CH_3CH_2CH(CH_3)_2$

(5) 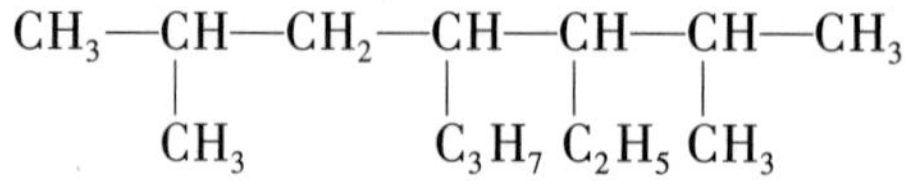
$$CH_3—\underset{\underset{CH_3}{|}}{CH}—CH_2—\underset{\underset{C_3H_7}{|}}{CH}—\underset{\underset{C_2H_5}{|}}{CH}—\underset{\underset{CH_3}{|}}{CH}—CH_3$$

(6) 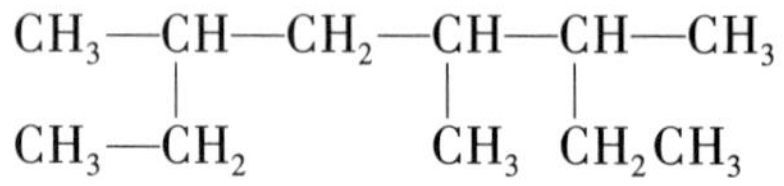
$$CH_3—\underset{\underset{CH_3—CH_2}{|}}{CH}—CH_2—\underset{\underset{CH_3}{|}}{CH}—\underset{\underset{CH_2CH_3}{|}}{CH}—CH_3$$

6. 2 – 甲基丁烷与氯气发生取代反应，可能得到的一氯代物有几种？若某烷烃的蒸气密度是 3.214g/L（标准状况下），它进行取代反应后得到的一卤代物只有一种，试推出其结构简式。

7. 燃烧 5.8g 某烷烃，生成 0.4mol 的二氧化碳和 9g 的水，求该烷烃的分子式。

8. 把 5mL 某烷烃在室温下通入 30mL 氧气中，充分燃烧后，恢复到室温时，体积为 20mL，求该烷烃的分子式。

第二节　烯烃和炔烃

链烃除了饱和烃以外，还有许多烃，它们的分子里含有碳碳双键或碳碳三键。这些分子里的碳原子所结合的氢原子数少于饱和链烃里的氢原子数，人们把这类烃叫做不饱和烃（unsaturated hydrocarbon）。不饱和烃包括烯烃和炔烃。

一、烯烃

链烃分子里含有碳碳双键（C＝C）的不饱和烃叫做烯烃（alkene）。

1. 乙烯

（1）物理性质和制法：乙烯（ethene）是一种没有颜色，稍有气味的气体。在标准状况下的密度是 1.25g/L，比空气略轻，难溶于水。

工业上，乙烯是从石油裂解产物中分离出来的。实验室里，通常是用乙醇和浓硫酸混合加热（160～180℃）的方法来制取。浓硫酸在反应过程中起催化剂和脱水剂的作用。如果缓慢加热，温度升高到 120～140℃ 时，生成的物质是乙醚而不是乙烯。反应的化学方程式为：

$$CH_3CH_2OH \xrightarrow[170℃]{催化剂} CH_2 = CH_2\uparrow + H_2O （分子内脱水，生成乙烯）$$

$$2CH_3CH_2OH \xrightarrow[140℃]{催化剂} CH_3CH_2OCH_2CH_3 + H_2O （分子间脱水，生成乙醚）$$

（2）分子组成和结构：乙烯是分子组成最简单的烯烃。通过实验测得乙烯的分子组成为 C_2H_4，分子结构为：

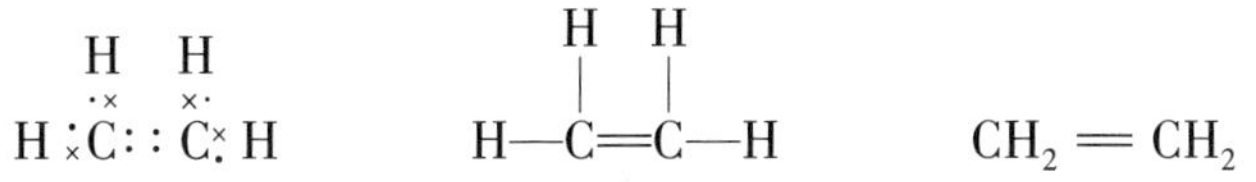

实验表明，乙烯分子里的两个碳原子和四个氢原子都处在同一平面；碳－碳与碳－氢键之间的夹角均为 120°；C=C 键的键能为 348kJ/mol，键长为 1.33×10^{-10}m。

（3）化学性质：乙烯分子中的碳碳双键（C=C）里有一个键的键能较小，易断裂，所以乙烯的化学性质比甲烷活泼。主要起下列化学反应：

①加成反应（addition reaction）：有机物分子里不饱和的碳原子跟其他原子或原子团直接结合生成别的物质的反应叫做加成反应。

乙烯能跟溴水、卤化氢、水、氢气等物质发生加成反应：

$$CH_2{=}CH_2 + Br_2 \longrightarrow CH_2Br{-}CH_2Br （1，2-二溴乙烷；能使溴水褪色）$$

乙烯与水在300℃、60个大气压和催化剂的条件下反应生成乙醇：

$$CH_2 = CH_2 + H_2O \xrightarrow[300℃、60atm]{催化剂} CH_3{-}CH_2{-}OH （乙醇）$$

乙烯与氯化氢在130～250℃和催化剂的条件下反应生成氯乙烷：

$$CH_2 = CH_2 + HCl \xrightarrow[130～250℃]{催化剂} CH_3{-}CH_2Cl （氯乙烷）$$

②加聚反应（addition polymerization）：由相对分子质量小的化合物分子互相结合成相对分子质量大的化合物分子的反应叫做加聚反应。

由 n 个乙烯（小）分子加成聚合为聚乙烯（大）分子，这个反应就是加聚反应，也叫做加成聚合反应：

$$nCH_2{=}CH_2 \xrightarrow{催化剂} {-}\!\!\left[CH_2{-}CH_2\right]\!\!{-}_n （n：聚合度，{-}CH_2{-}CH_2{-}：链节）$$

③氧化反应：烃类在氧气中的燃烧反应都属于氧化反应。此外，在催化剂的作用下，乙烯被氧化生成乙醛。乙烯还能被高锰酸钾溶液氧化生成乙二醇或甲酸，生成的甲酸还可以继续被氧化生成二氧化碳，紫色的高锰酸钾溶液被还原生成二氧化锰或无色的硫酸锰。通常利用这一反应来鉴定饱和烃和不饱和烃。

$$CH_2{=}CH_2 + 3O_2 \xrightarrow{点燃} 2CO_2 + 2H_2O$$

$$2CH_2{=}CH_2 + O_2 \xrightarrow{催化剂} 2CH_3CHO （乙醛）$$

$$3CH_2\!\!=\!\!CH_2 + 2KMnO_4 + 4H_2O \longrightarrow 2MnO_2\downarrow + 2KOH + 3\underset{\underset{CH_2-OH}{|}}{CH_2-OH}(乙二醇)$$

$$5CH_2\!\!=\!\!CH_2 + 8KMnO_4 + 12H_2SO_4 \longrightarrow 10HCOOH（甲酸）+ 8MnSO_4 + 4K_2SO_4 + 12H_2O$$

（4）用途：乙烯是石油化学工业最重要的基础原料，用于制备乙醛、乙醇、乙二醇等有机物，也用于合成纤维、合成有机溶剂、制造塑料等。例如用乙烯合成的聚乙烯塑料，性质坚韧，低温时仍能保持柔软性，化学性质稳定，被广泛用于工农业生产和日常生活中。此外，乙烯还用作植物生长的调节剂，如用于催熟果实等。

乙烯工业的发展速度很快，其带动了其他石油化工业的发展。乙烯工业的发展水平已经成为衡量各国石油化学工业发展水平的重要标志之一。

2. 烯烃

分子里含有一个碳碳双键的链烃叫做单烯烃，其分子组成通式为 C_nH_{2n}（$n \geqslant 2$）。分子里含有两个碳碳双键的链烃叫做二烯烃，其分子组成通式为 C_nH_{2n-2}（$n \geqslant 3$）。

（1）烯烃的通性：化学性质跟乙烯相似，都可以发生加成、氧化、加聚等反应。物理性质随着分子里碳原子数的增加而呈规律性的变化。几种烯烃的物理性质见表 8 – 3。

表 8 – 3　几种烯烃的物理性质

名称	结构简式	常温时的状态	熔点/℃	沸点/℃	相对密度
乙烯	$CH_2\!\!=\!\!CH_2$	气	– 169	– 103.7	—
丙烯	$CH_3CH\!\!=\!\!CH_2$	气	– 185.2	– 47.4	0.519 3
1 – 丁烯	$CH_3CH_2CH\!\!=\!\!CH_2$	气	– 185.3	– 6.3	0.595 1
1 – 戊烯	$CH_3(CH_2)_2CH\!\!=\!\!CH_2$	液	– 138	30	0.640 5
1 – 己烯	$CH_3(CH_2)_3CH\!\!=\!\!CH_2$	液	– 139.8	63.35	0.673 1
1 – 庚烯	$CH_3(CH_2)_4CH\!\!=\!\!CH_2$	液	– 119	93.64	0.697 0

从表中数据可见：烯烃的沸点和密度等随着碳原子数的增加而增大。

烯烃的化学通性：

①加成反应：

$$CH_3CH\!\!=\!\!CH_2 + Br_2 \xrightarrow{\text{四氯化碳}} CH_3-CHBr-CH_2Br （能使溴水褪色）$$

$$CH_3CH\!\!=\!\!CH_2 + HBr \longrightarrow \begin{cases} CH_3-CHBr-CH_3 （主要产物）\\ CH_3-CH_2-CH_2Br （次要产物） \end{cases}$$

马尔科夫尼科夫规则（Markovnikov rule，简称马氏规则）：在有机化学反应中，当发生亲电加成反应（如卤化氢和烯烃的反应）时，亲电试剂中的正电基团（如氢）总是加在连氢最多的碳原子上，而负电基团（如卤素）则会加在连氢最少的碳原子上。例如：

$$\underset{\underset{CH_3}{|}}{CH_3-C}\!\!=\!\!CH_2 + HCl \longrightarrow CH_3-\underset{\underset{CH_3}{|}}{\overset{\overset{Cl}{|}}{C}}-CH_3$$

②加聚反应：

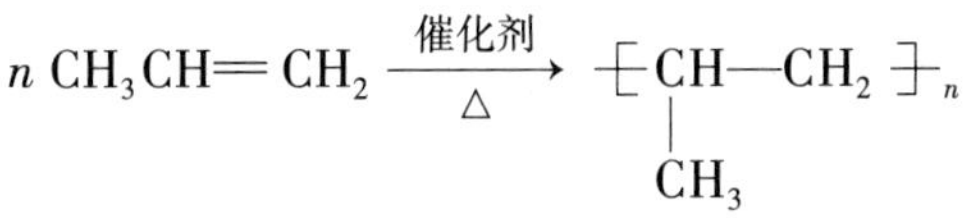

$$n\ CH_3CH=CH_2 \xrightarrow[\triangle]{催化剂} \left[CH-CH_2 \right]_n$$
$$\qquad\qquad\qquad\qquad\qquad\qquad\ \ \ \ \ CH_3$$

③氧化反应：所有的烯烃都能使高锰酸钾溶液褪色，都可以燃烧，产生少量的黑烟。例如：

$$2C_3H_6 + 9O_2 \xrightarrow{点燃} 6CO_2 + 6H_2O$$

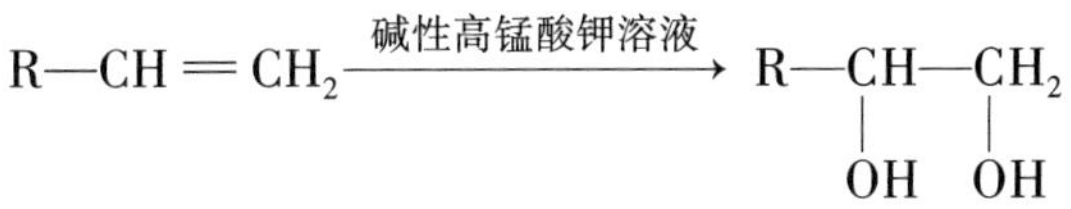

$$R-CH=CH_2 \xrightarrow{碱性高锰酸钾溶液} R-CH-CH_2$$
$$\qquad\qquad\qquad\qquad\qquad\qquad\qquad OH\ \ \ OH$$

烯烃　　　　　　　　　　　　　二元醇

（2）烯烃的同分异构体：烯烃的同分异构体除了碳链异构以外，还有位置异构和几何异构。

位置异构：组成相同，但分子中由官能团在碳链或碳环上的位置不同引起的异构。

几何异构：也叫做顺反异构，是指分子中原子排列次序虽然相同，但由于结构限制键的旋转，原子在空间排列的方式不同，从而产生的异构。

例如丁烯的同分异构体有：

碳链异构：　$CH_3-C=CH_2$　　和　$CH_3-CH_2-CH=CH_2$
$$\qquad\qquad\qquad\ \ \ CH_3$$
　　　　　2－甲基－1－丙烯　　　　　　　1－丁烯

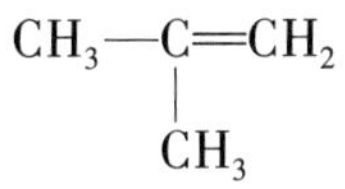

位置异构：$CH_3-CH_2-CH=CH_2$　　和　　　$CH_3-CH=CH-CH_3$
　　　　　　　1－丁烯　　　　　　　　　　　2－丁烯

几何异构：
顺式－2－丁烯　　　　反式－2－丁烯

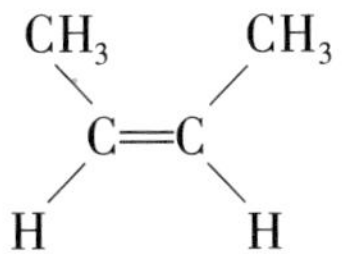

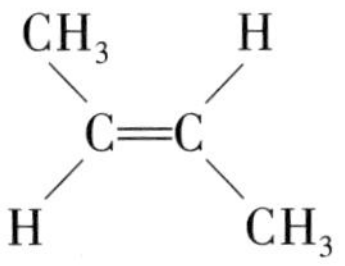

（3）烯烃的命名：烯烃的系统命名方法跟烷烃相似，是以含有碳碳双键在内的最长碳链为主链，定为某烯；以离双键较近的一端为起点，给主链碳原子编号定位。例如：

$$\overset{1}{CH_3}-\overset{2}{CH}=\overset{3}{CH}-\overset{4}{CH}-\overset{5}{CH_3}$$
$$\underset{CH_3}{|}$$

$$\overset{1}{CH_3}-\overset{2}{CH}-\overset{3}{CH}=\overset{4}{C}-\overset{}{CH_3}$$

4 – 甲基 – 2 – 戊烯

2，4 – 二甲基 – 3 – 己烯

$$\overset{2}{CH}=\overset{1}{CH_2}$$
$$CH_3-CH_2-CH_2-\underset{3}{CH}-\underset{4}{CH_2}-\underset{5}{CH_2}-\underset{6}{CH_3}$$

3 – 丙基 – 1 – 己烯

3. 二烯烃

二烯烃的性质跟单烯烃的性质相似，可以发生加成、加聚和氧化等化学反应。例如：

$$CH_2=CH-CH=CH_2 + Br_2 \longrightarrow \begin{cases} \underset{Br}{\underset{|}{CH_2}}-\underset{Br}{\underset{|}{CH}}-CH=CH_2 & 1，2 \text{ 加成} \\ \underset{Br}{\underset{|}{CH_2}}-CH=CH-\underset{Br}{\underset{|}{CH_2}} & 1，4 \text{ 加成} \end{cases}$$

天然橡胶的单体是异戊二烯（2 – 甲基 – 1，3 – 丁二烯）：

$$n\,CH_2=\underset{CH_3}{\underset{|}{C}}-CH=CH_2 \longrightarrow \left[CH_2-\underset{CH_3}{\underset{|}{C}}=CH-CH_2\right]_n$$

2 – 甲基 – 1，3 – 丁二烯

聚 – 2 – 甲基 – 1，3 – 丁二烯（天然橡胶）

二、炔烃

链烃分子里含有碳碳三键（C≡C）的不饱和烃叫做炔烃（alkyne）。炔烃的分子组成通式为：C_nH_{2n-2}（$n \geq 2$）。

1. 乙炔

（1）物理性质：乙炔（ethyne）是分子组成和结构最简单的一种炔烃。乙炔俗称电石气。纯的乙炔是没有颜色、没有气味的气体。由电石产生的乙炔，因为混有磷化氢和硫化氢等杂质而有特殊的气味。在标准状况下，乙炔的密度是 1.16g/L，熔点 – 83.25℃，沸点 – 79.85℃，微溶于水，易溶于有机溶剂。

（2）分子组成和结构：

分子式：C_2H_2

电子式：$H\overset{\times}{\cdot}C\overset{\cdot\cdot}{}\overset{\cdot\cdot}{}C\overset{\times}{\cdot}H$

结构式：H—C≡C—H

结构简式：CH≡CH

（3）化学性质和用途：乙炔分子呈直线形，碳碳三键的键能为837kJ/mol，其中有两个键易断裂，能发生加成、氧化等化学反应。

①加成反应：乙炔能跟氢气、卤素、卤化氢、水等发生加成反应。例如：

$$H—C{\equiv}C—H + Br_2 \longrightarrow \begin{matrix} H—C{=}C—H \\ | \quad | \\ Br \ Br \end{matrix}$$

1，2-二溴乙烯

$$\begin{matrix} H—C{=}C—H \\ | \quad | \\ Br \ Br \end{matrix} + Br_2 \longrightarrow \begin{matrix} Br \ Br \\ | \quad | \\ H—C—C—H \\ | \quad | \\ Br \ Br \end{matrix}$$

1，1，2，2-四溴乙烷

乙炔在氯化汞催化下加热至150℃时反应生成氯乙烯：

$$CH{\equiv}CH + H—Cl \xrightarrow[150℃]{氯化汞} CH_2{=}CHCl （氯乙烯）$$

$$CH{\equiv}CH + H_2O \xrightarrow[\triangle]{硫酸-硫酸汞} CH_3CHO （乙醛）$$

②聚合反应：两个乙炔分子在氯化亚铜和氯化氨的催化下加热至90℃时生成乙烯基乙炔。

$$2CH{\equiv}CH \xrightarrow[\triangle]{催化剂} CH_2{=}CH—C{\equiv}CH （乙烯基乙炔）$$

在有催化剂和1.5MPa的条件下，加热至60~70℃时，三个乙炔分子能聚合生成苯。

$$3CH{\equiv}CH \xrightarrow[\triangle]{催化剂} \quad （苯）$$

③氧化反应：乙炔能使酸性高锰酸钾溶液褪色。反应的化学方程式为：

$$5C_2H_2 + 10KMnO_4 + 15H_2SO_4 \longrightarrow 10CO_2 + 10MnSO_4 + 5K_2SO_4 + 20H_2O$$

乙炔在氧气中燃烧产生浓烟，并放出大量的热：

$$2CH{\equiv}CH(g) + 5O_2(g) \xrightarrow{点燃} 4CO_2(g) + 2H_2O(l) + Q$$

乙炔在氧气中燃烧放出大量的热，产生的氧炔焰的温度可达3 000℃以上，可以用氧炔焰来焊接或切割金属。

乙炔和空气（或氧气）的混合物遇明火时会发生爆炸；乙炔在空气中的爆炸极限是含乙炔的体积分数2.5%~80%，爆炸极限较宽，使用乙炔时一定要注意安全。

（4）制法：在实验室里用电石跟水反应来制取乙炔，反应的化学方程式为：

$$CaC_2 + 2H_2O \longrightarrow C_2H_2\uparrow + Ca(OH)_2$$

工业上用天然气来制取乙炔，反应的化学方程式为：

$$2CH_4 \xrightarrow{1\ 500℃} CH{\equiv}CH + 3H_2$$

2．炔烃

（1）物理性质。

除了乙炔以外，还有一系列分子里含有一个$C\equiv C$的链烃，它们的物理性质随着碳原子数的递增而呈现规律性的变化。一般地，随着分子里碳原子数的增加，熔点和沸点升高，密度增大。化学性质跟乙炔相似，都可以发生加成反应、氧化反应等。

（2）主要化学性质。

①加成反应：炔烃跟乙炔相似，都可以跟卤素、卤化氢、氢气等发生加成反应。

丙炔在氯化氢和氯化汞的催化下反应生成2 - 氯丙烯，继续反应生成2，2 - 二氯丙烷。此反应符合马氏规则。

$$CH_3—C\equiv CH + H—Cl \longrightarrow CH_3—\underset{\underset{Cl}{|}}{C}=CH_2 （2 - 氯丙烯）$$

$$CH_3—\underset{\underset{Cl}{|}}{\overset{\overset{Cl}{|}}{C}}=CH_2 + H—Cl \longrightarrow CH_3—\underset{\underset{Cl}{|}}{\overset{\overset{Cl}{|}}{C}}—CH_3 （2，2 - 二氯丙烷）$$

②氧化反应：炔烃都可以在氧气中燃烧；可以被酸性高锰酸钾和臭氧氧化，使三键断裂，生成羧酸或二氧化碳。

$$CH_3CH_2C\equiv CH \xrightarrow{\text{酸性高锰酸钾溶液}} CH_3CH_2COOH + CO_2$$

$$CH_3CH_2C\equiv CCH_3 \xrightarrow{\text{酸性高锰酸钾溶液}} CH_3CH_2COOH + CH_3COOH$$

（3）炔烃的同分异构体及命名：炔烃的同分异构体主要是碳链异构和位置异构。如：C_4H_6有两种同分异构体：

$$HC\equiv C—CH_2—CH_3 （1 - 丁炔）$$

$$CH_3—C\equiv C—CH_3 （2 - 丁炔）$$

炔烃的命名方法跟烯烃相似，例如：

$$\overset{1}{CH_3}—\overset{2}{C}\equiv\overset{3}{C}—\overset{4}{\underset{\underset{CH_3}{|}}{CH}}—\overset{5}{CH_2}—\overset{6}{CH_2}—\overset{7}{CH_2}—\overset{8}{CH_3}$$

4 - 甲基 - 2 - 辛炔

例题 1　某气态烃0.5mol恰好与1mol的HCl完全加成，1mol生成物分子中的氢原子能被6mol Cl_2取代，则该烃可能是（　　　）。

A．C_2H_6　　　　　　　　　　　　B．C_2H_4

C．$CH\equiv C—CH_3$　　　　　　　　D．$CH_2=CH—CH=CH_2$

解：碳原子数≤4的烃为气态烃。0.5mol气态烃恰好与1mol的HCl完全加成，说明该烃分子里应有两个碳碳双键或一个碳碳三键，在上述四个选项中可能是C项或D项。因为1mol生成物分子中的氢能被6mol Cl_2取代，说明生成物分子里含有6个氢原子。1mol丙炔分子里含有 4mol 的氢原子，与 2mol HCl 加成后就有 6mol 的氢原子，符合题意。1mol 的 1，3 – 丁二烯里有 6 个氢原子，与 2mol HCl 加成后就有 8mol 的氢原子，不符合题意。

答：C。

例题 2 将 1.46g 的乙烷和乙烯的混合气体通入足量的溴水中，溴水增重 0.56g，计算混合气体中乙烷和乙烯的体积比。

解：溴水增加的重量就是乙烯的质量，即乙烯为 0.56g，乙烷为 1.46 – 0.56 = 0.9g。

在相同条件下，气体的体积比等于气体的物质的量的比，即：

$$\frac{0.9g}{30g/mol} : \frac{0.56g}{28g/mol} = 0.03 : 0.02 = 3 : 2$$

答：混合气体中乙烷与乙烯的体积比为 3 : 2。

例题 3 有六种物质：①己烷；②环己烯；③聚乙烯；④聚异戊二烯；⑤1 – 己炔；⑥环己烷。其中既能使酸性 $KMnO_4$ 溶液褪色，又能与溴水反应使之褪色的有哪几种？

解：饱和烃、单烯烃聚合物等与酸性 $KMnO_4$ 溶液和溴水都不反应。分子中含有 C＝C 和 C≡C 的有机物既能使酸性 $KMnO_4$ 溶液褪色，又能与溴水反应使之褪色。

答：②④⑤。

例题 4 常压下，120℃时，某气态烃的混合物在密闭容器内与氧气完全燃烧后再恢复到原状况，发现燃烧前后容器内的压强保持不变，则该气态烃的混合物可能是（ ）。

A. C_2H_6 与 C_2H_4 B. C_2H_6 与 CH_4 C. CH_4 与 C_2H_4 D. C_3H_8 与 CH_4

解：设烃的分子式为 C_xH_y，烃在氧气中燃烧反应的通式：

$$C_xH_y + (x + \frac{y}{4}) O_2 \xrightarrow{\text{点燃}} xCO_2 + \frac{y}{2} H_2O$$

依题意，在常压下，120℃时水为气态，燃烧前后容器内的压强保持不变，则反应前后气体体积相等，即 $1 + (x + \frac{y}{4}) = x + \frac{y}{2}$，解得 $y = 4$。所以气态烃的氢原子的平均值为 4。

答：C。

思考题

1. 如何鉴别下列两组物质？

（1）氢气、一氧化碳和甲烷；

（2）甲烷、乙烯和乙炔。

2. 在实验室里制备乙烯的方法是什么？写出反应的化学方程式。

3. 乙烯气体分别通入酸性高锰酸钾溶液和溴水中的现象是什么？反应的类型相同吗？

4. 某气态烃在标准状况下每升的质量为 2.5g，它能使酸性高锰酸钾溶液褪色，计算该烃的分子式，并写出可能的结构简式和名称。

5. 甲烷和乙炔的混合气体 200mL，在一定条件下使之与氢气充分反应，在相同状态下氢气的消耗量为 100mL，求原混合气体中甲烷和乙炔的体积比。

6. 已知一种气态不饱和烃 X 含碳 88.9%，回答下列问题。
（1）求实验式；
（2）已知 X 的相对分子质量是相同条件下氢气的 27 倍，求分子式；
（3）已知 5.4g X 可以跟 32g 溴反应，计算反应所用的 X 和溴的物质的量各是多少；
（4）写出 X 可能有的同分异构体的结构简式及名称。

7. 某气态烃中碳的质量分数为 85.7%，在标准状况下的密度为 1.875g/L，该烃能使酸性高锰酸钾溶液褪色，也能与溴水反应使之褪色，求该烃的分子式和名称。

8. 有 CH_4、C_2H_4 和 C_2H_6 的混合气体 2.24L（标准状况下），燃烧后得到的二氧化碳的体积为原混合气体体积的 1.8 倍，生成的水的质量为 4.23g。试计算混合气体中各种组分气体的物质的量。

9. 由某气态烷烃和气态单烯烃组成的混合物，其平均摩尔质量为 22.5g/mol，取在标准状况下的此混合气体 4.48L 通入溴水中，结果溴水增重 2.1g，通过计算回答：
（1）混合气体由哪两种烃组成？
（2）它们的体积比是多少？

第三节　芳香烃

　　芳香烃（arene/aromatic hydrocarbon），简称"芳烃"，包括大多具有苯环基本结构或具有"芳香族化合物"性质的环烃。根据结构不同，芳烃分为单环芳烃、稠环芳烃和多环芳烃三类。

　　芳香族化合物（aromatic compound）是碳环化合物的一类，包括一切具有芳香性的碳环化合物，主要指具有一个或多个芳香环的烃及其衍生物，如苯、萘、蒽、菲等烃及其衍生物（如苯酚、硝基苯、苯甲酸）等。

　　历史上，芳香族化合物是指一类从植物胶里取得的具有芳香气味的物质，但目前已知的芳香族化合物中，大多数是没有芳香气味的。因此，"芳香"这个词已经失去了原有的意义，只是习惯沿用这个名称。

一、苯及其同系物

苯（benzene）及其同系物属于单环芳烃，它们的分子里含有一个苯环，如苯、甲苯、乙苯、二甲苯等。它们的分子组成通式是：C_nH_{2n-6}（$n \geq 6$）。

1. 苯

（1）物理性质：苯是没有颜色，具有特殊气味的液体，不溶于水，比水轻（密度0.88g/mL），熔点是5.5℃，沸点是80℃，用冰冷却，苯可以凝成无色晶体。苯有毒，若长期吸入会导致贫血和白血病。

（2）分子结构：苯的分子式是C_6H_6，从苯分子中碳、氢原子个数比来看，苯是一种远没有达到饱和的烃。但在研究苯的性质时发现，苯跟不饱和烃的性质有很大的差别，有着类似饱和烃的性质，如能发生取代反应。

经过进一步的研究确认，苯分子具有平面的正六边形结构。碳碳之间的键角都是120°，键长都是1.40×10^{-10}m，苯环上的键既不同于一般的单键（C—C 键长是1.54×10^{-10}m），也不同于一般的双键（C＝C 键长是1.33×10^{-10}m）。苯分子中每个碳碳键的键能和键长都是相等的，它是介于单键和双键之间的一种独特的键。苯的分子结构如下：

结构式　　　　　　　结构简式　　　　　　　分子模型

（3）化学性质：苯的化学性质比烯烃稳定，又比烷烃活泼，既可以发生加成反应，又可以发生取代反应。

①加成反应（不饱和烃的性质）：苯跟氯气在紫外线照射下反应生成六氯化苯。

$$C_6H_6 + 3Cl_2 \xrightarrow{\text{紫外线}} C_6H_6Cl_6 \text{（六氯化苯）}$$

六氯化苯又称1，2，3，4，5，6 - 六氯环己烷，因其分子中含有6个碳原子、6个氢原子和6个氯原子，故其商品名为六六六。六氯化苯是白色晶体，熔点115℃，不溶于水，溶于煤油、苯、丙酮、乙醚等有机溶剂。对酸稳定，在碱溶液中及锌、铁、锡存在时易分解，是一种有机氯杀虫剂。

苯还可以跟氢气加成生成环己烷：

$$C_6H_6 + 3H_2 \xrightarrow[\triangle]{\text{催化剂}} C_6H_{12} \text{（环己烷）}$$

②取代反应（饱和烃的性质）：苯不仅可以跟纯溴发生取代反应，还可以跟硝酸和硫酸等发生取代反应。

苯在铁粉等催化剂的作用下跟卤素反应生成卤代苯和卤化氢。生成的卤化氢在空气里产生白雾：

$$\text{（苯环）} + Br_2 \xrightarrow{FeBr_3} \text{（苯环）}-Br + HBr$$

$$\text{（苯环）} + Cl_2 \xrightarrow{AlCl_3} \text{（苯环）}-Cl + HCl$$

硝化反应（nitration reaction）：有机物分子里的氢原子被硝基（—NO$_2$）取代的反应，叫做硝化反应。苯跟浓硝酸和浓硫酸的混合物加热至 55～60℃时反应生成硝基苯：

$$\text{（苯环）} + HO—NO_2 \xrightarrow[\triangle]{H_2SO_4} \text{（苯环）}-NO_2 + H_2O$$

硝基苯是具有苦杏仁味的无色油状液体，不溶于水，溶于乙醇和乙醚，比水重。硝基苯有毒，是制造染料、药物的重要原料。

磺化反应（sulfonation reaction）：有机物分子里的氢原子被磺酸基（—SO$_3$H）取代的反应，叫做磺化反应。苯和浓硫酸加热至 70～80℃时反应生成苯磺酸：

$$\text{（苯环）} + HO—SO_3H \xrightarrow[\triangle]{H_2SO_4} \text{（苯环）}-SO_3H + H_2O$$

苯磺酸是无色针状或片状晶体。含有 1.5 分子结晶水的苯磺酸的熔点为 43～44℃，无水物的熔点为 65～66℃，易溶于水和乙醇，是合成洗涤剂的原料。

③氧化反应：苯在氧气中燃烧产生大量的烟，放出热量。

$$2C_6H_6(l) + 15O_2(g) \xrightarrow{点燃} 12CO_2(g) + 6H_2O \ (l)，\Delta H = -3\ 260kJ/mol$$

苯跟高锰酸钾等强氧化剂不反应。

2. 苯的同系物

苯的同系物如甲苯、乙苯、丙苯、二甲苯等化合物，它们的分子里都含有一个苯环。它们的性质跟苯相似，如都可以跟氢气发生加成反应，都可以燃烧并有烟产生，都可以发生取代反应等。

（1）甲苯（化学式：C$_7$H$_8$，结构简式：（苯环）—CH$_3$ ）。

甲苯是一种无色液体。不溶于水，溶于乙醇、苯、丙酮等有机溶剂。甲苯蒸气与空气形成爆炸性混合物，爆炸极限 1.2%～7.0%。

甲苯跟浓硝酸和浓硫酸的混合物加热发生取代反应时，由于受侧链影响，苯环上的电子云密度增强，苯环上的氢原子更容易被取代，生成 2，4，6－三硝基甲苯。

三硝基甲苯（TNT）是一种淡黄色的晶体，味苦，不溶于水，溶于乙醇和乙醚，熔点81℃，密度1.654g/cm³。它是一种烈性炸药，广泛用于国防、开矿、筑路、兴修水利等。通常情况下很稳定，不与金属作用，在240℃时爆炸。

甲苯能被酸性高锰酸钾溶液氧化，生成苯甲酸：

$$5C_6H_5—CH_3 + 6KMnO_4 + 9H_2SO_4 \longrightarrow 5C_6H_5—COOH + 6MnSO_4 + 3K_2SO_4 + 14H_2O$$

也可以用下式表示：

（2）二甲苯。

结构简式为 $C_6H_4(CH_3)_2$，是邻位、间位和对位二甲苯的总称。混合物为无色易燃的液体，沸点137~144℃，不溶于水，溶于乙醇和乙醚等。有芳香气味，蒸气有毒，常用作溶剂和有机合成原料。

二甲苯三种异构体的沸点很接近，难以分开，一般都是三种异构体的混合物，三者都能使酸性高锰酸钾溶液褪色。

邻-二甲苯	间-二甲苯	对-二甲苯
（沸点：144.4℃）	（沸点：139.4℃）	（沸点：138.4℃）

乙苯、丙苯等其他苯的同系物中侧链都能被酸性高锰酸钾溶液氧化生成羧酸。无论烷基链的长短，一般都被氧化成羧基，所以可以用酸性高锰酸钾溶液来区别苯及同系物。

例如，丁苯跟酸性高锰酸钾溶液反应生成苯甲酸：

二、稠环芳烃和多环芳烃

分子里含有由两个或多个苯环通过共用两个相邻碳原子稠合而成的芳烃，叫做稠环芳烃（polycyclic aromatic hydrocarbons）。

1. 萘

化学式：$C_{10}H_8$，结构简式： ，是简单的稠环化合物。

萘是一种无色片状晶体，熔点 80.3℃，沸点 218℃，易升华，具有特殊气味，不溶于水，溶于乙醇、乙醚和苯等溶剂中。

萘可用来杀菌、防蛀、驱虫等，俗名"卫生球"。萘比苯更易发生氧化、加成、取代等反应。萘是煤焦油中含量最大的一种稠环芳烃，是重要的工业原料，广泛用于制染料、树脂、溶剂等。

2. 蒽

分子式：$C_{14}H_{10}$，结构简式：  ，俗称"绿油脑"。

蒽是一种无色晶体，熔点 216℃，易升华，不易溶于水，难溶于乙醇和乙醚，较易溶于苯，是合成染料的重要原料。

3. 多环芳烃

分子里含有两个或两个以上独立苯环的化合物属于多环芳烃（polycyclic aromatic hydro-carbons）。

（1）联苯（biphenyl）或苯基苯、联二苯，是一种芳烃，属于芳香族化合物。可以用于杀菌剂，分子式：$C_{12}H_{10}$，结构简式： 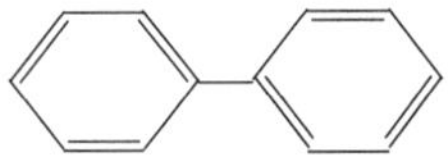 。

（2）三苯甲烷（triphenylmethane），分子式：$C_{19}H_{16}$，结构简式： 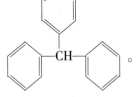 。

是一种芳烃，常用作有机合成的中间体，用于染料合成，也用作气相色谱固定液。

三苯甲烷在氧化剂作用下生成三苯甲醇（C_6H_5）$_3$COH，在还原剂作用下生成苯和甲苯。三苯甲烷可由苯在无水三氯化铝存在下与四氯化碳作用，再用乙醚使反应物分解得到。

例题 1 如何鉴别庚烷、庚烯、甲苯？

答：这三种有机物均为无色液体。分别取少量上述三种物质放于试管中，向其中加入溴水，褪色是庚烯；另取少量剩余两种物质放入试管中，向其中加入酸化的高锰酸钾溶液，褪色的是甲苯，不反应的就是庚烷。可以用下式表示实验过程：

$$
\left.\begin{array}{l}庚烯\\庚烷\\甲苯\end{array}\right\}\xrightarrow{溴水}\left\{\begin{array}{l}褪色\\不变\\不变\end{array}\right.\xrightarrow{酸化的高锰酸钾溶液}\left\{\begin{array}{l}不变\\褪色\end{array}\right.
$$

例题2　某烃含碳的质量分数是 90.6%，其蒸气对空气的相对密度是 3.66，计算该烃的摩尔质量和分子式，并按要求回答下列问题。

（1）若该烃硝化时，一硝基取代物只有一种，则该烃是＿＿＿＿＿＿＿＿＿＿＿；

（2）若该烃硝化时，一硝基取代物只有两种，则该烃是＿＿＿＿＿＿＿＿＿＿＿；

（3）若该烃硝化时，一硝基取代物有三种，则该烃是＿＿＿＿＿＿＿＿＿＿＿。

解析：空气的平均摩尔质量是 29g/mol，根据相对密度计算该烃的摩尔质量。

该烃的摩尔质量 $=29\text{g/mol}\times3.66=106.14\text{g/mol}$

碳和氢的原子个数分别为：$n(\text{C})=\dfrac{106.14\times90.6\%}{12}\approx8$

$n(\text{H})=\dfrac{106.14\times(100-90.6)\%}{1}\approx10$

该烃的分子式是：C_8H_{10}。

从分子组成可知该烃符合通式 C_nH_{2n-6}，所以该烃是苯的同系物，可能是乙苯或二甲苯。

答：（1）若该烃硝化时，一硝基取代物只有一种，则该烃是对－二甲苯：

（2）若该烃硝化时，一硝基取代物只有两种，则该烃是邻－二甲苯：

（3）若该烃硝化时，一硝基取代物有三种，则该烃是间－二甲苯或乙苯：

例题3　下列有关苯与甲苯的实验事实中，能说明侧链对苯环性质有影响的是（　　）。

A. 苯的硝化反应生成一硝基苯，甲苯的硝化反应生成三硝基甲苯

B. 苯不能使酸性高锰酸钾溶液褪色，甲苯能使酸性高锰酸钾溶液褪色

C. 苯和甲苯燃烧都产生带浓烟的火焰

D. 1mol 苯与 1mol 甲苯都能与 3mol H_2 发生加成反应

解析：A 项甲苯和苯在浓硫酸的催化下都能与浓硝酸发生取代反应，但产物不同，侧链

对苯环有影响，使苯环上的氢原子更容易被取代，甲苯硝化时生成三硝基甲苯，能说明侧链对苯环有影响。B 项说明苯环对侧链有影响。C 项二者含碳量都高，碳不完全燃烧导致浓烟。D 项 1mol 甲苯或 1mol 苯都能与 3mol H_2 发生加成反应，与苯环的不饱和度有关，与苯环是否有侧链无关。

答：A。

思考题

1. 苯与溴水混合振荡，有什么现象？会发生什么变化？

2. 有四种无色液态物质：己烯、己烷、苯和甲苯。其中：

（1）不能与溴水或酸性 $KMnO_4$ 溶液反应，但在铁屑作用下能与液溴反应的是什么？反应类型是什么？写出反应的化学方程式。

（2）不能与溴水和酸性 $KMnO_4$ 溶液反应的是什么？

（3）能与溴水和酸性 $KMnO_4$ 溶液反应的是什么？

（4）不与溴水反应但能与酸性 $KMnO_4$ 溶液反应的是什么？

3. 写出下列变化的化学方程式，注明反应条件和反应类型。

（1）苯 $\longrightarrow$ 硝基苯；（2）甲苯 $\longrightarrow$ TNT。

4. 完全燃烧 0.1mol 某烃，在标准状况下测得生成 20.16L CO_2 和 10.8g H_2O。

（1）通过计算确定该烃的化学式；

（2）若该烃不能与溴水反应，但能使酸性 $KMnO_4$ 溶液褪色，则该烃可能的结构有哪些？

5. 某烃的蒸气对氢气的相对密度是 53（同温同压下），此烃 1.06g 完全燃烧后产生二氧化碳（标准状况下）1.792L 和水 0.9g。此烃不能与溴水反应，但可使酸性 $KMnO_4$ 溶液褪色，生成 $C_8H_6O_4$。

（1）写出此烃的分子式；

（2）写出此烃所有的同分异构体，并命名；

（3）若此烃的一氯代物仅一种，试确定它的结构式。

6. 10mL 某气态烃在 50mL 氧气中充分燃烧得到液态水和体积为 35mL 的混合气体（所有气体都是在同温同压下测定的），该气态烃可能是什么？

7. 有 A、B、C、D 四种烃，A、B、C 在通常情况下是无色气体，且为链烃，D 为液体。

（1）1mol A 完全燃烧生成 2mol 二氧化碳和 2mol 水；

（2）在标准状况下 2.24L B 恰好能使含 32g 溴的溴水褪色，经测定产物分子中每个碳原子上均有一个溴原子。

（3）C 不能使酸性高锰酸钾溶液褪色，在光照条件下能和其体积 8 倍的氯气发生取代反应，得到只含碳和氯的化合物。

（4）D 能使酸性高锰酸钾溶液褪色，但不能使溴水褪色，0.05mol D 的质量是 5.3g，在铁的催化作用下，D 和溴反应生成的一溴代物只有一种。

由此确定 A、B、C、D 四种烃的结构简式。

第四节 卤代烃

烃是仅由碳和氢两种元素组成的一类有机物。烃分子里的氢原子被其他原子或原子团取代后生成了一系列新的有机化合物。这些化合物从结构上说都可以看成由烃衍变成的，所以把这些化合物叫做烃的衍生物（derivative of hydrocarbon），如卤代烃、醇、酚、醛、酮、羧酸、酯等。

烃的衍生物的组成元素除了碳、氢以外，还有卤素、氧、氮、硫、磷等元素。这些取代氢原子的原子或原子团对于烃的衍生物的性质有着重要的影响，使烃的衍生物的化学性质跟相应的烃的性质有所不同。

我们把这种决定化合物的化学特性的原子或原子团叫做官能团（functional group）。

官能团决定了有机物的主要化学性质。具有相同官能团的有机物，化学性质相似。主要的官能团有：双键（—C＝C—）、三键（—C≡C—）、卤素（—X）、羟基（—OH）、硝基（—NO$_2$）、羰基（ C=O ）、醛基（—CHO）、羧基（—COOH）、氨基（—NH$_2$）、氰基（—CN）、磺酸基（—SO$_3$H）等。

一、卤代烃的同分异构体及命名

烃分子里的氢原子被卤素原子（—X，X＝F、Cl、Br、I）取代后生成的化合物，叫做卤代烃。卤代烃的种类很多，根据分子里所含卤原子的多少，可以分为一元卤代烃和多元卤代烃；根据被取代的烃的种类，可以分为脂肪卤代烃和芳香卤代烃等。

1. 卤代烷烃的同分异构体及命名

（1）卤代烷（haloalkanes/alkyl halide）的命名。

命名时以烃为母体，卤素为取代基。以含有主要官能团的最长碳链为主链，靠近该官能团的一端标为 1 号碳。当主链上有多种取代基时，一般是取代基的第一个原子质量越大，顺序越高，同时要保证取代基的位置号为最小。

（2）卤代烷的同分异构体。

卤代烷主要有位置异构和碳链异构。

例如，分子式为 C$_4$H$_9$Cl 的同分异构体的结构简式及名称分别为：

$$CH_3-CH_2-CH_2-CH_2Cl$$

$$\begin{matrix} CH_3-CH-CH_2-CH_3 \\ | \\ Cl \end{matrix}$$

1 - 氯丁烷   2 - 氯丁烷

$$\begin{matrix} CH_3 \\ | \\ CH_3-CH-CH_2Cl \end{matrix}$$

$$\begin{matrix} CH_3 \\ | \\ CH_3-C-CH_3 \\ | \\ Cl \end{matrix}$$

2 - 甲基 - 1 - 氯丙烷   2 - 甲基 - 2 - 氯丙烷

2. 不饱和卤代烃的命名

不饱和卤代烃的命名方法与烯烃和炔烃相同，如：

$$CH_2=CHCl$$

$$\begin{matrix} CH_3-CH=CH-CH-CH_3 \\ | \\ Cl \end{matrix}$$

$$\begin{matrix} CH_3-CH-CH=CHCl \\ | \\ CH_3 \end{matrix}$$

1 - 氯乙烯   4 - 氯 - 2 - 戊烯   3 - 甲基 - 1 - 氯 - 1 - 丁烯

二、一元卤代烷烃的性质

1. 物理性质

一元卤代烷烃比相应的烃的沸点高，一般随着烃基中碳原子数目的增加沸点升高。氟代物的沸点最低，碘代物的沸点最高。在异构体中，支链越多，沸点越低，密度一般随着烃基中碳原子数目的增加而减小。氯代烷的密度比水小，溴代烷和碘代烷的密度比水大。几种一氯代烷的密度和沸点见表 8 - 4。

表 8 - 4   几种一氯代烷的密度和沸点

名称	结构简式	液态时密度/（g/cm³）	沸点/℃
氯甲烷	CH_3Cl	0.915 9	− 24.2
氯乙烷	CH_3CH_2Cl	0.897 8	12.27
1 - 氯丙烷	$CH_3CH_2CH_2Cl$	0.890 9	46.6
1 - 氯丁烷	$CH_3CH_2CH_2CH_2Cl$	0.886 2	78.44
1 - 氯戊烷	$CH_3CH_2CH_2CH_2CH_2Cl$	0.881 8	107.8

2. 化学性质

（1）取代反应（水解反应）：脂肪卤代烃跟强碱水溶液共热，生成醇。

$$CH_3CH_2Cl + H-OH \xrightarrow[\triangle]{氢氧化钠} CH_3CH_2OH + HCl$$

$$NaOH + HCl =\!=\!= NaCl + H_2O$$

或：$$CH_3CH_2Cl + NaOH \xrightarrow{加热} CH_3CH_2OH + NaCl$$

卤代烃的水解反应是可逆反应。加入氢氧化钠溶液能中和水解生成的氢氯酸，有利于水解反应的进行。

（2）消除反应（elimination reaction）：有机物在适当条件下，从一个分子脱去一个小分子（如水、卤化氢等），生成不饱和（双键或三键）化合物的反应，叫做消除反应。卤代烷烃跟强碱的醇溶液共热，脱去卤化氢生成烯烃。

$$CH_3—CH_2Cl + NaOH \xrightarrow[\triangle]{醇溶液} CH_2\!=\!CH_2 + NaCl + H_2O$$

$$CH_3—CH_2—\underset{\underset{Br}{|}}{CH}—CH_3 + NaOH \xrightarrow[\triangle]{醇溶液} \begin{cases} NaBr + H_2O + CH_3—CH\!=\!CH—CH_3 \ (81\%，主要产物) \\ NaBr + H_2O + CH_3—CH_2—CH\!=\!CH_2 \ (19\%) \end{cases}$$

卤代烃发生消除反应时，氢原子主要从含氢较少的碳原子上脱去。

三、卤代烃的用途和制法

1. 卤代烃的用途

在有机合成上，因为卤代烃的化学性质比较活泼，能发生取代反应、消除反应等，从而转化成其他类型的化合物，所以引入卤素原子常常是改变分子性能的第一步反应，在有机合成中起着重要的桥梁作用。

卤代烷烃大多为液体，能以任意比例与烃类混溶，还能溶解油脂，因此卤代烃是常用的有机溶剂，用于提取组织内的脂肪以及做干洗剂，也用于干洗机械加工的零件等。氯仿（$CHCl_3$）是一种无色、有甜味、易挥发的液体。氯仿是较早使用的一种麻醉剂，用作人身麻醉剂对人体的心、肝、肾等均有害，而且麻醉量和致死量的差别小，现在较少使用。四氯甲烷（CCl_4）不可以燃烧，易挥发，密度大，常用作灭火剂。

氟利昂（freon）又称氟氯烷，是甲烷和乙烷的氟和氯的衍生物的混合物，可由氟化氢与四氯化碳、氯仿、六氯乙烷等作用制得。氟利昂无味、无毒、无腐蚀性，化学性质稳定，常温时与金属、酸和氧化剂等都不反应，有水存在时与碱缓慢反应，沸点比室温略低，稍加压就能液化，常用作制冷剂，用于冷冻机和空调设备，也有用作气溶胶喷雾器的推进液体等。因为氟利昂没有毒性和腐蚀性，使用起来安全，所以应用越来越广泛，发展也很快，每年产量达几十万吨。然而，氟利昂会破坏臭氧层，导致臭氧层空洞，许多国家已经禁止使用氟利昂，正在研究开发新的制冷试剂，如氨、氟利昂类、水和少数碳氢化合物等。

2. 卤代烃的几种制备方法

（1）醇、卤化物和浓硫酸共热：

$$CH_3CH_2OH + NaBr + H_2SO_4（浓）\xrightarrow{加热} CH_3CH_2Br + NaHSO_4 + H_2O$$

此反应是卤代烃水解反应的逆反应，在酸性条件下，有利于生成卤代烷。

（2）烯烃的加成反应：

$$CH_2\!=\!CH_2 + Cl—Cl \longrightarrow CH_2Cl—CH_2Cl$$

在370℃时，1，2-二氯乙烷在少量的氯气中发生消除反应生成氯乙烯。氯乙烯是重要的化工原料。

$$CH_2Cl{-}CH_2Cl \xrightarrow[\triangle]{0.5\% \text{氯气}} CH_2{=}CHCl + HCl$$

例题 1 化合物 A 的结构简式：$CH_3{-}\underset{\underset{\displaystyle CH_3}{|}}{CH}{-}CH_2Br$，回答以下问题。

（1）A 的系统名称是什么？

（2）写出 A 的所有同分异构体的结构简式；

（3）已知 A 有如下反应：

$$A \xrightarrow[\triangle]{\text{NaOH 醇溶液}} B \xrightarrow{Br_2 \text{ 的 } CCl_4 \text{ 溶液}} C \xrightarrow{\text{NaOH 水溶液}} D$$

写出 B、C、D 的结构简式。

答：（1）A 的系统名称：2 – 甲基 – 1 – 溴丙烷。

（2）A 的同分异构体有：

$$CH_3{-}CH_2{-}CH_2{-}CH_2Br \qquad CH_3{-}CH_2{-}\underset{\underset{\displaystyle Br}{|}}{CH}{-}CH_3 \qquad CH_3{-}\underset{\underset{\displaystyle Br}{|}}{\overset{\overset{\displaystyle CH_3}{|}}{C}}{-}CH_3$$

（3）A 是卤代烃，在氢氧化钠的醇溶液中共热发生消除反应生成烯烃 B。烯烃与溴发生加成反应生成溴代烃 C，溴代烃与氢氧化钠水溶液共热发生水解反应生成醇 D。

B、C、D 的结构简式分别是：

$$B: CH_3{-}\underset{\underset{\displaystyle CH_3}{|}}{C}{=}CH_2 \qquad C: CH_3{-}\underset{\underset{\displaystyle CH_3}{|}}{\overset{\overset{\displaystyle Br}{|}}{C}}{-}CH_2Br \qquad D: CH_3{-}\underset{\underset{\displaystyle CH_3}{|}}{\overset{\overset{\displaystyle OH}{|}}{C}}{-}CH_2OH$$

例题 2 某有机化合物 A 的化学式为 C_5H_{10}，与溴反应生成化合物 B（$C_5H_{10}Br_2$），B 与氢氧化钠的醇溶液反应生成化合物 C（C_5H_8），C 的聚合物与天然橡胶具有相同的结构单元。据此推断 A、B、C 的结构简式和名称。

解析： C 的聚合物与天然橡胶具有相同的结构单元，所以 C 的结构简式为：

$$CH_2{=}\underset{\underset{\displaystyle CH_3}{|}}{C}{-}CH{=}CH_2$$

C 是卤代烃 B 的消除产物，所以 B 为：

$$CH_3{-}\underset{\underset{\displaystyle CH_3}{|}}{\overset{\overset{\displaystyle Br}{|}}{C}}{-}\overset{\overset{\displaystyle Br}{|}}{CH}{-}CH_3$$

B 是烯烃 A 的加成产物，所以 A 为：

$$CH_3-\underset{\underset{CH_3}{|}}{C}=CH-CH_3$$

答：A：$CH_3-\underset{\underset{CH_3}{|}}{C}=CH-CH_3$（2－甲基－2－丁烯）

B：$CH_3-\underset{\underset{CH_3}{|}}{\overset{\overset{Br}{|}}{C}}-\overset{\overset{Br}{|}}{CH}-CH_3$（2－甲基－2，3－二溴丁烷）

C：$CH_2=\underset{\underset{CH_3}{|}}{C}-CH=CH_2$（2－甲基－1，3－丁二烯或异戊二烯）

思考题

1. 怎样鉴定氯代烷烃中含有氯元素？

2. 制备氯乙烷的方法有几种？哪种方法能够制得比较纯净的氯乙烷？

3. （1）1－氯丙烷与氢氧化钠的水溶液共热发生反应的类型是什么？生成什么物质？写出反应的化学方程式。
   （2）1－氯丙烷与氢氧化钠的乙醇溶液共热发生反应的类型是什么？生成的物质是什么？写出反应的化学方程式。

4. 写出由 1－氯丁烷制取 1，2－二氯丁烷的化学方程式。

5. 某一氯代烃 3.7g 跟足量的氢氧化钠溶液混合加热后，用硝酸酸化，再加入适量的硝酸银溶液，生成 5.74g 的白色沉淀。
   （1）求该一氯代烃的分子式；
   （2）写出其可能有的同分异构体的结构简式及名称。

6. A、B、C、D 四种有机物，它们的分子中含有相同的碳原子数，其中 A 和 B 是烃。在标准状况下，A 对氢气的相对密度是 13；B 与 HCl 反应生成 C，C 与 D 混合后加入氢氧化钠并加热，可生成 B。

（1）写出 A、B、C、D 的结构简式和名称；

（2）写出有关反应的化学方程式。

第五节 醇和酚

一、醇类

醇（alcohol）是分子里含有跟烃基结合的羟基的化合物。

1. 醇的分类

根据烃类及连接的羟基数目不同，醇有多种不同的分类方法。

（1）按烃基的结构分。

$$脂肪醇 \begin{cases} 饱和醇：R—OH，如 CH_3CH_2OH（乙醇） \\ 不饱和醇：CH_2＝CH—CH_2OH（丙烯醇） \end{cases}$$

芳香醇：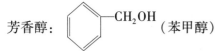 （苯甲醇）

（2）按羟基数目分。

一元醇：$CH_3CH_2CH_2OH$（丙醇）

$$多元醇 \begin{cases} 二元醇：\begin{matrix} CH_2—OH（乙二醇） \\ | \\ CH_2—OH \end{matrix} \\ 三元醇：\begin{matrix} CH_2—OH \\ | \\ CH—OH（丙三醇） \\ | \\ CH_2—OH \end{matrix} \end{cases}$$

2. 醇的系统命名方法

（1）选择主链：选择含有羟基在内的最长碳链为主链；

（2）编号：从离羟基最近的一端开始编号，按主链碳原子的数目称为某醇；

（3）命名：把支链作为取代基写在某醇的前面。

例如，饱和一元醇：

$$\begin{matrix} CH_3—CH_2—CH—CH_3 \\ | \\ OH \end{matrix} \qquad \begin{matrix} CH_3—CH—CH—CH_3 \\ \quad | \quad \ | \\ \quad CH_3 \ OH \end{matrix}$$

2 - 丁醇 　　　　　　　　　3 - 甲基 - 2 - 丁醇

芳香醇：醇为母体，苯为取代基。

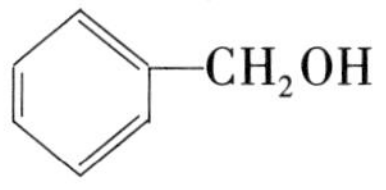

苯基甲醇 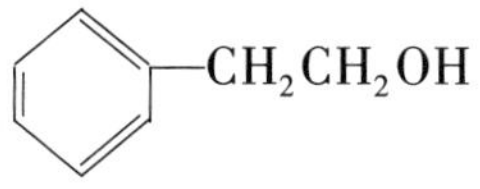　　　　　　　　2 - 苯基乙醇

二、饱和一元醇

1. 同分异构体和命名

饱和一元醇的分子组成通式：$C_nH_{2n+1}OH$（$n \geqslant 1$）或 $C_nH_{2n+2}O$（$n \geqslant 1$）。饱和一元醇的同分异构体主要有碳链异构和位置异构。

例如，分子式为 C_4H_9OH 的同分异构体的结构简式和名称分别为：

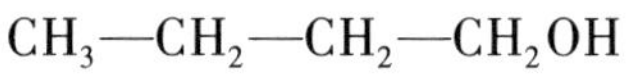

1 - 丁醇 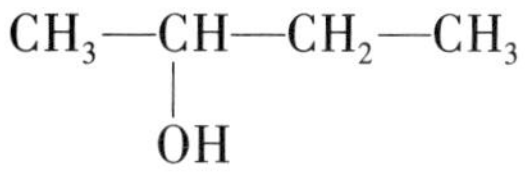　　　　　　　　　　2 - 丁醇

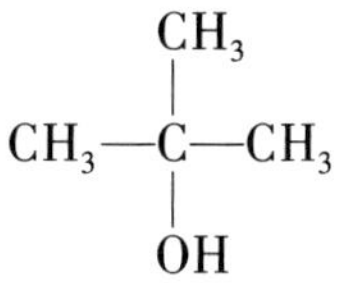

2 - 甲基 - 2 - 丙醇 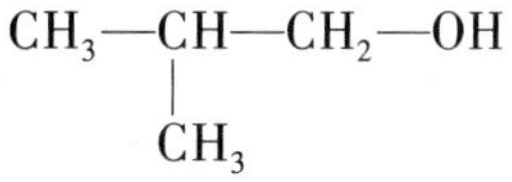　　　　　　2 - 甲基 - 1 - 丙醇

2. 乙醇

（1）结构和物理性质。

乙醇（ethanol）俗称酒精，是无色、透明、具有特殊香味的液体，比水轻，20℃时的密度为 0.789 3g/cm³，沸点 78.5℃，易挥发。能与水以任意比互溶，能够溶解多种无机物和有机物。

乙醇的分子式：C_2H_6O，结构式：

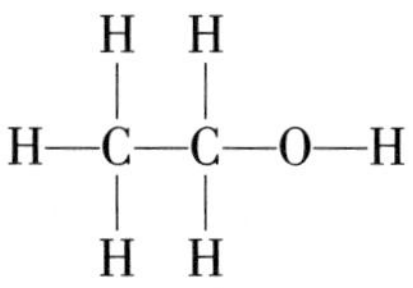

乙醇分子间能够形成氢键：

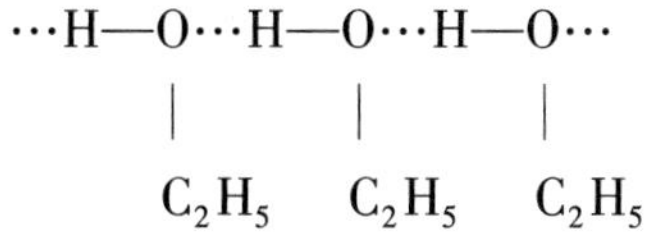

乙醇分子间形成的氢键对乙醇的物理性质有较大的影响。如乙醇（相对分子质量 46.07）的沸点是 78.5℃，比相对分子质量相近的丙烷（相对分子质量 44.09，沸点是 -44.5℃）高很多。

（2）化学性质。

$2CH_3CH_2OH + 2Na \longrightarrow 2CH_3CH_2ONa + H_2 \uparrow$ （置换反应）

$CH_3CH_2OH + HCl \longrightarrow CH_3CH_2Cl + H_2O$ （卤代烃水解反应的逆反应）

$2CH_3CH_2OH \xrightarrow[\triangle]{浓硫酸} CH_3CH_2OCH_2CH_3 + H_2O$ （120～140℃时分子间脱水生成乙醚）

$CH_3CH_2OH \xrightarrow[\triangle]{浓硫酸} CH_2{=}CH_2 + H_2O$ （160～180℃时分子内脱水生成乙烯）

乙醚（$CH_3CH_2OCH_2CH_3$）：又称乙氧基乙烷，是二乙醚的简称。

乙醚是无色、比水轻、易挥发的液体，因为分子中没有羟基，不能产生分子间氢键，所以沸点（34.5℃）比乙醇要低，密度0.713 5g/cm³，微溶于水，能溶解很多有机物，是一种很好的有机溶剂。

麻醉剂：①乙醚是一种良好的麻醉剂，麻醉量与致死量的差别很大，使用时患者吸入含乙醚10%～30%的氧气流即可以达到麻醉作用。但乙醚易燃、易爆，制备和使用时应远离火源。

②氯胺酮又名凯他敏，俗称"K粉"，白色结晶状粉末，无臭，易溶于水，溶于热乙醇，不溶于乙醚或苯。可作为静脉麻醉药，能有选择地阻断痛觉传导，镇痛效果好。主要用于小手术、小儿检查或诊断操作时的麻醉诱导及辅助麻醉。

氯胺酮用作毒品时能兴奋心血管，吸食过量会致死，具有一定的精神依赖性。在毒品作用下，吸食者会疯狂摇头，很容易摇断颈椎；同时，疯狂的摇摆还会造成心力、呼吸衰竭。吸食过量或长期吸食，对心、肺、神经都会造成致命损伤，对中枢神经的损伤比冰毒还严重。

（3）制法和用途。

发酵法：多糖在酶的作用下水解生成葡萄糖，葡萄糖在酵母的作用下生成乙醇。

$$(C_6H_{10}O_5)_n + nH_2O \longrightarrow n(C_6H_{12}O_6)$$

$$C_6H_{12}O_6 \xrightarrow{酵母} 2C_2H_5OH + 2CO_2$$

酵母是一种有生物活性的植物，起催化剂的作用，能使糖转化成乙醇。发酵法得到的乙醇浓度最高达到14%，经生石灰吸水再蒸馏，可以得到浓度95%以上的乙醇。

烯烃水合法：$CH_2{=}CH_2 + H_2O \xrightarrow[\triangle]{催化剂} CH_3CH_2OH$

用途：乙醇的沸点与己烷或庚烷相近，并且能溶于汽油中，可用作汽车燃料的混合剂。乙醇燃烧时只产生水和二氧化碳，可以减少对空气的污染。因此，目前许多国家采用乙醇－汽油混合物作为汽车燃料。

3. 甲醇

甲醇（methanol）的化学式为CH_3OH，是最简单的一元醇。甲醇是无色易挥发、易燃的液体，有毒，饮后能致盲或死亡；熔点－97.8℃，沸点64.7℃，密度0.791 5g/mL，能与多种有机溶剂和水互溶。

甲醇燃烧时产生淡蓝色火焰，能被氧化生成甲醛，是制甲醛的原料，也是一种常用的溶剂。

甲醇由天然气制得：在高压条件下将天然气与水蒸气混合物加热至900℃反应生成一氧化碳和氢气，继续在Cr_2O_3和ZnO的催化下加热至400℃时反应生成甲醇。

$$CH_4(g) + H_2O(g) \xrightarrow[\triangle]{\text{催化剂}} CO(g) + 3H_2(g)$$

$$2H_2(g) + CO(g) \xrightarrow[\triangle]{\text{催化剂}} CH_3OH \ (1)$$

三、二元醇和多元醇

1．乙二醇

分子式：$C_2H_6O_2$，结构简式：
$$\begin{array}{l} CH_2\!\!-\!\!OH \\ | \\ CH_2\!\!-\!\!OH \end{array}$$
。

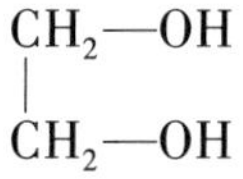

乙二醇俗称甘醇，是无色、黏稠、有甜味的液体，熔点 $-11.5℃$，沸点 $198℃$，密度 $1.108\,8g/cm^3$，易溶于水和乙醇。它的水溶液的凝固点较低，常用作内燃机的抗冻剂，是合成涤纶的原料。

2．丙三醇

分子式：$C_3H_8O_3$，结构简式：
$$\begin{array}{l} CH_2\!\!-\!\!OH \\ | \\ CH\!\!-\!\!OH \\ | \\ CH_2\!\!-\!\!OH \end{array}$$
。

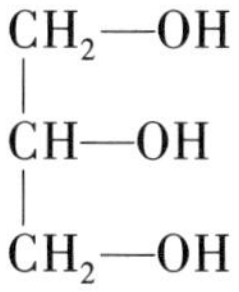

丙三醇俗称甘油，是黏稠、有甜味的液体，沸点 $290℃$，熔点 $18℃$，密度 $1.26g/cm^3$。与水互溶，具有吸湿性，能吸收空气中的水分，不溶于乙醚和氯仿等有机溶剂。

甘油的用途很广，用于制造硝酸甘油酯、药品、化妆用品等，它的水溶液用作防冻剂和制冷剂。

多羟基化合物跟氢氧化铜反应，生成绛蓝色溶液。

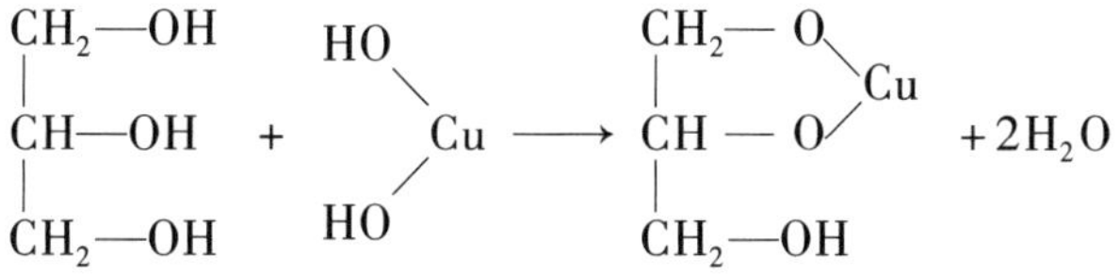

丙三醇　　　　　　　丙三醇铜（甘油铜，是绛蓝色溶液）

丙三醇跟硝酸发生酯化反应，生成三硝酸甘油酯（硝化甘油）。三硝酸甘油酯是一种无色或淡黄色的油状物，微溶于水，溶于丙酮、醚等有机溶剂。稍受震动就会发生猛烈爆炸，是一种烈性炸药，但一般不单独使用。在医疗上用于心脏病的急救药，可治疗心绞痛等。

四、苯酚

羟基与芳环直接相连的化合物叫做酚。苯分子里的一个氢原子被羟基取代的生成物是最简单的酚，叫做苯酚（phenol）。

1．物理性质

纯苯酚是无色固体，若部分被空气氧化则呈现粉红色；熔点 $42℃$，低温时在水中的溶解度较小，当温度在 $70℃$ 以上时，苯酚可以跟水以任意比互溶。

2. 化学性质

（1）弱酸性：苯酚具有弱酸性，俗称石炭酸，不能使酸碱指示剂变色；可以跟氢氧化钠溶液、碳酸钠溶液反应，但不能跟碳酸氢钠反应，碳酸的酸性比苯酚的酸性强；二氧化碳通入苯酚钠溶液中生成苯酚。苯酚、碳酸的电离方程式及电离常数见有关反应的化学方程式：

$$C_6H_5OH + H_2O \rightleftharpoons C_6H_5O^- + H_3O^+ \quad K = 1.1 \times 10^{-10}$$

$$H_2CO_3 \rightleftharpoons H^+ + HCO_3^- \quad K_1 = 4.4 \times 10^{-7}$$

$$HCO_3^- \rightleftharpoons H^+ + CO_3^{2-} \quad K_2 = 4.7 \times 10^{-11}$$

$$C_6H_5OH + NaOH \longrightarrow C_6H_5ONa + H_2O$$

$$C_6H_5ONa + CO_2 + H_2O \longrightarrow C_6H_5OH + NaHCO_3$$

（2）跟金属钠反应：

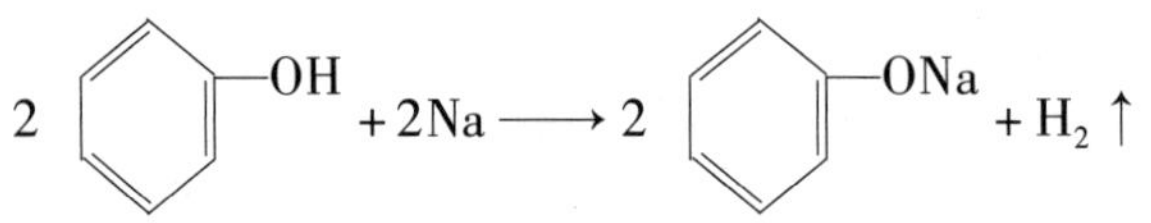

（3）取代反应：苯酚跟溴水反应，生成 2，4，6 - 三溴苯酚的白色沉淀。此反应灵敏，常用于苯酚的定性检验和定量测定，反应化学方程式：

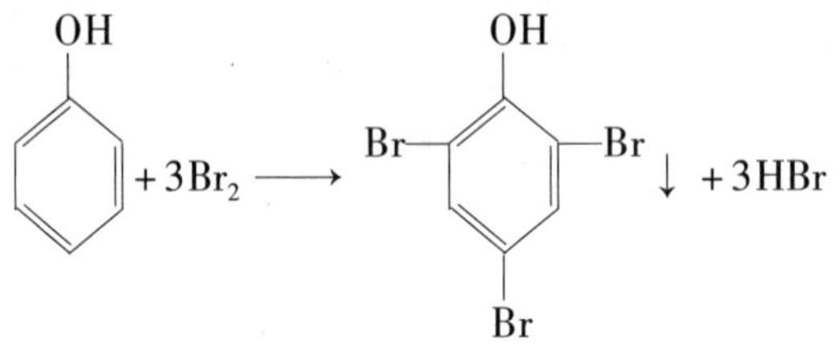

苯酚跟硫酸与硝酸的混合物反应，生成 2，4，6 - 三硝基苯酚（苦味酸）：

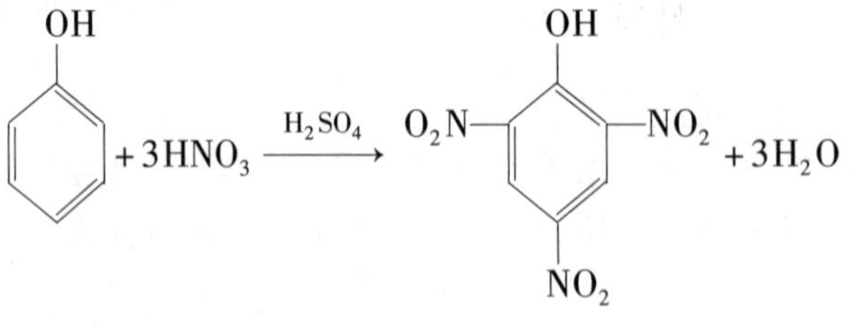

苦味酸为黄色晶体，熔点 123℃，密度 1.763g/cm³，难溶于冷水，易溶于热水。溶于乙醇、氯仿、苯和乙醚等有机溶剂。可以用于制黄色染料，还可用于有机化合物的分析鉴定。苦味酸能跟芳香烃、芳香胺、脂肪胺、烯烃等形成分子络合物。苦味酸是一种烈性炸药，在 300℃ 以上爆炸。

（4）氧化反应：苯酚易被氧化生成醌，醌式结构的化合物都具有颜色。常用的氧化剂有高锰酸钾、重铬酸钾或三氧化铬。

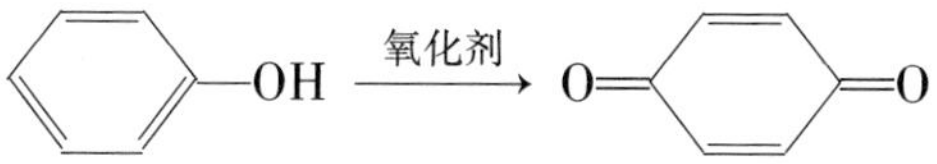

对苯二醌

（5）显色反应：苯酚跟三氯化铁反应生成紫色溶液，可以用此反应检验苯酚的存在。

3. 制法和用途

苯酚主要是从煤焦油里分离提取的，也可以通过合成方法制得。

以苯为原料，在三氯化铁作用下，苯环中的一个氢原子被氯取代生成氯苯；氯苯在铜做催化剂和高温高压条件下，在碱溶液中水解生成苯酚。

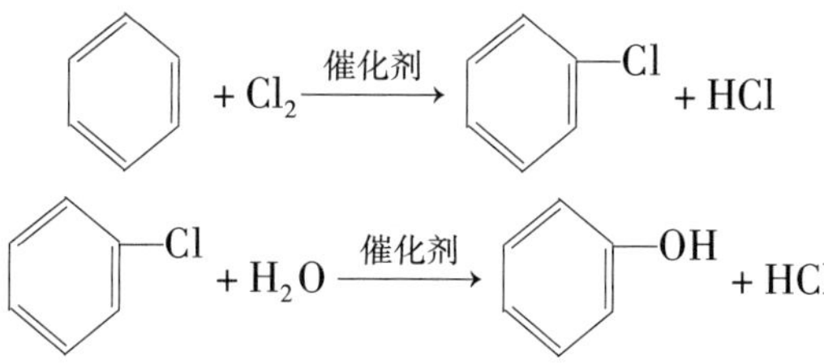

苯酚的用途：苯酚是重要的化工原料，用于制造酚醛树脂、合成纤维、医药、染料、农药等。粗苯酚用于环境消毒。纯净的苯酚可以配制洗剂和软膏，有杀菌和止痛效用。

例题 1 某一元醇的质量分数为 C：60%，H：13.4%，其余的是氧；该一元醇 1g 跟足量的金属钠反应，在标准状况下生成 0.187L 氢气。求该醇的化学式并写出其可能有的结构简式和名称。

解：一元醇中含有一个—OH，根据醇与金属钠反应产生氢气的量，计算该醇的式量；由质量分数求得分子组成中碳氢原子个数比，确定化学式。

设该醇的化学式为 R—OH，式量为 M。

$$2R\text{—}OH + 2Na \longrightarrow 2R\text{—}ONa + H_2 \uparrow$$

$$\begin{array}{ccc} 2mol & & 1mol \\ \dfrac{1g}{M\,\text{g/mol}} & & \dfrac{0.187L}{22.4\,\text{L/mol}} \end{array}$$

解得 $M = \dfrac{22.4}{2 \times 0.187} \approx 60$

化学式中碳氢的原子个数比为：

$$C : H = \frac{60 \times 60\%}{12} : \frac{60 \times 13.4\%}{1} \approx 3 : 8$$

答：该醇的化学式为 C_3H_8O；可能的结构简式及名称为：

$$CH_3\text{—}CH_2\text{—}CH_2\text{—}OH$$

$$\begin{array}{c} CH_3\text{—}CH\text{—}CH_3 \\ | \\ OH \end{array}$$

1 - 丙醇　　　　　　　　　　　2 - 丙醇

例题 2 用一种试剂鉴别乙醇、苯酚、氢氧化钠溶液和硝酸银溶液，写出所用的试剂及反应现象。

解析： 用一种试剂鉴别多种物质时，所选的试剂跟被鉴别的几种物质必须都能发生反应，并且产生不同的现象。

根据我们已经掌握的知识可知：苯酚、氢氧化钠和硝酸银溶液都能够跟三氯化铁反应，产生的现象分别为：苯酚与三氯化铁反应生成紫色溶液，氢氧化钠溶液与三氯化铁反应生成红褐色沉淀，硝酸银溶液与三氯化铁反应生成白色沉淀，乙醇与三氯化铁不反应。所以选用三氯化铁溶液鉴别上述四种物质。

答：

例题 3 某有机化合物含碳 76.6%、氢 6.3%、氧 17.02%，它的相对分子质量是乙烷的 3.13 倍，计算该有机物的分子式；若该有机物的水溶液加入氯化铁溶液呈紫色，写出它的结构简式和名称。

解： 该有机物的相对分子质量 $= 3.13 \times 30 \approx 94$

碳、氢、氧的原子个数比：

$$C : H : O = \frac{94 \times 76.6\%}{12} : \frac{94 \times 6.3\%}{1} : \frac{94 \times 17.02\%}{16} \approx 6 : 6 : 1$$

该有机物的分子式：C_6H_6O；

因为该有机物跟氯化铁溶液混合呈紫色，则该有机物是苯酚。

答： 该有机物的分子式为 C_6H_6O；结构简式和名称分别是： 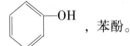，苯酚。

例题 4 二甲醚（CH_3OCH_3）是一种气体麻醉剂，可由"可燃冰"为原料合成（如图所示）。请根据要求回答下列问题：

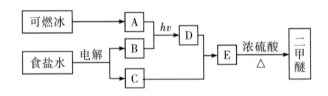

（1）B 为黄绿色气体，B 是_____（填化学式）；

（2）A + B ——→D 反应的化学方程式为_____，反应类型是_____；

（3）D + C ——→E 的反应方程式为_____；

（4）E 生成二甲醚的反应类型为_____，浓硫酸的作用是_____；

（5）二甲醚的同分异构体的结构简式为_____。

解析： 电解食盐水得到氢氧化钠、氯气和氢气，氯气在光照条件下和甲烷发生取代反应生成一氯甲烷；卤代烃在碱溶液中发生水解生成甲醇，甲醇在浓硫酸作用下缓慢加热，发生分子间脱水生成二甲醚，浓硫酸起催化和吸水作用；醚和醇互为同分异构体。

答： （1） Cl_2

（2） $CH_4 + Cl_2 \xrightarrow{\text{光照}} CH_3Cl + HCl$　　取代反应

（3） $CH_3Cl + NaOH \xrightarrow[\triangle]{H_2O} CH_3OH + NaCl$

（4） 取代反应　催化和吸水

（5） CH_3CH_2OH

思考题

1. 写出下列反应的化学方程式，并注明反应类型：
（1） 乙醇与浓硫酸混合加热至 160~180℃；
（2） 乙醇与浓硫酸混合加热至 120~140℃；
（3） 苯酚与氢氧化钠溶液反应；
（4） 苯酚与溴水反应。

2. 卤代烃 A 的分子式为 C_3H_7Br，A 与 KOH 的乙醇溶液作用生成 B（C_3H_6）；B 氧化得到 CH_3COOH 和 CO_2；B 与 HBr 作用得到 A 的异构体 C。根据题意写出化合物 A、B、C 的结构简式和有关反应的化学方程式。

3. 分子式为 C_3H_8O 的三种有机物 A、B、C。A 与金属钠不反应；B 和 C 都能与金属钠反应放出氢气，都能发生分子间脱水生成醚；B 氧化生成醛；C 氧化生成酮。
（1） 分别写出 A、B、C 的名称及结构简式；
（2） 写出 B 氧化生成的醛的名称及结构简式；
（3） 写出 C 氧化生成的酮的名称及结构简式；
（4） 写出 B 分子间脱水生成醚的化学反应式。

4. 一定量的饱和一元醇跟足量的金属钠反应，在标准状况下得到 2.24L 氢气；将相同质量的该醇完全燃烧生成二氧化碳 26.4g。
（1） 求该饱和一元醇的分子式；
（2） 写出可能有的同分异构体及名称。

5. A 和 B 两种有机物的分子式都是 C_7H_8O，它们都能跟金属钠反应生成氢气。B 能跟氢氧化钠溶液反应，而 A 不能。B 又能跟溴水反应生成白色沉淀，A 不能。B 的一溴代物有两种结构。写出 A 和 B 的结构简式与所属类别。

6. 某有机物是汽车防冻剂的成分之一，经元素分析测定该有机物中各种元素的质量分数是：碳 38.7% 、氢 9.7% 、氧 51.6% 。

（1）通过计算确定该有机物的实验式；

（2）若该有机物蒸气密度是同温同压下氢气的 31 倍，计算该有机物的摩尔质量；

（3）根据实验式和摩尔质量确定该有机物的分子式；

（4）已知该有机物能与金属钠反应，确定其结构式。

第六节　醛、酮、羧酸和酯

醛、酮、羧酸和酯都是烃的含氧衍生物，分子里都含有 $-\overset{\text{O}}{\overset{\|}{\text{C}}}-$ 键。

一、醛

分子中羰基跟一个氢原子和烃基连接的化合物叫做醛（aldehyde），把 $-\overset{\text{O}}{\overset{\|}{\text{C}}}-\text{H}$（简写成 —CHO）叫做醛基。根据跟醛基连接的烃基不同分为脂肪族醛和芳香族醛；根据烃基的饱和性不同分为饱和醛和不饱和醛。饱和一元醛的通式：$C_nH_{2n-1}-CHO$。

1. 甲醛

（1）分子结构和物理性质。

分子式：CH_2O，结构式：$H-\overset{\text{O}}{\overset{\|}{\text{C}}}-H$。

甲醛（formaldehyde）又称蚁醛，是无色、有强烈刺激性气味的气体，熔点 $-92℃$，沸点 $-21℃$，易溶于水。含甲醛 35% ~ 40% 的水溶液叫做福尔马林，是一种良好的杀菌剂，常用作消毒防腐剂以及保存动物标本等。

（2）主要化学性质。

①加成反应（还原反应）：在有机化学里，加氢或去氧的反应叫做还原反应；加氧或去氢的反应叫做氧化反应。甲醛在加热和有催化剂（镍）的条件下反应生成甲醇。反应的化学方程式为：

$$HCHO + H_2 \xrightarrow[\triangle]{催化剂} CH_3OH$$

②氧化反应：甲醛跟氢氧化二氨合银［Ⅰ］反应，Ag^+ 离子被还原成单质银，甲醛被氧化成甲酸。此反应也叫做银镜反应，常用来检验醛基。

$$Ag^+ + NH_3 \cdot H_2O === AgOH + NH_4^+$$

$$AgOH + 2NH_3 \cdot H_2O === [Ag(NH_3)_2]OH + 2H_2O$$

$$HCHO + 2[Ag(NH_3)_2]OH \longrightarrow 2Ag\downarrow + 3NH_3 + H_2O + HCOONH_4$$

③缩聚反应（condensation polymerization）：单体间相互反应而生成高分子化合物，同时还生成小分子（如水、氨等）的反应叫做缩聚反应。

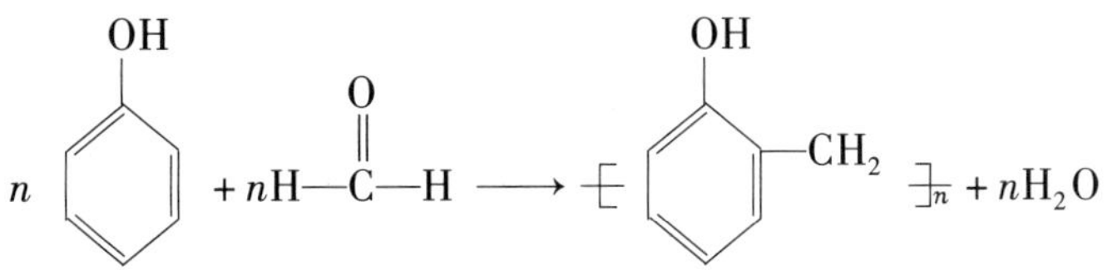

苯酚　　　甲醛　　　　酚醛树脂

2. 乙醛

（1）分子结构和物理性质。

分子式：C_2H_4O，结构式：

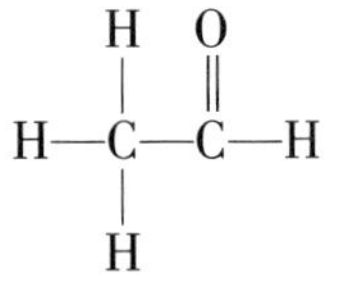

乙醛（acetaldehyde）是无色有刺激性气味的液体，比水轻，熔点 $-125℃$，沸点 $21℃$，易挥发，极易溶于水，也能与乙醇、乙醚、氯仿等互溶。

（2）主要化学性质。

①加成反应（还原反应）：

$$CH_3CHO + H_2 \xrightarrow{催化剂} CH_3CH_2OH$$

②氧化反应：可以发生银镜反应，也可以跟新制的氢氧化铜反应。

$$CH_3CHO + 2[Ag(NH_3)_2]OH \longrightarrow 2Ag\downarrow + 3NH_3 + H_2O + CH_3COONH_4$$

$$CuSO_4 + 2NaOH == Cu(OH)_2\downarrow + Na_2SO_4$$

$$CH_3CHO + 2Cu(OH)_2 \xrightarrow{加热} CH_3COOH + Cu_2O\downarrow（红色） + 2H_2O$$

（3）制法和用途。

乙醛是有机合成工业的重要原料，用于合成乙酸、丁醇等。乙醛的工业制法主要有以下几种：

乙醇氧化：$2C_2H_5OH + O_2 \xrightarrow[\triangle]{氧化铜} 2CH_3CHO + 2H_2O$

乙炔水化：$CH\equiv CH + H_2O \xrightarrow[\triangle]{硫酸汞} CH_3CHO$

乙烯氧化：在氯化钯（$PdCl_2$）和氯化铜（$CuCl_2$）存在的条件下，乙烯被氧化生成乙醛，乙醛继续氧化生成乙酸。

$$2CH_2=CH_2 + O_2 \xrightarrow[\triangle]{催化剂} 2CH_3CHO$$

$$2CH_3CHO + O_2 \xrightarrow[\triangle]{催化剂} 2CH_3COOH$$

其他饱和一元醛及含有醛基的化合物，其性质跟乙醛的性质相似，都能跟银氨溶液和新制的氢氧化铜发生氧化反应，也可以跟氢气、卤素、氢氰酸等发生加成反应。

二、丙酮

分子中羰基跟两个烃基连接的化合物叫做酮（ketone）。其通式可以表示为 $R\!-\!\overset{\displaystyle O}{\overset{\|}{C}}\!-\!R'$；当 R 与 R′相同时叫做单酮，R 与 R′不同时叫做混酮。

1. 分子结构和物理性质

丙酮（2 – propanone/acetone）的化学式：C_3H_6O，结构简式：$CH_3\!-\!\overset{\displaystyle O}{\overset{\|}{C}}\!-\!CH_3$。丙酮、丙醛和丙烯醇互为同分异构体。

丙酮是无色、易挥发、有气味的液体。密度是 $0.79g/cm^3$，熔点是 – 95℃，沸点是 56.2℃，易燃烧。跟水、乙醇、乙醚等能以任意比互溶；能溶解脂肪、树脂和橡胶等有机物，是重要的有机溶剂。

2. 主要化学性质

加成反应：丙酮与氢气在催化剂的作用下发生加成反应生成 2 – 丙醇；丙酮与氢氰酸加成生成氰醇。丙酮跟银氨溶液不发生银镜反应，可以利用银镜反应来鉴别酮和醛。

$$CH_3\!-\!\overset{\displaystyle O}{\overset{\|}{C}}\!-\!CH_3 + H_2 \xrightarrow{\text{催化剂}} CH_3\!-\!\overset{\displaystyle OH}{\overset{|}{C}H}\!-\!CH_3$$

丙酮　　　　　　　　　　　　　　2 – 丙醇

$$CH_3\!-\!\overset{\displaystyle O}{\overset{\|}{C}}\!-\!CH_3 + HCN \xrightarrow{\text{碱性溶液}} CH_3\!-\!\underset{\displaystyle CN}{\overset{\displaystyle OH}{\overset{|}{\underset{|}{C}}}}\!-\!CH_3\ （氰醇）$$

氰醇（cyanohydrin）是一种重要的有机合成中间体。氢氰酸是易挥发的液体，有剧毒，使用时要特别小心。为了减少 HCN 挥发，在反应时常加入氰化钠，然后滴加硫酸，使产生的氢氰酸即刻反应。酸水解氰基时，若用盐酸水溶液可以得到羟基酸，用浓硫酸水解则得到不饱和酸。如甲基丙烯酸甲酯的合成就是用丙氰醇、甲醇和浓硫酸一起反应，浓硫酸使氰基水解，并催化羧基与甲醇酯化，使羟基脱水形成不饱和酸酯：2 – 甲基丙烯酸甲酯。甲基丙烯酸甲酯是重要的高分子单体，可以聚合成有机玻璃（聚 – 2 – 甲基丙烯酸甲酯）。

三、羧酸

分子中烃基跟羧基（—COOH）直接相连的有机化合物叫做羧酸（carboxylic acid）。

根据羧基连接的烃基不同，可以分为脂肪羧酸（如乙酸）和芳香羧酸（如苯甲酸）；也可以根据羧酸分子中含有羧基的数目不同，分为一元羧酸（如丙酸、丁酸等）和二元羧酸（如乙二酸、己二酸等）。

羧酸具有较强的极性，羧基上具有可以提供形成氢键的羟基氢和羰基氧，并且带有油溶性的烃基，所以羧酸具有比较广泛的溶解性能。含碳较少的羧酸能够溶于水，大多数的羧酸都可以溶于醇、醚等有机溶剂。因为羧酸存在着分子间的氢键，在通常情况下大多以二聚体的形式存在，所以羧酸的沸点和熔点比相同式量的烷烃及其他极性分子的沸点和熔点都高。如：乙酸（分子量60）的沸点391K，丁烷（分子量60）的沸点273.5K，氯乙烷（分子量64）的沸点285K，丙醇（分子量60）的沸点370K。

1. 甲酸

（1）分子结构和物理性质。

分子式：CH_2O_2，结构简式：$H—\overset{\overset{\displaystyle O}{\|}}{C}—OH$。

甲酸（formic acid）俗称蚁酸，存在于某些蚁类和一些植物体中，是具有强烈刺激性气味的液体，熔点8.4℃，沸点101℃，能以任意比例与水互溶。

（2）化学性质。

从甲酸的结构式来看：它由一个氢原子和羧基相连，也可以看作一个羟基与醛基相连，因此甲酸具有酸性，既可以被还原也可以被氧化。

甲酸的酸性比碳酸的强，跟碳酸钠反应生成二氧化碳。

$$HCOOH \rightleftharpoons H^+ + HCOO^- \quad K = 1.88 \times 10^{-4}$$

$$2HCOOH + Na_2CO_3 \rightleftharpoons 2HCOONa + CO_2 \uparrow + H_2O$$

甲酸跟新制的氢氧化铜在加热的条件下反应生成红色的氧化亚铜沉淀。

$$HCOOH + 2Cu(OH)_2 \xrightarrow{\text{加热}} CO_2 \uparrow + Cu_2O \downarrow + 3H_2O$$

甲酸在浓硫酸存在的条件下，加热至60～80℃时，生成一氧化碳。实验室里就是利用这一反应来制取CO。

$$HCOOH \xrightarrow[\triangle]{\text{浓硫酸}} CO \uparrow + H_2O$$

甲酸在工业上用作制造染料及合成酯类，也用作酸性还原剂及橡胶凝聚剂等。

2. 乙酸

（1）分子结构和物理性质。

分子式：$C_2H_4O_2$，结构简式：$CH_3—\overset{\overset{\displaystyle O}{\|}}{C}—OH$。

乙酸（acetic acid）又称醋酸（食用醋含6%～10%的乙酸），是一种具有强烈刺激性气味的液体，沸点117.9℃，熔点16.6℃，低于熔点时，乙酸能凝结成冰样的晶体，所以无水乙酸也叫冰乙酸或冰醋酸；易溶于乙醇和水。

（2）化学性质。

①乙酸是可溶性的有机弱酸，具有酸的通性。如：

$$CH_3COOH \rightleftharpoons CH_3COO^- + H^+ \quad K = 1.75 \times 10^{-5}$$

$$CH_3COOH + NaOH \longrightarrow CH_3COONa + H_2O$$

$$2CH_3COOH + Na_2CO_3 \longrightarrow 2CH_3COONa + CO_2 \uparrow + H_2O$$

②酯化反应：酸和醇起作用，生成酯和水的反应叫做酯化反应。在浓硫酸催化作用下加热，乙酸与醇发生酯化反应。如：

$$CH_3-\overset{\overset{\displaystyle O}{\|}}{C}-OH + H-O^{18}-C_2H_5 \xrightarrow[\triangle]{浓硫酸} CH_3-\overset{\overset{\displaystyle O}{\|}}{C}-O^{18}-C_2H_5 + H_2O$$

乙酸　　　　　　　　乙醇　　　　　　　　　　　乙酸乙酯

酯化反应中，一般是羧酸分子里的羟基与醇分子里羟基上的氢原子结合成水，其余部分互相结合成酯。酯化反应是可逆反应，当乙酸与乙醇按 1：1 的摩尔比混合反应达到平衡时，转化率为 65%。可以采用将生成物分离出来的方法提高转化率。

③还原反应：羧酸用催化氢化的方法很难还原生成醇。经过多次研究发现羧酸很容易被氢化铝锂（$LiAlH_4$）在室温条件下还原成醇，产率也很高。

$$CH_3COOH \xrightarrow{氢化铝锂} CH_3CH_2OH$$

（3）制法和用途。

工业上制取乙酸的方法很多，如发酵法、乙烯氧化法、烷烃直接氧化法等。

发酵法：用含糖类物质经发酵制得乙醇，乙醇经发酵制得乙醛，乙醛氧化即可制得乙酸。

乙烯氧化法：乙烯经催化氧化得到乙醛，乙醛在醋酸锰 〔$(CH_3COO)_2Mn$〕 的作用下被氧化生成乙酸。

烷烃直接氧化法：丁烷在羧酸钴的作用下被空气直接氧化，生成乙酸。

$$2CH_3CH_2CH_2CH_3 + 5O_2 \xrightarrow{催化剂} 4CH_3COOH + 2H_2O$$

乙酸是人类最早使用的一种酸，是重要的有机化工原料，广泛用于生产醋酸纤维、合成纤维、喷漆溶剂、香料、染料、医药和农药等。

3. 苯甲酸（C_6H_5-COOH）

苯甲酸又称安息香酸，是白色针状晶体，熔点 122.4℃，沸点 249℃，易升华，微溶于水，在热水中的溶解度增大，易溶于乙醇、乙醚。苯甲酸的酸性略强于乙酸。

苯甲酸属于芳香酸类，它是制造香料、染料、药物等的原料。苯甲酸的钠盐可以用作食物的防腐剂。

$$C_6H_5-COOH + CH_3OH \longrightarrow C_6H_5-COOCH_3 + H_2O$$
$$C_6H_5-COOH + NaOH \longrightarrow C_6H_5-COONa + H_2O$$

4. 二元羧酸

乙二酸（$HOOC-COOH$）俗名草酸，存在于酢浆草属植物、大黄等中。它是最简单的二元羧酸，是重要的化工原料，可用作还原剂和提炼稀有金属等。乙二酸是无色透明晶体，通常含有两个分子结晶水，能溶于水和乙醇，不溶于乙醚。

其他二元羧酸如丁二酸（又称为琥珀酸）存在于琥珀、化石中，戊二酸和己二酸存在于甜菜根中。二元羧酸在工业上具有重要的作用，许多合成纤维（如"的确良"）以对苯二甲酸为原料，"尼龙 6，6"以己二酸为原料。

5. 高级脂肪酸

在羧酸分子里烃基含有较多的碳原子的脂肪酸叫做高级脂肪酸。如：

硬脂酸（$C_{17}H_{35}COOH$）和软脂酸（$C_{15}H_{31}COOH$）：饱和高级脂肪酸，常温下呈固态。

油酸（$C_{17}H_{33}COOH$）：不饱和脂肪酸，常温下呈液态。

高级脂肪酸都不溶于水，它们都含有羧基，所以具有羧酸的性质。如：

$$C_{17}H_{35}COOH + NaOH \longrightarrow C_{17}H_{35}COONa + H_2O$$

硬脂酸　　　　　　　　　　　硬脂酸钠

四、其他烃的衍生物

1. 酯及主要性质

酸跟醇起作用生成的一类化合物叫做酯（ester），通式为：RCOOR′。酯广泛存在于自然界里，低级酯是具有芳香气味的液体，主要存在于各种水果和花草中。如乙酸异戊酯、异戊酸异戊酯等。酯类一般比水轻，难溶于水，易溶于乙醇和乙醚。

酯类的主要化学性质是水解反应。在无机酸或碱存在的条件下加热，酯类水解生成相应的醇和羧酸。

$$CH_3COOCH_2CH_3 + H_2O \xrightarrow{\text{酸或碱}} CH_3COOH + CH_3CH_2OH$$

2. 油脂及性质

油脂是食物组成中的重要部分，是维持机体的正常生理功能的营养物质。成人每日进食 $50 \sim 60g$ 脂肪，可以提供日需热量的 $20\% \sim 25\%$。油脂是多种高级脂肪酸跟甘油生成的甘油酯，它们的结构简式可以表示为：

$$
\begin{array}{l}
R_1\text{—COO—CH}_2 \\
\quad\quad\quad\quad\ | \\
R_2\text{—COO—CH} \\
\quad\quad\quad\quad\ | \\
R_3\text{—COO—CH}_2
\end{array}
$$

结构简式中的 R_1、R_2、R_3 代表烃基，可以是饱和烃基或不饱和烃基；当 R 值相同时，这样的油脂叫做单甘油酯，若 R 值不同，则称为混甘油酯。天然的油脂多为混甘油酯。

动物油脂一般是饱和的高级脂肪酸的甘油酯，通常情况下为固态；植物油脂一般为不饱和的高级脂肪酸的甘油酯，通常情况下为液态。

（1）物理性质。

油脂比水轻，密度在 $0.9 \sim 0.95g/cm^3$ 之间，不溶于水，易溶于乙醚、苯等有机溶剂中。

（2）化学性质。

①加成反应：液态油脂的分子里含有不饱和（C＝C）键，在催化剂的作用下跟氢气加成生成饱和的高级脂肪酸甘油酯；液态油脂转化为固态油脂。因此这个反应叫做油脂的氢化，也叫油脂的硬化。如：

$$
\begin{array}{llll}
C_{17}H_{33}COO\text{—CH}_2 & & C_{17}H_{35}COO\text{—CH}_2 \\
\quad\quad\quad\quad\quad | & & \quad\quad\quad\quad\quad | \\
C_{17}H_{33}COO\text{—CH} & +3H_2 \longrightarrow & C_{17}H_{35}COO\text{—CH} \\
\quad\quad\quad\quad\quad | & & \quad\quad\quad\quad\quad | \\
C_{17}H_{33}COO\text{—CH}_2 & & C_{17}H_{35}COO\text{—CH}_2
\end{array}
$$

油酸甘油酯　　　　　　　　　　硬脂酸甘油酯

硬化油性质稳定，不易变质，便于保存和运输，是制造肥皂、脂肪酸、甘油、人造奶油等的原料。

②水解反应：油脂跟酯类相似，在一定的条件下能发生水解反应，生成高级脂肪酸和甘油。油脂在有氢氧化钠存在的条件下水解，生成甘油和高级脂肪酸的钠盐，而高级脂肪酸钠盐是肥皂的主要成分，工业上就是利用这一反应原理来制造肥皂的。把油脂在碱性条件下的水解反应叫做皂化反应。

$$\begin{array}{l} C_{17}H_{35}COO—CH_2 \\ | \\ C_{17}H_{35}COO—CH \\ | \\ C_{17}H_{35}COO—CH_2 \end{array} + 3NaOH \longrightarrow \begin{array}{l} CH_2—OH \\ | \\ CH—OH \\ | \\ CH_2—OH \end{array} + 3C_{17}H_{35}COONa$$

硬脂酸甘油酯 　　　　　　　　　　甘油　　　硬脂酸钠

3. 胺及主要性质

烃分子里的氢原子被氨基（—NH$_2$）取代后生成的化合物叫做胺（amine）。胺也可以看作氨分子中的氢原子被烃基取代后的生成物。

胺是中等极性的物质。低式量的胺都可以与水形成氢键，都易溶于水。

苯胺是重要的胺类化合物，它是合成染料、药物、树脂等的中间体。苯胺是一种有特殊气味的无色油状液体，在空气中易被氧化变为红褐色；熔点 -6.2℃，沸点 184.4℃，密度 1.021 6g/cm^3；微溶于水，易溶于乙醇、乙醚、苯等有机溶剂。

苯胺的主要化学性质：

（1）弱碱性：苯胺能跟盐酸反应生成盐酸苯胺。盐酸苯胺是白色片状晶体，易溶于水，它跟氢氧化钠溶液反应又生成苯胺。

$$C_6H_5—NH_2 + HCl \longrightarrow C_6H_5—NH_3Cl$$
$$C_6H_5—NH_3Cl + NaOH \longrightarrow C_6H_5—NH_2 + NaCl + H_2O$$

（2）还原性：苯胺易被氧化生成硝基苯。

$$C_6H_5—NH_2 \xrightarrow{\text{氧化剂}} C_6H_5—NO_2$$

苯胺的制法：还原硝基苯（C$_6$H$_5$—NO$_2$）制得苯胺。可以用催化氢化法或用铁和氢氯酸还原。

$$C_6H_5—NO_2 + 3Fe + 6HCl \longrightarrow C_6H_5—NH_2 + 3FeCl_2 + 2H_2O$$

4. 酰胺

羧酸分子里的羟基被氨基取代后生成的化合物叫做酰胺（amide）。其通式可以用 RCONH$_2$ 表示，其中 RCO— 叫做酰基。比较常见的酰胺有：甲酰胺（H—CO—NH$_2$）、乙酰胺（CH$_3$—CO—NH$_2$）和苯甲酰胺（C$_6$H$_5$—CO—NH$_2$）等。

酰胺具有较高的沸点。摩尔质量相近的酰胺、羧酸、腈、酯、烷烃等类化合物中，酰胺的沸点最高。

烃和烃的衍生物之间的相互转化关系：

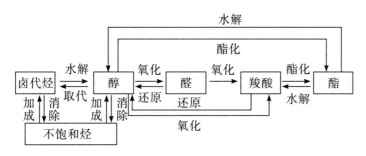

例题 1 某饱和一元醛 A，分子组成中碳和氧的质量比为 $3:1$。

（1）求 A 的分子式；

（2）写出可能的结构简式及名称。

解：根据饱和一元醛的组成通式即可求得 A 的分子式，由分子式确定 A 的结构简式。

设 A 的分子式为 C_nH_{2n+1}—CHO，则碳原子个数为 $n+1$，氧原子个数为 1，根据题意得：

$$[(n+1)\times 12]:16\times 1 = 3:1$$

解得 $n=3$

答：A 的分子式：C_3H_7—CHO，可能的结构简式及名称：

$$CH_3—CH_2—CH_2—CHO \qquad CH_3—\underset{\underset{CH_3}{|}}{CH}—CHO$$

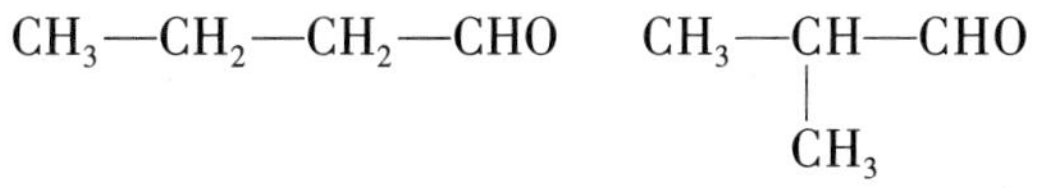

正丁醛 异丁醛或 2 – 甲基丙醛

例题 2 某有机物 B 对氢气的相对密度是 30，分子组成中碳的质量分数为 40%，氢的质量分数为 6.65%，其余为氧。此有机物既可以跟钠反应，又可以跟氢氧化钠和碳酸钠反应。

（1）求 B 的分子式；

（2）根据 B 的性质，写出它的结构简式。

解：B 的相对分子质量为：$30\times 2 = 60$

B 中碳、氢、氧的原子个数比 $= \dfrac{60\times 40\%}{12}:\dfrac{60\times 6.65\%}{1}:\dfrac{60\times(100-40-6.65)\%}{16}$

$\approx 2:4:2$

B 能跟钠反应，又能跟氢氧化钠和碳酸钠反应，由分子式可以推断 A 是乙酸。

答：B 的分子式：$C_2H_4O_2$，结构简式：$CH_3—\overset{\overset{O}{\|}}{C}\diagdown_{OH}$。

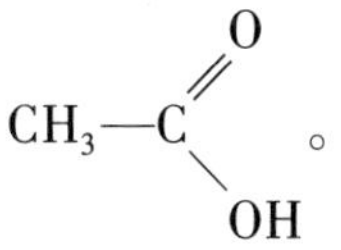

例题 3 选用一种试剂鉴别乙醇、乙醛、乙酸、乙二醇四种有机物的水溶液。

答：上述四种有机物均为烃的含氧衍生物，由于它们所含官能团不同（或官能团数目不同），就具有不同的性质。选用的试剂及现象如下：

$$\left.\begin{array}{l}\text{乙醛}\\\text{乙醇}\\\text{乙酸}\\\text{乙二醇}\end{array}\right\}\xrightarrow{\text{新制的氢氧化铜}}\left\{\begin{array}{l}\text{加热至沸腾，有红色沉淀产生}\\\text{无反应}\\\text{氢氧化铜溶解，生成蓝绿色溶液}\\\text{沉淀溶解，呈绛蓝色}\end{array}\right.$$

例题 4　某有机物的结构简式为：$CH_2\!=\!\overset{\displaystyle O}{\overset{\displaystyle \|}{\underset{\displaystyle \underset{\textstyle CH_3}{|}}{C}}}\!-\!C\!-\!OH$，根据该有机物的结构推断其能

和下列哪些物质起反应，能反应的写出有关的化学方程式（有机物写结构简式）。

A．NaOH　　　　　　B．CH_3OH　　　　　C．C_2H_5Cl　　　　　D．溴水

解析：从该有机物的结构简式可见：它含有一个碳碳双键，应具有烯烃的性质；能发生加成反应（跟溴水反应）；含有一个羧基（—COOH），具有羧酸的性质；既有酸性（跟NaOH反应），又能发生酯化反应（跟甲醇反应）。

答：（1）能跟 NaOH 反应，化学方程式为：

$$CH_2\!=\!C（CH_3）\!-\!COOH + NaOH \longrightarrow CH_2\!=\!C（CH_3）\!-\!COONa + H_2O$$

（2）能跟 CH_3OH 反应，化学方程式为：

$$CH_2\!=\!C（CH_3）\!-\!COOH + CH_3OH \xrightarrow[\triangle]{\text{浓 } H_2SO_4} CH_2\!=\!C（CH_3）\!-\!COOCH_3 + H_2O$$

（3）能跟溴水反应，化学方程式为：

$$CH_2\!=\!C（CH_3）\!-\!COOH + Br_2 \longrightarrow \underset{\displaystyle \underset{\textstyle Br}{|}}{CH_2}\!-\!\underset{\displaystyle \underset{\textstyle Br}{|}}{C}（CH_3）\!-\!COOH$$

例题 5　A、B 两种有机物都是由碳、氢、氧三种元素组成的烃的衍生物，它们的实验式相同，相对分子质量分别是 44 和 88。已知：①A 能发生银镜反应而 B 不能；②A 氧化后得到 C，而 B 在无机酸催化下水解也得到 C，同时还生成 D；③D 与浓硫酸在170℃反应得到一种气体，该气体可使溴的四氯化碳溶液褪色。

（1）写出化合物 A、B、C、D 的结构简式：

A ＿＿＿＿＿＿＿＿ , B ＿＿＿＿＿＿＿＿ , C ＿＿＿＿＿＿＿＿ , D ＿＿＿＿＿＿＿＿ 。

（2）写出 A 发生银镜反应的化学方程式：

＿＿＿＿＿＿＿＿＿＿＿＿＿＿＿＿＿＿＿＿＿＿＿＿＿＿＿＿＿＿＿＿＿＿＿＿＿ 。

（3）写出 D 与浓硫酸在170℃反应的化学方程式：

＿＿＿＿＿＿＿＿＿＿＿＿＿＿＿＿＿＿＿＿＿＿＿＿＿＿＿＿＿＿＿＿＿＿＿＿＿ 。

解：①A 能发生银镜反应，A 含有醛基，A 的相对分子质量为 44；

醛基的式量（—CHO）为 29；

烃基的式量为 44 − 29 = 15，即甲基（—CH_3）。

所以 A 为 CH_3—CHO（乙醛），分子式是 C_2H_4O。

②醛氧化生成羧酸 C，酯水解生成酸和醇。B 的相对分子质量是 88，是 A 的 2 倍，所以 B 的分子式是 $C_4H_8O_2$。根据 B 的性质可以推断 B 是乙酸乙酯。

③醇在浓硫酸的作用下脱水生成烯，烯能与溴发生加成反应，使溴的四氯化碳溶液褪色。

答：（1）A：CH_3CHO；B：$CH_3COOCH_2CH_3$；C：CH_3COOH；D：CH_3CH_2OH。

（2）$CH_3CHO + 2\left[Ag(NH_3)_2\right]OH \longrightarrow 2Ag\downarrow + 3NH_3 + H_2O + CH_3COONH_4$

（3）$CH_3CH_2OH \xrightarrow[170℃]{浓硫酸} CH_2{=\!\!=}CH_2\uparrow + H_2O$

思考题

1. 举例说明乙醛既有氧化性又有还原性，用化学反应方程表示。

2. 怎样分离苯酚和甲苯？怎样鉴别苯酚和丁酸？

3. 以水、空气、石灰石及焦炭为原料，制备乙醇、乙醛、乙酸和乙酸乙酯。

4. 如图所示，在试管 A 中先加入 3mL 无水乙醇，然后一边摇动，一边慢慢加入 2~3mL 浓硫酸和 2mL 冰醋酸，用酒精灯加热试管 3~5min，产生的蒸气经导管通到装有饱和 Na_2CO_3 溶液的试管 B 中，在液面上方看到分层现象，并可闻到一种香味。

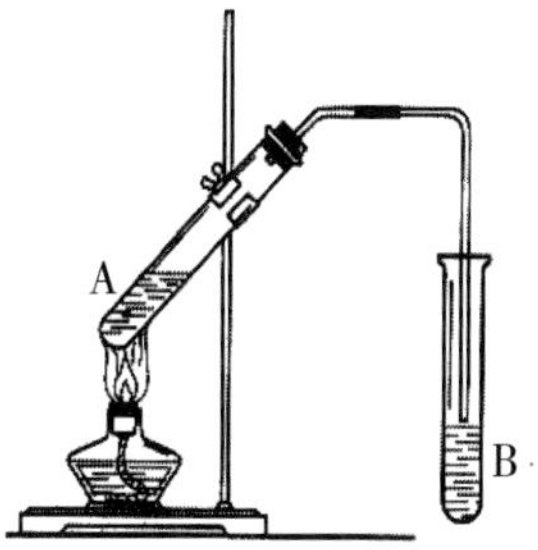

请回答：

（1）加浓硫酸的目的是什么？

（2）饱和 Na_2CO_3 溶液起什么作用？

（3）导管口的位置为什么在饱和 Na_2CO_3 溶液的液面上方？

（4）写出反应的化学方程式。

5. 下列结构简式中有哪些官能团？能发生哪些反应？

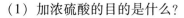

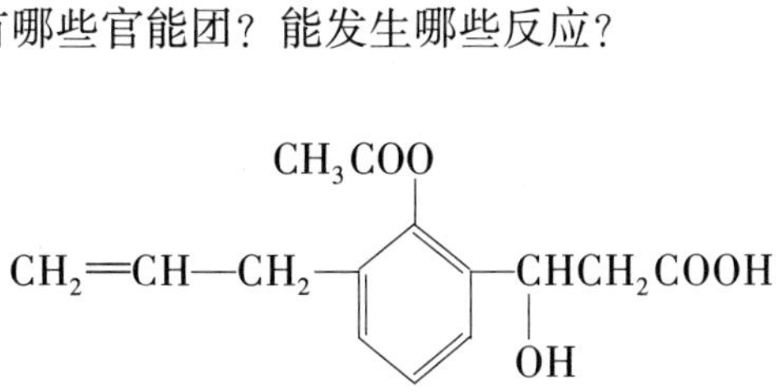

6. 根据甲、乙、丙三种结构简式回答：

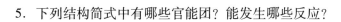

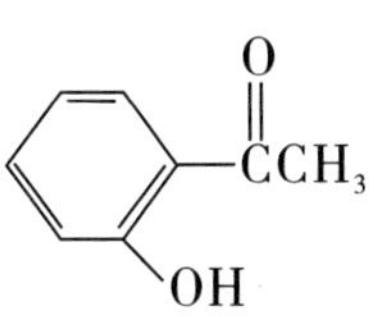

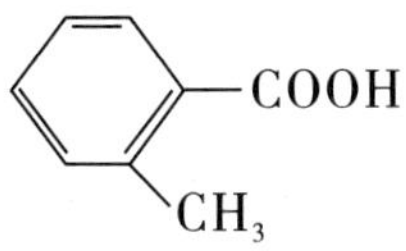

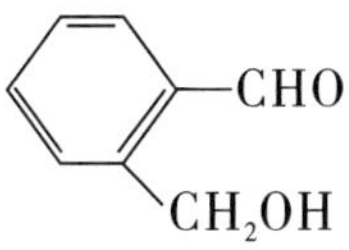

（1）写出丙中含氧官能团的名称。

（2）上述哪些化合物互为同分异构体？

（3）鉴别乙所用试剂是什么？

（4）按酸性由强至弱排列甲、乙、丙的顺序。

7. 某有机物的蒸气密度是相同条件下氢气密度的 22 倍，完全燃烧 5.5g 该有机物生成标准状况下的二氧化碳 5.6L。

（1）求该有机物的分子式；

（2）若该有机物能发生银镜反应，写出其结构式和名称。

8. 某饱和一元羧酸的相对分子质量为 74，含碳的质量分数约为 48.7%。

（1）通过计算确定该羧酸的分子式；

（2）写出其结构简式和名称。

9. 某有机物 3g 完全燃烧生成 4.4g 二氧化碳和 1.8g 水。该有机物的蒸气密度是相同条件下氢气的 30 倍。

（1）求该有机物的分子式；

（2）写出可能的同分异构体并命名。

复习题八

一、选择题（在下列每小题给出的四个选项中，只有一个是正确的，请将正确选项前的字母填在题后的括号内）

1. 目前在已知的化合物中，种类最多的是（　　）。

A. ⅤA 族元素的化合物　　　　　B. ⅢA 族元素的化合物

C. Ⅳ族元素的化合物　　　　　　D. 过渡元素的化合物

2. 下列叙述中不正确的是（　　）。

A. 结构相似，分子组成相差一个或几个 CH_2 原子团的有机物互为同系物

B. 碳氢两种元素的质量分数相同的烃一定是同一种烃

C. 化合物具有相同的分子式，但具有不同结构的现象，叫做同分异构现象

D. 烃分子中 C、H 元素的物质的量之比小于 $\frac{1}{2}$ 时，该烃为烷烃

3. 既能鉴别乙烯和甲烷，又能除去甲烷中混有的少量乙烯的方法是（　　）。

A. 通入足量的溴水　　　　　　　B. 与足量的溴反应

C. 点燃　　　　　　　　　　　　D. 在催化剂存在下与氢气加成反应

4. 下列各组化合物中，属于同分异构体的是（　　　）。

A. 乙烷和乙烯　　　　　　　　　　　B. 乙酸和甲酸甲酯

C. 乙醇和乙醛　　　　　　　　　　　D. 乙酸乙酯和乙酸

5. 甲烷和丙烷的混合气体的密度与同温同压下乙烷的密度相同，则混合气体中甲烷和丙烷的体积比为（　　　）。

A. 2∶1　　　　　B. 3∶1　　　　　C. 1∶3　　　　　D. 1∶1

6. 下列物质中，与溴的四氯化碳溶液和高锰酸钾溶液都不反应的是（　　　）。

A. 甲苯　　　　　B. 丙烯醇　　　　　C. 苯　　　　　D. 己烯

7. 下列化合物中，能与水互溶的是（　　　）。

A. 乙烷　　　　　B. 乙烯　　　　　C. 乙醇　　　　　D. 乙醚

8. 1 – 氯丙烷和 2 – 氯丙烷分别与氢氧化钠的醇溶液共热的反应（　　　）。

A. 产物不同　　　　　　　　　　　B. 产物相同

C. 都属于取代反应　　　　　　　　　D. 碳氢键断裂的位置相同

9. 下列物质中，能与金属镁反应并产生氢气的是（　　　）。

A. 醋酸溶液　　　　B. 苯酚钠溶液　　　C. 碳酸钠溶液　　　D. 稀硝酸

10. 鉴别丙醇和丙酸，可以选用的试剂是（　　　）。

A. 钠　　　　　B. 氢氧化钠　　　　　C. 盐酸　　　　　D. 碳酸氢钠

11. 下列物质中，在一定的条件下能发生氧化、消除、酯化反应的是（　　　）。

A. 乙醇　　　　　B. 乙酸　　　　　C. 氯乙烷　　　　　D. 乙醛

12. 以下化合物用金属钠、碳酸钠和三氯化铁溶液都不能鉴别的是（　　　）。

A. 甲酸和乙酸　　　B. 乙酸和乙醚　　　C. 乙醇和乙酸　　　D. 苯甲酸和苯酚

13. 下列说法正确的是（　　　）。

A. 含有羟基的化合物叫做醇

B. 烃在一定的条件下都能发生加成反应

C. 苯既能发生取代反应又能发生加成反应

D. 符合通式 $C_nH_{2n}O_2$ 的有机物一定是羧酸

14. 有机物 $CH_2{=\!=}CH{-\!\!-}CHO$ 不可能发生的反应是（　　　）。

A. 加成反应　　　　B. 氧化反应　　　　C. 加聚反应　　　　D. 酯化反应

15. 酸牛奶中含有乳酸，其分子结构简式为 $CH_3{-\!\!-}CH(OH){-\!\!-}COOH$，下列关于它的说法中不正确的是（　　　）。

A. 0.5mol 乳酸完全燃烧生成水和二氧化碳时，消耗 1.5mol 的氧气

B. 当乳酸在过量氧气中燃烧时，生成二氧化碳和水的物质的量之比为 1∶1

C. 乳酸能发生取代反应、消除反应和酯化反应

D. 乳酸在一定条件下能发生加成反应、水解反应

16. 有机物 H 是一种广谱高效食品防腐剂，其球棍模型如图所示。该有机物分子中肯定不存在（　　　）。

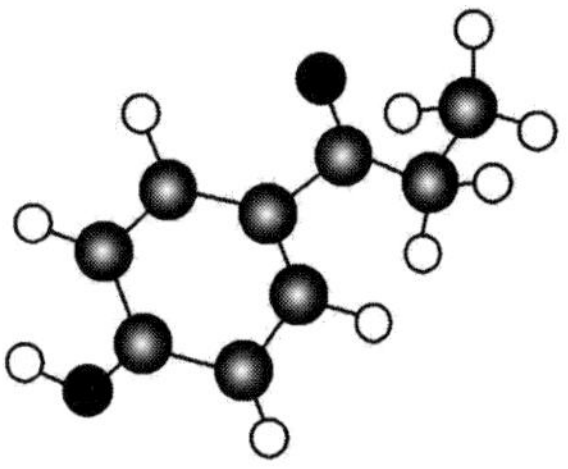

A. 酚羟基　　　　　　　　　　　　B. 甲基

C. 羧基　　　　　　　　　　　　　D. 醛基

17. 下列物质的化学用语表达正确的是（　　）。

A. 羟基的电子式：$\overset{..}{\underset{..}{O}}:H$

B. $(CH_3)_3COH$ 的名称：2，2 - 二甲基乙醇

C. 乙醛的结构式：CH_3CHO

D. 甲烷的球棍模型：

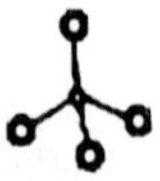

18. 下列说法正确的是（　　）。

A. 乙烯和乙炔都是直线形分子

B. 乙炔与分子式为 C_4H_6 的烃一定互为同系物

C. 分子式为 C_2H_6O 的结构只有一种

D. 卤代烃不属于烃

19. 下列物质中，与氢氧化钠溶液、碳酸钠溶液、溴水、苯酚钠溶液和甲醇都能反应的是（　　）。

A. CH_3CH_2OH 　　　　B. CH_3CHO 　　　　C. CH_3COOH 　　　　D. $CH_2{=}CH{-}COOH$

20. 某有机物的结构简式如图所示，它在一定条件下能发生的反应有：①加成；②水解；③酯化；④氧化；⑤中和；⑥消除，其中正确的是（　　）。

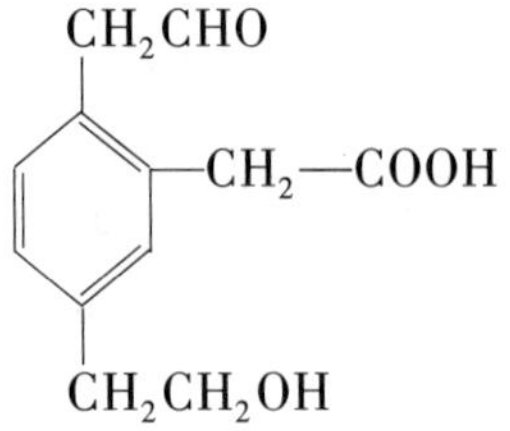

A. ①②③④⑤　　　　　　　　　　B. ①③⑤⑥

C. ②③④　　　　　　　　　　　　D. ①③④⑤⑥

二、填空题

1. 戊烷有_____种同分异构体，其中一氯化物只有一种的是_____；一氯化物有三种异构体的是_____；一氯化物有四种异构体的是_____。

2. 1mol 某烃跟 1mol 氢气在一定条件下发生加成反应，生成 2，2，3 - 三甲基戊烷，该烃可能的结构式有：_____。

3. 某气态烃在标准状况下的密度为 1.875g/L，分子中碳氢质量比为 6∶1，则该烃的化学式为_____；该烃能使溴水褪色，则其结构简式为_____。

4. 有 A、B、C、D 四种有机物，已知：A、B 为烃，C、D 为含氧衍生物。

（1）1mol A 完全燃烧生成 2mol 二氧化碳和 2mol 水。

（2）在标准状况下 2.24L B 恰好与 32g 溴完全反应，经测定产物分子中每个碳原子上均有一个溴原子。

（3）C 为饱和一元醇，取 1g C 与足量的金属钠反应，在标准状况下生成 0.187L 氢气。

（4）C 在一定条件下被氧化生成 D，D 能发生银镜反应。

①写出 A、B、C、D 四种有机物的结构简式：

A：_____；B：_____；C：_____；D：_____。

②写出 B 与溴反应的化学方程式：

_____。

③写出 C 与金属钠反应的化学方程式：

_____。

④写出 C 氧化生成 D 的化学方程式：

_____。

⑤写出 D 发生银镜反应的化学方程式：

_____。

5. 现有九种有机物：A. 乙醇；B. 甲苯；C. 苯酚；D. 苯甲酸；E. 溴乙烷；F. 乙醛；G. 苯；H. 乙烯；I. 甲酸。其中：

（1）能与银氨溶液发生反应的是_____；

（2）能与 NaOH 的水溶液发生反应的是_____；

（3）能与 $FeCl_3$ 的水溶液反应产生紫色物质的是_____；

（4）能与强碱的醇溶液共热生成烯烃的是_____；

（5）能使酸性 $KMnO_4$ 溶液褪色的是_____。

6. 有机物 A（$C_6H_8O_4$）为食品包装纸常用的防腐剂，可以使溴水褪色，难溶于水，但在酸性条件下可发生水解反应，得到 B（$C_4H_4O_4$）和甲醇。通常状况下 B 为无色晶体，能与氢氧化钠溶液发生反应。据此回答：

（1）A 可能发生的反应有_____。（填序号）

①加成反应；②酯化反应；③加聚反应；④氧化反应。

（2）B 分子所含官能团的名称是_____、_____。

（3）B 分子中没有支链，其结构简式是_____，B 的具有相同官能团的同分异构体的结构简式是_____。

（4）由 B 制取 A 的化学方程式是_____。

三、问答题

1. A、B 两种有机物，它们的分子组成中 C：H：O 的质量比都是 6：1：4。A 的蒸气密度是相同条件下氢气的 22 倍；B 的摩尔质量是 A 的两倍。A 能发生银镜反应，B 不能；B 在氢氧化钠的水溶液中发生水解生成 C 和 D，C 在铜催化作用下反应生成 A，D 和碱石灰反应生成最简单的有机物 E。

（1）通过计算写出 A、B、C、D、E 五种有机物的结构简式；

（2）写出各步反应的化学方程式。

2. 某有机物的相对分子质量是 58，经元素分析知其含碳、氢、氧的质量分数分别为：62.1%、10.3%、27.6%。根据计算结果回答：

（1）该有机物的分子式；

（2）写出可能有的同分异构体的结构简式；

（3）如果该有机物与金属钠不反应，在加热条件下能与新制氢氧化铜反应生成红色沉淀，写出该有机物的结构简式和名称。

3. 根据下列条件推断有机物 A、B、C、D、E 和 F 的结构简式。

（1）1mol 的 A~F 六种有机物分别充分燃烧，在标准状况下都生成 44.8L 的二氧化碳；

（2）D、E 含 C、H、O 三种元素，并互为同分异构体；

（3）E 经氧化能生成 A，A 再氧化能生成 B；

（4）B 与 E 在浓硫酸存在的条件下，经加热反应生成一种有芳香味的有机物；

（5）C 与 F 都能发生加聚反应；

（6）C 与氯化氢反应生成 F。

4. 结合实验：（1）用图 1 所示的装置制取溴乙烷；（2）用图 2 进行溴乙烷的性质实验。在试管 I 中依次加入 2mL 蒸馏水、4mL 浓硫酸、2mL 95% 的乙醇和 3g 溴化钠粉末，在试管 II 中注入蒸馏水，在烧杯中注入自来水，加热试管 I 至微沸状态数分钟后，冷却。

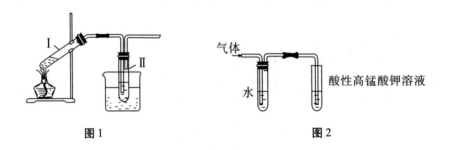

图 1　　　　　　　　　图 2

回答下列问题：

（1）写出试管 I 中反应的化学方程式。

（2）试管 I 中的反应除了生成溴乙烷，还可能生成的有机物是什么？

（3）溴乙烷的沸点较低，易挥发，为了使溴乙烷冷凝在试管 II 中，减少挥发，图 1 中采取的措施是什么？

（4）在进行溴乙烷与 NaOH 的乙醇溶液共热的性质实验时，把生成的气体通过图 2 所示的装置，用图 2 装置进行实验的目的是什么？图 2 中右边试管中的现象是什么？水的作用是什么？

四、计算题

1. 乙烷和丙烷的混合气体完全燃烧后，先将产物通过浓硫酸，浓硫酸增重 1.98g，然后通过过氧化钠，过氧化钠增重 2.24g，计算混合气体中乙烷和丙烷的体积比。

2. 某有机物的密度是相同条件下氢气密度的 29 倍，完全燃烧 2.9g 的该有机物能生成标准状况下二氧化碳 3.36L。求：

（1）该有机物的分子式；

（2）取 0.58g 该有机物与足量银氨溶液反应，析出 2.16g 银，写出该有机物的结构简式。

3. 某有机物分子中碳、氢、氧元素的原子个数比为 1∶1∶2，经测定其相对分子质量为 90，水溶液呈酸性。将 2.7g 该有机物溶于水配成 50mL 溶液。从中取出 5mL，与 10mL 0.6mol/L 的氢氧化钠溶液完全中和，试写出该有机物的结构简式

4. 有机物 A 的相对分子质量是乙醛的 2 倍，使 2.2g 该有机物充分燃烧后产生的二氧化碳和水的物质的量相等。通过碱石灰干燥管后，干燥管质量增加 6.2g。试通过计算确定 A 的分子式。

第九章 化学实验

化学是一门实验科学，只有通过亲自动手实验才能更好地领会和掌握化学基本理论和基础知识。通过实验，可以观察到大量生动、有趣的化学反应现象；可以培养动手能力和独立思考能力，以及实事求是的科学态度和良好的科学习惯，并进一步形成科学的思维方法，为我们深入学习化学和增强科学探究能力打下基础。

第一节 化学实验基础知识

一、基本学习方法

化学实验的学习可按以下三个步骤进行：

（1）预习：阅读实验教材和教科书，了解实验目的、操作步骤和注意事项。

（2）观察和记录：根据实验教材上所规定的方法、实验原理、步骤和试剂用量进行操作；同时细心观察现象，并详细如实地做好记录。实验中还要注意严格遵守实验室纪律。

（3）撰写实验报告：做完实验后，认真写出实验报告。书写实验报告应字迹端正，简明扼要，整齐清洁。

二、实验报告

实验报告包括如下内容：

（1）实验目的。

（2）实验原理。

（3）实验内容或步骤，可用简图、表格、化学式或符号表示。

（4）实验现象或数据记录。

（5）解释、结论或讨论、数据处理或计算。性质实验要写出反应方程式；制备实验应计算产率；测定实验应进行数据处理并将结果与理论值相比较，并分析产生误差的原因。

下面列举三种不同类型的实验报告格式，以供参考。

1. 无机化学制备实验报告

实验名称：＿＿＿＿＿＿＿＿＿＿＿＿＿＿＿＿＿＿＿＿＿＿＿＿＿＿＿＿＿＿＿＿＿＿＿＿＿＿

班级＿＿＿＿＿＿ 姓名＿＿＿＿＿＿ 学号＿＿＿＿＿＿ 日期＿＿＿＿＿＿

实验目的：

_____

实验原理（简述）：

_____

简要实验步骤（可用框图）：

_____

实验现象：

_____

实验结果：
产品外观：_____
产量：_____ 产率：_____
问题和讨论：

_____

_____

2. 无机化学测定实验报告
实验名称：_____
班级_____ 姓名_____ 学号_____ 日期_____
实验目的：

_____

实验原理（简述）：

_____

数据记录和结果处理（可用表格）：

_____

问题和讨论（分析产生误差的主要原因等）：

_____

_____

对于一些定量实验，产率的高低和质量的好坏常常是评价实验方法及考核学生实验技能的重要指标。

$$产率 = \frac{实际产量}{理论产量} \times 100\%$$

实际产量是指实验中实际得到的纯粹产物的质量，简称产量；理论产量是假定反应物完全转化成产物，而根据反应方程式计算得到的产物质量。

3. 元素及其化合物性质实验报告

实验名称：_____

班级_____ 姓名_____ 学号_____ 日期_____

实验内容	实验现象	解释和反应方程式
一、 1. 2. 3. 结论：		
二、 1. 2. 3. 结论：		
三、 1. 2. 3. 结论：		
讨论或小结：		

三、实验规则

实验规则是人们在长期的实验室工作中归纳总结出来的，它是保持实验正常进行、防止意外事故、做好实验的前提，必须遵守。

（1）实验前做好预习和各种准备工作，检查所需药品和仪器是否齐全；

（2）实验中认真操作，仔细观察，详细如实地做好记录；

（3）实验中必须保持安静，不准大声喧哗和随意走动；

（4）爱护实验室设备，注意节约水电；

（5）保持实验台清洁；

（6）使用精密仪器时，必须严格按规程操作，避免损坏仪器；如发现仪器有故障，应立即停止使用，并向教师报告；

（7）实验后，将所用仪器洗净并放回原位，关好水、电、气；

（8）如发生意外事故，应保持镇静；遇到烧伤、烫伤等情况应立即报告教师，以便及时治疗。

四、实验室安全守则

在进行化学实验时，会用到水、电、气及各种化学药品，而化学药品中有很多是易燃易爆或有腐蚀性和毒性的。因此，重视以下安全操作是非常重要的。

（1）必须熟悉实验室环境，了解与安全有关的一切设施（如电闸、水管阀门、煤气管阀门、急救箱和消防用品等）的位置和使用方法。

（2）产生有毒有刺激性气体的实验（如 H_2S、Cl_2、Br_2、NO_2、SO_2、CO 等），应在通风

橱内进行。

（3）对于性质不明的化学试剂，严禁任意混合，更不能尝化学试剂的味道，以免发生意外事故。

（4）使用易燃的有机试剂（如酒精、乙醚、丙酮、苯）时，要远离火源，用毕应及时盖紧瓶塞。钾、钠和白磷等在空气中易燃的物质，应隔绝空气存放（如钾、钠保存在煤油中，白磷保存在水中），取用它们时必须使用镊子。

（5）使用浓酸、浓碱、溴等具有强腐蚀性的试剂时，切勿溅在皮肤和衣服上。为了保护眼睛，应配备防护眼镜。

（6）使用有毒试剂（如汞盐、砷盐、铅盐、可溶性钡盐、氟化物等）时，不得接触皮肤和伤口，更不能进入口内。试验后的废液不能随意倒入水槽或废液桶中，应倒入指定的容器内，以便集中处理。

（7）加热试管中的液体时，不要将试管口朝向他人或自己，也不要俯视正在加热的液体，以免溅出的液体把脸、睑灼伤。闻气体的气味时，不能用鼻直接对准瓶口或试管口，应用手把少量气体轻轻地扇向自己。

（8）实验后的废弃物应倒入废液桶内；滤纸、碎玻璃片等须投入纸篓，绝不能倒入水槽内，以防管道堵塞和腐蚀。

（9）使用电器设备，不能用湿手操作，以防触电。工作完毕应拔下电源插头。

（10）实验室内严禁饮食、吸烟，并禁止将实验室试剂及实验产品带出实验室外。

（11）每次实验结束，应整理好实验用品，把手洗净方可离开实验室。值日的学生一定要把水、煤气阀门关闭，拉下电闸，关好门窗。

五、实验室一般伤害的救护

（1）割伤。先设法取出伤口内的异物，用蒸馏水洗净伤口，然后贴上创可贴，也可涂以红药水。

（2）烫伤。不要用水冲洗，也不要弄破水泡。在烫伤处涂以烫伤膏或万花油，也可用风油精涂抹。

（3）酸腐蚀致伤。先用大量水冲洗，再用饱和 $NaHCO_3$ 溶液或稀氨水冲洗，然后用水冲洗。如果酸液溅入眼内，立即用大量水长时间冲洗，再送校医室或医院治疗。

（4）碱腐蚀致伤。先用大量水冲洗，再用2%的醋酸溶液冲洗，然后用水冲洗。如果碱液溅入眼内，立即用大量水长时间冲洗，再用饱和硼酸溶液洗眼，然后用水冲洗。

（5）吸入溴蒸气、氯气等气体，可吸入少量乙醇和乙醚混合蒸气解毒。吸入硫化氢或一氧化碳气体而感到不适时，应立即到室外呼吸新鲜空气。

（6）溴腐蚀致伤。可先用甘油清洗伤口，再用水洗。

六、灭火常识

实验过程中万一不慎起火，切勿惊慌，应立即采取如下灭火措施：

（1）防止火势蔓延。关闭煤气龙头，切断电源，移走一切可燃物质（特别是有机溶剂和易燃易爆物质）。

（2）灭火。物质燃烧需要空气，要有一定的温度。所以灭火的方法，一是降温，二是使燃烧物质与空气隔绝。灭火最常用的物质是水，但在化学实验室里常常不能用水灭火，如活泼金属钠、钾等与水发生剧烈反应，会引起更大的火灾；有机溶剂如苯、汽油等着火时，因水与它们互不相混溶，有机溶剂比水轻而浮在水面上，不仅不能灭火，反而使火势扩大。下面介绍化学实验室常用的灭火方法：

① 一般的小火可用湿布、石棉布或砂土覆盖在着火的物体上（实验室都应备有砂箱和石棉布）；

② 火势较大时要用灭火器灭火（实验室应常备灭火器）；

③ 当身上衣服着火时，切勿惊慌乱跑，应赶快脱下衣服或就地卧倒打滚。

七、常见试剂的存放和取用

化学试剂通常按杂质的多少分为四个等级，一级纯度最高，四级最低。我们在实验时应从节约的角度出发，根据实验具体要求选用试剂，避免浪费。

1. 试剂的存放

要按试剂的状态和性质分别选用适合的试剂瓶盛放。固体试剂应用广口瓶盛放，液体试剂应装于细口瓶或滴瓶内，见光易分解的试剂应用棕色瓶装好，碱溶液的试剂瓶应用橡皮塞塞紧。每一试剂瓶上都必须贴有标签并标明试剂的名称、浓度、纯度和配制时间，并在标签外涂一薄层腊以保护它。

2. 试剂的取用方法

取用试剂时，先看清标签，打开瓶塞后，将瓶塞反放实验台上；不能横放，以免污染，也不能用手接触化学试剂；应根据用量取用，取完试剂后，把瓶塞盖回原试剂瓶，最后把试剂瓶放回原处。

（1）固体试剂的取用。

①要用清洁、干燥的药匙取用，药匙的两端为大小两个匙，分别用于取较多和较少试剂。应专匙专用，用过的药匙须洗净擦干后才能继续使用。

②取用试剂不能超过指定用量，多取的不能倒回原瓶，要放在指定的容器中。

③要求取用一定量的固体试剂时，可把固体放在干燥的纸上或表面皿上称量，具有腐蚀性或易潮解的固体应放在玻璃容器内称量，要求准确称取一定质量的固体时，可在分析天平上称量。

④向试管中加入试剂时，可用药匙或将药品置于对折的纸条上，伸进试管约 2/3 处，再将试管倾斜，使试剂沿管壁慢慢滑下，以免碰破试管底。

（2）液体试剂的取用。

①从滴瓶中取用液体试剂时，要用滴瓶中的滴管，注意保持滴管垂直，避免倾斜和倒立，以免液体流入橡胶头内沾污药品。滴加试剂时，应在容器口上方滴入试剂，滴管尖端不可接触容器壁。

②从细口瓶中取用液体试剂时，要用倾注法。首先将瓶塞取下反放在桌面上，拿起试剂瓶（贴标签的一面向着手心），以瓶口抵住容器壁让试剂沿瓶壁缓缓倾入，若容器为烧杯，可用洁净的玻璃棒引流。

③定量取用液体时，根据具体情况选用量筒或移液管取用，量取液体时，注意使视线与量筒内液体的弯月面的最低处保持水平，以免造成较大的误差。

④加入反应器内液体的总量：用试管时不能超出总容量的 1/3；用其他容器时不能超出总容量的 2/3。

第二节 学生实验

第一单元 物质的制取

人类在长期的生产和活动中，积累了很多从自然界直接或间接获取物质的经验，前者如食盐的晒制和提纯，后者如金属冶炼、酒的酿造等。随着科学技术水平的提高和对新物质需求的增长，人类在不断从自然界中发现和提取新的化学物质的同时，又根据需要合成出许多天然产物的替代品，或者合成出自然界中原来并不存在的物质。

实验一 氨气的实验室制法

实验目的

掌握实验室制取和收集氨气的方法。

实验原理

铵盐与碱混合加热产生氨气。这也是铵盐的鉴定方法。

$$2NH_4Cl + Ca(OH)_2 \xrightarrow{\triangle} CaCl_2 + 2NH_3\uparrow + 2H_2O$$

氨气极易溶于水，因此不能用排水法收集；氨气的密度比空气小，可用向下排空气法收集。

实验用品

氯化铵晶体、消石灰、铁架台、铁夹、酒精灯、研钵、试管、药匙、导管、单孔橡皮塞、棉花、玻璃棒。

实验步骤

（1）按图9-1连接好仪器，并检查装置的气密性。

（2）将氯化铵与氢氧化钙按1：2的质量比混合均匀，并装入试管中。

（3）塞好试管口并将试管固定在铁架台上。

（4）用酒精灯加热试管。

（5）取一洁净干燥的试管，用向下排空气法收集氨气，并在管口塞入一团棉花，以防止外面的空气流入。

（6）取一湿润的红色石蕊试纸放在试管口检验，若试纸变成蓝色，则证明氨气已收集满。或者用蘸有浓盐酸的玻璃棒接近集气试管口检验，如有大量白烟产生，则可证明氨气已收集满。

图9-1 氨气制取的实验装置

问题与讨论

（1）为什么在制备氨气时，实验所需仪器和药品都必须是干燥的？

（2）加热时试管口为什么要向下倾斜？

实验二 氯气的生成及其性质的微型实验

实验目的

（1）通过微型实验复习 Cl_2 的制取并实验其性质。

（2）体验实验微型化与规范化的关系。

（3）培养进行化学实验创新设计的意识。

实验原理

$KClO_3$ 晶体与浓盐酸反应时，会立即产生氯气。

本实验利用表面皿与玻璃片之间形成的一个相对密闭的小气室，使生成的少量氯气在密闭空间扩散，与各试剂液滴迅速反应，现象明显，并可防止氯气泄漏。

实验用品

0.1mol/L 的 KBr、KI、NaOH、$FeSO_4$ 溶液，$KClO_3$ 晶体，浓盐酸，淀粉液，酚酞，KSCN 溶液，pH 试纸，滴管，白纸，表面皿，玻璃片。

实验步骤

（1）在一块下衬白纸的玻璃片的不同位置上分别滴加浓度为 0.1mol/L 的 KBr、KI（含淀粉溶液）、NaOH（含酚酞）、$FeSO_4$（含 KSCN）溶液各 1 滴，每种液滴彼此分开（应在下衬的白纸上编号，记清各液滴的位置），围成半径小于表面皿的圆形。在圆心处放置 2 粒芝麻大小的 $KClO_3$ 晶体。盖好表面皿。

（2）打开表面皿，向 $KClO_3$ 晶体滴加一滴浓盐酸，立即用表面皿盖好。观察氯气的生成及其与各液滴反应的现象（约2min）。记录各液滴的变化，写出相应反应的化学方程式。

问题与讨论

（1）氯酸钾与浓盐酸的反应是一个氧化还原反应，请分析反应中的电子得失情况。

（2）利用这套简易装置，你设想还能进行哪些实验？请举出一些。它们之间有什么共同特点？

拓展实验

化学实验中要用到多种仪器，当实验条件尚可但又缺少规范的仪器时，也可以利用现有的或易得的仪器或材料来完成实验。下面介绍利用计算机软盘盒做反应容器来研究气体的生成与性质的做法。

（1）试利用计算机软盘盒进行气体的生成与性质的微型实验。

计算机软盘盒是用透明塑料制成的，它与一般无机试剂没有明显的反应，而且具有一定的封闭性，可用于进行气液反应的微型实验。

①在软盘盒盖的适当位置钻孔，以便滴加液体反应试剂；

②在软盘盒盖的适当位置滴加或放置反应试剂；

③盖好盒盖，并通过小孔滴加试剂，反应即可在密闭空间内进行。

（2）请你利用该软盘盒，设计气体生成与性质的小实验。

（3）再设计 1~2 种利用其他日常物品进行实验的方案。

实验三　乙烯的制取和性质

实验目的

练习将烧瓶中的液体加热至一定温度以制取气体的方法。加深对乙烯性质的认识。

实验原理

浓硫酸与乙醇在170℃的条件下会发生消除反应，生成乙烯：

$$CH_3—CH_2—OH \xrightarrow[170℃]{浓硫酸} CH_2{=}CH_2 + H_2O$$

乙烯不溶于水，可用排水法收集。因为不同的温度会出现不同的产物，所以一定要严格控制温度。

实验用品

试管、量筒、集气瓶、烧瓶（50mL）、温度计、橡皮塞、玻璃导管、胶皮管、水槽、碎瓷片、铁架台、酒精灯、石棉网、布块、火柴、酒精与浓硫酸的混合液、溴水、$KMnO_4$酸性溶液。

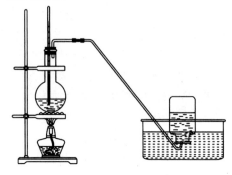

图9-2　乙烯的实验室制取

实验步骤

（1）在检查完装置气密性之后，按照图9-2所示，把仪器安装好。

（2）在烧瓶中加入酒精与浓硫酸的混合液18mL，再加入少量碎瓷片，以免液态混合物在受热时暴沸。用带有温度计和玻璃导管的塞子塞住烧瓶瓶口。用酒精灯加热，使液态混合物温度迅速上升到170℃，并注意控制好温度，使乙烯均匀地产生。

（3）把乙烯通入盛有溴水的试管（注意：用手拿玻璃导管时，要用垫布，以免烫伤），观察有什么现象发生。写出反应的化学方程式。

（4）用集气瓶收集一瓶乙烯后，再将乙烯通入盛有 $KMnO_4$酸性溶液的试管中，观察有什么现象发生。

（5）在集气瓶口点燃乙烯，观察现象。

问题与讨论

（1）在制取乙烯的烧瓶中，为什么要加入少量碎瓷片？怎样控制温度？在本实验中浓硫酸的作用是什么？

（2）根据实验结果，说明可采取什么方法来除去甲烷中混有的少量乙烯。

实验四　乙酸乙酯的制取

实验目的

掌握乙酸乙酯的实验室制法。

实验原理

羧酸和醇在浓硫酸作用下共热，羧酸分子中的羟基跟醇分子中羟基的氢原子结合成水，其余部分相结合生成酯，此反应为酯化反应。如：乙醇和乙酸在浓硫酸存在的条件下加热（浓硫酸起催化剂和吸水剂的作用）发生酯化反应，生成的

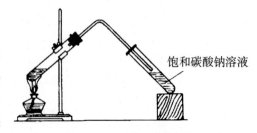

饱和碳酸钠溶液

图9-3　乙酸乙酯的制取

乙酸乙酯可由萃取分层析出。因乙酸乙酯密度比水小，浮在上层，在液面上可以看到油状透明液体，还可闻到一种香味，与下层溶液形成明显界面。

实验用品

冰醋酸、浓硫酸、无水酒精、铁架台、铁夹、酒精灯、大试管、单孔胶塞、导管。

实验步骤

（1）按图连接好仪器，并检查装置的气密性。

（2）在大试管里小心地放入几块干净的碎瓷片，再依次装入 3mL 乙醇和 2mL 冰醋酸，接着滴入 2mL 浓硫酸，边加边摇动试管。

（3）塞好塞子后，用酒精灯均匀地加热试管约 5 分钟，产生的蒸气经导管通到装有饱和碳酸钠溶液（滴有酚酞试液）的试管内液面上，在液面上可逐渐看到有油状的透明液体生成，并可闻到香味。反应停止后，用直尺测量有机层的厚度。

问题与讨论

（1）物质的量相等的乙酸和乙醇，能否全部转化为乙酸乙酯？为什么？

（2）要想提高乙酸的转化率，可以采取哪些措施？

第二单元　物质的分离和提纯

分离和提纯的主要方法如下：

1. 过滤

过滤是除去液体中混有的固体物质的一种方法。

取一张圆形滤纸，对折两次，打开成圆锥形，把滤纸尖端朝下放入漏斗，用食指把滤纸按在漏斗内壁上，使用少量蒸馏水润湿滤纸，用手指轻压滤纸四周，赶去滤纸和漏斗壁间的气泡，使滤纸紧贴在漏斗壁上。滤纸边缘应略低于漏斗边缘。

过滤时，把漏斗放在漏斗架上，调整高度，漏斗颈要紧靠烧杯内壁，使滤液沿烧杯壁流下，以免滤液外溅。倾倒过滤物时，先转移溶液，后转移沉淀。转移溶液时应使液体沿着玻璃棒流下，将玻璃棒的一端轻轻地斜靠在三层滤纸的一边，然后将液体缓缓倒入过滤器。每次转移的液体量不可超过滤纸容量的 2/3，以免液面溢过滤纸而在滤纸与漏斗壁间流下。如果需要洗涤沉淀，等溶液转移完毕后，往剩有沉淀的容器里加入少量溶剂，充分搅拌，放置，待沉淀下降，再将洗涤液转移入漏斗，重复操作两遍，最后再把沉淀转移到滤纸上。

2. 蒸发和结晶

蒸发是浓缩溶液的一种方法。它是用加热的方法使溶剂不断挥发，从而使溶质从溶液中析出。当溶液很稀而溶质的溶解度又较大时，为了能从溶液中析出晶体，必须加热使溶剂不断挥发，将溶液浓缩，然后冷却到一定温度时，才会有晶体析出。蒸发是在瓷制蒸发皿中进行的，放入液体的量不要超过容积的 2/3，可以随着溶剂的不断蒸发，逐渐添加溶液。

如果被蒸发的物质的热稳定性较好，可用酒精灯直接加热。放好蒸发皿，把溶液倒入后用酒精灯加热，在加热过程中，要用玻璃棒不断搅拌液体，以免局部过热，使液滴飞溅出来。溶解度较大的物质，必须蒸发到溶液表面出现晶膜时才可停止蒸发。溶质若是溶解度小的物质，或是在高温时溶解度较大而在室温时溶解度较小的物质，则不用等到蒸发至液面出现晶膜时才冷却。

如果溶剂是可燃性的液体，应放在热水浴上蒸发，不能使用明火加热。当溶液蒸发到一定程度（或饱和）时，把溶液冷却，一般就会有晶体析出。如果要得到纯度较高的晶体，可把初次析出的晶体用蒸馏水溶解，再经过蒸发、冷却等操作，让物质重新结晶。

3. 蒸馏

蒸馏是分离和提纯液态混合物常用的一种方法。现以实验室制取蒸馏水为例，介绍蒸馏的方法。

如图9-4所示，把仪器装配好。用烧杯把混有杂质的水倒入蒸馏烧瓶（水的体积占烧瓶的1/3到2/3为宜），把烧瓶盖紧后加热到沸腾。水蒸气经过冷凝管冷凝后，收集到锥形瓶里。从温度计可以观察水的沸点。冷凝管是冷凝热的水蒸气以及其他有机物蒸气的一种仪器，冷水不断从下部管口进入，热水从上部管口流出，带走热蒸气的热量，从而起到冷却作用。

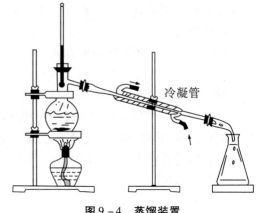

冷凝管

图9-4 蒸馏装置

4. 分液

分液是把两种互不相溶的液体分离开的操作。一般在分液漏斗中进行，加入分液漏斗的液体量不要超过分液漏斗容积的2/3。分液漏斗在使用前应在旋塞上涂凡士林油以防止漏液。待分液漏斗内液体分层后，左手旋动活塞，使塞孔与漏斗颈小口重合，下层液体从漏斗管流出，适时关塞，上层液体从漏斗上口倒出。

5. 萃取

萃取是利用液态混合物中一种溶质在互不相溶的溶剂里溶解性的不同，用一种溶剂把溶质从它与另一溶剂所组成的溶液中提取出来的方法。为了把两种不相溶的液体分开，常要使用分液漏斗进行萃取操作。

6. 层析法

层析法也称色层法，是分离、提纯和鉴定物质的重要方法之一，这种方法最初源于对有色物质的分离，因而又称为色谱法。

层析法有许多种类，但基本原理是一致的，即利用待分离混合物中各组分在某一物质（此相称做固定相）中的亲和性差异，如吸附性差异、溶解性（或称做分配作用）差异，让混合物溶液（此相称做流动相）流经固定相，使混合物在流动相和固定相之间进行反复吸附或分配等作用，从而使混合物中的各组分得以分离。层析法可以进一步分为纸上层析、柱层析和薄层层析等。

纸上层析要求流动相溶剂对分离物质有适当的溶解度，溶解度太大，待分离物质会随流动相跑到前沿；溶解度太小，待分离物质则会留在固定相附近，分离效果不好。因此，要根据待分离物质的性质选择合适的流动相。通常，对于能溶于 H_2O 的待分离物质，以吸附在滤纸上的 H_2O 作为固定相，以与 H_2O 能混合的有机溶剂（如醇类）作为流动相。

7. 渗析

海水通过高分子膜后变成了淡水，是由于该高分子膜是让水通过而不让盐通过的半透膜。类似现象在生活中也能见到，如鸡蛋放在食盐水中浸泡一段时间后就会成为咸鸡蛋，这说明 NaCl 能通过蛋壳进入鸡蛋，而蛋黄和蛋白则不能通过蛋壳渗出来。实际上蛋壳的内膜也是一种有选择地让某些物质通过的半透膜。利用半透膜可以达到分离、提纯某些物质的目的。

实验表明烧杯中的液体里含有氯离子，而不含有淀粉分子。为什么氯离子可以通过半透膜而淀粉分子不能通过半透膜呢？因为所用半透膜的孔径较小，只有小分子或离子才能通过，而胶粒或其他大分子不能通过。利用半透膜的性质，我们可以分离大分子与小分子组成的混合物，这种分离方法称为渗析。

在生产和科学研究实践中，单独使用某一种方法往往不能很好地达到分离、提纯的目的，一般是几种方法配合使用。在选择分离、提纯物质的方法时，我们通常要注意以下几点：①不得引入新杂质；②不损失或很少损失被提纯的物质；③所涉及的反应要完全；④方法简单、所使用仪器常见；⑤所用试剂经济、易得。

随着科技水平的提高，新的特效分离、提纯方法不断出现，分离已成为一个跨越多个学科的新技术领域。

8. 升华

升华是提纯固态物质的一种方法，适用于熔点温度下仍具有相当高（高于 2 660Pa）的蒸气压的固态物质。固态物质在其压强等于外界压强的条件下不经液态直接转变为气态的物态转变过程叫升华。当外界压强为 10^5Pa 时称为常压升华，低于该数值时称为减压升华。利用升华可以除去不同挥发性的杂质，也可以分离不同挥发性的固体混合物。升华常可以得到比较纯的产物，但操作时间长，损失较大。同时，由于它要求被提纯物在其熔点温度下具有较高的蒸气压，故仅适用于一部分固体物质的提纯，而不是纯化固态物质的通用方法。如碘中混有食盐，我们可以用升华的方法来提纯碘单质。

实验五　纸上层析分离甲基橙和酚酞

实验目的

（1）了解纸上层析的实验原理。

（2）掌握用纸上层析分离混合物的方法。

实验原理

甲基橙和酚酞是两种常用的酸碱指示剂，它们在水中和有机溶剂中的溶解度不同。当溶剂沿滤纸流经混合物的点样时，甲基橙和酚酞会以不同的速度在滤纸上移动，从而达到分离的目的。由色斑的形成与距离可判断分离的效果。

实验用品

甲基橙、酚酞、乙醇、浓氨水、饱和 Na_2CO_3 溶液，培养皿，滴管，烧杯，量筒，毛细管，圆形滤纸，小喷壶。

实验步骤

（1）配制甲基橙和酚酞的混合溶液。把 0.1g 甲基橙和 0.1g 酚酞溶解在 10mL 60% 的乙醇溶液里，备用。

（2）配制乙醇和氨水的混合溶液。取 10mL 乙醇和 4mL 浓氨水充分混合，备用。

（3）准备滤纸。在一张圆形滤纸的中心扎一小孔，用少量滤纸捻成细纸芯，插入圆形滤纸中央。

（4）点样。在距圆形滤纸中心约 1cm 的圆周上选择三个点，分别用毛细管将甲基橙和酚酞的混合溶液在这三点处点样，每个点样的直径约 0.5cm。

（5）展开。将滤纸覆盖在盛有乙醇和氨水混合溶液的培养皿上，使滤纸芯与混合溶液接触，放置一段时间，点样会逐渐向外扩散，形成黄环。

（6）显色。待黄环半径扩散到滤纸半径的二分之一时，取下滤纸，拔除细纸芯。等滤纸稍干后，喷上饱和的 Na_2CO_3 溶液，观察现象。

问题与讨论

如果在滤纸上事先做点样标记，应选用钢笔还是圆珠笔？试解释原因。

拓展实验

（1）用粉笔对菠菜中的色素进行柱层析分离。

选择几片新鲜的菠菜叶放在乙醇溶液中，轻轻研磨获得提取液，在提取液中竖直放置一支白粉笔。经一段时间后，观察现象。

（2）用鸡蛋壳内膜（蛋壳浸入盐酸溶液中，可溶去外壳）分离出豆浆中的铁、钙等。

实验六　硫酸铜的提纯

实验目的

（1）通过氧化反应及水解反应了解提纯硫酸铜的方法。

（2）练习溶解、过滤和蒸发等基本操作技能。

实验原理

粗硫酸铜中含有不溶性杂质和可溶性杂质如 $FeSO_4$、$Fe_2(SO_4)_3$ 等。不溶性杂质可用过滤法除去。杂质 $FeSO_4$ 需用氧化剂 H_2O_2 或 Br_2 氧化为 Fe^{3+}，然后调节溶液的 pH 值（一般控制在 $pH \approx 4$），使 Fe^{3+} 水解成为 $Fe(OH)_3$ 沉淀而除去。其反应如下：

$$2FeSO_4 + H_2SO_4 + H_2O_2 = Fe_2(SO_4)_3 + 2H_2O$$
$$Fe^{3+} + 3H_2O = Fe(OH)_3 \downarrow + 3H^+$$

除铁离子后的滤液，用 KSCN 检验没有 Fe^{3+} 离子存在时，即可蒸发结晶，其他微量可溶性杂质在硫酸铜结晶时仍留在母液中，过滤时可与硫酸铜分离。

图 9-5　过滤装置

实验用品

台秤、漏斗、烧杯、蒸发皿、酒精灯、量筒、滤纸、托盘天平、粗 $CuSO_4$、HCl（2mol/L）、H_2SO_4（1mol/L）、H_2O_2（3%）、NaOH、KSCN（1mol/L）、pH 试纸。

实验步骤

（1）称取 15g 硫酸铜晶体，放在 100mL 烧杯中，加入 50mL 蒸馏水，加热溶解。

（2）待硫酸铜全部溶解后，滴加 1mL 3% H_2O_2 和 1mol/L H_2SO_4，将溶液加热，并不断搅拌，然后逐滴加入 NaOH 溶液，调节 pH 值至 4 左右，再加热片刻使生成的 $Fe(OH)_3$ 沉淀颗粒增大。趁热用普通漏斗过滤（用试管接少量滤液，加入 KSCN 检验是否已除净 Fe^{3+}，如未除净则重复此工作，直至把 Fe^{3+} 除净为止）。滤液用蒸发皿接收。

（3）在滤液中滴加 1mol/L H_2SO_4 酸化，调节 pH 值至 1~2，然后用小火加热、蒸发、浓缩至液面出现一层结晶膜时，停止加热。

（4）冷却至室温，抽滤，尽量抽干，并用一干净的玻璃瓶塞挤压布氏漏斗上的晶体，以除去其中少量的水分。

（5）停止抽滤，取出晶体，吸滤瓶中的母液倒入回收瓶中。

（6）在台秤上称出产品重量，计算产量百分率。

（7）把上面称出的产品重新放在蒸发皿中加热，使之全部失去结晶水（蓝色硫酸铜晶体全部变白），冷却后称重。计算硫酸铜晶体中结晶水的含量。回收测定后的无水硫酸铜。

图 9-6　蒸发装置

问题与讨论

（1）除 Fe^{3+} 时，为什么要调节 pH 值至 4 左右？pH 值太小或太大有什么影响？

（2）实验中如何控制得到合格的无水硫酸铜？

（3）要提高产品的纯度应注意什么问题？

（4）在进行过滤和蒸发时应注意哪几点？为什么？

实验七　从海带中提取碘

实验目的

（1）学习萃取、过滤的操作及有关原理。

（2）复习氧化还原的知识。

（3）了解从海带中提取碘的过程。

实验原理

海带中含有丰富的碘元素，其主要的存在形式为化合态（有机碘化物）。经灼烧后，灰烬中的碘可转化为能溶于水的无机碘化物。碘离子具有较强的还原性，可被一些氧化剂氧化生成碘单质。例如 $H_2O_2 + 2H^+ + 2I^- \Longrightarrow I_2 + 2H_2O$，生成的碘单质用四氯化碳从其水溶液中萃取出来。

实验用品

干海带、3% H_2O_2、3mol/L 硫酸、NaOH 溶液、酒精、淀粉溶液、CCl_4、蒸馏水、烧杯、试管、坩埚、坩埚钳、铁架台、三脚架、泥三角、玻璃棒、酒精灯、量筒、胶头滴管、托盘天平、刷子、剪刀、漏斗、滤纸。

实验步骤

（1）取 3g 干海带，用刷子把干海带表面的附着物刷净（不要用水洗涤）。将海带剪成小块，用酒精润湿后，放入坩埚中。

（2）在通风橱中，用酒精灯灼烧盛有海带的坩埚，至海带完全成灰，停止加热，冷却。

（3）将海带灰转移到小烧杯中，向烧杯中加入 10mL 蒸馏水，搅拌，沸腾 2~3min，过滤。

（4）向滤液中滴加几滴硫酸，再加入约 1mL H_2O_2 溶液，观察现象。

（5）取少量上述滤液，滴加几滴淀粉溶液，观察现象。

（6）向剩余的滤液中加入 1mL CCl_4，振荡，静置，观察现象。

（7）回收溶有碘的 CCl_4。

问题与讨论

（1）已知碘在酒精中的溶解度大于在水中的溶解度，能否使用酒精萃取碘？说明理由。

（2）萃取实验中，若要使碘尽可能完全地转移到 CCl_4 中，应如何操作？

（3）I^- 除了可以用 H_2O_2 氧化以外，还可以被浓硫酸、氯水、溴水等其他氧化剂氧化，选用浓硫酸氧化 I^- 的实验应如何设计？

（4）若要分离碘的 CCl_4 溶液，分别得到碘和 CCl_4，应采用什么样的方法和装置？

拓展实验

草木灰含有碳酸钾，试从草木灰中提取碳酸钾。

第三单元　物质的检测

物质检测涉及国民经济、国防建设、资源开发、环境保护、新材料和新技术研发及人们的衣食住行等各个领域。它是科学研究、工农业生产过程中的必要环节，也是成果、产品鉴定的重要依据之一。

物质的检测可以直接通过化学实验，根据化学反应现象或结果，分析物质的组成、结构及含量，也可以借助仪器，利用待测物质的物理性质或化学性质测定其组成、结构及含量。

在检测时，如果我们只需要知道某物质中是否存在哪些元素或结构（如官能团），而不必确定其含量是多少，这是定性检测。如果需要知道某组分的确切含量，则是定量检测。如果还需要知道某物质的内部结构，则涉及结构的测定。

实验八　几种无机离子的检验

实验内容

（1）设计实验，鉴别 NH_4NO_3、$(NH_4)_2SO_4$、Na_2SO_4、$NaCl$、无水 $CuSO_4$ 固体。

（2）设计实验，检验可能含有 Fe^{3+}、Al^{3+}、Ag^+、Ba^{2+} 的混合溶液。

实验目的

（1）鉴别几种无机物。

（2）检验混合溶液中的几种离子。

（3）学习鉴别和检验不同无机化合物、混合物的思路和方法。

（4）体验综合利用化学知识和实验技能探究未知物质的过程和乐趣。

实验原理

本实验中的内容 1 是鉴别几种不同的物质，可直接利用它们所含阴、阳离子的特征反应进行分组鉴别。内容 2 是混合溶液中几种阳离子的检出，由于检出的这些离子的特征反应中，有的相互间存在干扰，需要先利用沉淀反应将它们分离后再检出。

实验用品

无标签（已编号）的 NH_4NO_3、$(NH_4)_2SO_4$、Na_2SO_4、$NaCl$、无水 $CuSO_4$ 固体，含有 Fe^{3+}、Al^{3+}、Ag^+、Ba^{2+} 中的三种或四种离子的混合溶液，自行设计实验方案所需其他用品。

问题与讨论

（1）对于上述两个实验，你可以各设计出几种方案？你认为最佳的方案是哪个，为什么？

（2）实验内容 1 中检测的是纯净物，实验内容 2 中检测的是混合物，检测它们的依据和方法是否因此而不同？

拓展实验

（1）设计实验，检出明矾 $[KAl(SO_4)_2 \cdot 12H_2O]$ 中的阴、阳离子或证明硫酸亚铁铵晶体 $[(NH_4)_2Fe(SO_4)_2 \cdot 6H_2O]$ 中含有 H_2O、Fe^{2+}、NH_4^+ 和 SO_4^{2-}。

（2）设计实验，鉴别 $FeCl_3$、$Fe_2(SO_4)_3$、$(NH_4)_2SO_4$、Na_2CO_3、$CaCO_3$ 五种固体。

（3）某固体混合物中含有 $AlCl_3$、$NaCl$、$(NH_4)_2SO_4$、$(NH_4)_2CO_3$、K_2SO_4 五种物质中的三种，设计检验该混合物的方案并实施。

实验九 乙醇、乙醛的性质检测

实验目的

（1）加深对乙醇和乙醛重要性质的认识。

（2）了解检验醛基的实验方法。

实验原理

乙醇可与钠反应，还可以发生氧化反应、消除反应和酯化反应；乙醛具有明显的还原性及可发生加成反应等，利用这些性质可鉴别它们。

实验用品

试管、试管夹、烧杯、量筒、滴管、玻璃棒、玻璃导管、玻璃片、镊子、小刀、酒精灯、滤纸、火柴、无水乙醇、乙醇、10% NaOH 溶液、2% AgNO₃ 溶液、2% 氨水、2% CuSO₄ 溶液、乙醛稀溶液、金属钠、铜丝、pH 试纸、热水、蒸馏水。

实验步骤

1. 乙醇的性质

（1）乙醇与钠的反应。

①在大试管中注入 5mL 无水乙醇，再加入一块新切开并立即用滤纸擦干的黄豆大小的金属钠，观察实验现象。

②用玻璃棒蘸 2 滴反应后的溶液，放在玻璃片上晾干，观察玻璃片上的残留物。

③向试管里滴加约 10 滴蒸馏水，用 pH 试纸检验其酸碱性。

（2）乙醇氧化生成乙醛。

在试管里加入 2mL 乙醇。把一端弯成螺旋状的铜丝放在酒精灯外焰中加热，使铜丝表面生成一薄层黑色的氧化铜，立即把它插入盛有乙醇的试管里，这样反复操作几次，注意闻一闻生成物的气味，并注意观察铜丝表面的变化。

2. 乙醛的性质

（1）在试管里先注入少量 NaOH 溶液，振荡，然后加热煮沸。把 NaOH 溶液倒掉后，再用蒸馏水洗净试管备用。

（2）银镜反应。

在上面洗净的试管里加入 1mL AgNO₃ 溶液，然后逐滴滴入氨水，边滴边振荡，直到最初生成的沉淀刚好溶解为止。然后，沿试管壁滴入 3 滴乙醛稀溶液，把试管放在盛有热水的烧杯里，静置几分钟，观察试管内壁有什么现象产生。解释这个现象，并写出反应的化学方程式。

（3）乙醛被新制的 Cu(OH)$_2$ 氧化。

在试管里加入 2mL NaOH 溶液，再滴入 CuSO$_4$ 溶液 4～5 滴，振荡。然后加入 0.5mL 乙醛稀溶液，给试管里的液体加热至沸腾，观察有什么现象产生，解释这个现象，并写出反应的化学方程式。

问题与讨论

（1）可以用什么方法检验乙醇与钠反应所产生的气体？

（2）做银镜反应实验用的试管为什么要用热的 NaOH 溶液洗涤？

实验十　中和滴定

实验目的

通过标定盐酸溶液和氢氧化钠溶液的浓度，了解滴定原理和滴定操作步骤；学会如何使用滴定管。

实验原理

酸碱反应生成盐和水，通过指示剂颜色的变化控制滴定操作的过程。

实验用品

滴定管（酸式、碱式）、锥形瓶、铁架台、滴定管夹、烧杯、洗瓶、洗耳球。

1．滴定管的使用及滴定技术

滴定管主要用于定量分析，是滴定时准确测量溶液体积的容器，分酸式和碱式两种。酸式滴定管的下端有一玻璃旋塞，开启旋塞酸性溶液即自管内滴出。通常用来装酸性溶液或氧化性溶液，但不适用于装碱性溶液，因碱性溶液会腐蚀玻璃旋塞。碱式滴定管的下端用橡皮管连接一个带尖嘴的小玻璃管。橡皮管内装有一个玻璃球，代替玻璃旋塞，用以控制溶液的流出。碱式滴定管主要用来装碱性溶液或无氧化性溶液。

2．滴定管的使用方法

（1）用前检查：使用前应检查酸管的旋塞是否配合紧密，转动灵活，碱管的橡皮管是否老化，玻璃球的大小是否合适。如不合要求，应更换处理。接着检查是否漏液。对于酸管，关闭其旋塞，注满自来水，直立静置 2min，仔细观察有无水滴漏下，特别要注意是否有水从活塞缝隙处渗出。随后将活塞旋转 180° 再直立观察 2min。对于碱管，只要装满水，直立观察 2min 即可。若是酸管漏液，旋塞转动不灵，则应将旋塞取下，把酸管平放于桌上，用碎片滤纸把旋塞和塞槽内壁擦干，然后分别在旋塞粗端及细端离塞孔位置约 3mm 处的内壁涂一薄层凡士林（不可涂多，多了会塞住出口；涂少了不起作用）。涂好后再将旋塞安装上，转动，使凡士林油均匀地分布在磨口上。再次检查是否漏水，如不漏水，即可进行洗涤。若碱管漏液，可能是玻璃球过小，或胶管老化，弹性不好，应根据具体情况更换至不漏液为止。

（2）滴定管的洗涤。滴定管在使用前先用自来水洗涤，然后用少量蒸馏水在管内转动淋洗 2～3 次。洗净的滴定管内壁应不挂水珠。如挂水珠，则说明有油污，需用洗涤剂刷洗或用洗液浸洗。

（3）装液和排气泡。将试液移入滴定管至刻度"0"以上，对碱管可将橡皮管稍向上弯曲，挤压玻璃球，使溶液从玻璃球和橡皮管之间的缝隙中流出，气泡即被逐出。若是酸管则开启旋塞，驱逐出气泡，然后将多余的溶液滴出，使管内液面处在"0.00"刻度以下或略低处。

（4）滴定管的读数。要准确读出滴定管的液面位置，需掌握好两点：一是读数时滴定管要保持垂直。通常可将滴定管从滴定管夹上取下，用右手拇指和食指拿住管身上部无刻度的地方，让其自然下垂时读数；二是读数时，眼睛的视线应与液面处于同一水平线，然后读取与弯月面相切的刻度。读数时对于无色或浅色溶液，应读出滴定管内液面弯月面最低处的位置；对于深色溶液，由于弯月面不清晰，可读取液面最高点的位置。读数应估计到小数点后面第二位数。

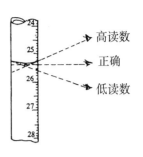

图9-7　滴定管的读数

此外还应注意，读数时要待液位稳定不再变化后再读；同时滴定管尖嘴处不应留有液滴，尖管内不应留有气泡。

（5）滴定操作。将滴定管垂直地固定在滴定管夹上。操作酸管时，活塞柄在右方，由左手控制活塞转动，右手持锥形瓶，用右手拇指、食指和中指持锥形瓶颈部，瓶底离滴定台面2～3cm，滴定管嘴伸入瓶口内约1cm，利用手腕的转动，使锥形瓶旋转，进行滴定。操作碱管时，用左手挤压橡皮管内玻璃球，使玻璃球和橡皮管间形成一条缝隙，令溶液流出；注意不要挤压到玻璃球下方的乳胶管，否则气泡会进入玻璃嘴。

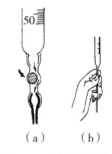

（a）　　　（b）

图9-8　滴定管操作

滴定操作在锥形瓶中进行。左右手按上述方法操作滴定管，一边滴加溶液一边转动锥形瓶。滴定过程中，要注意观察滴落点周围溶液颜色的变化，以便控制溶液的滴速。一般在滴定开始时，可以采用滴速较快的连续式滴加，接近终点时，则应逐滴滴入，每滴一滴都要将溶液摇匀，并注意到达终点的颜色是否突变。最后还应能够控制所滴下的液滴为半滴，甚至是1/4滴，即溶液在滴定管尖悬而不落，用锥形瓶内壁沾下悬挂的液滴，再用洗瓶吹出少量蒸馏水冲洗锥瓶内壁，摇匀。如此重复操作，直至终点为止。

图9-9　滴定操作

由于滴定过程中溶液因锥形瓶旋转搅动会附到锥形瓶内壁的上部，为精确实验，在接近终点时，要用洗瓶吹出少量蒸馏水冲洗锥形瓶内壁，然后再继续滴定至终点。

（6）滴定结束后滴定管的处理。滴定结束后，管内剩余滴定液应倒入废液桶或指定的回收瓶，不能倒回原试剂瓶，然后用水洗净滴定管。如还需要用，则可用蒸馏水充满滴定管后垂直夹在滴定管夹上，下嘴口距滴定台面1～2cm，并用滴定管帽盖住管口。

实验步骤

1. 盐酸溶液的配制（0.1mol/L）

在洁净的细口玻璃瓶中，加入约1 000mL蒸馏水，用一量筒量取8.5mL浓盐酸，将盐酸倒入上述细口玻璃瓶中，盖上玻璃塞，将瓶倒置摇匀，贴上标签，备用。

2. 氢氧化钠溶液的配制（0.1mol/L）

用一洁净的小烧杯称取固体氢氧化钠4.0g，然后向烧杯中加入50mL蒸馏水，待氢氧化钠完全溶解后，将溶液转移入洁净的1L细口瓶中，用蒸馏水稀释至1L，塞上橡皮塞，摇匀，备用。

3. 盐酸和氢氧化钠溶液的体积比较

洗净两支滴定管，在酸式滴定管中装满 0.1mol/L 的盐酸溶液，在碱式滴定管中装满 0.1mol/L 的氢氧化钠溶液。在两支滴定管的尖嘴中分别除去气泡，然后分别调节两支滴定管内液体的水平到零刻度处，记录每支滴定管的起始读数。

在一洁净的 250mL 锥形瓶中加入 20~25mL 的盐酸溶液，记下滴定管的读数，然后加入 2 滴酚酞指示剂，用 10mL 蒸馏水淋洗锥形瓶内壁，再用另一支碱式滴定管中的氢氧化钠溶液滴定锥形瓶中的盐酸溶液，缓慢平稳地摇动锥形瓶中的混合溶液，为了防止滴定时超过终点，应注意观察溶液中微红颜色的出现。随着滴定的进行，当溶液的粉红色变得较持久后才消失时，应放慢滴定速度。最后，当滴入半滴或少于半滴溶液的颜色第一次扩散至整个溶液时，停止滴定，记下滴定管的读数，此粉红色应该持续 15s 或更长时间。但是由于溶液吸收空气中的二氧化碳，溶液的颜色可能会逐渐褪去。在终止滴定之前，应用少量水淋洗锥形瓶内壁，以洗下未反应的溶液。如果偶然超过终点，这个滴定操作可继续进行，即反过来将盐酸溶液滴入锥形瓶中，使溶液中的酚酞指示剂褪色，记下酸式滴定管的读数，然后用氢氧化钠溶液滴定至溶液呈粉红色保持 30s 不褪色，即为终点，记下碱式滴定管的读数。重复这种滴定至少三次，最后计算出酸和碱溶液的体积比。

可分别用酚酞和甲基红做指示剂进行滴定。

问题与讨论

（1）为什么移液管和滴定管要用待装入的溶液荡洗 2~3 次？锥形瓶是否要用待装液荡洗？

（2）以下情况对实验结果有何影响？

①滴定完后，滴定管尖嘴外留有液滴；

②滴定完后，滴定管内有气泡；

③滴定完后，滴定管内壁挂有液滴。

实验十一 过氧化氢含量的测定（KMnO₄法）

实验目的

（1）学习高锰酸钾法测定物质浓度的原理和技能；

（2）测定过氧化氢的含量。

实验原理

在酸性溶液中，H_2O_2 是一个强氧化剂，但遇高锰酸钾时表现为还原剂。测定过氧化氢的含量时，在稀硫酸溶液中用高锰酸钾标准溶液滴定，其反应式为：

$$2MnO_4^- + 5H_2O_2 + 6H^+ == 8H_2O + 5O_2\uparrow + 2Mn^{2+}$$

滴定刚开始时，一定要注意掌握滴定速度，采用先快后慢的方式进行。待滴定达到终点时，根据高锰酸钾溶液的准确浓度和滴定时消耗的体积，即可计算出溶液中过氧化氢的含量。

实验用品

锥形瓶、酸式滴定管、移液管、量筒、硫酸（3mol/L）、H_2O_2（浓度约3%）、$KMnO_4$。

实验步骤

用移液管吸取 10.00mL H_2O_2 试样，置于 250mL 容量瓶中，加水稀释至刻度，充分摇匀，用移液管移取 25.00mL 溶液置于 250.00mL 锥形瓶中，加 50mL 蒸馏水，10mL 3mol/L H_2SO_4 用 $KMnO_4$ 标准溶液滴定至微红色且在 30s 内不褪色即为终点，平行测定三次，计算试液中 H_2O_2 的含量。

问题与讨论

（1）用 $KMnO_4$ 法测定 H_2O_2 的含量时，能否用稀硝酸或盐酸控制溶液酸度？为什么？

（2）如果滴定用的锥形瓶及取样品的移液管不洁，会有什么影响？

第四单元 探究性实验

实验十二 化学反应速率和化学平衡

实验目的

通过实验掌握浓度、温度、催化剂对化学反应速率和化学平衡的影响。

实验原理

当其他条件不变时，改变某一反应体系的温度、反应物浓度及加入催化剂，都能改变化学反应速率；同样，改变反应体系的温度、反应物浓度，也能使化学平衡方向移动。

实验用品

硫代硫酸钠溶液（质量分数 3%）、稀硫酸（1∶5）、蒸馏水、双氧水（3%）、洗洁精、氯化铁溶液、硫氰化铵溶液、MnO_2、NO_2、N_2O_4、试管、烧瓶、烧杯、秒表、胶头滴管。

实验步骤

1. 浓度、温度和催化剂对化学反应速率的影响

（1）浓度对化学反应速率的影响。

分取三支试管，按 1、2、3 编号，并按下表分别加入质量分数 3% 的硫代硫酸钠溶液和蒸馏水，摇匀后，把试管放在一张有字的纸前，这时隔着试管可以清楚地看到字迹。然后滴加稀硫酸（1∶5），同时从加入第一滴硫酸时开始记录时间，到溶液出现浑浊，使试管后面的字迹看不见时停止计时，将记录到的时间（s）填入表内：

编号	硫代硫酸钠/mL	蒸馏水/mL	稀硫酸/滴	出现浑浊时间/s
1	5	5	10	
2	8	2	10	
3	10	0	10	

由此可得出反应物的浓度与化学反应速率的关系。这个实验也可以反过来做，即固定硫代硫酸钠溶液的量，分别加入不同浓度的稀硫酸，按照上述方法计时，可得出相同的实验效果。

（2）温度对化学反应速率的影响。

分取三支试管，按 1、2、3 编号，并按下表分别加入质量分数 3% 的硫代硫酸钠溶液和稀硫酸，将三支试管分别置于冰水浴、室温和热水浴条件下，记录出现浑浊的时间（s），填入表内：

编号	硫代硫酸钠/mL	稀硫酸/滴	温度	出现浑浊时间/s
1	5	5	冰水浴	
2	5	5	室温	
3	5	5	热水浴	

（3）催化剂对化学反应速率的影响。

在两支试管里分别加入 3mL 质量分数 3% 的过氧化氢和洗洁精 3~4 滴（易于观察产生的气泡）。向其中一支试管加入二氧化锰，该试管中很快有气泡产生，后一支未加二氧化锰的试管分解出的氧气很少，可用带火星的木条检验产生的气体。

2. 浓度和温度对化学平衡的影响

（1）浓度对化学平衡的影响。

在小烧杯中加入氯化铁溶液和硫氰化铵溶液各 10mL，混合后得到红色溶液，将此溶液平均倒入三支试管里。

向第一支试管里加入少量氯化铁溶液，向第二支试管中加入少量硫氰化铵溶液。将上述两支试管与第三支试管比较，观察溶液颜色的变化并记录观察结果，得出结论。

（2）温度对化学平衡的影响。

取两个带胶塞的圆底烧瓶，集满 NO_2 和 N_2O_4 的混合气体，达到平衡状态（烧瓶内颜色均匀）后，将烧瓶分别浸在盛有热水和冰水的烧杯里，比较两支试管里气体的颜色并记录观察结果，说明温度对化学平衡的影响。

实验十三　饮料的研究

实验目的

（1）通过实验，比较饮料的 pH 或测量含酸量、比较维生素 C（V_C）含量。

（2）综合运用已学化学知识、实验技能和方法，自主研究生活中简单的化学问题，培养科学探究的实践能力。

（3）学习制订课题研究计划。

实验研究思路

1. 供选择的饮料品种

果汁类：橙汁、椰汁、苹果汁、含果粒果汁等。

汽水类：可乐、雪碧等。

2. 确定研究的问题

下面提供几个参考研究题目，相关研究既可以设计成对某一种饮料的定量测试，也可以设计成几种饮料的比较。

（1）饮料的 pH 或酸性。

原理：许多饮料中含有酸性物质，有些是天然的，有些是为提味或作为防腐剂加入的。既可以用 pH 试纸直接测得饮料的 pH，也可以利用酸碱滴定测得饮料中的总酸含量。

方法一：用 pH 试纸测试、比较几种饮料的 pH。在此基础上，要求根据产品说明并通过查找资料、咨询专家等方式，进一步比较饮料中酸的功能（常同时具有多种功能）、酸的来源（是否天然），并从健康的角度提出选择和饮用建议。

方法二：用酸碱滴定法测量某一种饮料的总酸含量。

如果用酸碱滴定法测定饮料的酸含量，多数可以选酚酞做指示剂。对有色饮料要预先做脱色处理，对某些很难脱色的饮料，如可乐，不宜用指示剂法，需用 pH 计法。

（2）饮料中的 V_C 含量

原理：V_C 又称抗坏血酸，在人体中有重要的生理作用，是人体必需的一种维生素。人体自身不能合成 V_C，只能通过食用蔬菜、水果或相关饮料、药物来摄入。V_C 分子是具有 6 个碳原子的烯醇式己糖内酯，具有较强的还原性，可被 I_2、O_2 等氧化剂氧化。例如，V_C 与 I_2 的反应：

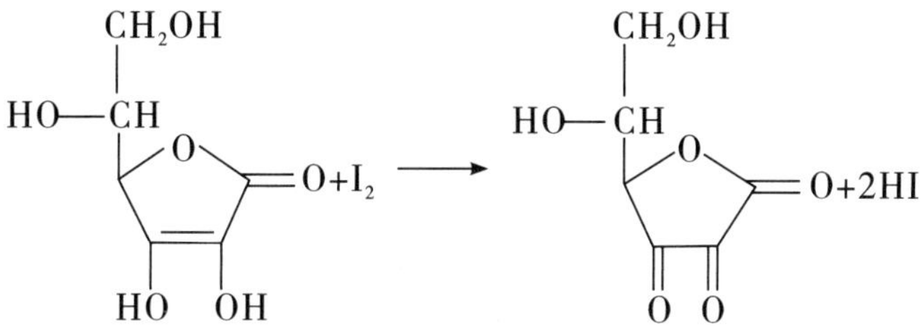

利用上述反应，可以直接用 I_2 的标准溶液滴定待测含 V_C 的含量。

V_C 易被空气氧化，特别是在碱性条件下。滴定时加入 HAc 使溶液呈弱酸性，可减少 V_C 的副反应。但滴定操作仍应尽快进行，以防 V_C 被氧化。

方法：取 20mL 饮料，移入锥形瓶，加 30mL 新煮沸并冷却的蒸馏水稀释（要使饮料转移完全），加入 10mL 6mol/L HAc 及 3mL 0.5% 淀粉溶液，立即用酸式滴定管中的 0.05mol/L I_2 标准溶液滴定至呈稳定的蓝色。用同样方法滴定不同饮料，比较它们所消耗 I_2 标准溶液的量，可得知它们含 V_C 的量的差别。

实验用品

根据选定的研究题目及所设计的实验，确定所需试剂和仪器。

（1）每组可以只选择研究饮料的 pH 或 V_C 含量。如果工作量太大，可减少所研究饮料的品种。

（2）根据实验预习中设计的实验方案进行实验并记录。

问题与讨论

（1）你的研究结果与你的预期或产品说明中的标注一致吗？如果不一致，试分析原因。

（2）在研究过程中，你学到了哪些新知识和技能？

附录Ⅰ 复习题参考答案

复习题一

一、

1	2	3	4	5	6	7	8	9	10	11	12	13	14	15	16	17	18	19	20
C	C	B	C	B	A	B	D	C	C	B	C	C	B	A	A	B	B	D	D

二、

1. 保持物质化学性质　化学变化　物质

2. ④　③　⑤　①　②　⑥　⑦

3. N_2　He　Hg　2H　$2Mg^{2+}$　K_2MnO_4　$2H_2O_2$　$4Cr_2O_7^{2-}$　$m$$ClO^-$　$n$$H_2SO_4$

4. ②⑦　⑤⑥⑧　①③④

5. Na_2O　NaOH　CO_2　H_2CO_3　$NaHCO_3$　Na_2CO_3

6. ②③⑤⑧　①④⑥⑦

三、

1. （1）CaO　①②④⑤⑥

　（2）$CaO + H_2O = Ca(OH)_2$

　（3）①③④

　（4）不能。氧化钙吸收水之后就变成氢氧化钙，失去了吸水能力

　（5）D

2. （1）① $C + O_2 \xrightarrow{点燃} CO_2$　② $CaCO_3 \xrightarrow{高温} CaO + CO_2\uparrow$

　　③ $Na_2CO_3 + 2HCl = 2NaCl + H_2O + CO_2\uparrow$

　（2）① $2KClO_3 \xrightarrow[\triangle]{MnO_2} 2KCl + 3O_2\uparrow$　② $2H_2O_2 \xrightarrow{MnO_2} 2H_2O + O_2\uparrow$

　　③ $2KMnO_4 \xrightarrow{\triangle} K_2MnO_4 + MnO_2 + O_2\uparrow$

　（3）① $H_2 + Cl_2 = 2HCl$　② $2H_2O \xrightarrow{电解} 2H_2\uparrow + O_2\uparrow$

　　③ $Zn + 2HCl = ZnCl_2 + H_2\uparrow$

　（4）① $2H_2 + O_2 = 2H_2O$　② $Mg(OH)_2 \xrightarrow{\triangle} MgO + H_2O$

③ $NaOH + HCl \xlongequal{\quad} H_2O + NaCl$

3. （1）$Na_2CO_3 + H_2SO_4 \xlongequal{\quad} Na_2SO_4 + CO_2\uparrow + H_2O$

（2）$H_2SO_4 + Cu(OH)_2 \xlongequal{\quad} CuSO_4 + 2H_2O$

（3）$SO_3 + H_2O \xlongequal{\quad} H_2SO_4$

（4）$Zn + H_2SO_4 \xlongequal{\quad} ZnSO_4 + H_2\uparrow$

（5）$Na_2CO_3 + Ca(OH)_2 \xlongequal{\quad} CaCO_3\downarrow + 2NaOH$

4. （1）① $Fe + 2HCl \xlongequal{\quad} FeCl_2 + H_2\uparrow$　② $NaOH + HCl \xlongequal{\quad} NaCl + H_2O$

③ $CO_2 + C \xlongequal{\triangle} 2CO$

（2）$CO_2 + 2NaOH \xlongequal{\quad} Na_2CO_3 + H_2O$

（3）2 个

复习题二

一、

1	2	3	4	5	6	7	8	9	10	11	12	13	14	15	16	17	18	19	20
D	B	B	D	D	B	B	B	B	C	C	A	B	D	C	A	B	B	C	D

二、

1. 3.01×10^{23}　2. 相同　CO_2　3. $95g/mol$　24

4. 1.5　5. 0.5mol　2mol/L

三、

1. （1）$A > B > C$　（2）C　（3）A　（4）$A > C$

2. （1）玻璃棒、量筒、胶头滴管、500mL 容量瓶

（2）2.0g

（3）计算、称量、溶解、移液、洗涤、定容

（4）搅拌、引流　③④⑤⑥

3. （1）$CaCO_3$

（2）过滤　漏斗

（3）$CaO + H_2O \xlongequal{\quad} Ca(OH)_2$

（4）$Mg(OH)_2 + 2HCl \xlongequal{\quad} MgCl_2 + 2H_2O$

四、

1. （1）略　（2）0.22mol/L

2. 99.8mL

3. 16.7mL

4. （1）0.2L　（2）硫酸的物质的量浓度为1mol/L；盐酸的物质的量浓度为6mol/L

5. （1）8.8mol/L　（2）43%

6. 10mL

复习题三

一、

1	2	3	4	5	6	7	8	9	10	11	12	13	14	15	16	17	18	19	20
A	C	D	C	A	C	D	B	C	D	B	A	B	C	C	D	C	B	B	D

二、

1. N　O　F　Cl

2. ① 铝（Al）　硫（S）　钾（K）　② H_2SO_4　③ $K^+\left[\overset{\cdot\cdot}{\underset{\cdot\cdot}{\times\,S\,\times}}\right]^{2-}K^+$　④ Al_2S_3

3. （1）第四周期、IA 族

（2）氮元素的 2p 轨道处于半充满状态

（3）CO_2　N_2O

（4）$K^+\left[\overset{\cdot\cdot}{\underset{\cdot\cdot}{\times\,S\,\times}}\right]^{2-}K^+$

（5）$Al(OH)_3$　KOH　$Al(OH)_3 + KOH = KAlO_2 + 2H_2O$

三、

1. （1） 1s　2s　2p
$\boxed{\uparrow\downarrow}\ \boxed{\uparrow\downarrow}\ \boxed{\uparrow\downarrow\ \uparrow\ \uparrow}$　NH_3　$1s^2 2s^2 2p^6 3s^2 3p^1$　2 种

（2）氟（F）　B、C

2. （1）$1s^2 2s^2 2p^6 3s^2 3p^5$　氮　第三周期、ⅢA 族

（2）$HClO_4$、HNO_3、$Al(OH)_3$、$Mg(OH)_2$

3. （1）$1s^2 2s^2 2p^2$　$1s^2 2s^2 2p^4$

（2）B（N）　氮元素的 2p 轨道处于半充满状态

（3）CaF_2

（4）铜　$1s^2 2s^2 2p^6 3s^2 3p^6 3d^{10} 4S^1$ 或 $[Ar]3d^{10}4s^1$

四、

1. 28

2. （1）31　（2）磷（P）

3. （1）钠　硫　（2）$2Na\,\times + \overset{\cdot\cdot}{\underset{\cdot}{\cdot\,S\,\cdot}} \longrightarrow Na^+\left[\overset{\cdot\cdot}{\underset{\cdot\cdot}{\times\,S\,\times}}\right]^{2-}Na^+$

复习题四

一、

1	2	3	4	5	6	7	8	9	10	11	12	13	14	15	16	17	18	19	20
D	A	C	D	B	D	B	D	D	C	C	A	B	B	B	B	B	A	D	B

二、

1. $1.6 mol/(L\cdot min)$

2. （1） 0.05 mol/（L·min）   0.05 mol/（L·min）

   （2） 0.5mol/L   0.5mol/L

   （3） 0.2mol/L

3. （1） 增大 右 减小

   （2） 增大 左 增大 减小

   （3） 减小 右 增大

   （4） 不变 增大 增大 不

4. （1） 增大 增大   （2） 增大 增大   （3） 增大 增大   （4） 减小 减小

三、

1. （1） 放热反应   （2） 增加水蒸气的浓度或降低温度

2. （1） $2CO + 2NO \rightleftharpoons 2CO_2 + N_2$ （2） 加入合适的催化剂

3. （1） $\dfrac{c^2(SO_2)}{c^2(SO_2)c(O_2)}$

   （2） 增大 增大 减小

   （3） 15～20min 和 25～30min

   （4） 增加了 O_2 的量

   （5） 加了催化剂或缩小了容器体积

4. （1） 达到化学平衡所用的时间

   （2） $\dfrac{0.2}{t_0}$mol/（L·min）

   （3） 40%

   （4） $A + B = 2C$

   （5） 升高。升高温度会增大反应的活化分子百分数，使反应速率加快

四、

1. 25%

2. NO_2 的物质的量为 0.04mol ，N_2O_4 的物质的量为 0.08mol

3. $c(CO_2) = 0.9mol/L$，$c(CO) = 0.6mol/L$

4. 1 556kJ

复习题五

一、

1	2	3	4	5	6	7	8	9	10	11	12	13	14	15	16	17	18	19	20
D	D	A	A	A	D	B	D	D	A	D	B	C	C	C	A	A	B	B	C

二、

1. 1.32×10^{-3}mol/L 1.32×10^{-3}mol/L

2. 0.002   0.004 2.5×10^{-12}

3. 酚酞

4. ②＜①＜③＜⑧＜⑦＜⑥＜⑤＜④

5. 酸性　$NaHSO_4 \Longrightarrow Na^+ + H^+ + SO_4^{2-}$　碱性　$HCO_3^- + H_2O \Longrightarrow H_2CO_3 + OH^-$
有气体放出　$NaHSO_4 + NaHCO_3 \Longrightarrow Na_2SO_4 + H_2O + CO_2\uparrow$

6. （1）③＞①＝②　　（2）②＞①＝③　　（3）③＞①＞②　②＞①＝③

三、

1. 各取同体积的两种酸，加水稀释相同的倍数后，用 pH 试纸测试，pH 值变化小的为弱酸

2. $Al_2(SO_4)_3$ 是强酸弱碱盐，Al^{3+} 水解：$Al^{3+} + 3H_2O \Longrightarrow Al(OH)_3 + 3H^+$；$NaHCO_3$ 是强碱弱酸盐，HCO_3^- 水解：$HCO_3^- + H_2O \Longrightarrow H_2CO_3 + OH^-$。当两种溶液混合时，$Al^{3+}$、$HCO_3^-$ 的水解反应相互促进，使反应进行到底。生成的 H_2CO_3 浓度增大，分解放出 CO_2，从而达到灭火的目的。其总反应方程式为：$Al^{3+} + 3HCO_3^- \Longrightarrow Al(OH)_3\downarrow + 3CO_2\uparrow$

3. 有无色气体和蓝色沉淀产生
$Cu^{2+} + 2H_2O \Longrightarrow Cu(OH)_2 + 2H^+$　　$Mg + 2H^+ \longrightarrow Mg^{2+} + H_2\uparrow$

4. 由于 $SbCl_3$ 的水解分三步进行，前期水越多，pH 值越接近 7，H^+ 对水的水解抑制作用越弱，越有利于水解反应的进行；而后期 Sb^{3+} 离子浓度很低，靠单纯的水的水解很难再反应下去，已经达到水解平衡，所以要加 $NH_3 \cdot H_2O$ 促进水解，$SbCl_3 + 2NH_3 \cdot H_2O \Longrightarrow SbOCl\downarrow + 2NH_4Cl + H_2O$

四、

1. 每升溶液中含 HCl 5g，含 NaCl 3.7g

2. 80%

3. 10mL

4. HB 的 $\alpha = 10\%$，$K = 1.11 \times 10^{-3}$

复习题六

一、

1	2	3	4	5	6	7	8	9	10	11	12	13	14	15	16	17	18	19	20
B	C	B	C	D	B	D	D	C	B	C	B	A	C	A	B	A	D	B	D

二、

1. 1　+3　+2

2. （1）C　　（2）2　4　3　2　1　6　2

3. 热量　$2H_2 + O_2 \Longrightarrow 2H_2O$　O_2

4. Cu　$Ag^+ + e^- \longrightarrow Ag$

5. 离子交换膜电解槽　金属钛网　$2Cl^- - 2e^- \longrightarrow Cl_2$
碳钢网　镍涂层碳棒　$2H^+ + 2e^- \longrightarrow H_2$　阴极
$2NaCl + 2H_2O \xrightarrow{\text{电解}} Cl_2\uparrow + H_2\uparrow + 2NaOH$

三、

1. （1）2　4　2　2　1　2　　（2）②⑤　　（3）②

2. （1）$2MnO_4^- + 16H^+ + 10Cl^- \Longrightarrow 2Mn^{2+} + 5Cl_2\uparrow + 8H_2O$

（2）还原性和酸性

（3）1mol

3. （1）d $Pb - 2e^- + SO_4^{2-} \!\!=\!\!= PbSO_4$

（2）从 Zn 流向 Cu

（3）$H_2 - 2e^- \!\!=\!\!= 2H^+$

4. （1）$O_2 + 4e^- + 2H_2O \!\!=\!\!= 4OH^-$

（2）Zn

（3）外加电流的阴极防护法

（4）① $2H_2 - 4e^- + 4OH^- \!\!=\!\!= 4H_2O$（或 $H_2 - 2e^- + 2OH^- \!\!=\!\!= 2H_2O$） ② 0.4

四、

1. 0.005mol   30.81g

2. （1）$CuSO_4 \cdot 5H_2O$ （2）0.5mol/L   （3）0

3. （1）0.5mol/L   （2）1mol/L

4. （1）$8HNCO + 6NO_2 \!\!=\!\!= 7N_2 + 8CO_2 + 4H_2O$ （2）4mol   57.3g

复习题七

一、

1	2	3	4	5	6	7	8	9	10	11	12	13	14	15	16	17	18	19	20
D	B	A	D	B	D	C	C	B	C	B	B	C	D	D	C	D	A	A	A

二、

1. H_2SO_4 H_2S S、SO_2

2. H_2S Cl_2 O_2 SO_2 H_2

3. NH_4^+、Br^-、SO_4^{2-}

Ba^{2+}、Al^{3+}、Fe^{3+}、Ag^+、Cu^{2+}、HCO_3^-、CO_3^{2-}

Na^+、Cl^-

焰色反应

产生黄色火焰

4. A：Fe^{3+}、Cu^{2+}、MnO_4^- B：Mg^{2+}、NH_4^+ C：HCO_3^-、CO_3^{2-} D：SO_4^{2-}

E：K^+ KCl

5. （1）$MnO_2 + 4HCl$（浓）$\xrightarrow{\triangle} MnCl_2 + Cl_2 \uparrow + 2H_2O$

（2）除去氯气中的氯化氢   干燥氯气

（3）吸收过量氯气，防止空气污染

（4）0.2mol

（5）$Cl_2 + 2OH^- \!\!=\!\!= Cl^- + ClO^- + H_2O$

6. （1）$2Fe^{3+} + Cu \!\!=\!\!= Cu^{2+} + 2Fe^{2+}$

（2）$3Cl_2 + 6NaOH \!\!=\!\!= NaClO_3 + 3H_2O + 5NaCl$

（3）$2MnO_4^- + 16H^+ + 10Cl^- \rightleftharpoons 2Mn^{2+} + 5Cl_2\uparrow + 8H_2O$

（4）$Al_2O_3 + 2OH^- \rightleftharpoons 2AlO_2^- + H_2O$

三、

1. A：KOH　B：$KHCO_3$　C：K_2CO_3　D：CO_2

2. （1）盐酸　$FeS + 2HCl \rightleftharpoons FeCl_2 + H_2S\uparrow$

（2）$CuSO_4$溶液　$CuSO_4 + H_2S \rightleftharpoons CuS\downarrow + H_2SO_4$

（3）$NaHCO_3$溶液　$2NaHCO_3 + SO_2 \rightleftharpoons Na_2SO_3 + H_2O + 2CO_2\uparrow$

（4）H_2SO_4　$H_2SO_4 + Na_2SO_3 \rightleftharpoons Na_2SO_4 + H_2O + SO_2\uparrow$

（5）$BaCl_2$溶液　$Na_2SO_4 + BaCl_2 \rightleftharpoons BaSO_4\downarrow + 2NaCl$

（6）$NaHS$溶液　$NaHS + HCl \rightleftharpoons NaCl + H_2S\uparrow$

3. （1）一定有 NH_4^+、Fe^{3+} 两种阳离子　$c(NH_4^+) = 0.2mol/L$　$c(Fe^{3+}) = 0.2mol/L$

（2）一定有 Cl^-、SO_4^{2-} 两种阴离子　$c(SO_4^{2-}) = 0.2mol/L$　$c(Cl^-) \geqslant 0.4mol/L$

四、

1. （1）$c(Na_2SO_4) = 0.4mol/L$　$c(NaCO_3) = 1mol/L$

（2）CO_2的体积为 1.12L

2. $m(Na_2SO_4) - 2.84g$　$m(Na_2CO_3) = 2.12g$　$m(NaHCO_3) = 3.36g$

3. （1）4.26g　（2）0.2mol/L

复习题八

一、

1	2	3	4	5	6	7	8	9	10	11	12	13	14	15	16	17	18	19	20
C	B	A	B	D	C	C	B	A	D	A	A	C	D	D	D	A	D	D	D

二、

1. 三　2,2-二甲基丙烷　正戊烷　2-甲基丁烷

2. $(CH_3)_3C-(CH_3)C=CH-CH_3$、$(CH_3)_3C-CH(CH_3)CH=CH_2$

3. C_3H_6　$CH_3-CH=CH_2$

4. ① A：$CH_2=CH_2$　B：$CH_2=CH-CH=CH_2$　C：$CH_3CH_2CH_2OH$　D：CH_3CH_2CHO

② $CH_2=CH-CH=CH_2 + 2Br_2 \longrightarrow CH_2Br-CHBr-CHBr-CH_2Br$

③ $2CH_3CH_2CH_2OH + 2Na \longrightarrow 2CH_3CH_2CH_2ONa + H_2\uparrow$

④ $2CH_3CH_2CH_2OH + O_2 \longrightarrow 2CH_3CH_2CHO + 2H_2O$

⑤ $CH_3CH_2CHO + 2[Ag(NH_3)_2]OH \longrightarrow CH_3CH_2COONH_4 + 2Ag\downarrow + 3NH_3 + H_2O$

5. （1）F、I　（2）C、D、E、I　（3）C　（4）E　（5）A、B、C、F、H、I

6. （1）①③④

（2）碳碳双键　羧基

（3）
$$HO-\overset{\overset{O}{\|}}{C}-CH=CH-\overset{\overset{O}{\|}}{C}-OH \qquad CH_2=C(COOH)_2$$

（4）
$$HO-\overset{\overset{O}{\|}}{C}-CH=CH-\overset{\overset{O}{\|}}{C}-OH +2CH_3OH \xrightarrow[\triangle]{\text{浓 }H_2SO_4}$$
$$CH_3O-\overset{\overset{O}{\|}}{C}-CH=CH-\overset{\overset{O}{\|}}{C}-OCH_3 +2H_2O$$

三、

1.（1）A：CH_3CHO　B：$CH_3COOCH_2CH_3$　C：CH_3CH_2OH　D：CH_3COONa　E：CH_4

（2）$CH_3CHO +2[Ag(NH_3)_2]OH \longrightarrow CH_3COONH_4 +2Ag\downarrow +3NH_3 +H_2O$

$CH_3COOCH_2CH_3 + NaOH \longrightarrow CH_3COONa + CH_3CH_2OH$

$2CH_3CH_2OH + O_2 \xrightarrow[\triangle]{\text{催化剂}} 2CH_3CHO +2H_2O$

$CH_3COONa + NaOH \xrightarrow[\triangle]{CaO} Na_2CO_3 + CH_4\uparrow$

2.（1）C_3H_6O

（2）CH_3CH_2CHO、$CH_3-CO-CH_3$、$CH_2=CH-CH_2OH$

（3）CH_3CH_2CHO、丙醛

3. A：CH_3CHO　B：CH_3COOH　C：$CH\equiv CH$　D：CH_3-O-CH_3　E：CH_3CH_2OH

F：$CH_2=CHCl$

4.（1）$HBr + C_2H_5OH \xrightarrow{\triangle} C_2H_5Br + H_2O$

（2）$CH_2=CH_2$、$CH_3CH_2OCH_2CH_3$

（3）把试管Ⅱ塞上带有导管的塞子并在其中加水；把试管Ⅱ放入盛有冷水的烧杯中；使用长导管等

（4）验证生成的气体是乙烯　高锰酸钾溶液的紫红色褪去　除去气体中混有的少量乙醇等杂质

四、

1. 1：2

2.（1）C_3H_6O　（2）CH_3CH_2CHO

3. $\begin{matrix} COOH \\ | \\ COOH \end{matrix}$

4. $C_4H_8O_2$

附录Ⅱ　酸、碱和盐的溶解性表（20℃）

阳离子	阴离子								
	OH^-	NO_3^-	Cl^-	SO_3^{2-}	S^{2-}	SO_4^{2-}	CO_3^{2-}	SiO_3^{2-}	PO_4^{3-}
H^+		溶、挥	溶、挥	溶、挥	溶、挥	溶	溶、挥	不	溶
NH_4^+	溶、挥	溶	溶	溶	溶	溶	溶	—	溶
K^+	溶	溶	溶	溶	溶	溶	溶	溶	溶
Na^+	溶	溶	溶	溶	溶	溶	溶	溶	溶
Ba^{2+}	溶	溶	溶	不	—	不	不	不	不
Ca^{2+}	微	溶	溶	不	—	微	不	不	不
Mg^{2+}	不	溶	溶	微	—	溶	微	不	不
Al^{3+}	不	溶	溶	—	—	溶	—	不	不
Zn^{2+}	不	溶	溶	不	不	溶	不	不	不
Fe^{2+}	不	溶	溶	不	不	溶	不	不	不
Fe^{3+}	不	溶	溶	—	—	溶	—	不	不
Sn^{2+}	不	溶	溶	—	不	溶	—	—	不
Pb^{2+}	不	溶	微	不	不	不	不	不	不
Cu^{2+}	不	溶	溶	不	不	溶	不	不	不
Ag^+	—	溶	不	不	不	微	不	不	不

说明：

"溶"表示该种物质溶于水，"不"表示难溶于水，"微"表示微溶于水，"—"表示该种物质不存在或遇水分解，"挥"表示易挥发或易分解。

附录Ⅲ　元素周期表

元 素 周 期 表

图例说明：
- 原子序数 — 92 U
- 元素名称（注*的是人造元素） — 铀
- 外围电子层排布，括号指可能的电子层排布 — $5f^36d^17s^2$
- 相对原子质量（加括号的数据为该放射性元素半衰期最长同位素的相对原子质量数） — 238.0

| 非金属 | 金属 | 过渡元素 |

0族电子数 / 电子层说明（右上表）：
0族电子数	电子层
2	K
8, 2	L, K
8, 8, 2	M, L, K
8, 18, 8, 2	N, M, L, K
8, 18, 18, 8, 2	O, N, M, L, K
8, 18, 32, 18, 8, 2	P, O, N, M, L, K

注：相对原子质量录自 2001 年国际原子量表，并全部取 4 位有效数字。

主表

第1周期
- 1 H 氢 $1s^1$ 1.008
- 2 He 氦 $1s^2$ 4.003

第2周期
- 3 Li 锂 $2s^1$ 6.941
- 4 Be 铍 $2s^2$ 9.012
- 5 B 硼 $2s^22p^1$ 10.81
- 6 C 碳 $2s^22p^2$ 12.01
- 7 N 氮 $2s^22p^3$ 14.01
- 8 O 氧 $2s^22p^4$ 16.00
- 9 F 氟 $2s^22p^5$ 19.00
- 10 Ne 氖 $2s^22p^6$ 20.18

第3周期
- 11 Na 钠 $3s^1$ 22.99
- 12 Mg 镁 $3s^2$ 24.31
- 13 Al 铝 $3s^23p^1$ 26.98
- 14 Si 硅 $3s^23p^2$ 28.09
- 15 P 磷 $3s^23p^3$ 30.97
- 16 S 硫 $3s^23p^4$ 32.06
- 17 Cl 氯 $3s^23p^5$ 35.45
- 18 Ar 氩 $3s^23p^6$ 39.95

第4周期
- 19 K 钾 $4s^1$ 39.10
- 20 Ca 钙 $4s^2$ 40.08
- 21 Sc 钪 $3d^14s^2$ 44.96
- 22 Ti 钛 $3d^24s^2$ 47.87
- 23 V 钒 $3d^34s^2$ 50.94
- 24 Cr 铬 $3d^54s^1$ 52.00
- 25 Mn 锰 $3d^54s^2$ 54.94
- 26 Fe 铁 $3d^64s^2$ 55.85
- 27 Co 钴 $3d^74s^2$ 58.93
- 28 Ni 镍 $3d^84s^2$ 58.69
- 29 Cu 铜 $3d^{10}4s^1$ 63.55
- 30 Zn 锌 $3d^{10}4s^2$ 65.38
- 31 Ga 镓 $4s^24p^1$ 69.72
- 32 Ge 锗 $4s^24p^2$ 72.64
- 33 As 砷 $4s^24p^3$ 74.92
- 34 Se 硒 $4s^24p^4$ 78.96
- 35 Br 溴 $4s^24p^5$ 79.90
- 36 Kr 氪 $4s^24p^6$ 83.80

第5周期
- 37 Rb 铷 $5s^1$ 85.47
- 38 Sr 锶 $5s^2$ 87.62
- 39 Y 钇 $4d^15s^2$ 88.91
- 40 Zr 锆 $4d^25s^2$ 91.22
- 41 Nb 铌 $4d^45s^1$ 92.91
- 42 Mo 钼 $4d^55s^1$ 95.94
- 43 Tc 锝 $4d^55s^2$ [98]
- 44 Ru 钌 $4d^75s^1$ 101.1
- 45 Rh 铑 $4d^85s^1$ 102.9
- 46 Pd 钯 $4d^{10}$ 106.4
- 47 Ag 银 $4d^{10}5s^1$ 107.9
- 48 Cd 镉 $4d^{10}5s^2$ 112.4
- 49 In 铟 $5s^25p^1$ 114.8
- 50 Sn 锡 $5s^25p^2$ 118.7
- 51 Sb 锑 $5s^25p^3$ 121.8
- 52 Te 碲 $5s^25p^4$ 127.6
- 53 I 碘 $5s^25p^5$ 126.9
- 54 Xe 氙 $5s^25p^6$ 131.3

第6周期
- 55 Cs 铯 $6s^1$ 132.9
- 56 Ba 钡 $6s^2$ 137.3
- 57~71 La~Lu 镧系
- 72 Hf 铪 $5d^26s^2$ 178.5
- 73 Ta 钽 $5d^36s^2$ 180.9
- 74 W 钨 $5d^46s^2$ 183.8
- 75 Re 铼 $5d^56s^2$ 186.2
- 76 Os 锇 $5d^66s^2$ 190.2
- 77 Ir 铱 $5d^76s^2$ 192.2
- 78 Pt 铂 $5d^96s^1$ 195.1
- 79 Au 金 $5d^{10}6s^1$ 197.0
- 80 Hg 汞 $5d^{10}6s^2$ 200.6
- 81 Tl 铊 $6s^26p^1$ 204.4
- 82 Pb 铅 $6s^26p^2$ 207.2
- 83 Bi 铋 $6s^26p^3$ 209.0
- 84 Po 钋 $6s^26p^4$ [209]
- 85 At 砹 $6s^26p^5$ [210]
- 86 Rn 氡 $6s^26p^6$ [220]

第7周期
- 87 Fr 钫 $7s^1$ [223]
- 88 Ra 镭 $7s^2$ [226]
- 89~103 Ac~Lr 锕系
- 104 Rf 𬬻* $(6d^27s^2)$ [265]
- 105 Db 𬭊* $(6d^37s^2)$ [268]
- 106 Sg 𬭳* [271]
- 107 Bh 𬭛* [270]
- 108 Hs 𬭶* [277]
- 109 Mt 鿏* [276]
- 110 Ds 𫟼* [281]
- 111 Rg 𬬭* [280]
- 112 Cn 鿔* [285]

镧系

- 57 La 镧 $5d^16s^2$ 138.9
- 58 Ce 铈 $4f^15d^16s^2$ 140.1
- 59 Pr 镨 $4f^36s^2$ 140.9
- 60 Nd 钕 $4f^46s^2$ 144.2
- 61 Pm 钷 $4f^56s^2$ [145]
- 62 Sm 钐 $4f^66s^2$ 150.4
- 63 Eu 铕 $4f^76s^2$ 152.0
- 64 Gd 钆 $4f^75d^16s^2$ 157.3
- 65 Tb 铽 $4f^96s^2$ 158.9
- 66 Dy 镝 $4f^{10}6s^2$ 162.5
- 67 Ho 钬 $4f^{11}6s^2$ 164.9
- 68 Er 铒 $4f^{12}6s^2$ 167.3
- 69 Tm 铥 $4f^{13}6s^2$ 168.9
- 70 Yb 镱 $4f^{14}6s^2$ 173.0
- 71 Lu 镥 $4f^{14}5d^16s^2$ 175.0

锕系

- 89 Ac 锕 $6d^17s^2$ [227]
- 90 Th 钍 $6d^27s^2$ 232.0
- 91 Pa 镤 $5f^26d^17s^2$ 231.0
- 92 U 铀 $5f^36d^17s^2$ 238.0
- 93 Np 镎 $5f^46d^17s^2$ [237]
- 94 Pu 钚 $5f^67s^2$ [244]
- 95 Am 镅 $5f^77s^2$ [243]
- 96 Cm 锔 $5f^76d^17s^2$ [247]
- 97 Bk 锫 $5f^97s^2$ [247]
- 98 Cf 锎 $5f^{10}7s^2$ [251]
- 99 Es 锿 $5f^{11}7s^2$ [252]
- 100 Fm 镄 $5f^{12}7s^2$ [257]
- 101 Md 钔* $(5f^{13}7s^2)$ [258]
- 102 No 锘* $(5f^{14}7s^2)$ [259]
- 103 Lr 铹* $(5f^{14}6d^17s^2)$ [262]

附录Ⅳ 常见无机物的俗称、化学名称或主要成分及化学式

俗称	化学名称或主要成分	化学式	俗称	化学名称或主要成分	化学式
食盐	氯化钠	NaCl	生石灰	氧化钙	CaO
苏打、纯碱	碳酸钠	Na_2CO_3	水煤气	一氧化碳和氢气	CO 和 H_2
小苏打	碳酸氢钠	$NaHCO_3$	干冰	固态二氧化碳	$CO_2(s)$
烧碱、火碱、苛性钠	氢氧化钠	NaOII	水玻璃	硅酸钠的水溶液	Na_2SiO_3（aq）
苛性钾	氢氧化钾	KOH	电石	碳化钙	CaC_2
消石灰、熟石灰	氢氧化钙	$Ca(OH)_2$	金刚砂	碳化硅	SiC
萤石、氟石	氟化钙	CaF_2	石英、水晶、硅石	二氧化硅	SiO_2
黄铁矿、硫铁矿		FeS_2	泡花碱	硅酸钠	Na_2SiO_3
胆矾、蓝矾	五水硫酸铜	$CuSO_4 \cdot 5H_2O$	刚玉、铝矾土	三氧化二铝	Al_2O_3
皓矾	七水硫酸锌	$ZnSO_4 \cdot 7H_2O$	铁红、赤铁矿	三氧化二铁	Fe_2O_3
绿矾	七水硫酸亚铁	$FeSO_4 \cdot 7H_2O$	磁性氧化铁、磁铁矿	四氧化三铁	Fe_3O_4
明矾	十二水硫酸铝钾	$KAl(SO_4)_2 \cdot 12H_2O$	双氧水	过氧化氢的水溶液	H_2O_2（aq）
红矾钾	重铬酸钾	$K_2Cr_2O_7$	碱石灰	氢氧化钠和氧化钙	CaO、NaOH、KOH 和 H_2O 的混合物
石膏	二水石膏	$CaSO_4 \cdot 2H_2O$	漂白粉		$Ca(ClO)_2$、$CaCl_2$
熟石膏	水合硫酸钙	$2CaSO_4 \cdot H_2O$	冰晶石	六氟合铝酸钠	Na_3AlF_6
芒硝	硫酸钠晶体	$Na_2SO_4 \cdot 10H_2O$	大理石、石灰石、云石	碳酸钙	$CaCO_3$
大苏打、海波	硫代硫酸钠	$Na_2S_2O_3$	铜绿、孔雀石	碱式碳酸铜	$Cu_2(OH)_2CO_3$
重晶石	硫酸钡	$BaSO_4$			

附录Ⅴ 常见有机物的俗称、化学名称 或主要成分及化学式

俗称	化学名称或主要成分	化学式	俗称	化学名称或主要成分	化学式
沼气	甲烷	CH_4	苦味酸	2,4,6-三硝基苯酚	
氯仿	三氯甲烷	$CHCl_3$	乳酸	2-羟基丙酸	$CH_3CH(OH)COOH$
木醇	甲醇	CH_3OH	肥皂	高级脂肪酸的金属盐的总称	
木醚	二甲醚	CH_3OCH_3	草酸	乙二酸	$HOOC—COOH$
甘油	丙三醇	$CH_2(OH)CH(OH)CH_2(OH)$	蚁酸	甲酸	$HCOOH$
甘氨酸	氨基乙酸	H_2NCH_2COOH	酒精	乙醇	CH_3CH_2OH
甘醇	乙二醇	$CH_2(OH)CH_2(OH)$	TNT	2,4,6-三硝基甲苯	
石炭酸	苯酚	C_6H_5OH	硬脂酸	十八酸	$C_{17}H_{35}COOH$
光气	碳酰氯	$COCl_2$	软脂酸	十六酸	$C_{15}H_{31}COOH$
冰醋酸	一般指浓度在98%以上的乙酸		硝化甘油	甘油三硝酸酯	$CH_2(ONO_2)CH(ONO_2)CH_2(ONO_2)$
福尔马林	甲醛（HCHO）水溶液				

参考文献

1. 人民教育出版社、课程教材研究所、化学课程教材研究开发中心编著：《普通高中教科书·化学·必修》（第一、二册），北京：人民教育出版社 2019 年版。

2. 人民教育出版社、课程教材研究所、化学课程教材研究开发中心编著：《普通高中教科书·化学·选择性必修》（1~3），北京：人民教育出版社 2020 年版。

3. 王明华等编著：《化学与现代文明》，杭州：浙江大学出版社 1998 年版。

4. 北京师范大学、华中师范大学、南京师范大学无机化学教研室编：《无机化学》（第四版），北京：高等教育出版社 1981 年版。

5. 唐有祺、王夔主编：《化学与社会》，北京：高等教育出版社 1997 年版。

6. 蔡少华、黄坤耀、张玉容编著：《元素无机化学》，广州：中山大学出版社 1998 年版。

7. 蒋硕健、丁有骏、李明谦编：《有机化学》（第二版），北京：北京大学出版社 1996 年版。

8. John Daintith 编，宫栾译：《化学小辞典》，北京：商务印书馆国际有限公司，汕头：汕头大学出版社 1998 年版。

9. 古国榜、李朴编：《无机化学》（第三版），北京：化学工业出版社 2011 年版。

10. 范丽岩主编：《预科化学基础教程》，北京：北京大学出版社 2013 年版。

11. 曲一线主编：《高中化学知识清单》，北京：首都师范大学出版社 2011 年版。

12. 周建伟、周勇、刘星主编：《新能源化学》，郑州：郑州大学出版社 2009 年版。

13. 薛金星主编：《中学教材全解：高中化学》，西安：陕西人民教育出版社 2009 年版。

14. 高职高专化学教材编写组编：《无机化学》（第三版），北京：高等教育出版社 2008 年版。

15. 和玲、梁军艳主编：《无机与分析化学实验》，北京：高等教育出版社 2020 年版。

后　记

2000 年，我们编写了《大学预科系列教材·化学》。此教材的出版，填补了国内大学预科化学教育的空白。2010 年，我们重新编写了这本教材，现在再次对这本《化学》进行了修订。

我们根据暨南大学预科化学教学大纲编写了本书。预科化学以提高预科学生的科学素养为宗旨，强化预科学生在化学学习和日常生活中需要的化学知识，并建立与大学化学学习的桥梁，为他们进入大学学习后续专业打下基础。

在内容选择上，本教材尽量体现学科特点，反映化学学科的基本特征及学科的发展趋势，注意基础性和衔接性的统一、系统性和时代性的统一、知识和方法的统一。

在编排形式上，力求做到课程体系与学生的认知规律相一致。按照从可观察现象的宏观世界到分子、原子和离子微粒构成的微观世界，从表象到本质的思维方式进行编排，以利于学生掌握所学知识，并能运用于实践。

本教材保留了 2010 年版预科化学教材的部分内容（2010 年版教材由李志红、谢晓华编写，由白燕、曾文明审稿），由谢晓华担任主编并负责统稿；第三章、第七章和第八章由李志红编写，第一章、第二章、第四章、第五章、第六章由谢晓华编写，第九章由李平编写。

本教材在编写过程中，得到了一些领导、专家的指导和帮助。责任编辑刘舜怡、黄颖为本教材的出版付出了辛勤的劳动。在此，我们一并表示衷心的感谢！

由于时间仓促，水平有限，书中的错漏在所难免，希望大家能提出宝贵意见和建议。

编者
2024 年 3 月